装备科技译著出版基金

弹性波力学与超声无损检测

Mechanics of Elastic Waves and Ultrasonic
Nondestructive Evaluation

[美] Tribikram Kundu 著

王兴远　王克义　许崇林　宿文玲　译

国防工业出版社

·北京·

著作权合同登记　图字：01-2022-4917 号

图书在版编目（CIP）数据

弹性波力学与超声无损检测 /（美）特里比克拉姆·昆都（Tribikram Kundu）著；王兴远等译. —北京：国防工业出版社，2024.4

书名原文：Mechanics of Elastic Waves and Ultrasonic Nondestructive Evaluation

ISBN 978-7-118-13187-1

Ⅰ.①弹… Ⅱ.①特… ②王… Ⅲ.①弹性波—力学 ②超声检测 Ⅳ.①O347.4 ②TB553

中国国家版本馆 CIP 数据核字（2024）第 064519 号

Mechanics of Elastic Waves and Ultrasonic Nondestructive Evaluation by Tribikram Kundu
ISBN 978-1-4987-6717-0
Copyright © 2019 Taylor & Francis Group, LLC.
Authorized translation from the English language edition published by CRC Press, a member of the Taylor & Francis Group, LLC. All Rights Reserved.
National Defense Industry Press is authorized to publish and distribute exclusively the Chinese (Simplified Characters) language edition. This edition is authorized for sale in the People's Republic of China only (excluding Hong Kong, Macao SAR and Taiwan). No part of this publication may be reproduced or distributed in any form or by any means, or stored in a database or retrieval system, without the prior written permission of the publisher.
Copies of this book sold without a Taylor & Francis sticker on the cover are unauthorized and illegal.
本书原版由 Taylor & Francis 出版集团旗下 CRC 出版公司出版，并经授权翻译出版。版权所有，侵权必究。
本书中文简体字翻译版授权由国防工业出版社独家出版并仅限在中华人民共和国境内（不包括香港、澳门特别行政区及台湾省）销售。未经出版者书面许可，不得以任何方式复制或抄袭本书的任何内容。
本书封面贴有 Taylor & Francis 公司防伪标签，无标签者不得销售。

※

国防工业出版社 出版发行

（北京市海淀区紫竹院南路 23 号　邮政编码 100048）
三河市天利华印刷装订有限公司印刷
新华书店经售

*

开本 710×1000　1/16　印张 23¼　字数 392 千字
2024 年 4 月第 1 版第 1 次印刷　印数 1—1400 册　定价 139.00 元

（本书如有印装错误，我社负责调换）

国防书店：(010)88540777　　书店传真：(010)88540776
发行业务：(010)88540717　　发行传真：(010)88540762

前　言

本书为理解和分析弹性波在固体和流体中的传播提供了必要的力学背景知识——弹性波力学。这些知识对于弹性波的声场建模，以及超声无损检测与评估（NDT&E）的数据分析是必需的。本书涵盖了超声无损检测与评估（NDT&E）技术的线性和非线性分析，并提供了一些典型案例和详解。因此，本书可以作为弹性波和超声无损检测相关研究生课程的教科书或参考书。此外，本书中的内容对于致力于设计与固体中弹性波传播或 NDT&E 相关短期课程的教师也很有帮助。

本书分为以下 5 个章节：

第 1 章：弹性波力学——线性分析

第 2 章：弹性导波——无损检测中的分析与应用

第 3 章：分布式点源法（DPSM）模拟弹性波

第 4 章：非线性超声无损检测技术

第 5 章：声源定位

本书前两章所涵盖的内容介绍了可变形固体的线性力学基础知识，第 4 章介绍了非线性力学基础知识，因此，本书涵盖了线性和非线性超声检测技术。近年来，非线性超声检测技术在检测微小缺陷和损伤方面变得越来越流行。然而，这一主题在目前可用的教科书中几乎没有涉及。研究人员大多依靠已发表的研究论文和专著来了解非线性超声技术。第 3 章介绍了基于分布式点源法（DPSM）的弹性波传播建模技术。第 5 章致力于一个重要且非常活跃的研究领域——声源定位，这对于结构健康监测，以及裂纹和其他类型损伤的起始区域的定位是至关重要的。

根据本书介绍的内容可以开发出两门关于弹性波的研究生课程。第 1、2 章，以及第 5 章中的部分内容可以构成关于弹性波的初级研究生课程；第 3、4 章，以及第 5 章中的部分内容可以在关于弹性波和超声波无损检测的高级研究生课程中进行讲授。另外，教师也可以从这 5 章中挑选一些初级和高级的知识点来构成一门研究生课程中所要讲解的内容。

根据本书的研究内容也可以开发一些短期课程，该课程可以基于书中的 5 个章节设计出五个模块进行讲授。这一短期课程的持续时间可以在 $5\sim15h$，具体取决于教师对每个模块的讲解深度。

作者简介

　　Tribikram Kundu 教授在印度理工学院克勒格布尔分校获得机械工程学士学位，并获得印度总统金奖（PGM），在加利福尼亚州大学洛杉矶分校完成硕士和博士学位并获得加利福尼亚州大学洛杉矶分校杰出研究生奖后，加入了亚利桑那大学，并被提升为正教授，后来成为工程学院的杰出教员。迄今为止，他指导了 40 名博士生，出版了 9 本书，参与了 18 本书的章节编写，发表了 333 篇技术论文，其中 166 篇发表在科学期刊上。他曾获得 2003 年德国洪堡研究奖（高级科学家奖）和 1989 年德国洪堡奖学金，2012 年 SPIE（国际光学与光子学学会）NDE 终身成就奖，2015 年 ASNT 持续卓越研究奖（美国无损检测协会），2015 年终身成就奖和 2008 年结构健康监测杂志年度人物奖，同时也获得了来自法国、德国、瑞典、瑞士、西班牙、意大利、韩国、波兰、中国、日本、新加坡和印度的多个特邀教授职位。此外，他还是五个专业协会——ASME、ASCE、SPIE、ASNT 和 ASA 的会员。

目 录

第1章 弹性波力学——线性分析 ·· 001
1.1 连续介质力学和弹性理论基础 ·· 001
- 1.1.1 变形和应变张量 ·· 001
- 1.1.2 牵引力和应力张量 ·· 005
- 1.1.3 牵引力-应力关系 ·· 006
- 1.1.4 平衡方程 ·· 007
- 1.1.5 应力转换 ·· 009
- 1.1.6 张量的定义 ·· 011
- 1.1.7 主应力和主平面 ·· 011
- 1.1.8 位移和其他向量的变换 ·· 015
- 1.1.9 应变变换 ·· 015
- 1.1.10 弹性材料的定义和应力-应变关系 ·· 016
- 1.1.11 独立材料常数的数量 ·· 019
- 1.1.12 材料的对称面 ·· 020
- 1.1.13 各向同性材料的应力应变关系——格林方法 ·· 024
- 1.1.14 Navier 平衡方程 ·· 027
- 1.1.15 其他坐标系下的弹性力学基本方程 ·· 030

1.2 时间相关问题或动力学问题 ·· 033
- 1.2.1 几个简单的动力学问题 ·· 033
- 1.2.2 Stokes-Helmholtz 分解 ·· 036
- 1.2.3 二维平面问题 ·· 037
- 1.2.4 P 波和 S 波 ·· 039
- 1.2.5 谐波 ·· 039
- 1.2.6 平面波与无应力平面边界之间的相互作用 ·· 041
- 1.2.7 离面或反平面运动——SH 波 ·· 047
- 1.2.8 P 波和 SV 波与平面界面的相互作用 ·· 050

V

- 1.2.9 均匀半空间中的瑞利波 ······ 057
- 1.2.10 Love 波 ······ 061
- 1.2.11 层状半空间中的瑞利波 ······ 062
- 1.2.12 板波 ······ 064
- 1.2.13 相速度和群速度 ······ 071
- 1.2.14 点源激励 ······ 074
- 1.2.15 波在流体中的传播 ······ 077
- 1.2.16 平面波在流体－固体界面的反射和透射 ······ 084
- 1.2.17 浸没在流体中的固体平板对平面波的反射和透射 ······ 089
- 1.2.18 不同材料的弹性属性 ······ 093
- 1.3 小结 ······ 099
- 习题 ······ 100
- 参考文献 ······ 109

第 2 章 弹性导波——无损检测中的分析与应用 ······ 110

- 2.1 导波和波导 ······ 110
  - 2.1.1 兰姆波和泄漏兰姆波 ······ 111
- 2.2 基本方程——真空中的均匀弹性板 ······ 112
  - 2.2.1 色散曲线和振型 ······ 114
- 2.3 浸没在液体中的均匀弹性板 ······ 125
  - 2.3.1 对称运动 ······ 126
  - 2.3.2 反对称运动 ······ 127
- 2.4 平面 P 波撞击浸没在流体中的固体平板 ······ 131
  - 2.4.1 板材的兰姆波检测 ······ 134
- 2.5 多层板中的导波 ······ 142
  - 2.5.1 真空中的 n 层板 ······ 143
  - 2.5.2 流体中的 n 层板 ······ 150
  - 2.5.3 浸入流体中并受到平面 P 波冲击的 n 层板 ······ 154
- 2.6 单层和多层复合板中的导波 ······ 157
  - 2.6.1 浸没在流体中的单层复合板 ······ 164
  - 2.6.2 浸没在流体中的多层复合板 ······ 164
  - 2.6.3 真空中的多层复合板（色散方程） ······ 166
  - 2.6.4 考虑衰减的复合板分析 ······ 167

2.7 多层复合板缺陷检测-实验研究 …………………………………………… 169
   2.7.1 试件描述 ……………………………………………………………… 170
   2.7.2 数值和实验结果 ……………………………………………………… 172
2.8 管道圆周方向的导波传播 …………………………………………………… 178
   2.8.1 基本方程 ……………………………………………………………… 179
   2.8.2 波形 …………………………………………………………………… 181
   2.8.3 控制微分方程 ………………………………………………………… 181
   2.8.4 边界条件 ……………………………………………………………… 182
   2.8.5 求解 …………………………………………………………………… 182
   2.8.6 数值结果 ……………………………………………………………… 184
2.9 导波在管道轴向的传播 ……………………………………………………… 192
   2.9.1 基本方程 ……………………………………………………………… 192
   2.9.2 柱面导波在管壁损伤检测中的应用 ………………………………… 196
2.10 小结 ………………………………………………………………………… 201
习题 ……………………………………………………………………………… 201
参考文献 ………………………………………………………………………… 204

第3章 分布式点源法（DPSM）模拟弹性波 …………………………… 210

3.1 用点源分布模拟有限平面声源 ……………………………………………… 211
3.2 流体中的平面活塞换能器 …………………………………………………… 212
   3.2.1 解析解 ………………………………………………………………… 212
   3.2.2 数值解 ………………………………………………………………… 213
   3.2.3 半解析的 DPSM 解 …………………………………………………… 214
   3.2.4 计算结果 ……………………………………………………………… 219
   3.2.5 相邻点源之间所需间距 ……………………………………………… 227
3.3 均匀流体中的聚焦换能器 …………………………………………………… 229
   3.3.1 聚焦换能器的计算结果 ……………………………………………… 230
3.4 存在界面的非均匀流体中的超声波场 ……………………………………… 230
   3.4.1 流体 1 中的超声场计算 ……………………………………………… 231
   3.4.2 流体 2 中的超声场计算 ……………………………………………… 232
   3.4.3 连续性条件的满足和未知数的评估 ………………………………… 233
3.5 散射体存在时的超声声场 …………………………………………………… 234
   3.5.1 DPSM 建模 …………………………………………………………… 234

3.5.2 解析解 ·················· 237
3.5.3 空腔问题的数值解 ·················· 238
3.6 多层流体介质中的超声场 ·················· 244
3.7 流体-固体界面存在时的超声场计算 ·················· 247
 3.7.1 流体-固体界面 ·················· 247
 3.7.2 固体半空间上的流体楔形——DPSM 公式 ·················· 248
 3.7.3 固体-固体界面 ·················· 253
3.8 瞬态问题的 DPSM 建模 ·················· 254
 3.8.1 有界声束激发的流体-固体界面——DPSM 公式 ·················· 254
3.9 各向异性介质的 DPSM 建模 ·················· 262
 3.9.1 浸没在流体中固体板的 DPSM 建模 ·················· 263
 3.9.2 加窗技术 ·················· 266
 3.9.3 弹性动力学格林函数 ·················· 267
 3.9.4 数值算例 ·················· 272
3.10 小结 ·················· 276
参考文献 ·················· 277

第4章 非线性超声无损检测技术 ·················· 281

4.1 引言 ·················· 281
4.2 非线性材料中波传播的一维分析 ·················· 283
 4.2.1 线性和非线性材料的应力-应变关系 ·················· 283
 4.2.2 单频波激励下的非线性材料 ·················· 284
 4.2.3 两种不同频率的波激励下的非线性材料 ·················· 286
 4.2.4 一维波在非线性杆中传播的详细分析 ·················· 288
 4.2.5 其他类型波的高次谐波产生 ·················· 291
4.3 非线性体波在无损检测中的应用 ·················· 293
 4.3.1 非线性声学参数的测量 ·················· 293
 4.3.2 实验结果 ·················· 294
4.4 非线性兰姆波在无损检测中的应用 ·················· 295
 4.4.1 非线性兰姆波实验中的相位匹配 ·················· 295
 4.4.2 实验结果 ·················· 296
4.5 非线性共振技术 ·················· 298
4.6 基于泵浦波和探测波的技术 ·················· 302

4.7 边带峰值计数（SPC）技术 ·· 302
    4.7.1 SPC 测量材料非线性的实验证明 ····························· 304
4.8 小结 ··· 307
参考文献 ··· 307

第5章 声源定位 ·· 309

5.1 引言 ··· 309
5.2 各向同性板中的声源定位 ··· 311
    5.2.1 波速已知各向同性板的三角测量技术 ······················· 311
    5.2.2 波速未知各向同性板的三角测量技术 ······················· 313
    5.2.3 波速未知各向同性板的优化技术 ···························· 313
    5.2.4 各向同性板的波束成形技术 ·································· 316
    5.2.5 未知波速各向同性板的应变 Rossette 技术 ·················· 317
    5.2.6 基于模态声发射的声源定位 ·································· 317
5.3 各向异性板中的声源定位 ··· 318
    5.3.1 各向异性结构波束成形技术 ·································· 318
    5.3.2 各向异性板声源定位优化技术 ································ 319
    5.3.3 材料属性未知各向异性板中的声源定位 ···················· 323
    5.3.4 平板材料属性未知时基于坡印亭向量技术的声源定位及
          其强度评估 ··· 329
5.4 复杂结构中的声源定位 ·· 330
    5.4.1 基于时间反演和人工神经网络技术的复杂结构中的声源定位 ··· 331
    5.4.2 基于密集分布传感器的声源定位 ···························· 332
5.5 三维结构中的声源定位 ·· 333
5.6 到达时间的自动确定 ··· 333
5.7 声源预测中的不确定性 ·· 333
5.8 基于波前分析的各向异性板中的声源定位 ·························· 333
    5.8.1 基于传感器簇的波传播方向向量测量 ······················ 334
    5.8.2 各向异性板中波传播的数值模拟 ···························· 336
    5.8.3 基于波前的声源定位技术 ····································· 338
5.9 小结 ··· 354
参考文献 ··· 354

第1章
弹性波力学——线性分析

要了解弹性波在固体和流体材料中传播的物理原理,必须对力学基础有很好的理解。考虑到这一点,本章分为两个重点部分。第一部分介绍弹性力学和连续介质力学理论,第二部分推导了弹性波在材料中传播的基本方程。在继续学习本书的其余部分之前,有必要完全理解第1章。

1.1 连续介质力学和弹性理论基础

本节推导了弹性体中位移、应变和应力之间的关系。

1.1.1 变形和应变张量

图 1-1 显示了笛卡儿坐标系 $x_1 x_2 x_3$ 中物体的参考状态 R 和当前变形状态 D。物体的变形和物体中单个质点的位移是相对于该参考状态定义的。由于外力作用或温度变化使物体中的不同质点移动时,物体的构型会从参考状态变为当前的变形状态。在某一变形状态达到平衡后,如果施加的力或温度再次发生变化,变形状态也会发生变化。物体当前的变形状态是当前载荷状态下的平衡位置。通常,将物体的无应力构型视为参考状态,但参考状态不一定总是无应力的。物体的任何可能的构型都可以被认为是参考状态。为简单起见,如果没有另作说明,在施加任何外部干扰(力、温度等)之前,物体的初始无应力构型将被视为其参考状态。

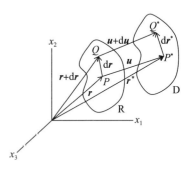

图 1-1 物体的变形
R—参考状态;D—变形状态。

考虑参考状态下物体中的两个点 P 和 Q。它们在变形后移动到 P^* 和 Q^* 位置。点 P 和 Q 的位移分别由向量 $\boldsymbol{u}$ 和 $\boldsymbol{u}+\mathrm{d}\boldsymbol{u}$ 表示（注意：在这里和后续推导中，向量将用粗体字母表示）。P、Q、P^* 和 Q^* 的位置向量分别为 $\boldsymbol{r}$、$\boldsymbol{r}+\mathrm{d}\boldsymbol{r}$、$\boldsymbol{r}^*$ 和 $\boldsymbol{r}^*+\mathrm{d}\boldsymbol{r}^*$。显然，位移和位置向量满足下列关系：

$$\boldsymbol{r}^* = \boldsymbol{r} + \boldsymbol{u}$$
$$\boldsymbol{r}^* + \mathrm{d}\boldsymbol{r}^* = \boldsymbol{r} + \mathrm{d}\boldsymbol{r} + \boldsymbol{u} + \mathrm{d}\boldsymbol{u} \tag{1-1}$$
$$\therefore \mathrm{d}\boldsymbol{r}^* = \mathrm{d}\boldsymbol{r} + \mathrm{d}\boldsymbol{u}$$

利用三个笛卡儿分量，上述方程可以写成

$$(\mathrm{d}x_1^*\boldsymbol{e}_1 + \mathrm{d}x_2^*\boldsymbol{e}_2 + \mathrm{d}x_3^*\boldsymbol{e}_3) = (\mathrm{d}x_1\boldsymbol{e}_1 + \mathrm{d}x_2\boldsymbol{e}_2 + \mathrm{d}x_3\boldsymbol{e}_3) + (\mathrm{d}u_1\boldsymbol{e}_1 + \mathrm{d}u_2\boldsymbol{e}_2 + \mathrm{d}u_3\boldsymbol{e}_3)$$
$$\tag{1-2}$$

式中：$\boldsymbol{e}_1$、$\boldsymbol{e}_2$ 和 $\boldsymbol{e}_3$ 分别为 x_1、x_2 和 x_3 方向上的单位向量。

在索引或张量表示法中，式（1-2）可以写成

$$\mathrm{d}x_i^* = \mathrm{d}x_i + \mathrm{d}u_i \tag{1-3}$$

式中：i 为自由索引，可以取 1、2 或 3。

应用链式法则，式（1-3）可以写成

$$\mathrm{d}x_i^* = \mathrm{d}x_i + \frac{\partial u_i}{\partial x_1}\mathrm{d}x_1 + \frac{\partial u_i}{\partial x_2}\mathrm{d}x_2 + \frac{\partial u_i}{\partial x_3}\mathrm{d}x_3$$
$$\therefore \mathrm{d}x_i^* = \mathrm{d}x_i + \sum_{j=1}^{3}\frac{\partial u_i}{\partial x_j}\mathrm{d}x_j = \mathrm{d}x_i + u_{i,j}\mathrm{d}x_j \tag{1-4}$$

式中：逗号（,）表示导数，并且采用了求和约定（重复哑指标（Dummy index）表示对 1、2 和 3 求和）。

式（1-4）也可以用矩阵符号写成以下形式：

$$\begin{Bmatrix}\mathrm{d}x_1^*\\\mathrm{d}x_2^*\\\mathrm{d}x_3^*\end{Bmatrix} = \begin{Bmatrix}\mathrm{d}x_1\\\mathrm{d}x_2\\\mathrm{d}x_3\end{Bmatrix} + \begin{bmatrix}\dfrac{\partial u_1}{\partial x_1} & \dfrac{\partial u_1}{\partial x_2} & \dfrac{\partial u_1}{\partial x_3}\\\dfrac{\partial u_2}{\partial x_1} & \dfrac{\partial u_2}{\partial x_2} & \dfrac{\partial u_2}{\partial x_3}\\\dfrac{\partial u_3}{\partial x_1} & \dfrac{\partial u_3}{\partial x_2} & \dfrac{\partial u_3}{\partial x_3}\end{bmatrix}\begin{Bmatrix}\mathrm{d}x_1\\\mathrm{d}x_2\\\mathrm{d}x_3\end{Bmatrix} \tag{1-5}$$

式（1-5）的简写形式可以写为

$$\{\mathrm{d}\boldsymbol{r}^*\} = \{\mathrm{d}\boldsymbol{r}\} + [\nabla\boldsymbol{u}]^\mathrm{T}\{\mathrm{d}\boldsymbol{r}\} \tag{1-6}$$

如果定义

$$\varepsilon_{ij} = \frac{1}{2}(u_{i,j} + u_{j,i}) \tag{1-7a}$$

$$\omega_{ij}=\frac{1}{2}(u_{i,j}-u_{j,i}) \tag{1-7b}$$

那么，式（1-6）可以表示为以下形式

$$\{{\rm d}\boldsymbol{r}^*\}=\{{\rm d}\boldsymbol{r}\}+[\boldsymbol{\varepsilon}]\{{\rm d}\boldsymbol{r}\}+[\boldsymbol{\omega}]\{{\rm d}\boldsymbol{r}\} \tag{1-7c}$$

1.1.1.1 小位移梯度 ε_{ij} 和 ω_{ij} 的解释

考虑 ${\rm d}\boldsymbol{r}={\rm d}x_1\boldsymbol{e}_1$ 时的特殊情况。那么，变形后 ${\rm d}\boldsymbol{r}^*$ 的三个分量可由式（1-5）计算出来。

$$\begin{aligned}
{\rm d}x_1^* &= {\rm d}x_1+\frac{\partial u_1}{\partial x_1}{\rm d}x_1=(1+\varepsilon_{11}){\rm d}x_1 \\
{\rm d}x_2^* &= \frac{\partial u_2}{\partial x_1}{\rm d}x_1=(\varepsilon_{21}+\omega_{21}){\rm d}x_1 \\
{\rm d}x_3^* &= \frac{\partial u_3}{\partial x_1}{\rm d}x_1=(\varepsilon_{31}+\omega_{31}){\rm d}x_1
\end{aligned} \tag{1-8}$$

在这种情况下，单元 PQ 的初始长度为 ${\rm d}S={\rm d}x_1$；变形后单元 P^*Q^* 的最终长度为

$$\begin{aligned}
{\rm d}S^* &= \left[({\rm d}x_1^*)^2+({\rm d}x_2^*)^2+({\rm d}x_3^*)^2\right]^{\frac{1}{2}}={\rm d}x_1\left[(1+\varepsilon_{11})^2+(\varepsilon_{21}+\omega_{21})^2+(\varepsilon_{31}+\omega_{31})^2\right]^{\frac{1}{2}} \\
&\approx {\rm d}x_1\left[1+2\varepsilon_{11}\right]^{\frac{1}{2}}={\rm d}x_1(1+\varepsilon_{11})
\end{aligned} \tag{1-9}$$

在式（1-9）中，我们假设位移梯度 $u_{i,j}$ 很小，因此，ε_{ij} 和 ω_{ij} 很小。因为这一假设是正确的，所以可以忽略 ε_{ij} 和 ω_{ij} 的二阶项。

根据 x_1 方向的工程法向应变（E_{11}）的定义，其可以表示为

$$E_{11}=\frac{{\rm d}S^*-{\rm d}S}{{\rm d}S}=\frac{{\rm d}x_1(1+\varepsilon_{11})-{\rm d}x_1}{{\rm d}x_1}=\varepsilon_{11} \tag{1-10}$$

同样地，可以证明 ε_{22} 和 ε_{33} 分别是 x_2 和 x_3 方向的工程法向应变。

为了解释 ε_{12} 和 ω_{12}，考虑参考状态下的两个相互垂直的单元 PQ 和 PR。如图 1-2 所示，在变形状态下，这些单元分别移动至 P^*Q^* 和 P^*R^* 位置。

令向量 PQ 和 PR 分别为 $({\rm d}\boldsymbol{r})_{PQ}={\rm d}x_1\boldsymbol{e}_1$ 和 $({\rm d}\boldsymbol{r})_{PR}={\rm d}x_2\boldsymbol{e}_2$。变形后 $({\rm d}\boldsymbol{r})_{PQ}$ 和 $({\rm d}\boldsymbol{r})_{PR}$ 的三

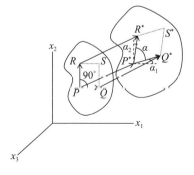

图 1-2 变形前两个相互垂直的单元 PQ 和 PR 在变形后不再保持垂直

个分量可以分别写成式（1-11）和式（1-12）的形式，如下：

$$(dx_1^*)_{PQ} = dx_1 + \frac{\partial u_1}{\partial x_1}dx_1 = (1+\varepsilon_{11})dx_1$$

$$(dx_2^*)_{PQ} = \frac{\partial u_2}{\partial x_1}dx_1 = (\varepsilon_{21}+\omega_{21})dx_1 \quad (1-11)$$

$$(dx_3^*)_{PQ} = \frac{\partial u_3}{\partial x_1}dx_1 = (\varepsilon_{31}+\omega_{31})dx_1$$

$$(dx_1^*)_{PR} = \frac{\partial u_1}{\partial x_2}dx_2 = (\varepsilon_{12}+\omega_{12})dx_1$$

$$(dx_2^*)_{PR} = dx_2 + \frac{\partial u_2}{\partial x_2}dx_2 = (1+\varepsilon_{22})dx_2 \quad (1-12)$$

$$(dx_3^*)_{PR} = \frac{\partial u_3}{\partial x_2}dx_2 = (\varepsilon_{32}+\omega_{32})dx_1$$

令 α_1 为 P^*Q^* 与水平轴的夹角，α_2 为 P^*R^* 与垂直轴的夹角，如图 1-2 所示。注意，$\alpha+\alpha_1+\alpha_2=90°$。根据式（1-11）和式（1-12）可以看出

$$\begin{cases}\tan\alpha_1 = \frac{(\varepsilon_{21}+\omega_{21})dx_1}{(1+\varepsilon_{11})dx_1} \approx \varepsilon_{21}+\omega_{21} = \varepsilon_{12}+\omega_{21} \\ \tan\alpha_2 = \frac{(\varepsilon_{12}+\omega_{12})dx_2}{(1+\varepsilon_{22})dx_2} \approx \varepsilon_{12}-\omega_{21}\end{cases} \quad (1-13)$$

在式（1-13）中，我们假设位移梯度很小，因此 $1+\varepsilon_{ij}\approx 1$。对于小位移梯度 $\tan\alpha_i\approx\alpha_i$，可以写成

$$\alpha_1 = \varepsilon_{12}+\omega_{21}$$
$$\alpha_2 = \varepsilon_{12}-\omega_{21} \quad (1-14)$$
$$\therefore \varepsilon_{12} = \frac{1}{2}(\alpha_1+\alpha_2) \quad \& \quad \omega_{21} = \frac{1}{2}(\alpha_1-\alpha_2)$$

式（1-14）表明，$2\varepsilon_{12}$ 是单元 PQ 和 PR 变形后的夹角变化。换句话说，它是工程剪应变。ω_{21} 是对角线 PS 的旋转（图 1-2）或矩形单元 PQSR 在变形后绕 x_3 轴的平均旋转。

总之，ε_{ij} 和 ω_{ij} 是小位移梯度的应变张量和旋转张量。

例题 1.1

证明应变张量满足关系 $\varepsilon_{ij,kl}+\varepsilon_{kl,ij}=\varepsilon_{ik,jl}+\varepsilon_{jl,ik}$。

这种关系称为协调条件。

解：左侧 $=\varepsilon_{ij,kl}+\varepsilon_{kl,ij}=\frac{1}{2}(u_{i,jkl}+u_{j,ikl}+u_{k,lij}+u_{l,kij})$

右侧 $= \varepsilon_{ik,jl} + \varepsilon_{jl,ik} = \dfrac{1}{2}(u_{i,kjl} + u_{k,ijl} + u_{j,lik} + u_{l,jik})$

由于求导顺序的变化不会产生任何影响，所以 $u_{i,jkl} = u_{i,kjl}$。同样地，两个表达式中的其他三项显然也是相等的。因此，可以证明等式两端是相等的。

例题 1.2

验证弹性问题是否可能出现以下应变状态

$$\varepsilon_{11} = k(x_1^2 + x_2^2), \quad \varepsilon_{22} = k(x_2^2 + x_3^2), \quad \varepsilon_{12} = kx_1x_2x_3, \quad \varepsilon_{13} = \varepsilon_{23} = \varepsilon_{33} = 0$$

解：根据示例 1.1 中给出的协调条件，$\varepsilon_{ij,kl} + \varepsilon_{kl,ij} = \varepsilon_{ik,jl} + \varepsilon_{jl,ik}$，令 $i = 1$，$j = 1$，$k = 2$，$l = 2$，可以写出

$$\varepsilon_{11,22} + \varepsilon_{22,11} = 2\varepsilon_{12,12}$$
$$\varepsilon_{11,22} + \varepsilon_{22,11} = 2k + 0$$
$$2\varepsilon_{12,12} = 2kx_3$$

由于协调方程（compatibility equation）的两边不相等，因此，给定的应变状态不是可能的应变状态。

1.1.2 牵引力和应力张量

表面上单位面积的力称为牵引力。要定义 P 点处的牵引力（图 1-3），需要说明在经过该点的哪个表面上定义牵引力。如果定义牵引力的表面的方向发生变化，则点 P 处的牵引力值也将发生变化。

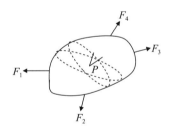

图 1-3 显示了一个物体在某些外力的作用下处于平衡状态。如果它被通过点 P 的平面切成两半，一般来说，为了使物体的每一半保持平衡，切割平面上会存在一些力。点 P 附近单位面积的力定义为点 P 处的牵引力。如果剖切面发生变化，那么同一点的

图 1-3 一个处于平衡状态的物体可以被无数个通过特定点 P 的平面切成两半（图中显示了两个这样的平面）

牵引力也会发生变化。因此，要定义一个点的牵引力，必须给出它的三个分量，并且必须确定它所在的平面。因此，牵引力可以表示为 $\boldsymbol{T}^{(n)}$，其中上标 $\boldsymbol{n}$ 表示垂直于定义牵引力的平面的单位向量。$\boldsymbol{T}^{(n)}$ 具有三个分量，分别对应于 x_1、x_2 和 x_3 方向上的单位面积力。

应力类似于牵引力—两者都定义为单位面积上的力。唯一的区别是应力分量总是定义为垂直或平行于表面，而牵引力分量不一定垂直或平行于表面。如

图1-4所示，$\boldsymbol{T}^{(n)}$为斜面上的牵引力。注意，$\boldsymbol{T}^{(n)}$和它的三个分量T_{ni}都不一定垂直或平行于斜面，但它的两个分量σ_{nn}和σ_{ns}分别垂直和平行于斜面，称为法向应力和剪切应力分量。

应力分量由两个下标描述。第一个下标表示定义应力分量的平面（或垂直于该平面），第二个下标表示单位面积力或应力值的方向。按照这个约定，在图1-5中对$x_1x_2x_3$坐标系中的不同应力分量进行了定义。

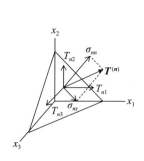
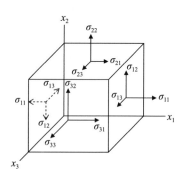

图1-4　斜面上的牵引力$\boldsymbol{T}^{(n)}$可以分解为三个分量T_{ni}，或分解为两个分量——法向应力和剪切应力分量（σ_{nn}和σ_{ns}）

图1-5　$x_1x_2x_3$坐标系中的不同应力分量

注意，在六个平面中的每一个上，即正和负x_1、x_2和x_3平面上，定义了三个应力分量（一个法向应力分量和两个剪切应力分量）。如果平面的外法线为正方向，则称该平面为正平面，否则为负平面。如果力方向在正平面上为正，或在负平面上为负，则应力为正。图1-5中正x_1、x_2和x_3平面和负x_1平面上显示的所有应力分量都是正应力分量。为保持图形简单，其他两个负平面上的应力分量未显示。虚线箭头表示负x_1平面上的三个应力分量，而实线箭头表示正平面上的应力分量。

如果力的方向和平面方向符号不同，一正一负，则对应的应力分量为负。因此，在图1-5中，如果我们改变任何应力分量的箭头方向，则该应力分量变为负值。

1.1.3　牵引力-应力关系

让我们从平衡的连续体中取一个四面体$OABC$（图1-6）。作用在$OABC$四个表面x_1方向的力（单位面积）如图1-6所示。从其在x_1方向的平衡可以写出

$$\sum F_1 = T_{n1}A - \sigma_{11}A_1 - \sigma_{21}A_2 - \sigma_{31}A_3 + f_1 V = 0 \qquad (1-15)$$

式中：A 为表面 ABC 的面积；A_1、A_2 和 A_3 分别是另外三个表面 OBC、OAC 和 OAB 的面积；f_1 为 x_1 方向上单位体积的体力。

如果 n_j 是垂直于平面 ABC 的单位向量 $\boldsymbol{n}$ 的第 j 个分量，则可以得到 $A_j = n_j A$ 和 $V = (Ah)/3$，其中，h 是从顶点 O 测得的四面体高度。因此，式（1-15）可以简化为

$$T_{n1} - \sigma_{11}n_1 - \sigma_{21}n_2 - \sigma_{31}n_3 + f_1\frac{h}{3} = 0 \quad (1-16)$$

在平面 ABC 通过顶点 O 的极限情况下，四面体高度 h 消失，则式（1-16）简化为

$$T_{n1} = \sigma_{11}n_1 + \sigma_{21}n_2 + \sigma_{31}n_3 = \sigma_{j1}n_j \quad (1-17)$$

在式（1-17）中使用了求和约定（重复索引表示求和）。

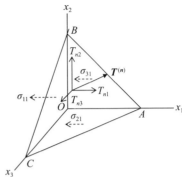

图 1-6 四面体的平面 ABC 上的牵引分量和平面 AOC、BOC、AOB 上 x_1 方向的应力分量

类似地，根据 x_2 和 x_3 方向上的力平衡可以写出

$$T_{n2} = \sigma_{j2}n_j$$
$$T_{n3} = \sigma_{j3}n_j \quad (1-18)$$

结合式（1-17）和式（1-18），用索引表示法得到了牵引力-应力关系

$$T_{ni} = \sigma_{ji}n_j \quad (1-19)$$

式中：自由索引 i 取 1、2 和 3 以生成三个方程；虚拟索引 j 取 1、2 和 3 并添加到每个方程中。

为简单起见，T_{ni} 的下标 n 省略，记为 T_i。这意味着定义牵引力的表面的单位法向量是 $\boldsymbol{n}$。因此，式（1-19）可以改写为

$$T_i = \sigma_{ji}n_j \quad (1-19a)$$

1.1.4 平衡方程

如果一个物体处于平衡状态，则该物体上的合力和力矩必须为零。

1.1.4.1 力平衡

x_1、x_2 和 x_3 方向上的合力等于零，以获得控制平衡方程（governing equilibrium equations）。首先，研究 x_1 方向的平衡，图 1-7 显示了微元体上作用在 x_1 方向上的所有力。

因此，x_1 方向上的零合力给出

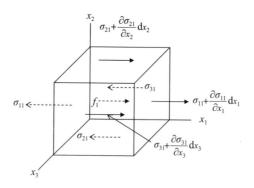

图 1-7 作用在微元体 x_1 方向上的力

$$-\sigma_{11}dx_2dx_3 + \left(\sigma_{11} + \frac{\partial \sigma_{11}}{\partial x_1}dx_1\right)dx_2dx_3$$

$$-\sigma_{21}dx_1dx_3 + \left(\sigma_{21} + \frac{\partial \sigma_{21}}{\partial x_2}dx_2\right)dx_1dx_3$$

$$-\sigma_{31}dx_2dx_1 + \left(\sigma_{31} + \frac{\partial \sigma_{31}}{\partial x_3}dx_3\right)dx_1dx_2 + f_1dx_1dx_2dx_3 = 0$$

或

$$\left(\frac{\partial \sigma_{11}}{\partial x_1}dx_1\right)dx_2dx_3 + \left(\frac{\partial \sigma_{21}}{\partial x_2}dx_2\right)dx_1dx_3 + \left(\frac{\partial \sigma_{31}}{\partial x_3}dx_3\right)dx_1dx_2 + f_1dx_1dx_2dx_3 = 0$$

或

$$\frac{\partial \sigma_{11}}{\partial x_1} + \frac{\partial \sigma_{21}}{\partial x_2} + \frac{\partial \sigma_{31}}{\partial x_3} + f_1 = 0$$

或

$$\frac{\partial \sigma_{j1}}{\partial x_j} + f_1 = 0 \qquad (1-20)$$

在式（1-20）中，重复索引 j 表示求和。

同样地，x_2 和 x_3 方向上的平衡给出

$$\frac{\partial \sigma_{j2}}{\partial x_j} + f_2 = 0$$

$$\frac{\partial \sigma_{j3}}{\partial x_j} + f_3 = 0 \qquad (1-21)$$

式（1-20）和式（1-21）的三个等式可以组合成以下形式：

$$\frac{\partial \sigma_{ji}}{\partial x_j} + f_i = \sigma_{ji,j} + f_i = 0 \tag{1-22}$$

式（1-22）给出的力平衡方程用索引符号表示，其中自由索引 i 取三个值 1、2 和 3，对应三个平衡方程，逗号（,）表示导数。

1.1.4.2 力矩平衡

现在计算图 1-8 中所示微元体在 x_3 方向上的合力矩（或者换句话说，围绕 x_3 轴的力矩）。

如果计算关于平行于 x_3 轴并穿过图 1-8 所示微元体质心的轴的力矩，则只有体积四个侧面上显示的四个剪切应力可以产生力矩。x_1 和 x_2 方向的体力不会产生任何力矩，因为合力通过体积的质心。由于关于该轴的合力矩应为零，因此可以得到

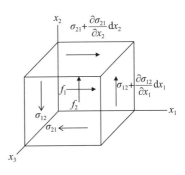

图 1-8　可能对单元 x_3 方向上的力矩有贡献的力

$$\left(\sigma_{12} + \frac{\partial \sigma_{12}}{\partial x_1} dx_1\right) dx_2 dx_3 \frac{dx_1}{2} + (\sigma_{12}) dx_2 dx_3 \frac{dx_1}{2} - \left(\sigma_{21} + \frac{\partial \sigma_{21}}{\partial x_2} dx_2\right) dx_1 dx_3 \frac{dx_2}{2} - (\sigma_{21}) dx_1 dx_3 \frac{dx_2}{2} = 0$$

忽略上式中的高阶项可以得到

$$2(\sigma_{12}) dx_2 dx_3 \frac{dx_1}{2} - 2(\sigma_{21}) dx_1 dx_3 \frac{dx_2}{2} = 0$$

或

$$\sigma_{12} = \sigma_{21}$$

同样地，应用关于其他两个轴的力矩平衡，可以证明 $\sigma_{13} = \sigma_{31}$ 和 $\sigma_{32} = \sigma_{23}$。或者，用索引符号表示，即

$$\sigma_{ij} = \sigma_{ji} \tag{1-23}$$

因此，应力张量是对称的。需要注意的是，如果物体有内部体耦合（或单位体积的体力矩），那么应力张量就不是对称的。

由于应力张量的对称性，式（1-19a）和式（1-22）也可以写为

$$T_i = \sigma_{ij} n_j$$
$$\sigma_{ij,j} + f_i = 0 \tag{1-24}$$

1.1.5　应力转换

现在研究两个笛卡儿坐标系中的应力分量是如何关联的。

图 1-9 显示了一个法线在 $x_{1'}$ 方向的斜面 ABC，因此，$x_{2'}x_{3'}$ 平面平行于 ABC 平面。牵引力 $\boldsymbol{T}^{(1')}$ 作用在 ABC 平面上，在 $x_{1'}$、$x_{2'}$、$x_{3'}$ 方向上的三个分量分别是三个应力分量 $\sigma_{1'1'}$、$\sigma_{1'2'}$ 和 $\sigma_{1'3'}$。注意，第一个下标表示应力作用的平面，第二个下标表示应力方向。

根据式（1-19）可以得到

$$T_{1'i} = \sigma_{ji} n_j^{(1')} = \sigma_{ji} \ell_{1'j} \quad (1-25)$$

式中：$n_j^{(1')} = \ell_{1'j}$ 为平面 ABC 上单位法向量的第 j 个分量，换句话说，是 $x_{1'}$ 轴的方向余弦。

注意，$\boldsymbol{T}^{(1')}$ 和单位向量 $\boldsymbol{n}^{(1')}$ 的点积为应力分量 $\sigma_{1'1'}$。所以有

$$\sigma_{1'1'} = T_{1'i} \ell_{1'i} = \sigma_{ji} \ell_{1'j} \ell_{1'i} \quad (1-26)$$

同样地，$\boldsymbol{T}^{(1')}$ 和单位向量 $\boldsymbol{n}^{(2')}$ 的点积为 $\sigma_{1'2'}$，而 $\boldsymbol{T}^{(1')}$ 和单位向量 $\boldsymbol{n}^{(3')}$ 的点积为 $\sigma_{1'3'}$。因此，可得

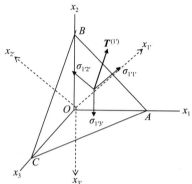

图 1-9 $x_{1'}x_{2'}x_{3'}$ 坐标系中的应力分量

$$\sigma_{1'2'} = T_{1'i} \ell_{2'i} = \sigma_{ji} \ell_{1'j} \ell_{2'i}$$
$$\sigma_{1'3'} = T_{1'i} \ell_{3'i} = \sigma_{ji} \ell_{1'j} \ell_{3'i} \quad (1-27)$$

式（1-26）和式（1-27）可以用索引符号写为

$$\sigma_{1'm'} = \ell_{1'j} \sigma_{ji} \ell_{m'i} \quad (1-28)$$

在式（1-28）中，自由索引 m' 可以取 1'、2' 或 3'。

同样地，根据法线为 $x_{2'}$ 方向的平面上的牵引力向量 $\boldsymbol{T}^{(2')}$ 可以得到

$$\sigma_{2'm'} = \ell_{2'j} \sigma_{ji} \ell_{m'i} \quad (1-29)$$

根据 $x_{3'}$ 平面上的牵引力向量 $\boldsymbol{T}^{(3')}$ 可以得出

$$\sigma_{3'm'} = \ell_{3'j} \sigma_{ji} \ell_{m'i} \quad (1-30)$$

将式（1-28）~式（1-30）进行组合得到以下索引符号表达式：

$$\sigma_{n'm'} = \ell_{n'j} \sigma_{ji} \ell_{m'i}$$

注意，在上式中，i、j、m' 和 n' 都是虚拟索引，可以互换从而得到

$$\sigma_{m'n'} = \ell_{m'i} \sigma_{ij} \ell_{n'j} = \ell_{m'i} \ell_{n'j} \sigma_{ij} \quad (1-31)$$

1.1.5.1 克罗内克 Delta 符号（δ_{ij}）和置换符号（ε_{ijk}）

在索引符号中，经常使用克罗内克 Delta 符号（δ_{ij}）和排列符号（ε_{ijk}，也称为列维齐维塔符号和替换符号），它们以下列方式定义：

$$\delta_{ij} = 1, \quad i = j$$
$$\delta_{ij} = 0, \quad i \neq j$$

和

$\varepsilon_{ijk} = 1$,i、j、k 的值为 1、2、3 或 2、3、1 或 3、1、2

$\varepsilon_{ijk} = -1$,i、j、k 的值为 3、2、1 或 1、3、2 或 2、1、3

$\varepsilon_{ijk} = 0$,i、j、k 没有三个不同的值

1.1.5.1.1 δ_{ij} 和 ε_{ijk} 的应用示例

注意

$$\frac{\partial x_i}{\partial x_j} = \delta_{ij}; \quad \boldsymbol{e}_i \cdot \boldsymbol{e}_j = \delta_{ij}$$

$$\mathrm{Det}\begin{vmatrix} a_{11} & a_{12} & a_{13} \\ a_{21} & a_{22} & a_{23} \\ a_{31} & a_{32} & a_{33} \end{vmatrix} = \varepsilon_{ijk} a_{1i} a_{2j} a_{3k}; \quad \boldsymbol{b} \times \boldsymbol{c} = \varepsilon_{ijk} b_j c_k \boldsymbol{e}_i$$

式中:$\boldsymbol{e}_i$ 和 $\boldsymbol{e}_j$ 分别为 $x_1 x_2 x_3$ 坐标系中 x_i 和 x_j 方向的单位向量。还要注意,$\boldsymbol{b}$ 和 $\boldsymbol{c}$ 是两个向量,而 $\boldsymbol{a}$ 是一个矩阵。

可以证明这两个符号之间存在如下关系:

$$\varepsilon_{ijk} \varepsilon_{imn} = \delta_{jm} \delta_{kn} - \delta_{jn} \delta_{km}$$

例题 1.3

从应力变换定律出发,证明 $\sigma_{m'n'} \sigma_{m'n'} = \sigma_{ij} \sigma_{ij}$,其中,$\sigma_{m'n'}$ 和 σ_{ij} 是两个不同笛卡儿坐标系中的应力张量。

解: $\sigma_{m'n'} \sigma_{m'n'} = (\ell_{m'i} \ell_{n'j} \sigma_{ij})(\ell_{m'p} \ell_{n'q} \sigma_{pq}) = (\ell_{m'i} \ell_{n'j})(\ell_{m'p} \ell_{n'q}) \sigma_{ij} \sigma_{pq}$

$= (\ell_{m'i} \ell_{m'p})(\ell_{n'j} \ell_{n'q}) \sigma_{ij} \sigma_{pq}$

$= \delta_{ip} \delta_{jq} \sigma_{ij} \sigma_{pq} = \sigma_{ij} \sigma_{ij}$

1.1.6 张量的定义

n 维空间中的 r 阶(或秩)笛卡儿张量是一组个数为 n^r 的数(称为张量的元素或分量),它们遵循以下两个坐标系之间的变换定律:

$$t_{m'n'p'q'\cdots} = (\ell_{m'i} \ell_{n'j} \ell_{p'k} \ell_{q'\ell} \cdots)(t_{ijk\ell\cdots}) \tag{1-32}$$

式中:$t_{m'n'p'q'\cdots}$ 和 $t_{ijk\cdots}$ 每个都有 r 个下标,等号右侧有 r 个方向余弦 $(\ell_{m'i} \ell_{n'j} \ell_{p'k} \ell_{q'\ell} \cdots)$ 相乘。

对比式(1-31)与张量方程的定义式(1-32),可以得出应力是二阶张量的结论。

1.1.7 主应力和主平面

牵引力向量为法线的平面称为主平面。主平面上的剪应力分量为零。主平

面上的法向应力称为主应力。

在图 1-10 中，设 $\boldsymbol{n}$ 是主平面 ABC 上的单位法向量，λ 是该平面上的主应力。因此，平面 ABC 上的牵引力向量可以写为

$$T_i = \lambda n_i$$

再通过式（1-24）可以得到下式：

$$T_i = \sigma_{ij} n_i$$

根据以上两个式子可以得到

$$\sigma_{ij} n_i - \lambda n_i = 0 \quad (1-33)$$

式（1-33）是一个特征值问题，可以改写为

$$(\sigma_{ij} - \lambda \delta_{ij}) n_i = 0 \quad (1-34)$$

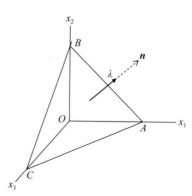

图 1-10 主平面 ABC 上的主应力 λ

当系数矩阵的行列式为零时，式（1-33）和式（1-34）中的齐次方程组给出了 n_j 的非平凡解（nontrivial solution）。因此，对于一个非平凡解

$$\mathrm{Det}\begin{bmatrix} (\sigma_{11}-\lambda) & \sigma_{12} & \sigma_{13} \\ \sigma_{21} & (\upsilon_{22}-\lambda) & \sigma_{23} \\ \sigma_{31} & \sigma_{32} & (\sigma_{33}-\lambda) \end{bmatrix} = 0$$

或

$$\lambda^3 - (\sigma_{11}+\sigma_{22}+\sigma_{33})\lambda^2 + (\sigma_{11}\sigma_{22}+\sigma_{22}\sigma_{33}+\sigma_{33}\sigma_{11}-\sigma_{12}^2-\sigma_{23}^2-\sigma_{31}^2)\lambda -$$
$$(\sigma_{11}\sigma_{22}\sigma_{33}+2\sigma_{12}\sigma_{23}\sigma_{31}-\sigma_{11}\sigma_{23}^2-\sigma_{22}\sigma_{31}^2-\sigma_{33}\sigma_{12}^2) = 0$$

$$(1-35)$$

在索引表示法下，式（1-35）可以写成

$$\lambda^3 - \sigma_{ii}\lambda^2 + \frac{1}{2}(\sigma_{ii}\sigma_{jj} - \sigma_{ij}\sigma_{ji})\lambda - \varepsilon_{ijk}\sigma_{1i}\sigma_{2j}\sigma_{3k} = 0 \quad (1-36)$$

式中：ε_{ijk} 为取值为 1、-1 或 0 的排列符号。如果下标 i、j、k 分别有三个不同的值 1、2 和 3（或 2、3、1 或 3、1、2），则其值为 1；如果下标为 3、2、1（或 2、1、3 或 1、3、2），则 ε_{ijk} 为 -1；如果 i、j、k 没有三个不同的值，那么 $\varepsilon_{ijk} = 0$。

三次方程（1.36）应该有三个 λ 的根，且三个根对应三个主应力值。得到 λ 后，由式（1-34）可以得到单位向量分量 n_j，并满足约束条件

$$n_1^2 + n_2^2 + n_3^2 = 1 \quad (1-37)$$

注意，对于 λ 的三个不同根，有三个 $\boldsymbol{n}$ 值对应于三个主方向。

由于主应力值应与起始坐标系无关，因此，无论从 $x_1 x_2 x_3$ 坐标系开始，还

是从 x_1, x_2, x_3 坐标系开始,式(1-36)的系数都不应改变。因此

$$\begin{cases} \sigma_{ii} = \sigma_{i'i'} \\ \sigma_{ii}\sigma_{jj} - \sigma_{ij}\sigma_{ji} = \sigma_{i'i'}\sigma_{i'i'} - \sigma_{i'j'}\sigma_{j'i'} \\ \varepsilon_{ijk}\sigma_{1i}\sigma_{2j}\sigma_{3k} = \varepsilon_{i'j'k'}\sigma_{1'i'}\sigma_{2'j'}\sigma_{3'k'} \end{cases} \quad (1-38)$$

式(1-38)中的三个方程称为三个应力不变量。经过一些代数运算后,第二和第三个应力不变量可以进一步简化,三个应力不变量可以写成

$$\begin{cases} \sigma_{ii} = \sigma_{i'i'} \\ \sigma_{ij}\sigma_{ji} = \sigma_{i'j'}\sigma_{j'i'} \quad 或 \quad \frac{1}{2}\sigma_{ij}\sigma_{ji} = \frac{1}{2}\sigma_{i'j'}\sigma_{j'i'} \\ \sigma_{ij}\sigma_{jk}\sigma_{ki} = \sigma_{i'j'}\sigma_{j'k'}\sigma_{k'i'} \quad 或 \quad \frac{1}{3}\sigma_{ij}\sigma_{jk}\sigma_{ki} = \frac{1}{3}\sigma_{i'j'}\sigma_{j'k'}\sigma_{k'i'} \end{cases} \quad (1-39)$$

例题 1.4

1. 获取应力张量的主值和主方向,给定一个主应力值为 9.739MPa。

$$\boldsymbol{\sigma} = \begin{bmatrix} 2 & -4 & -6 \\ -4 & 4 & 2 \\ -6 & 2 & -2 \end{bmatrix} \text{MPa}$$

2. 计算 $x_1' x_2' x_3'$ 坐标系中的应力状态。$x_1' x_2' x_3'$ 轴的方向余弦如下:

	x_1'	x_2'	x_3'
ℓ_1	0.7285	0.6601	0.1831
ℓ_2	0.4827	-0.6843	0.5466
ℓ_3	0.4861	-0.3098	-0.8171

解:

1. 根据式(1-35)得到特征方程

$$\lambda^3 - (\sigma_{11} + \sigma_{22} + \sigma_{33})\lambda^2 + (\sigma_{11}\sigma_{22} + \sigma_{22}\sigma_{33} + \sigma_{33}\sigma_{11} - \sigma_{12}^2 - \sigma_{23}^2 - \sigma_{31}^2)\lambda$$
$$- (\sigma_{11}\sigma_{22}\sigma_{33} + 2\sigma_{12}\sigma_{23}\sigma_{31} - \sigma_{11}\sigma_{23}^2 - \sigma_{22}\sigma_{31}^2 - \sigma_{33}\sigma_{12}^2) = 0$$

对于给定的应力张量,上式变为

$$\lambda^3 - 4\lambda^2 - 60\lambda + 40 = 0$$

上式可以写成

$$9\lambda^2 + 5.739\lambda^2 - 55.892\lambda - 4.108\lambda + 40 = 0$$

$$\Rightarrow (\lambda - 9.739)(\lambda^2 + 5.739\lambda - 4.108) = 0$$

$$\Rightarrow (\lambda - 9.739)(\lambda + 6.3825)(\lambda - 0.6435) = 0$$

其三个根为

$$\lambda_1 = -6.3825$$

$$\lambda_2 = 9.739$$
$$\lambda_3 = 0.6435$$

这是三个主应力值，主方向根据式（1-34）获得：

$$\begin{bmatrix} (\sigma_{11}-\lambda) & \sigma_{12} & \sigma_{13} \\ \sigma_{21} & (\sigma_{22}-\lambda) & \sigma_{23} \\ \sigma_{31} & \sigma_{32} & (\sigma_{33}-\lambda) \end{bmatrix} \begin{Bmatrix} \ell_{1'1} \\ \ell_{1'2} \\ \ell_{1'3} \end{Bmatrix} = 0$$

式中：$\ell_{1'1}$、$\ell_{1'2}$、$\ell_{1'3}$ 为与主应力 λ_1 相关的主方向的方向余弦。

基于上式可以得到

$$\begin{bmatrix} (2+6.3825) & -4 & -6 \\ -4 & (4+6.3825) & 2 \\ -6 & 2 & (-2+6.3825) \end{bmatrix} \begin{Bmatrix} \ell_{1'1} \\ \ell_{1'2} \\ \ell_{1'3} \end{Bmatrix} = 0$$

可以求解上述三个齐次方程组的第二和第三个方程，以得到用第三个方向余弦表示的两个方向余弦，如下所示：

$$\ell_{1'2} = 0.1333\ell_{1'1}$$
$$\ell_{1'3} = 1.3082\ell_{1'1}$$

对方向余弦进行归一化，如式（1-37）所示，得到以下结果：

$$1 = \ell_{1'1}^2 + \ell_{1'2}^2 + \ell_{1'3}^2 = \ell_{1'1}^2(1 + 0.1333^2 + 1.3082^2)$$
$$\Rightarrow \ell_{1'1} = \pm 0.65$$
$$\Rightarrow \ell_{1'2} = 0.1333\ell_{1'1} = \pm 0.081$$
$$\Rightarrow \ell_{1'3} = 1.3082\ell_{1'1} = \pm 0.791$$

同样地，对于第二主应力 $\lambda_2 = 9.739$，其方向余弦是 $\begin{Bmatrix} \ell_{2'1} = \pm 0.657 \\ \ell_{2'2} = \mp 0.612 \\ \ell_{2'3} = \mp 0.440 \end{Bmatrix}$。

对于第三主应力 $\lambda_3 = 0.6435$，其方向余弦是 $\begin{Bmatrix} \ell_{3'1} = \pm 0.449 \\ \ell_{3'2} = \pm 0.787 \\ \ell_{3'3} = \mp 0.423 \end{Bmatrix}$。

2. 根据式（1-31） $\sigma_{m'n'} = \ell_{m'i}\ell_{n'j}\sigma_{ij}$ 用矩阵表示 $\boldsymbol{\sigma}' = \boldsymbol{\ell\sigma\ell}^T$

式中

$$\boldsymbol{\ell}^T = \begin{bmatrix} \ell_{1'1} & \ell_{2'1} & \ell_{3'1} \\ \ell_{1'2} & \ell_{2'2} & \ell_{3'2} \\ \ell_{1'3} & \ell_{2'3} & \ell_{3'3} \end{bmatrix} = \begin{bmatrix} 0.7285 & 0.6601 & 0.1831 \\ 0.4827 & -0.6843 & 0.5466 \\ 0.4861 & -0.3098 & -0.8171 \end{bmatrix}$$

因此

$$\boldsymbol{\sigma}' = \boldsymbol{\ell}\boldsymbol{\sigma}\boldsymbol{\ell}^{\mathrm{T}} = \begin{bmatrix} -4.6033 & -0.8742 & 2.9503 \\ -0.8742 & 9.4682 & 1.6534 \\ 2.9503 & 1.6534 & -0.8650 \end{bmatrix} \mathrm{MPa}$$

1.1.8 位移和其他向量的变换

向量 V 可以用下列方式在两个坐标系中表示（图 1-11）：

$$V_1 e_1 + V_2 e_2 + V_3 e_3 = V_{1'} e_{1'} + V_{2'} e_{2'} + V_{3'} e_{3'} \tag{1-40}$$

如果将式（1-40）中 V_1、V_2 和 V_3 沿 $x_{j'}$ 方向的投影相加，则总和应等于分量 $V_{j'}$。因此

$$V_{j'} = \ell_{j'1} V_1 + \ell_{j'2} V_2 + \ell_{j'3} V_3 = \ell_{j'k} V_k \tag{1-41}$$

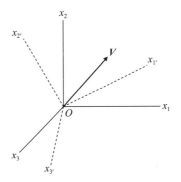

图 1-11 向量 V 和两个笛卡儿坐标系

比较式（1-41）和式（1-32），可以得出结论：向量是一阶张量或秩为 1 的张量。

1.1.9 应变变换

式（1-7a）给出了在 $x_1 x_2 x_3$ 坐标系中的应变表达式。在 $x_{1'} x_{2'} x_{3'}$ 坐标系中应变表达式为 $\varepsilon_{i'j'} = (u_{i',j'} + u_{j',i'})/2$。此时

$$u_{i',j'} = \frac{\partial u_{i'}}{\partial x_{j'}} = \frac{\partial (\ell_{i'm} u_m)}{\partial x_{j'}} = \ell_{i'm} \frac{\partial (u_m)}{\partial x_{j'}} = \ell_{i'm} \frac{\partial u_m}{\partial x_n} \frac{\partial x_n}{\partial x_{j'}}$$
$$= \ell_{i'm} \frac{\partial u_m}{\partial x_n} \ell_{nj'} = \ell_{i'm} \ell_{j'n} \frac{\partial u_m}{\partial x_n} \tag{1-42}$$

同样地

$$u_{j',i'} = \ell_{j'n} \ell_{i'm} \frac{\partial u_n}{\partial x_m} \tag{1-43}$$

因此

$$\varepsilon_{i'j'} = \frac{1}{2}(u_{i',j'} + u_{j',i'}) = \frac{1}{2}(\ell_{i'm} \ell_{j'n} u_{m,n} + \ell_{j'n} \ell_{i'm} u_{n,m})$$
$$= \frac{1}{2} \ell_{i'm} \ell_{j'n} (u_{m,n} + u_{n,m}) = \ell_{i'm} \ell_{j'n} \varepsilon_{mn} \tag{1-44}$$

需要注意的是，应变变换定律（式（1-44））与应力变换定律（式（1-31））是一致的。因此，应变也是一个二阶张量。

1.1.10 弹性材料的定义和应力-应变关系

弹性或保守材料可以用多种方式定义,如下所示。

(1) 应力和应变一一对应的材料称为弹性材料。

(2) 在加载和卸载过程中遵循相同的应力-应变路径的材料称为弹性材料。

(3) 对于弹性材料,存在应变能密度函数(U_0),它可以仅用当前应变状态 $U_0 = U_0(\varepsilon_{ij})$ 表示,与应变历史或应变路径无关。

如果应力-应变关系是线性的,则材料称为线弹性材料,否则称为非线性弹性材料。请注意,弹性材料并不一定意味着应力-应变关系是线性的,线性应力-应变关系并不意味着材料是弹性的。如果加载和卸载过程中的应力-应变路径不同,那么即使加载和卸载过程中路径是线性的,材料也不再具有弹性。图1-12显示了不同的应力-应变关系,并注明每个图所示材料是弹性或非弹性的。

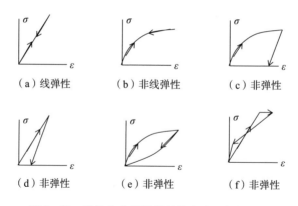

(a) 线弹性　　(b) 非线弹性　　(c) 非弹性

(d) 非弹性　　(e) 非弹性　　(f) 非弹性

图1-12　弹性和非弹性材料的应力-应变关系

对于保守材料,对该材料所做的外功必须等于该材料应变能的总增量。如果物体上所做外功的变化用 δW 表示,而存储在体内的内部应变能的变化是 δU,则 $\delta U = \delta W$。请注意,δU 可以用应变能密度变化(δU_0)来表示。δW 可以用施加的体力(f_i)、表面牵引力(T_i)和位移变化量(δu_i)以下列方式表示:

$$\delta U = \int_V \delta U_0 \mathrm{d}V$$
$$\delta W = \int_V f_i \delta u_i \mathrm{d}V + \int_S T_i \delta u_i \mathrm{d}S \tag{1-45}$$

式（1-45）：V 和 S 上的积分分别为体积积分和表面积分。

根据式（1-45）可以得到

$$\int_V \delta U_0 dV = \int_V f_i \delta u_i dV + \int_S T_i \delta u_i dS = \int_V f_i \delta u_i dV + \int_S \sigma_{ij} n_j \delta u_i dS$$

$$= \int_V f_i \delta u_i dV + \int_S (\sigma_{ij} \delta u_i) n_j dS$$

将高斯散度定理应用于右手边的第二个积分得到

$$\int_V \delta U_0 dV = \int_V f_i \delta u_i dV + \int_V (\sigma_{ij} \delta u_i)_{,j} dV = \int_V f_i \delta u_i dV + \int_V (\sigma_{ij,j} \delta u_i + \sigma_{ij} \delta u_{i,j}) dV$$

$$= \int_V (f_i \delta u_i + \sigma_{ij,j} \delta u_i + \sigma_{ij} \delta u_{i,j}) dV = \int_V ((f_i + \sigma_{ij,j}) \delta u_i + \sigma_{ij} \delta u_{i,j}) dV$$

(1-46)

代入平衡方程后（见式（1-24）），式（1-46）简化为

$$\int_V \delta U_0 dV = \int_V (\sigma_{ij} \delta u_{i,j}) dV = \int_V \frac{1}{2}(\sigma_{ij} \delta u_{i,j} + \sigma_{ij} \delta u_{i,j}) dV = \int_V \frac{1}{2}(\sigma_{ij} \delta u_{i,j} + \sigma_{ji} \delta u_{j,i}) dV$$

$$= \int_V \sigma_{ij} \frac{1}{2}(\delta u_{i,j} + \delta u_{j,i}) dV = \int_V \sigma_{ij} \delta \varepsilon_{ij} dV$$

(1-47)

因为式（1-47）对任意体积 V 有效，所以左侧和右侧的被积函数必须彼此相等。因此，

$$\delta U_0 = \sigma_{ij} \delta \varepsilon_{ij} \tag{1-48}$$

然而，根据弹性材料的定义

$$U_0 = U_0(\varepsilon_{ij})$$

$$\therefore \delta U_0 = \frac{\partial U_0}{\partial \varepsilon_{ij}} \delta \varepsilon_{ij} \tag{1-49}$$

由式（1-48）和式（1-49）中的 $\delta \varepsilon_{ij}$ 任意变化，可以得到

$$\sigma_{ij} \delta \varepsilon_{ij} = \frac{\partial U_0}{\partial \varepsilon_{ij}} \delta \varepsilon_{ij}$$

$$\therefore \sigma_{ij} = \frac{\partial U_0}{\partial \varepsilon_{ij}} \tag{1-50}$$

根据式（1-50），应力-应变关系可以通过假定 U_0 的某种应变分量表达式来获得（格林方法）。例如，如果假设应变能密度函数是应变分量的二次函数（完全二次多项式），如下所示

$$U_0 = D_0 + D_{kl} \varepsilon_{kl} + D_{klmn} \varepsilon_{kl} \varepsilon_{mn} \tag{1-51}$$

那么

$$\sigma_{ij} = \frac{\partial U_0}{\partial \varepsilon_{ij}} = D_{kl}\delta_{ik}$$

或者

$$\sigma_{ij} = \frac{\partial U_0}{\partial \varepsilon_{ij}} = D_{kl}\delta_{ik}\delta_{jl} + D_{klmn}(\delta_{ik}\delta_{jl}\varepsilon_{mn} + \varepsilon_{kl}\delta_{im}\delta_{jn}) = D_{ij} + D_{ijmn}\varepsilon_{mn} + D_{klij}\varepsilon_{kl}$$
$$= D_{ij} + (D_{ijkl} + D_{klij})\varepsilon_{kl}$$

将 $(D_{ijkl} + D_{klij}) = C_{ijkl}$ 和 $D_{ij} = 0$（对于零应力，如果应变也为零，则此假设有效）代入上式，得到以下形式的线性应力-应变关系（或本构关系）：

$$\sigma_{ij} = C_{ijkl}\varepsilon_{kl} \tag{1-52}$$

在柯西方法中，式（1-52）是将应力张量和应变张量联系起来得到的。请注意，式（1-52）是两个二阶张量之间的一般线性关系。

同样地，对于非线性（二次）材料，应力-应变关系为

$$\sigma_{ij} = C_{ij} + C_{ijkl}\varepsilon_{kl} + C_{ijklmn}\varepsilon_{kl}\varepsilon_{mn} \tag{1-53}$$

在式（1-53）中，右边的第一项是残余应力（零应变的应力），第二项是线性项，第三项是二次项。如果遵循格林方法，那么这种非线性应力-应变关系可以从应变能密度函数的三次表达式中得到

$$U_0 = D_{kl}\varepsilon_{kl} + D_{klmn}\varepsilon_{kl}\varepsilon_{mn} + D_{klmnpq}\varepsilon_{kl}\varepsilon_{mn}\varepsilon_{pq} \tag{1-54}$$

在本章中，我们只对线性材料进行分析。因此，我们采用的是式（1-52）给出的应力-应变关系。

例题 1.5

在 $x_1x_2x_3$ 坐标系中，一般各向异性材料的应力应变关系为 $\sigma_{ij} = C_{ijkm}\varepsilon_{km}$，在 $x_{1'}x_{2'}x_{3'}$ 坐标系中，同一材料的应力应变关系为 $\sigma_{i'j'} = C_{i'j'k'm'}\varepsilon_{k'm'}$。

1. 从应力和应变变换规律出发，得到 C_{ijkm} 与 $C_{i'j'k'm'}$ 之间的关系。
2. C_{ijkm} 是张量吗？如果是，它的秩是多少？

解：

1. 使用式（1-52）和式（1-31）可以得到

$$\sigma_{i'j'} = C_{i'j'k'm'}\varepsilon_{k'm'}$$
$$\Rightarrow \ell_{i'r}\ell_{j's}\sigma_{rs} = C_{i'j'k'm'}\ell_{k'p}\ell_{m'q}\varepsilon_{pq}$$
$$\Rightarrow (\ell_{i't}\ell_{j'u})\ell_{i'r}\ell_{j's}\sigma_{rs} = (\ell_{i't}\ell_{j'u})C_{i'j'k'm'}\ell_{k'p}\ell_{m'q}\varepsilon_{pq}$$
$$\Rightarrow \delta_{tr}\delta_{us}\sigma_{rs} = (\ell_{i't}\ell_{j'u})C_{i'j'k'm'}\ell_{k'p}\ell_{m'q}\varepsilon_{pq} = \ell_{i't}\ell_{j'u}\ell_{k'p}\ell_{m'q}C_{i'j'k'm'}\varepsilon_{pq}$$
$$\Rightarrow \sigma_{tu} = (\ell_{i't}\ell_{j'u}\ell_{k'p}\ell_{m'q}C_{i'j'k'm'})\varepsilon_{pq}$$

然而

$$\sigma_{tu} = C_{tupq}\varepsilon_{pq}$$

因此

$$C_{tupq} = \ell_{i't}\ell_{j'u}\ell_{k'p}\ell_{m'q}C_{i'j'k'm'} = \ell_{ti'}\ell_{uj'}\ell_{pk'}\ell_{qm'}C_{i'j'k'm'}$$

同样地，从方程 $\sigma_{pq} = C_{pqrs}\varepsilon_{rs}$ 出发，应用应力和应变变换定律，可以证明

$$C_{i'j'k'm'} = \ell_{i'p}\ell_{j'q}\ell_{k'r}\ell_{m's}C_{pqrs}$$

2. 显然，C_{ijkm} 满足四阶张量的变换定律。因此，它是一个阶数或秩为 4 的张量。

1.1.11 独立材料常数的数量

在式（1-52）中，系数 C_{ijkl} 的值取决于材料类型，称为材料常数或弹性常数。请注意，i、j、k 和 l 可以分别取三个值 1、2 或 3。因此，总共有 81 种可能的组合。然而，并非所有 81 个材料常数都是独立的。由于应力和应变张量是对称的，因此我们可以写出

$$C_{ijkl} = C_{jikl} = C_{jilk} \tag{1-55}$$

式（1-55）中的关系将独立材料常数的数量从 81 个减少到 36 个。式（1-52）中的应力-应变关系可以写成以下形式：

$$\begin{Bmatrix} \sigma_{11} \\ \sigma_{22} \\ \sigma_{33} \\ \sigma_{23} \\ \sigma_{31} \\ \sigma_{12} \end{Bmatrix} = \begin{Bmatrix} C_{1111} & C_{1122} & C_{1133} & C_{1123} & C_{1131} & C_{1112} \\ C_{2211} & C_{2222} & C_{2233} & C_{2223} & C_{2231} & C_{2212} \\ C_{3311} & C_{3322} & C_{3333} & C_{3323} & C_{3331} & C_{3312} \\ C_{2311} & C_{2322} & C_{2333} & C_{2323} & C_{2331} & C_{2312} \\ C_{3111} & C_{3122} & C_{3133} & C_{3123} & C_{3131} & C_{3112} \\ C_{1211} & C_{1222} & C_{1233} & C_{1223} & C_{1231} & C_{1212} \end{Bmatrix} \begin{Bmatrix} \varepsilon_{11} \\ \varepsilon_{22} \\ \varepsilon_{33} \\ 2\varepsilon_{23} \\ 2\varepsilon_{31} \\ 2\varepsilon_{12} \end{Bmatrix} \tag{1-56}$$

在式（1-56）中，仅显示了六个应力和应变分量。由于应力和应变张量的对称性，其他三个应力和应变分量不是独立的。6×6 的 **C** 矩阵称为本构矩阵。对于弹性材料，应变能密度函数只能表示为应变的函数。那么，其二次导数将具有如下形式

$$\frac{\partial^2 U_0}{\partial \varepsilon_{ij} \partial \varepsilon_{kl}} = \frac{\partial}{\partial \varepsilon_{ij}}\left(\frac{\partial U_0}{\partial \varepsilon_{kl}}\right) = \frac{\partial}{\partial \varepsilon_{ij}}(\sigma_{kl}) = \frac{\partial}{\partial \varepsilon_{ij}}(C_{klmn}\varepsilon_{mn}) = C_{klmn}\delta_{im}\delta_{jn} = C_{klij} \tag{1-57}$$

同样地

$$\frac{\partial^2 U_0}{\partial \varepsilon_{kl} \partial \varepsilon_{ij}} = \frac{\partial}{\partial \varepsilon_{kl}}\left(\frac{\partial U_0}{\partial \varepsilon_{ij}}\right) = \frac{\partial}{\partial \varepsilon_{kl}}(\sigma_{ij}) = \frac{\partial}{\partial \varepsilon_{kl}}(C_{ijmn}\varepsilon_{mn}) = C_{ijmn}\delta_{km}\delta_{ln} = C_{ijkl} \tag{1-58}$$

在式（1-57）和式（1-58）中，导数的顺序发生了改变。然而，由于导数的顺序不应改变最终结果，因此，可以得出结论：$C_{ijkl} = C_{klij}$。换句话说，式（1-56）的 **C** 矩阵必须是对称的，那么，独立弹性常数由 36 个减至 21 个。式（1-56）简化为

$$\begin{Bmatrix}\sigma_1\\\sigma_2\\\sigma_3\\\sigma_4\\\sigma_5\\\sigma_6\end{Bmatrix}=\begin{bmatrix}C_{11}&C_{12}&C_{13}&C_{14}&C_{15}&C_{16}\\&C_{22}&C_{23}&C_{24}&C_{25}&C_{26}\\&&C_{33}&C_{34}&C_{35}&C_{36}\\&&&C_{44}&C_{45}&C_{46}\\&\text{对称}&&&C_{55}&C_{56}\\&&&&&C_{66}\end{bmatrix}\begin{Bmatrix}\varepsilon_1\\\varepsilon_2\\\varepsilon_3\\2\varepsilon_4\\2\varepsilon_5\\2\varepsilon_6\end{Bmatrix} \quad (1-59)$$

在式（1-59）中，为了简便起见，我们用一个下标（σ_i 和 ε_i，其中 i 在 1 到 6 之间）来表示六个应力和应变分量，而不是传统的两个下标。材料常数用两个下标代替了四个下标。

1.1.12 材料的对称面

式（1-59）在没有任何对称面的情况下，有 21 个独立的弹性常数。这种材料称为一般各向异性材料或三斜材料（Triclinic material）。但是，如果材料响应是关于平面或轴对称的，那么独立材料常数的数量减少。

1.1.12.1 一个对称平面

使材料只有一个对称平面，且这个平面是 x_1 平面。换言之，对称平面是法线在 x_1 方向的 x_2x_3 平面。对于这种材料，如果 $\sigma_{ij}^{(1)}$ 和 $\sigma_{ij}^{(2)}$ 的应力状态是彼此相对于 x_1 平面的镜像，则对应的应变状态 $\varepsilon_{ij}^{(1)}$ 和 $\varepsilon_{ij}^{(2)}$ 应该是彼此相对于同一平面的镜像。根据式（1-59）的符号，我们可以发现应力状态 $\sigma_{ij}^{(1)} = (\sigma_1, \sigma_2, \sigma_3, \sigma_4, \sigma_5, \sigma_6)$ 和 $\sigma_{ij}^{(2)} = (\sigma_1, \sigma_2, \sigma_3, \sigma_4, -\sigma_5, -\sigma_6)$ 相对于 x_1 平面是镜像对称的。同样地，应变状态 $\varepsilon_{ij}^{(1)} = (\varepsilon_1, \varepsilon_2, \varepsilon_3, \varepsilon_4, \varepsilon_5, \varepsilon_6)$ 和 $\varepsilon_{ij}^{(2)} = (\varepsilon_1, \varepsilon_2, \varepsilon_3, \varepsilon_4, -\varepsilon_5, -\varepsilon_6)$ 也是关于同一平面的镜像对称。利用代换法可以很容易地证明，只有当 C 矩阵的若干弹性常数为零时（$\sigma_{ij}^{(1)}$，$\varepsilon_{ij}^{(1)}$）和（$\sigma_{ij}^{(2)}$，$\varepsilon_{ij}^{(2)}$）才能满足式（1-59），如下所示：

$$\begin{Bmatrix}\sigma_1\\\sigma_2\\\sigma_3\\\sigma_4\\\sigma_5\\\sigma_6\end{Bmatrix}=\begin{bmatrix}C_{11}&C_{12}&C_{13}&C_{14}&0&0\\&C_{22}&C_{23}&C_{24}&0&0\\&&C_{33}&C_{34}&0&0\\&&&C_{44}&0&0\\&\text{对称}&&&C_{55}&C_{56}\\&&&&&C_{66}\end{bmatrix}\begin{Bmatrix}\varepsilon_1\\\varepsilon_2\\\varepsilon_3\\2\varepsilon_4\\2\varepsilon_5\\2\varepsilon_6\end{Bmatrix} \quad (1-60)$$

具有一个对称平面的材料称为单斜材料（Monoclinic material）。由单斜材料的应力-应变关系（式（1-60））可知，这种材料的独立弹性常数的个数为 13。

1.1.12.2 两个和三个对称面

除了 x_1 平面，如果 x_2 平面也是对称平面，那么对于 x_2 平面对称的两种应力和应变状态也必须满足式（1-59）。注意，应力状态 $\sigma_{ij}^{(1)} = (\sigma_1, \sigma_2, \sigma_3, \sigma_4, \sigma_5, \sigma_6)$ 和 $\sigma_{ij}^{(2)} = (\sigma_1, \sigma_2, \sigma_3, \sigma_4, -\sigma_5, -\sigma_6)$ 是相对于 x_2 平面的镜像对称状态，应变状态 $\varepsilon_{ij}^{(1)} = (\varepsilon_1, \varepsilon_2, \varepsilon_3, \varepsilon_4, \varepsilon_5, \varepsilon_6)$ 和 $\varepsilon_{ij}^{(2)} = (\varepsilon_1, \varepsilon_2, \varepsilon_3, \varepsilon_4, -\varepsilon_5, -\varepsilon_6)$ 是相对于同一平面的镜像对称状态。与之前一样，我们可以通过代换法很容易地证明，只有当 C 矩阵的若干弹性常数变为零时，两种状态 $(\sigma_{ij}^{(1)}, \varepsilon_{ij}^{(1)})$ 和 $(\sigma_{ij}^{(2)}, \varepsilon_{ij}^{(2)})$ 才能满足等式（1-59），如下所示：

$$\begin{Bmatrix} \sigma_1 \\ \sigma_2 \\ \sigma_3 \\ \sigma_4 \\ \sigma_5 \\ \sigma_6 \end{Bmatrix} = \begin{bmatrix} C_{11} & C_{12} & C_{13} & 0 & C_{15} & 0 \\ & C_{22} & C_{23} & 0 & C_{25} & 0 \\ & & C_{33} & 0 & C_{35} & 0 \\ & & & C_{44} & C_{45} & 0 \\ & 对称 & & & C_{55} & 0 \\ & & & & & C_{66} \end{bmatrix} \begin{Bmatrix} \varepsilon_1 \\ \varepsilon_2 \\ \varepsilon_3 \\ 2\varepsilon_4 \\ 2\varepsilon_5 \\ 2\varepsilon_6 \end{Bmatrix} \quad (1-61)$$

式（1-60）是 x_1 平面为对称平面时的本构关系，式（1-61）是 x_2 平面作为对称平面的本构关系。因此，当 x_1 和 x_2 平面都是对称平面时，C 矩阵只有 9 个独立的材料常数，如下所示：

$$\begin{Bmatrix} \sigma_1 \\ \sigma_2 \\ \sigma_3 \\ \sigma_4 \\ \sigma_5 \\ \sigma_6 \end{Bmatrix} = \begin{bmatrix} C_{11} & C_{12} & C_{13} & 0 & 0 & 0 \\ & C_{22} & C_{23} & 0 & 0 & 0 \\ & & C_{33} & 0 & 0 & 0 \\ & & & C_{44} & 0 & 0 \\ & 对称 & & & C_{55} & 0 \\ & & & & & C_{66} \end{bmatrix} \begin{Bmatrix} \varepsilon_1 \\ \varepsilon_2 \\ \varepsilon_3 \\ 2\varepsilon_4 \\ 2\varepsilon_5 \\ 2\varepsilon_6 \end{Bmatrix} \quad (1-62)$$

注意，式（1-62）包括所有三个平面 x_1、x_2 和 x_3 都是对称平面时的情况。因此，当两个相互垂直的平面是对称平面时，第三个平面自动成为对称平面。具有三个对称平面的材料称为正交各向异性（或斜方晶体）材料。

1.1.12.3 三个对称面和一个对称轴

如果材料除了三个对称平面外还有一个对称轴，那么它被称为横观各向同性（六边形）材料。如果 x_3 轴是对称轴，那么 x_1 和 x_2 方向上的材料响应必须相同。在式（1-62）中，如果代入 $\varepsilon_1 = \varepsilon_0$，所有其他应变分量 $=0$，则得到三个非零应力分量，$\sigma_1 = C_{11}\varepsilon_0$，$\sigma_2 = C_{12}\varepsilon_0$，$\sigma_3 = C_{13}\varepsilon_0$。同样地，如果应变状态

只有一个非零分量 $\varepsilon_1=\varepsilon_0$,而所有其他应变分量为零,则三个法向应力分量为 $\sigma_1=C_{12}\varepsilon_0$,$\sigma_2=C_{22}\varepsilon_0$,$\sigma_3=C_{23}\varepsilon_0$。由于 x_3 轴是对称轴,两种情况下的 σ_3 应相同,第一种情况下的 σ_1 应等于第二种情况下的 σ_2,反之亦然。因此,$C_{13}=C_{12}$,$C_{11}=C_{22}$。然后,再考虑两种情况:① ε_{23}(或式(1-62)中的 ε_4)$=\varepsilon_0$,其他应变分量都为 0;② ε_{31}(或式(1-62)中的 ε_5)$=\varepsilon_0$,其他应变分量都为 0。根据式(1-62)得到第一种情况中 $\sigma_4=C_{44}\varepsilon_0$,第二种情况中 $\sigma_5=C_{55}\varepsilon_0$。因为 x_3 轴是对称轴,所以 σ_4 和 σ_5 的值应相等,因此 $C_{44}=C_{55}$。将这些约束条件代入式(1-62),得到

$$\begin{Bmatrix}\sigma_1\\\sigma_2\\\sigma_3\\\sigma_4\\\sigma_5\\\sigma_6\end{Bmatrix}=\begin{bmatrix}C_{11}&C_{12}&C_{13}&0&0&0\\&C_{11}&C_{13}&0&0&0\\&&C_{13}&0&0&0\\&&&C_{44}&0&0\\&\text{对称}&&&C_{44}&0\\&&&&&C_{66}\end{bmatrix}\begin{Bmatrix}\varepsilon_1\\\varepsilon_2\\\varepsilon_3\\2\varepsilon_4\\2\varepsilon_5\\2\varepsilon_6\end{Bmatrix} \quad (1-63)$$

在式(1-63)中,虽然有 6 个不同的材料常数,但只有 5 个是独立的。考虑到 x_1x_2 平面中的各向同性变形,C_{66} 可以利用 C_{11} 和 C_{12} 表示为以下形式:

$$C_{66}=\frac{C_{11}-C_{12}}{2} \quad (1-64)$$

1.1.12.4 三个对称平面和两个或三个对称轴

如果现在将 x_1 添加为对称轴,那么遵循与之前相同的论点,可以证明在式(1-63)中必须满足以下三个附加约束条件:$C_{12}=C_{13}$、$C_{11}=C_{33}$ 和 $C_{44}=C_{66}$。因此,本构矩阵可以简化为

$$\begin{Bmatrix}\sigma_1\\\sigma_2\\\sigma_3\\\sigma_4\\\sigma_5\\\sigma_6\end{Bmatrix}=\begin{bmatrix}C_{11}&C_{12}&C_{12}&0&0&0\\&C_{11}&C_{12}&0&0&0\\&&C_{11}&0&0&0\\&&&C_{66}&0&0\\&\text{对称}&&&C_{66}&0\\&&&&&C_{66}\end{bmatrix}\begin{Bmatrix}\varepsilon_1\\\varepsilon_2\\\varepsilon_3\\2\varepsilon_4\\2\varepsilon_5\\2\varepsilon_6\end{Bmatrix} \quad (1-65)$$

第三对称轴的加入不再改变本构矩阵。因此,如果两个相互垂直的轴是对称轴,那么第三个轴必定是对称轴。这些材料在各个方向上具有相同的材料特性,称为各向同性材料。根据式(1-65)和式(1-64)可以看出,各向同性材料只有两个独立的材料常数。本章将集中分析线性、弹性、各向同

性材料。

例题 1.6

考虑弹性正交各向异性材料，其应力-应变关系由以下给出：

$$\varepsilon_{11} = \frac{\sigma_{11}}{E_1} - \nu_{21}\frac{\sigma_{22}}{E_2} - \nu_{31}\frac{\sigma_{33}}{E_3}$$

$$\varepsilon_{22} = \frac{\sigma_{22}}{E_2} - \nu_{12}\frac{\sigma_{11}}{E_1} - \nu_{32}\frac{\sigma_{33}}{E_3}$$

$$\varepsilon_{33} = \frac{\sigma_{33}}{E_3} - \nu_{13}\frac{\sigma_{11}}{E_1} - \nu_{23}\frac{\sigma_{22}}{E_2}$$

$$2\varepsilon_{12} = \frac{\sigma_{12}}{G_{12}} \quad 2\varepsilon_{21} = \frac{\sigma_{21}}{G_{21}}$$

$$2\varepsilon_{13} = \frac{\sigma_{13}}{G_{13}} \quad 2\varepsilon_{31} = \frac{\sigma_{31}}{G_{31}}$$

$$2\varepsilon_{23} = \frac{\sigma_{23}}{G_{23}} \quad 2\varepsilon_{32} = \frac{\sigma_{32}}{G_{32}}$$

式中：E_i 为 x_i 方向的杨氏模量；ν_{ij} 和 G_{ij} 分别为不同方向上的泊松比和剪切模量；i 和 j 取不同值。

1. 在上述关系中，你能看到多少不同的弹性常数？
2. 你希望其中有多少常数是独立的？
3. 上述材料常数之间必须存在多少等式或约束关系？
4. 当 $i \neq j$ 时，你希望 G_{ij} 与 G_{ji} 相等吗？证明你的"是"或"否"答案。
5. 当 $i \neq j$ 时，你希望 ν_{ij} 与 ν_{ji} 相等吗？证明你的"是"或"否"答案。
6. 写下所有必须满足的方程式（与材料常数有关）。
7. 如果上述关系是针对各向同性材料提出的，那么上述材料常数之间必须存在多少独立关系？不用写出这些关系式。
8. 如果材料是横观各向同性的，上述材料常数之间必须存在多少独立关系？不用写出这些关系式。

解：

1. 15。
2. 9。
3. 6。
4. 是，因为 ε_{ij} 和 σ_{ij} 是对称的。
5. 否，本构矩阵的对称性并不要求 V_{ij} 等于 V_{ji}。

$$
6. \begin{Bmatrix} \varepsilon_{11} \\ \varepsilon_{22} \\ \varepsilon_{33} \\ \varepsilon_{23} \\ \varepsilon_{31} \\ \varepsilon_{12} \end{Bmatrix} = \begin{bmatrix} \dfrac{1}{E_1} & -\dfrac{\nu_{21}}{E_2} & -\dfrac{\nu_{31}}{E_3} & 0 & 0 & 0 \\ -\dfrac{\nu_{12}}{E_1} & \dfrac{1}{E_2} & -\dfrac{\nu_{32}}{E_3} & 0 & 0 & 0 \\ -\dfrac{\nu_{13}}{E_1} & -\dfrac{\nu_{23}}{E_2} & \dfrac{1}{E_3} & 0 & 0 & 0 \\ 0 & 0 & 0 & \dfrac{1}{G_{23}} & 0 & 0 \\ 0 & 0 & 0 & 0 & \dfrac{1}{G_{31}} & 0 \\ 0 & 0 & 0 & 0 & 0 & \dfrac{1}{G_{12}} \end{bmatrix} \begin{Bmatrix} \sigma_{11} \\ \sigma_{22} \\ \sigma_{33} \\ \sigma_{23} \\ \sigma_{31} \\ \sigma_{12} \end{Bmatrix}
$$

根据上述矩阵（也称为柔度矩阵）的对称性有

$$
\begin{cases} \dfrac{\nu_{12}}{E_1} = \dfrac{\nu_{21}}{E_2} \\ \dfrac{\nu_{13}}{E_1} = \dfrac{\nu_{31}}{E_3} \\ \dfrac{\nu_{23}}{E_2} = \dfrac{\nu_{32}}{E_3} \end{cases}
$$

其他三个约束条件是 $G_{12}=G_{21}$、$G_{13}=G_{31}$、$G_{32}=G_{23}$。

7. 13 个约束关系必须存在，因为各向同性材料只有两个独立的材料常数。

8. 由于横观各向同性固体有五个独立的材料常数，因此应该存在 10 种关系。

1.1.13 各向同性材料的应力应变关系——格林方法

考虑一种受到两种应变状态的各向同性材料，如图 1-13 所示。第一种情况的应变状态为 $x_1x_2x_3$ 坐标系中的 ε_{ij}，如图 1-13(a) 所示；第二种情况的应变状态为 $x_1x_2x_3$ 坐标系中的 $\varepsilon_{i'j'}$，如图 1-13(b) 所示。请注意，$\varepsilon_{i'j'}$ 和 ε_{ij} 在数值上是不同的。$\varepsilon_{i'j'}$ 的数值可从 ε_{ij} 获得，即将应变分量 ε_{ij} 从 $x_1x_2x_3$ 坐标系转换为 $x_{1'}x_{2'}x_{3'}$ 坐标系，如图 1-13(a) 所示。如果 $x_1x_2x_3$ 坐标系中的应变能密度函数由 $U_0(\varepsilon_{ij})$ 给出，则这两种情况下的应变能密度分别为 $U_0(\varepsilon_{ij})$ 和 $U_0(\varepsilon_{i'j'})$。如果材料是各向异性的，那么这两个值会因应变状态不同而不同。但是，如果材料是各向同性的，那么这两个值必须相同，因为在图 1-13 中，相同的应变分量数值（$\varepsilon_{i'j'}$）应用于两个不同的方向。对于各向同性材料，在两个不同方向上施加相等的应变值，在计算应变能密度时不应产生任何差异。当 $U_0(\varepsilon_{ij})$ 和 $U_0(\varepsilon_{i'j'})$ 相等时，U_0 必须是应变不变量的函数，因为应变不变量是应变分量数值从 ε_{ij} 变为 $\varepsilon_{i'j'}$ 时唯一不变的参数。

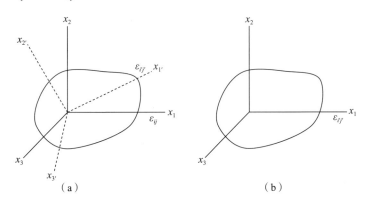

图 1-13 受两种应变状态影响的各向同性材料

在式（1-39）中定义了三个应力不变量。同样，可以将三个应变不变量定义为

$$I_1 = \varepsilon_{ii}$$
$$I_2 = \frac{1}{2}\varepsilon_{ij}\varepsilon_{ji}$$
$$I_3 = \frac{1}{3}\varepsilon_{ij}\varepsilon_{jk}\varepsilon_{ki}$$
（1-66）

注意，I_1、I_2 和 I_3 分别是应变分量的线性、二次和三次函数。由式（1-50）可得线性应力-应变关系，应变能密度函数必须是应变的二次函数，如下所示：

$$U_0 = C_1 I_1^2 + C_2 I_2$$
$$\therefore \sigma_{ij} = \frac{\partial U_0}{\partial \varepsilon_{ij}} = 2C_1 I_1 \frac{\partial I_1}{\partial \varepsilon_{ij}} + C_2 \frac{\partial I_2}{\partial \varepsilon_{ij}} = 2C_1 I_1 \delta_{ik}\delta_{kj} + C_2 \frac{1}{2}(\delta_{im}\delta_{jn}\varepsilon_{mn} + \varepsilon_{mn}\delta_{in}\delta_{jm})$$
$$\therefore \sigma_{ij} = 2C_1 \varepsilon_{kk}\delta_{ij} + C_2 \varepsilon_{ij}$$

（1-67）

式（1-67）中，如果我们代入 $2C_1 = \lambda$ 和 $C_2 = 2\mu$，则应力-应变关系可以表示为以下形式：

$$\sigma_{ij} = \lambda \delta_{ij}\varepsilon_{kk} + 2\mu\varepsilon_{ij}$$
（1-68）

在式（1-68）中，系数 λ 和 μ 分别称为拉梅第一常数和第二常数。式（1-68）可以用式（1-65）中的矩阵形式表示为

$$\begin{Bmatrix} \sigma_1 = \sigma_{11} \\ \sigma_2 = \sigma_{22} \\ \sigma_3 = \sigma_{33} \\ \sigma_4 = \sigma_{23} \\ \sigma_5 = \sigma_{31} \\ \sigma_6 = \sigma_{12} \end{Bmatrix} = \begin{bmatrix} \lambda+2\mu & \lambda & \lambda & & & \\ & \lambda+2\mu & \lambda & & & \\ & & \lambda+2\mu & & & \\ & & & \mu & & \\ & 对称 & & & \mu & \\ & & & & & \mu \end{bmatrix} \begin{Bmatrix} \varepsilon_1 = \varepsilon_{11} \\ \varepsilon_2 = \varepsilon_{22} \\ \varepsilon_3 = \varepsilon_{33} \\ 2\varepsilon_4 = 2\varepsilon_{23} = \gamma_{23} \\ 2\varepsilon_5 = 2\varepsilon_{31} = \gamma_{31} \\ 2\varepsilon_6 = 2\varepsilon_{12} = \gamma_{12} \end{Bmatrix}$$

(1-69)

注意，剪切应力分量（σ_{ij}）等于工程剪切应变分量（γ_{ij}）乘以拉梅第二常数（μ）。因此，拉梅第二常数是剪切模量。

式（1-68）和式（1-69）也称为三维广义胡克定律，以首次提出线性应力-应变模型的罗伯特·胡克命名。将式（1-68）反转，得到由应力分量表示的应变分量，如下所示：

在式（1-68）中用 i 替换下标 j 可以写成

$$\sigma_{ii} = \lambda \delta_{ii} \varepsilon_{kk} + 2\mu \varepsilon_{ii} = (3\lambda + 2\mu)\varepsilon_{ii}$$

$$\therefore \varepsilon_{ii} = \frac{\sigma_{ii}}{(3\lambda + 2\mu)} \tag{1-70}$$

将式（1-70）代回式（1-68）得到

$$\sigma_{ij} = \lambda \delta_{ij} \frac{\sigma_{kk}}{(3\lambda + 2\mu)} + 2\mu \varepsilon_{ij}$$

或

$$\varepsilon_{ij} = \frac{\sigma_{ij}}{2\mu} - \delta_{ij} \frac{\lambda \sigma_{kk}}{2\mu(3\lambda + 2\mu)} \tag{1-71}$$

1.1.13.1 用杨氏模量和泊松比表示的胡克定律

在本科力学课程中，应变利用应力分量、杨氏模量（E）、泊松比（V）和剪切模量或基尔霍夫模量（μ）表示为以下形式：

$$\varepsilon_{11} = \frac{\sigma_{11}}{E} - \frac{\nu \sigma_{22}}{E} - \frac{\nu \sigma_{33}}{E}$$

$$\varepsilon_{22} = \frac{\sigma_{22}}{E} - \frac{\nu \sigma_{11}}{E} - \frac{\nu \sigma_{33}}{E}$$

$$\varepsilon_{33} = \frac{\sigma_{33}}{E} - \frac{\nu \sigma_{22}}{E} - \frac{\nu \sigma_{11}}{E}$$

$$2\varepsilon_{12} = \gamma_{12} = \frac{\sigma_{12}}{\mu} = \frac{2(1+\nu)\sigma_{12}}{E}$$

$$2\varepsilon_{23} = \gamma_{23} = \frac{\sigma_{23}}{\mu} = \frac{2(1+\nu)\sigma_{23}}{E} \quad (1-72)$$

$$2\varepsilon_{31} = \gamma_{31} = \frac{\sigma_{31}}{\mu} = \frac{2(1+\nu)\sigma_{31}}{E}$$

式（1-72）中考虑了杨氏模量（E）、泊松比（ν）和剪切模量（μ）的关系，也可以用索引符号形式表示：

$$\varepsilon_{ij} = \frac{(1+\nu)}{E}\sigma_{ij} - \frac{\nu}{E}\delta_{ij}\sigma_{kk} \quad (1-73)$$

令式（1-71）和式（1-73）的右边相等，则拉梅常数可以用杨氏模量和泊松比表示。同样地，体积模量 $K = \sigma_{ii}/3\varepsilon_{ii}$ 可以用式（1-70）中的拉梅常数表示。

例题 1.7

对于各向同性材料，根据下列条件获得体积模量 K：（1）E 和 ν；（2）λ 和 μ。

解：

1. 根据式（1-70），$\sigma_{ij} = (3\lambda + 2\mu)\varepsilon_{ij}$；因此，$K = \sigma_{ii}/3\varepsilon_{ii} = (3\lambda + 2\mu)/3$
2. 根据式（1-73）

$$\varepsilon_{ii} = \frac{1+\nu}{E}\sigma_{ii} - \frac{\nu}{E}\delta_{ii}\sigma_{kk} = \frac{1+\nu}{E}\sigma_{ii} - \frac{3\nu}{E}\sigma_{kk} = \frac{1-2\nu}{E}\sigma_{ii}$$

因此，$K = \sigma_{ii}/3\varepsilon_{ii} = E/3(1-2\nu)$

由于各向同性材料只有两个独立的弹性常数，所以五个常用的弹性常数（λ、μ、E、ν 和 K）中的任何一个都可以用其他两个弹性常数表示，如表 1-1 所示。

1.1.14 Navier 平衡方程

将应力-应变关系（式（1-68））代入平衡方程（式（1-24）），得到

$$(\lambda \delta_{ij}\varepsilon_{kk} + 2\mu\varepsilon_{ij})_{,j} + f_i = 0$$

$$\Rightarrow \left(\lambda \delta_{ij}u_{k,k} + 2\mu \frac{1}{2}[u_{i,j} + u_{j,i}]\right)_{,j} + f_i = 0$$

$$\Rightarrow \lambda \delta_{ij}u_{k,kj} + \mu[u_{i,jj} + u_{j,ij}] + f_i = 0 \quad (1-74)$$

$$\Rightarrow \lambda u_{k,ki} + \mu[u_{i,jj} + u_{j,ji}] + f_i = 0$$

$$\Rightarrow (\lambda + \mu)u_{j,ji} + \mu u_{i,jj} + f_i = 0$$

表 1-1 各向同性材料不同弹性常数之间的关系

	λ	μ	E	ν	K
λ, μ	—	—	$\dfrac{\mu(3\lambda+2\mu)}{\lambda+\mu}$	$\dfrac{\lambda}{2(\lambda+\mu)}$	$\dfrac{3\lambda+2\mu}{3}$
λ, E	—	$\dfrac{(E-3\lambda)+\sqrt{(E-3\lambda)^2+8\lambda E}}{4}$	—	$\dfrac{(E+\lambda)+\sqrt{(E+\lambda)^2+8\lambda^2}}{4\lambda}$	$\dfrac{(E+3\lambda)+\sqrt{(E+3\lambda)^2-4\lambda E}}{6}$
λ, ν	—	$\dfrac{\lambda(1-2\nu)}{2\nu}$	$\dfrac{\lambda(1+\nu)(1-2\nu)}{\nu}$	—	$\dfrac{\lambda(1+\nu)}{3\nu}$
λ, K	—	$\dfrac{3(K-\lambda)}{2}$	$\dfrac{9K(K-\lambda)}{3K-\lambda}$	$\dfrac{\lambda}{3K-\lambda}$	—
μ, E	$\dfrac{2(\mu-E)\mu}{E-3\mu}$	—	—	$\dfrac{E-2\mu}{2\mu}$	$\dfrac{\mu E}{3(3\mu-E)}$
μ, ν	$\dfrac{2\mu\nu}{1-2\nu}$	—	$2\mu(1+\nu)$	—	$\dfrac{2\mu(1+\nu)}{3(1-2\nu)}$
μ, K	$\dfrac{3K-2\mu}{3}$	—	$\dfrac{9K\mu}{3K+\mu}$	$\dfrac{3K-2\mu}{2(3K+\mu)}$	—
E, ν	$\dfrac{\nu E}{(1+\nu)(1-2\nu)}$	$\dfrac{E}{2(1+\nu)}$	—	—	$\dfrac{E}{3(1-2\nu)}$
E, K	$\dfrac{3K(3K-E)}{9K-E}$	$\dfrac{3KE}{9K-E}$	—	$\dfrac{3K-E}{6K}$	—
ν, K	$\dfrac{3K\nu}{1+\nu}$	$\dfrac{3K(1-2\nu)}{2(1+\nu)}$	$3K(1-2\nu)$	—	—

在向量形式中，式（1-75）可以写成

$$(\lambda+\mu)\nabla(\nabla\cdot\boldsymbol{u})+\mu\nabla^2\boldsymbol{u}+\boldsymbol{f}=0 \quad (1-75)$$

由于向量恒等式 $\nabla^2\boldsymbol{u}=\nabla(\nabla\cdot\boldsymbol{u})-\nabla\times\nabla\times\boldsymbol{u}$，式（1-75）也可以写成

$$(\lambda+2\mu)\nabla(\nabla\cdot\boldsymbol{u})-\mu\nabla\times\nabla\times\boldsymbol{u}+\boldsymbol{f}=0 \quad (1-76)$$

在式（1-75）和式（1-76）中，点（·）用于表示标量或点积，叉号（×）用于表示向量或叉积。在索引符号中，式（1-75）、式（1-76）也可以写成

$$(\lambda+\mu)u_{j,ji}+\mu u_{i,jj}+f_i=0$$

或

$$(\lambda+2\mu)u_{j,ji}-\mu\varepsilon_{ijk}\varepsilon_{kmn}u_{n,mj}+f_i=0 \quad (1-77)$$

式中：ε_{ijk} 和 ε_{kmn} 为置换符号，在式（1-36）中进行了定义。用位移分量表示的平衡方程（式（1-75）~（1-77））称为纳维尔方程。

例题 1.8

如果线弹性各向同性物体没有任何体力，证明

1. 体积应变是简谐的（$\varepsilon_{ii,jj}=0$）。
2. 位移场是双谐的（$u_{i,jjkk}=0$）。

解：

1. 当体力为 0 时，式（1-77）可以写为

$$(\lambda+\mu)u_{j,ji}+\mu u_{i,jj}=0$$
$$\Rightarrow(\lambda+\mu)u_{j,jii}+\mu u_{i,jji}=0$$

注意

$$u_{i,jji}=u_{i,ijj}=\varepsilon_{ii,jj}$$

且

$$u_{j,jii}=\varepsilon_{jj,ii}=\varepsilon_{ii,jj}$$

上式简化为 $(\lambda+2\mu)\varepsilon_{ii,jj}=0$。

由于 $(\lambda+2\mu)\neq 0$，因此，ε_{ii} 一定是简谐的。

2. 当体力为 0 时，式（1-77）还可以写为

$$(\lambda+\mu)u_{j,ji}+\mu u_{i,jj}=0$$
$$\Rightarrow((\lambda+\mu)u_{j,ji}+\mu u_{i,jj})_{,kk}=(\lambda+\mu)u_{j,jikk}+\mu u_{i,jjkk}=0$$

从前一部分可知，$\varepsilon_{jj,kk}=u_{j,jkk}=0$

因此，$u_{j,jkki}=u_{j,jikk}=0$。将其代入上面的方程中得

$$(\lambda+\mu)u_{j,jikk}+\mu u_{i,jjkk}=\mu u_{i,jjkk}=0$$
$$\Rightarrow u_{i,jjkk}=0$$

例题 1.9

得到材料的位移平衡控制方程，其应力-应变关系为

$$\sigma_{ij} = \alpha_{ijkl}\varepsilon_{km}\varepsilon_{ml} + \delta_{ij}\gamma$$

式中：α_{ijkl} 为材料属性，即整个区域内的材料属性为常数；γ 为从一点变化到另一点的残余应力状态。

解： 控制方程

$\sigma_{ij,j} + f_i = 0$

$\Rightarrow \alpha_{ijkl}(\varepsilon_{km}\varepsilon_{ml})_{,j} + \delta_{ij}\gamma_{,j} + f_i = 0$

$\Rightarrow \alpha_{ijkl}(\varepsilon_{km,j}\varepsilon_{ml} + \varepsilon_{km}\varepsilon_{ml,j}) + \gamma_{,i} + f_i = 0$

$\Rightarrow \dfrac{1}{4}\alpha_{ijkl}\{(u_{k,mj} + u_{m,kj})(u_{m,l} + u_{l,m}) + (u_{k,m} + u_{m,k})(u_{m,lj} + u_{l,mj})\} + \gamma_{,i} + f_i = 0$

1.1.15 其他坐标系下的弹性力学基本方程

迄今为止推导出的所有方程都是用笛卡儿坐标系表示的。尽管大多数弹性问题都可以在笛卡儿坐标系中解决，但对于某些几何问题（例如轴对称问题），圆柱坐标系和球坐标系更适合定义和/或解决问题。如果方程以向量形式给出（式（1-75）和（1-76）），则它可以在任何坐标系中使用，并在该坐标系中定义适当的向量运算符。然而，当它在笛卡儿坐标系（式（1-77））中以索引表示时，则该表达式不能在圆柱坐标系或球面坐标系使用。表1-2给出了图1-14所示三个坐标系下的不同向量运算、应变-位移关系及平衡方程。

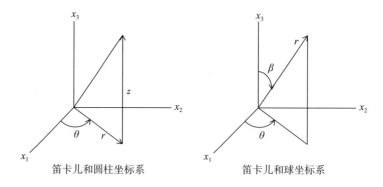

笛卡儿和圆柱坐标系　　笛卡儿和球坐标系

图1-14　笛卡儿（$x_1 x_2 x_3$）和圆柱（$r\theta z$）及
笛卡儿（$x_1 x_2 x_3$）球（$r\beta\theta$）坐标系

表 1–2 不同坐标系下的重要方程（Moon 和 Spencer，1965）

方程	笛卡儿坐标系	圆柱坐标系	球坐标系
Grad $\phi = \nabla \phi$	$\phi_{,i} = \phi_{,1} e_1 + \phi_{,2} e_2 + \phi_{,3} e_3$	$\dfrac{\partial \phi}{\partial r} e_r + \dfrac{\partial \phi}{\partial z} e_z + \dfrac{1}{r} \dfrac{\partial \phi}{\partial \theta} e_\theta$	$\dfrac{\partial \phi}{\partial r} e_r + \dfrac{1}{r} \dfrac{\partial \phi}{\partial \beta} e_\beta + \dfrac{1}{r\sin\beta} \dfrac{\partial \phi}{\partial \theta} e_\theta$
Div $\psi = \nabla \cdot \psi$	$\psi_{i,i} = \psi_{1,1} + \psi_{2,2} + \psi_{3,3}$	$\dfrac{\partial \psi_r}{\partial r} + \dfrac{\psi_r}{r} + \dfrac{\partial \psi_z}{\partial z} + \dfrac{1}{r}\dfrac{\partial \psi_\theta}{\partial \theta}$	$\dfrac{\partial \psi_r}{\partial r} + \dfrac{2}{r}\psi_r + \dfrac{1}{r}\dfrac{\partial \psi_\beta}{\partial \beta} + \dfrac{\cot\beta}{r}\psi_\beta + \dfrac{1}{r\sin\beta}\dfrac{\partial \psi_\theta}{\partial \theta}$
Curl $\psi = \nabla \times \psi$	$\varepsilon_{ijk}\psi_{k,j}\begin{vmatrix} e_1 & e_2 & e_3 \\ \dfrac{\partial}{\partial x_1} & \dfrac{\partial}{\partial x_2} & \dfrac{\partial}{\partial x_3} \\ \psi_1 & \psi_2 & \psi_3 \end{vmatrix}$	$\dfrac{1}{r}\begin{vmatrix} e_r & re_\theta & e_z \\ \dfrac{\partial}{\partial r} & \dfrac{\partial}{\partial \theta} & \dfrac{\partial}{\partial z} \\ \psi_r & r\psi_\theta & \psi_z \end{vmatrix}$	$\dfrac{1}{r^2\sin\beta}\begin{vmatrix} e_r & re_\beta & r\sin\beta e_\theta \\ \dfrac{\partial}{\partial r} & \dfrac{\partial}{\partial \beta} & \dfrac{\partial}{\partial \theta} \\ \psi_r & r\psi_\beta & r\sin\beta\psi_\theta \end{vmatrix}$
应变–位移关系	式(1–7a) $\varepsilon_{ij} = \dfrac{1}{2}(u_{i,j} + u_{j,i})$	$\varepsilon_{rr} = \dfrac{\partial u_r}{\partial r}$ $\varepsilon_{\theta\theta} = \dfrac{1}{r}\dfrac{\partial u_\theta}{\partial \theta} + \dfrac{u_r}{r}$ $\varepsilon_{zz} = \dfrac{\partial u_z}{\partial z}$ $\varepsilon_{rz} = \dfrac{1}{2}\left(\dfrac{\partial u_r}{\partial z} + \dfrac{\partial u_z}{\partial r}\right)$ $\varepsilon_{r\theta} = \dfrac{1}{2}\left(\dfrac{1}{r}\dfrac{\partial u_r}{\partial \theta} - \dfrac{u_\theta}{r} + \dfrac{\partial u_\theta}{\partial r}\right)$ $\varepsilon_{z\theta} = \dfrac{1}{2}\left(\dfrac{1}{r}\dfrac{\partial u_z}{\partial \theta} + \dfrac{\partial u_\theta}{\partial z}\right)$	$\varepsilon_{rr} = \dfrac{\partial u_r}{\partial r}$ $\varepsilon_{\beta\beta} = \dfrac{1}{r}\dfrac{\partial u_\beta}{\partial \beta} + \dfrac{u_r}{r}$ $\varepsilon_{\theta\theta} = \dfrac{1}{r\sin\beta}\dfrac{\partial u_\theta}{\partial \theta} + \dfrac{u_r}{r} + \dfrac{u_\beta}{r}\cot\beta$ $2\varepsilon_{r\beta} = \dfrac{1}{r}\dfrac{\partial u_r}{\partial \beta} - \dfrac{u_\beta}{r} + \dfrac{\partial u_\beta}{\partial r}$ $2\varepsilon_{r\theta} = \dfrac{1}{r\sin\beta}\dfrac{\partial u_r}{\partial \theta} - \dfrac{u_\theta}{r} + \dfrac{\partial u_\theta}{\partial r}$ $2\varepsilon_{\beta\theta} = \dfrac{1}{r\sin\beta}\dfrac{\partial u_\beta}{\partial \theta} + \dfrac{1}{r}\dfrac{\partial u_\theta}{\partial \beta} - \dfrac{u_\theta}{r}\cot\beta$

续表

方程	笛卡儿坐标系	圆柱坐标系	球坐标系
平衡方程	式 1.24 和式 1.22 $\sigma_{ij,j}+f_i=0$	$\dfrac{\partial \sigma_{rr}}{\partial r}+\dfrac{\partial \sigma_{rz}}{\partial z}+\dfrac{1}{r}\dfrac{\partial \sigma_{r\theta}}{\partial \theta}+$ $\dfrac{1}{r}(\sigma_{rr}-\sigma_{\theta\theta})+f_r=0$ $\dfrac{\partial \sigma_{rz}}{\partial r}+\dfrac{\partial \sigma_{zz}}{\partial z}+\dfrac{1}{r}\dfrac{\partial \sigma_{z\theta}}{\partial \theta}+$ $\dfrac{1}{r}\sigma_{rz}+f_z=0$ $\dfrac{\partial \sigma_{r\theta}}{\partial r}+\dfrac{\partial \sigma_{z\theta}}{\partial z}+\dfrac{1}{r}\dfrac{\partial \sigma_{\theta\theta}}{\partial \theta}+$ $\dfrac{1}{r}\sigma_{r\theta}+f_\theta=0$	$\dfrac{\partial \sigma_{rr}}{\partial r}+\dfrac{1}{r}\dfrac{\partial \sigma_{r\beta}}{\partial \beta}+\dfrac{1}{r\sin\beta}\dfrac{\partial \sigma_{r\theta}}{\partial \theta}+$ $\dfrac{1}{r}[2\sigma_{rr}+(\cot\beta)\sigma_{r\beta}-\sigma_{\beta\beta}-\sigma_{\theta\theta}]+f_r=0$ $\dfrac{\partial \sigma_{r\beta}}{\partial r}+\dfrac{1}{r}\dfrac{\partial \sigma_{\beta\beta}}{\partial \beta}+\dfrac{1}{r\sin\beta}\dfrac{\partial \sigma_{\beta\theta}}{\partial \theta}+$ $\dfrac{1}{r}[3\sigma_{r\beta}+(\cot\theta)(\sigma_{\beta\beta}-\sigma_{\theta\theta})]+f_\beta=0$ $\dfrac{\partial \sigma_{r\theta}}{\partial r}+\dfrac{1}{r}\dfrac{\partial \sigma_{\beta\theta}}{\partial \beta}+\dfrac{1}{r\sin\beta}\cdot\dfrac{\partial \sigma_{\theta\theta}}{\partial \theta}+$ $\dfrac{2\sigma_{\beta\theta}\cot\beta+3\sigma_{r\theta}}{r}+f_\theta=0$

注:ϕ 和 ψ 分别是标量和向量函数。
来源:P. Morse and D. E. Spencer, Vectors, D. Van Nostrand Company, Inc., Princeton, NJ, 1965.

1.2 时间相关问题或动力学问题

在前面推导的所有方程中，都假定物体处于静力平衡状态。因此作用在物体上的合力等于零。如果物体受到一个非零的合力，那么它就会有一个加速度 $\ddot{u}$（时间导数用变量上的点表示，两个点表示二阶导数）。平衡方程（式（1-24））将由以下运动控制方程代替：

$$\sigma_{ij,i}+f_i=\rho \ddot{u}_i \tag{1-78}$$

式中：ρ 为质量密度。

因此，动态情况下的纳维尔方程（式（1-76））表示为以下形式：

$$(\lambda+2\mu)\nabla(\nabla\cdot \boldsymbol{u})-\mu\nabla\times\nabla\times \boldsymbol{u}+\boldsymbol{f}=\rho\ddot{\boldsymbol{u}} \tag{1-79}$$

1.2.1 几个简单的动力学问题

例题 1.10

弹性半空间表面随时间变化的法向载荷如图 1-15 所示，计算这个几何问题的位移场和应力场。

解： 由于载荷和问题几何形状与 x_2 和 x_3 坐标无关，因此解应该是 x_1 的函数。此外，解应该关于 x_1 轴对称，并且该轴可以上下移动，前后移动，而不违反对称条件。因此，位移的 u_2 和 u_3 分量必须等于 0，并且解必须只有一个位移分量，u_1，它只是 x_1 的函数。

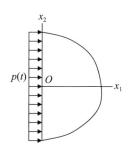

图 1-15　在弹性半空间（$x_1>0$）表面（$x_1=0$）施加时变载荷 $p(t)$

将 $\boldsymbol{f}=0$（无体力）、$u_2=u_3=0$ 和 $u_1=u_1(x_1)$ 代入式（1-79）得到

$$(\lambda+2\mu)u_{1,11}=\rho\ddot{u}_1$$

$$\rightarrow u_{1,11}=\frac{\rho}{\lambda+2\mu}\ddot{u}_1=\frac{1}{c_P^2}\ddot{u}_1 \tag{1-80}$$

式（1-80）是一维波动方程，其解的形式如下

$$u_1=F\left(t-\frac{x_1}{c_P}\right)+G\left(t+\frac{x_1}{c_P}\right) \tag{1-81}$$

式中

$$c_P=\sqrt{\frac{\lambda+2\mu}{\rho}} \tag{1-82}$$

注意，当式（1-81）代入式（1-80）时，式（1-80）左侧和右侧都等于

$$u_{1,11} = \frac{1}{c_P^2} \ddot{u}_1 = \frac{1}{c_P^2} \left\{ F''\left(t - \frac{x_1}{c_P}\right) + G''\left(t + \frac{x_1}{c_P}\right) \right\}$$

式中：F''和G''表示函数关于其自变量的双导数。

从问题的初始条件可知，当$t=0$时，对于所有$x_1>0$的情况，位移u_1和速度$\dot{u}_1$必等于0。因此，当$x_1>0$时

$$u_1 \mid_{t=0} = F\left(-\frac{x_1}{c_P}\right) + G\left(\frac{x_1}{c_P}\right) = 0 \quad (1-83)$$

$$\dot{u}_1 \mid_{t=0} = F'\left(-\frac{x_1}{c_P}\right) + G'\left(\frac{x_1}{c_P}\right) = 0 \quad (1-84)$$

式（1-83）对x_1取导数得到

$$-F'\left(-\frac{x_1}{c_P}\right) + G'\left(\frac{x_1}{c_P}\right) = 0 \quad (1-85)$$

根据式（1-84）和式（1-85）可以得到

$$F'\left(-\frac{x_1}{c_P}\right) = G'\left(\frac{x_1}{c_P}\right) = 0 \quad (1-86)$$

因此，$F(-x_1/c_P) = A$，$G(x_1/c_P) = B$，其中，A和B均为常数。

由于式（1-83）必须满足$x_1>0$，常数B必须等于$-A$。换句话说，如果F的变量是负的，而G的变量是正的，那么函数值分别是A和$-A$，其中A可以是任意正或负常数。根据式（1-81）可知$t<x_1/c_P$，函数F的变量$(t-x_1/c_P)$为负，函数的G变量$(t+x_1/c_P)$为正。因此，当$t<x_1/c_P$时，$u_1 = F(t-x_1/c_P) + G(t+x_1/c_P) = 0$。当$t>x_1/c_P$时，变量$(t-x_1/c_P)$和$(t+x_1/c_P)$均大于0。那么函数$G$应当是常数，但是函数$F$不一定是常数。从初始条件我们已经证明，如果$F$的变量小于零，那么只有$F$应该是常数。将常数$G(t+x_1/c_P)$整合到$F$中，并定义一个新的函数$f$

$$f(t, x_1) = F\left(t - \frac{x_1}{c_P}\right) + G\left(t + \frac{x_1}{c_P}\right) = F\left(t - \frac{x_1}{c_P}\right) - A = f\left(t - \frac{x_1}{c_P}\right) \quad (1-86a)$$

可以用以下方式表示位移场：

$$\begin{aligned} u_1 &= 0 & t &< \frac{x_1}{c_P} \\ u_1 &= f\left(t - \frac{x_1}{c_P}\right) & t &\geq \frac{x_1}{c_P} \end{aligned} \quad (1-87)$$

为了获得函数f，我们利用$x_1=0$处的边界条件，$\sigma_{11} = -p(t)$。因此

$$\sigma_{11} = (\lambda + 2\mu)\varepsilon_{11} + \lambda(\varepsilon_{22} + \varepsilon_{33})$$

$$= (\lambda + 2\mu)u_{1,1} = -\frac{(\lambda + 2\mu)}{c_P}f'(t) = -p(t)$$

$$\Rightarrow f'(t) = \frac{c_P}{(\lambda + 2\mu)}p(t) = \frac{1}{\rho c_P}p(t) \tag{1-88}$$

$$\Rightarrow f(t) = \frac{1}{\rho c_P}\int_0^t p(s)\,\mathrm{d}s$$

根据式（1-87），积分下限为 0，则 $f(0) = 0$。

结合式（1-87）和式（1-88）可得

$$u_1 = f\left(t - \frac{x_1}{c_P}\right) = \frac{1}{\rho c_P}\int_0^{t - \frac{x_1}{c_P}} p(s)\,\mathrm{d}s \quad t \geqslant \frac{x_1}{c_P}$$

$$u_1 = 0 \qquad\qquad\qquad\qquad\qquad\qquad\qquad t < \frac{x_1}{c_P} \tag{1-89}$$

应力场可以按以下方式计算：

$$\sigma_{11} = (\lambda + 2\mu)u_{1,1} = -\frac{(\lambda + 2\mu)}{c_P}f'\left(t - \frac{x_1}{c_P}\right) = -\rho c_P f'\left(t - \frac{x_1}{c_P}\right)$$

$$= -p\left(t - \frac{x_1}{c_P}\right) \quad t \geqslant \frac{x_1}{c_P} \tag{1-90}$$

$$\sigma_{11} = 0 \qquad\qquad\qquad t < \frac{x_1}{c_P}$$

式（1-89）和式（1-90）表明，在 $x_1 = 0$ 处施加的应力场 $p(t)$ 需要时间 $t = x_1/c_P$ 才能传播 x_1 的距离，因此，扰动的传播速度为 c_P。这种波只在材料中产生法向或纵向应力，也就是这种波称为纵波或压缩波的原因。纵波的速度大于横波的速度（下面讨论），因此，在地震期间，纵波首先到达，这就是为什么它也称为主波或 P 波的原因。

可以看出，如果图 1-15 中施加的应力场平行于自由表面，则扰动将以 $c_S = \sqrt{\mu/\rho}$ 的速度传播，材料中只会产生剪应力。这种波称为剪切波或二次波或 S 波，因为在地震期间它在 P 波之后第二次到达。

在无限大空间中，如果球形空腔受到均匀压力 $p(t)$ 的作用，则会在弹性介质中产生 P 波，并以速度 c_P 在远离空腔的方向上传播。

上面描述的一些简单问题可以直接采用 Navier 方程解决。因为在这些问题中，只有一个位移分量是非零的，而这个非零位移分量是只有一个变量的函数。对于半空间问题，这个变量是 x_1，对于球腔问题，它是径向距离 r。因此，可以有效地将这些问题简化为一维问题。

如果图 1-15 中施加的载荷在正负 x_2 方向上没有延伸到无穷大，那么问题就不再是一维问题了。例如，如果图 1-15 中施加的载荷在正负 x_2 方向上延伸到 $+/-a$，而在正负 x_3 方向上延伸到无穷大，则半空间材料中的位移场将有两个位移分量 u_1 和 u_2，它们通常都是 x_1 和 x_2 的函数。换句话说，现在问题变成了二维问题。直接采用 Navier 方程求解二维和三维问题是非常困难的。位移场的 Stokes-Helmholtz 分解将 Navier 的运动控制方程转换为简单的波动方程，如 1.2.2 节所示。

1.2.2　Stokes-Helmholtz 分解

如果 ϕ 是一个标量函数，$\boldsymbol{A}$ 是一个向量函数，那么任何位移场 $\boldsymbol{u}$ 都可以用以下方式表示：

$$\boldsymbol{u} = \nabla\phi + \nabla\times\boldsymbol{A} \tag{1-91}$$

上述分解称为 Stokes-Helmholtz 分解。

由于上述向量方程左侧有三个参数（u_1、u_2、u_3），右侧有四个参数（ϕ、A_1、A_2、A_3），因此可以定义以下附加关系（称为辅助条件或规范条件）来获得 u_1、u_2、u_3 与 ϕ、A_1、A_2、A_3 的唯一关系。

$$\nabla\cdot\boldsymbol{A} = 0 \tag{1-92}$$

将式（1-91）代入 Navier 方程，在没有体力的情况下，得到

$$(\lambda+2\mu)\nabla(\nabla\cdot\boldsymbol{u}) - \mu\nabla\times\nabla\times\boldsymbol{u} = \rho\ddot{\boldsymbol{u}}$$

$$\Rightarrow (\lambda+2\mu)\nabla(\nabla\cdot\{\nabla\phi+\nabla\times\boldsymbol{A}\}) - \mu\nabla\times\nabla\times\{\nabla\phi+\nabla\times\boldsymbol{A}\} = \rho\{\nabla\ddot{\phi}+\nabla\times\ddot{\boldsymbol{A}}\}$$

$$\Rightarrow (\lambda+2\mu)\nabla(\nabla^2\phi+\nabla\cdot\{\nabla\times\boldsymbol{A}\}) - \mu\nabla\times\nabla\times\{\nabla\phi+\nabla\times\boldsymbol{A}\} = \rho\{\nabla\ddot{\phi}+\nabla\times\ddot{\boldsymbol{A}}\} \tag{1-93}$$

然而，根据向量恒等式可以写出

$$\nabla\cdot(\nabla\times\boldsymbol{A}) = 0$$
$$\nabla\times(\nabla\phi) = 0 \tag{1-94}$$
$$\nabla\times\nabla\times\boldsymbol{A} = \nabla(\nabla\cdot\boldsymbol{A}) - \nabla^2\boldsymbol{A}$$

将式（1-94）和式（1-92）代入式（1-93）得到

$$(\lambda+2\mu)\nabla(\nabla^2\phi) - \mu\nabla\times\{-\nabla^2\boldsymbol{A}\} = \rho\{\nabla\ddot{\phi}+\nabla\times\ddot{\boldsymbol{A}}\}$$

$$\rightarrow \nabla[(\lambda+2\mu)\nabla^2\phi - \rho\ddot{\phi}] + \nabla\times[\mu\nabla^2\boldsymbol{A} - \rho\ddot{\boldsymbol{A}}] = 0$$

满足上述方程的充分条件是

$$(\lambda + 2\mu)\nabla^2\phi - \rho\ddot{\phi} = 0$$

$$\mu\nabla^2\mathbf{A} - \rho\ddot{\mathbf{A}} = 0$$

或

$$\nabla^2\phi - \frac{\rho}{(\lambda+2\mu)}\ddot{\phi} = \nabla^2\phi - \frac{1}{c_P^2}\ddot{\phi} = 0$$

$$\nabla^2\mathbf{A} - \frac{\rho}{\mu}\ddot{\mathbf{A}} = \nabla^2\mathbf{A} - \frac{1}{c_S^2}\ddot{\mathbf{A}} = 0 \quad (1-95)$$

式（1-95）是具有以下形式解的波动方程：

$$\phi(\mathbf{x},t) = \phi(\mathbf{n}\cdot\mathbf{x} - c_P t)$$

$$\mathbf{A}(\mathbf{x},t) = \mathbf{A}(\mathbf{n}\cdot\mathbf{x} - c_S t) \quad (1-96)$$

式（1-96）表示两个波分别以 C_P 和 C_S 的速度沿 $\mathbf{n}$ 方向传播。注意，$\mathbf{n}$ 是任意方向的单位向量。

当 $\mathbf{A}=0$ 且 ϕ 非零时，从上面的解可以得到

$$\mathbf{u} = \nabla\phi = \mathbf{n}\phi'(\mathbf{n}\cdot\mathbf{x} - c_P t) \quad (1-97)$$

式（1-97）中，上标符号表示关于自变量的导数。显然，这里位移向量 $\mathbf{u}$ 的方向和波传播方向 $\mathbf{n}$ 是相同的。

当 $\mathbf{A}$ 不等于 0，ϕ 等于 0，则从上述解中可以得到

$$\mathbf{u} = \nabla\times\mathbf{A} = \nabla\times\mathbf{A}(\mathbf{n}\cdot\mathbf{x} - c_S t) \quad (1-98)$$

笛卡儿坐标系中的三个位移分量可以根据式（1-98）得到：

$$u_1 = n_2 A_3'(\mathbf{n}\cdot\mathbf{x} - c_S t) - n_3 A_2'(\mathbf{n}\cdot\mathbf{x} - c_S t)$$

$$u_2 = n_3 A_1'(\mathbf{n}\cdot\mathbf{x} - c_S t) - n_1 A_3'(\mathbf{n}\cdot\mathbf{x} - c_S t) \quad (1-99)$$

$$u_3 = n_1 A_2'(\mathbf{n}\cdot\mathbf{x} - c_S t) - n_2 A_1'(\mathbf{n}\cdot\mathbf{x} - c_S t)$$

显然，$\mathbf{n}$ 和 $\mathbf{u}$ 之间的点积（在式（1-99）中给出）为零；因此，位移向量 $\mathbf{u}$ 的方向垂直于波传播方向 $\mathbf{n}$。式（1-97）和式（1-98）分别给出了 P 波和 S 波的位移场。

1.2.3 二维平面问题

如果问题几何使得 $u_1(x_1, x_2)$ 和 $u_2(x_1, x_2)$ 不为零，而 u_3 等于 0，则该问题称为平面问题。在图 1-15 中，如果在 x_2 方向上施加有限长度的载荷，但在 x_3 方向上施加载荷的区域扩展到无穷大，那么这将是一个平面内问题。从式（1-99）可以看出，如果我们代入 $A_1=A_2=0$ 和 $A_3=\psi$，则 u_1 和 u_2 分量仍然存在。为了求解 x_1x_2 平面内的二维平面问题，采用两个势函数来从式（1-97）

和式（1-99）中获得如下形式的位移分量：

$$u_1 = \frac{\partial \phi}{\partial x_1} + \frac{\partial \phi}{\partial x_2}$$

$$u_2 = \frac{\partial \phi}{\partial x_2} + \frac{\partial \psi}{\partial x_1}$$

（1-100）

这种情况下的控制波动方程是

$$\nabla^2 \phi - \frac{1}{c_P^2}\ddot{\phi} = \phi_{,11} + \phi_{,22} - \frac{1}{c_P^2}\ddot{\phi} = 0$$

$$\nabla^2 \psi - \frac{1}{c_P^2}\ddot{\psi} = \psi_{,11} + \psi_{,22} - \frac{1}{c_P^2}\ddot{\psi} = 0$$

（1-100a）

如果平面内问题定义在 $x_1 x_3$ 平面上，那么，为了保证 $u_2 = 0$，而 u_1 和 u_3 不为零，我们需要替换 $A_1 = A_3 = 0$ 和 $A_2 = \psi$。在这种情况下，两个势函数 $\phi(x_1, x_3, t)$ 和 $A_2 = \psi(x_1, x_3, t)$ 给出以下位移分量：

$$u_1 = \frac{\partial \phi}{\partial x_1} + \frac{\partial \psi}{\partial x_3}$$

$$u_3 = \frac{\partial \phi}{\partial x_3} + \frac{\partial \psi}{\partial x_1}$$

（1-101）

这里应注意，式（1-100）和式（1-101）除了符号外都是相似的。

合并式（1-100）和式（1-68）可以得到

$$\sigma_{11} = (\lambda + 2\mu)u_{1,1} + \lambda(u_{2,2} + u_{3,3}) = (\lambda + 2\mu)(\phi_{,11} + \psi_{,12}) + \lambda(\phi_{,22} - \psi_{,12})$$

$$= (\lambda + 2\mu)\{\phi_{,11} + \phi_{,22}\} + 2\mu(\psi_{,12} - \phi_{,22}) = \mu\{\kappa^2(\phi_{,11} + \phi_{,22}) + 2(\psi_{,12} + \phi_{,22})\}$$

$$= \mu\{\kappa^2 \nabla^2 \phi + 2(\psi_{,12} - \phi_{,22})\}$$

（1-102a）

其中

$$\kappa^2 = \frac{\lambda + 2\mu}{\mu} = \left(\frac{c_P}{c_S}\right)^2$$

（1-102b）

同样地

$$\sigma_{22} = (\lambda + 2\mu)u_{2,2} + \lambda(u_{1,1} + u_{3,3}) = (\lambda + 2\mu)(\phi_{,22} + \psi_{,12}) + \lambda(\phi_{,11} + \psi_{,12})$$

$$= (\lambda + 2\mu)\{\phi_{,11} + \phi_{,22}\} - 2\mu(\psi_{,12} + \phi_{,11}) = \mu\{\kappa^2(\phi_{,11} + \phi_{,22}) - 2(\psi_{,12} + \phi_{,11})\}$$

$$= \mu\{\kappa^2 \nabla^2 \phi - 2(\phi_{,11} + \psi_{,12})\}$$

$$\sigma_{12} = 2\mu \times \frac{1}{2}(u_{1,2} + u_{2,1}) = \mu(\phi_{,12} + \psi_{,22} + \phi_{,12} - \psi_{,11}) = \mu(2\phi_{,12} + \psi_{,22} - \psi_{,11})$$

（1-102c）

按照相同的步骤，根据式（1-101）和式（1-68）可以得到

$$\sigma_{11} = \lambda \nabla^2 \phi + 2\mu(\phi_{,11} + \psi_{,13}) = \mu\{\kappa^2 \nabla^2 \phi - 2(\phi_{,33} + \psi_{,13})\}$$
$$\sigma_{33} = \lambda \nabla^2 \phi + 2\mu(\phi_{,33} - \psi_{,13}) = \mu\{\kappa^2 \nabla^2 \phi - 2(\phi_{,11} - \psi_{,13})\} \quad (1-103)$$
$$\sigma_{13} = \mu\{2\phi_{,13} - \psi_{,33} + \psi_{,11}\}$$

上述方程给出了在没有任何边界的无限大各向同性固体介质中，在 x_1x_2 平面和 x_1x_3 平面中传播的弹性波的波势形式的应力和位移分量。平面边界对弹性波传播力学的影响将在本章后面的部分进行研究（见第1.2.6节）。

1.2.4 P波和S波

现将上述重要结果总结如下。

无限大弹性固体中的弹性波可以两种不同的模式传播：P波模式和S波模式。当弹性波作为P波传播时，在固体中只产生正应力（压缩或扩张），波的传播速度为 $c_P(=\sqrt{\lambda+2\mu/\rho})$。当弹性波作为S波传播时，在固体中只产生剪切应力，波的传播速度 $c_s(=\sqrt{\mu/\rho})$。

这两种波的波势在三维空间中沿 **n** 方向传播，并由式（1-96）给出。如果将问题简化为波在一个平面（例如 x_1x_2 平面）中传播的平面内问题，则这两种波的波势 ϕ 和 ψ 可以写成以下形式：

$$\phi(\boldsymbol{x},t) = \phi(\boldsymbol{n}\cdot\boldsymbol{x} - c_P t) = \phi(n_1 x_1 + n_2 x_2 - c_P t) = \phi(x_1\cos\theta + x_2\sin\theta - c_P t)$$
$$\psi(\boldsymbol{x},t) = \psi(\boldsymbol{n}\cdot\boldsymbol{x} - c_S t) = \psi(n_1 x_1 + n_2 x_2 - c_S t) = \psi(x_1\cos\theta + x_2\sin\theta - c_S t)$$
$$(1-104)$$

式（1-104）表示在 x_1x_2 平面中沿方向 **n** 传播的波，如图1-16所示。

位移和应力分量可以从式（1-100）和（1-102）后面的波势表达式得到。请注意，在垂直于波传播方向 **n** 的任意平面上，位移和应力分量是相同的。换句话说，垂直于 **n** 的平面上的每个点都有相同的运动状态。这些平面称为波前，传播过程中具有平面波前的P波和S波称为平面波。

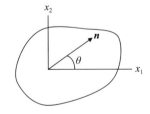

图1-16 在 x_1x_2 平面中沿方向 **n** 传播的弹性波

1.2.5 谐波

如果波动的时间依赖性是 $\sin\omega t$、$\cos\omega t$ 或 $e^{\pm i\omega t}$，（i 是虚数 $\sqrt{-1}$），那么这个波就称为谐波。通过傅里叶级数展开或傅里叶积分技术，任何时间函数都可以表示为谐波函数的叠加。因此，如果我们有谐波时间相关性的解，那么任何其他时间相关性的解都可以通过傅里叶逆变换得到。

除非另有说明，否则后续分析中的时间相关性将取为 $e^{-i\omega t}$。这种类型的时间相关性的优点是，其可以使问题变得非常简单。

式（1-104）可以具有函数 ϕ 和 ψ 的任何表达形式。然而，对于谐波时间依赖性 ($e^{-i\omega t}$) ϕ 和 ψ 必须具有以下形式：

$$\phi(x_1,x_2,t)=A\exp(ik_P x_1\cos\theta+ik_P x_2\sin\theta-i\omega t)=\phi(x_1,x_2)e^{-i\omega t}$$
$$\psi(x_1,x_2,t)=B\exp(ik_S x_1\cos\theta+ik_S x_2\sin\theta-i\omega t)=\psi(x_1,x_2)e^{-i\omega t}$$
(1-105)

对比式（1-105）和式（1-104）可知

$$k_P=\frac{\omega}{c_P}$$

$$k_S=\frac{\omega}{c_S}$$
(1-106a)

式中：k_P 和 k_S 分别为 P 波数和 S 波数；ω 为圆频率（rad/s），它与波频率（f 单位为 Hz）的关系如下：

$$\omega=2\pi f \tag{1-106b}$$

式（1-105）中的 A 和 B 分别是波势 ϕ 和 ψ 的振幅。对于时间谐波，控制波动方程（式（1-95））和式（1-100a）采用以下形式：

$$\nabla^2\phi+\frac{\omega^2}{c_P^2}\phi=\nabla^2\phi+k_P^2\phi=0$$

$$\nabla^2\psi+\frac{\omega^2}{c_S^2}\psi=\nabla^2\psi+k_S^2\psi=0$$
(1-107)

由于时间相关函数 $e^{-i\omega t}$ 出现在时间谐波运动的每一项中，因此在编写势、位移和应力的表达式时习惯上忽略它。

从式（1-107）可知

$$\nabla^2\phi=-k_P^2\phi$$

因此，根据式（1-102b）和上述关系可得

$$\kappa^2\nabla^2\phi=\left(\frac{c_P}{c_S}\right)^2\nabla^2\phi=\left(\frac{k_S}{k_P}\right)^2\nabla^2\phi=-k_S^2\phi \tag{1-107a}$$

将式（1-107a）代入式（1-102）和式（1-103），可以得到 $x_1 x_2$ 坐标系中谐波的应力表达式

$$\sigma_{11}=-\mu\{k_S^2\phi+2(\phi_{,22}-\psi_{,12})\}$$
$$\sigma_{22}=-\mu\{k_S^2\phi+2(\phi_{,11}+\psi_{,12})\}$$
$$\sigma_{12}=\mu\{2\phi_{,12}+\psi_{,22}-\psi_{,11}\}$$
(1-107b)

在 x_1x_2 坐标系中谐波的应力表达式为

$$\sigma_{11} = -\mu\{k_S^2\phi + 2(\phi_{,33} + \psi_{,13})\}$$
$$\sigma_{33} = -\mu\{k_S^2\phi + 2(\phi_{,11} - \psi_{,13})\} \tag{1-107c}$$
$$\sigma_{13} = \mu\{2\phi_{,13} + \psi_{,11} - \psi_{,33}\}$$

1.2.6 平面波与无应力平面边界之间的相互作用

到目前为止，我们只讨论了弹性波在无界弹性固体中的传播。现在让我们尝试了解无应力表面的存在如何影响波的传播特性。

1.2.6.1 入射在无应力平面边界上

首先考虑无应力边界对沿图 1-17 所示方向传播的平面 P 波的影响。图中所示，来自无应力边界的反射波具有两个分量：一个 P 波分量，用 PP 表示；一个 S 波分量，用 PS 表示。在这些符号中，第一个字母表示入射到无应力表面的波类型，第二个字母表示在表面反射后产生的波类型。

在没有反射波 PP 和 PS 的情况下，让我们首先研究是否只有入射 P 波可以满足 $x_2 = 0$ 处的无应力边界条件。

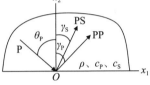

图 1-17 P 波在无应力平面边界上的反射

图 1-17 所示的入射 P 波的波势由下式给出

$$\phi = \exp(ik_Px_1\sin\theta_P - ik_Px_2\cos\theta_P - i\omega t) = \exp(ik_Px_1 - i\eta x_2 - i\omega t) \tag{1-108}$$

式中：$k = k_P\sin\theta_P$，$\eta = k_P\cos\theta_P$。

假设入射波的幅度为 1，根据式（1-102c），可以用以下形式计算界面处的法向和剪切应力分量：

$$\sigma_{22} = \mu\{\kappa^2\nabla^2\phi - 2\phi_{,11}\} = \mu\{-\kappa^2(k^2 + \eta^2)\phi + 2k^2\phi\}$$
$$\sigma_{12} = \mu\{2\phi_{,12}\} = 2\mu k\eta\phi \tag{1-109}$$

显然，σ_{22} 和 σ_{12} 在 $x_2 = 0$ 处都不等于 0。为了满足 $x_2 = 0$ 处的无应力边界条件，需要包括两个反射波 PP 和 PS。

读者可以证明，仅包含 PP 波不能满足 $x_2 = 0$ 处的无应力边界条件。

当在反射场中同时考虑 PP 波和 PS 波时，固体中的总势场（入射加反射）由下式给出

$$\phi = \phi_I + \phi_R$$
$$= \exp(ik_Px_1\sin\theta_P - ik_Px_2\cos\theta_P - i\omega t) + \tag{1-110}$$
$$R_{PP}\exp(ik_Px_1\sin\gamma_P + ik_Px_2\cos\gamma_P - i\omega t)$$
$$\psi = \psi_R = R_{PP}\exp(ik_Sx_1\sin\gamma_S + ik_Sx_2\cos\gamma_S - i\omega t)$$

请注意，式（1-110）中 ϕ 的表达式有两项：第一项（ϕ_I）对应向下入射的 P 波，第二项（ϕ_R）对应向上反射的 P 波。入射波的振幅为1，而反射 P 波的幅值为 R_{PP}，反射 S 波的幅值为 R_{PS}。这三种波的倾角分别用 θ_P、γ_P 和 γ_S 表示，如图 1-17 所示。

根据式（1-110）和式（1-102）可以计算得到 $x_2=0$ 处的应力场。

$$\sigma_{22} = \mu\{\kappa^2 \nabla^2 \phi - 2(\psi_{,12} + \phi_{,11})\}$$
$$= \mu\{\kappa^2(-k_P^2[\sin^2\theta_P + \cos^2\theta_P]\phi_I - k_P^2[\sin^2\gamma_P + \cos^2\gamma_P]\phi_R) +$$
$$2k_S^2 \sin\gamma_S \cos\gamma_S \psi + 2k_P^2 \sin^2\theta_P \phi_I + 2k_P^2 \sin^2\gamma_P \phi_R\}$$
$$= \mu\{-\kappa^2 k_P^2(\phi_I + \phi_R) + 2k_S^2 \sin\gamma_S \cos\gamma_S \psi + 2k_P^2 \sin^2\theta_P \phi_I + 2k_P^2 \sin^2\gamma_P \phi_R\}$$

$$\sigma_{12} = \mu\{2\phi_{,12} + \psi_{,22} - \psi_{,11}\}$$
$$= \mu\{2k_P^2(\sin\theta_P \cos\theta_P \phi_I - \sin\gamma_P \cos\gamma_P \phi_R) - k_S^2(\cos^2\gamma_S - \sin^2\gamma_S)\psi\}$$

$$(1-111)$$

对于 $x_2=0$ 处的无应力曲面，在 $x_2=0$ 处 σ_{22} 和 σ_{12} 都必须为零。将 $x_2=0$ 代入式（1-111）并令 $\sigma_{22}=0$，可得到

$$\sigma_{22} = \mu\{(2k_P^2 \sin^2\theta_P - \kappa^2 k_P^2)\exp(ik_P x_1 \sin\theta_P - i\omega t) +$$
$$(2k_P^2 \sin^2\gamma_P - \kappa^2 k_P^2)R_{PP}\exp(ik_P x_1 \sin\gamma_P - i\omega t) + \quad (1-112)$$
$$k_S^2 \sin 2\gamma_S R_{PS}\exp(ik_S x_1 \sin\gamma_S - i\omega t) = 0$$

如果 θ_P、γ_P 和 γ_S 彼此独立，那么满足上述等式的唯一方法是将三项中的每一项的系数都设为零。这是不可能的，因为对于所有 θ_P，第一个系数不能为零。但是，如果我们施加条件

$$\exp(ik_P x_1 \sin\theta_P - i\omega t) = \exp(ik_P x_1 \sin\gamma_P - i\omega t) = \exp(ik_S x_1 \sin\gamma_S - i\omega t) \quad (1-113)$$

如果

$$(2k_P^2 \sin^2\theta_P - \kappa^2 k_P^2) + (2k_P^2 \sin^2\gamma_P - \kappa^2 k_P^2)R_{PP} + k_S^2 \sin 2\gamma_S R_{PS} = 0 \quad (1-114)$$

则式（1-112）成立。

请注意，式（1-113）表明

$$\gamma_P = \theta_P$$
$$k_S \sin\gamma_S = k_P \sin\theta_P \Rightarrow \frac{\sin\gamma_S}{c_S} = \frac{\sin\theta_P}{c_P} \quad (1-115)$$

式（1-115）称为斯涅尔定律。

然后，我们将以下符号引入式（1-114）可得式（1-117）。

$$k = k_P \sin\theta_P = k_S \sin\gamma_S$$
$$\eta = k_P \cos\theta_P = \sqrt{k_P^2 - k^2}$$

$$\beta = k_S\cos\gamma_S = \sqrt{k_S^2 - k^2} \tag{1-116}$$

由式（1-114）得出

$$(2k^2 - k_S^2) + (2k^2 - k_S^2)R_{PP} + 2k\beta R_{PS} = 0 \tag{1-117}$$

式（1-117）中还使用了关系式 $\kappa^2 k_P^2 = k_S^2$，这从 κ^2（式（1-102b）），k_P^2 和 k_S^2（式（1-106））的定义来看是显而易见的。

类似地，在 $x_2 = 0$ 处满足 $\sigma_{12} = 0$ 将得到以下等式：

$$2k\eta - 2k\eta R_{PP} - (\beta^2 - k^2)R_{PS} = 2k\eta - 2k\eta R_{PP} + (2k^2 - k_S^2)R_{PS} = 0 \tag{1-118}$$

式（1-117）和式（1-118）可以写成矩阵形式：

$$\begin{bmatrix} (2k^2 - k_S^2) & 2k\beta \\ -2k\eta & (2k^2 - k_S^2) \end{bmatrix} \begin{Bmatrix} R_{PP} \\ R_{PS} \end{Bmatrix} = \begin{Bmatrix} -(2k^2 - k_S^2) \\ -2k\eta \end{Bmatrix} \tag{1-119}$$

对式（1-119）求解得到 R_{PP} 和 R_{PS}

$$R_{PP} = \frac{4k^2\eta\beta - (2k^2 - k_S^2)^2}{4k^2\eta\beta + (2k^2 - k_S^2)^2}$$

$$R_{PS} = \frac{-4k\eta(2k^2 - k_S^2)}{4k^2\eta\beta + (2k^2 - k_S^2)^2} \tag{1-120}$$

1.2.6.2 平面 P 波在无应力表面上的反射概述

当平面 P 波以 θ_P 的倾角撞击无应力表面时，如图 1-17 所示，产生平面 P 波（PP）和平面 S 波（PS）作为反射波，以满足平面上的无应力边界条件。P 波的反射角与入射角相同，S 波的反射角与入射角满足斯涅尔定律（式（1-115））。入射波和反射波的势可以表示为

$$\begin{aligned} \phi_P &= \phi_I = \exp(ikx_1 - i\eta x_2) \\ \phi_{PP} &= \phi_R = R_{PP}\exp(ikx_1 + i\eta x_2) \\ \psi_{PS} &= \psi_R = R_{PS}\exp(ikx_1 + i\beta x_2) \end{aligned} \tag{1-121}$$

由于时间相关，$e^{-i\omega t}$ 隐含出现在每个表达式中，并且没有明确显示。式（1-116）定义了 k、η 和 β。式（1-120）给出了反射系数 R_{PP} 和 R_{PS}。

例题 1.11

求 $\theta_P = 0$ 时 R_{PP} 和 R_{PS} 的值。

解： 根据式（1-116）可知，当 $\theta_P = 0$ 时，$k = 0$、$\eta = 0$、$\beta = k_S$。

将上述参数代入式（1-120）可以得到

$$R_{PP} = \frac{4k^2\eta\beta - (2k^2 - k_S^2)^2}{4k^2\eta\beta + (2k^2 - k_S^2)^2} = \frac{0 - k_S^4}{0 + k_S^4} = -1$$

$$R_{PS} = \frac{-4k\eta(2k^2 - k_S^2)}{4k^2\eta\beta + (2k^2 - k_S^2)^2} = \frac{0}{0 + k_S^4} = 0$$

因此，对于垂直入射，反射波不包含任何横波。在这种情况下，入射和反射波势由下式给出

$$\phi_P = \phi_1 = \exp(-i\eta x_2) = \exp(-ik_P x_2)$$
$$\phi_{PP} = \phi_R = -\exp(i\eta x_2) = -\exp(ik_P x_2)$$

例题 1.12

计算平面 P 波以垂直入射（$\theta_P = 0$）撞击无应力平面边界的位移和应力场。

解： 如上一个平面 P 波垂直入射的示例可知

$$\phi = \phi_P + \phi_{PP} = \exp(-ik_P x_2) - \exp(ik_P x_2)$$
$$\psi = 0$$

因此，根据式（1-100）可得

$$u_1 = \phi_{,1} + \psi_{,2} = 0$$
$$u_2 = \phi_{,2} - \psi_{,1} = -ik_P [\exp(-ik_P x_2) + \exp(ik_P x_2)]$$

同时，根据式（1-102）可得

$$\sigma_{11} = \mu \{ \kappa^2 \nabla^2 \phi + 2(\psi_{,12} - \phi_{,22}) \}$$
$$\sigma_{22} = \mu \{ \kappa^2 \nabla^2 \phi - 2(\psi_{,12} - \phi_{,11}) \}$$
$$\sigma_{12} = \mu \{ 2\phi_{,12} + \psi_{,22} - \psi_{,11} \}$$

根据式（1-107）和式（1-102b）可得

$$\kappa^2 \nabla^2 \phi = -\kappa^2 k_P^2 \phi = -\frac{c_P^2}{c_S^2} \frac{\omega^2}{c_P^2} \phi = -k_S^2 \phi$$

将 $\psi = 0$ 和上述关系式代入应力场的表达式中，得到

$$\sigma_{11} = \mu \{ -k_S^2 \phi - 2\phi_{,22} \} = -\mu \{ (k_S^2 - 2k_P^2)[\exp(-ik_P x_2) - \exp(ik_P x_2)] \}$$
$$= 2i\mu(k_S^2 - 2k_P^2) \sin(k_P x_2)$$

$$\sigma_{22} = \{ -k_S^2 \phi - 2\phi_{,11} \} = -\mu k_S^2 [\exp(-ik_P x_2) - \exp(ik_P x_2)] = 2i\mu k_S^2 \sin(k_P x_2)$$

$$\sigma_{12} = \mu \{ 2\phi_{,12} \} = 0$$

请注意，所有应力分量都在边界 $x_2 = 0$ 处消失。

1.2.6.3 无应力平面边界上的剪切波入射

图 1-18 显示了以 θ_S 角入射到无应力平面边界上的剪切波。按照与 P 波入射情况类似的分析可知，对于 S 波入射，反射波还必须同时包含 S 波和 P 波分量，以满足无应力边界条件。两个反射波分别用 SS 和 SP 表示。对应于入射 S 波、反射 SS 和 SP 波的波势为

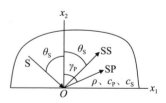

图 1-18 无应力平面边界对平面 S 波的反射

$$\psi_S = \psi_I = \exp(\mathrm{i}kx_1 - \mathrm{i}\beta x_2)$$
$$\phi_{SP} = \phi_R = R_{SP}\exp(\mathrm{i}kx_1 + \mathrm{i}\eta x_2) \quad (1-122)$$
$$\psi_{SS} = \psi_R = R_{SS}\exp(\mathrm{i}kx_1 + \mathrm{i}\beta x_2)$$

式（1-122）中隐含了时间相关函数 $\mathrm{e}^{-\mathrm{i}\omega t}$，且

$$k = k_S\sin\theta_S = k_P\sin\gamma_P$$
$$\eta = k_P\cos\gamma_P = \sqrt{k_P^2 - k^2} \quad (1-123)$$
$$\beta = k_S\cos\theta_S = \sqrt{k_S^2 - k^2}$$

θ_S 和 γ_P 满足斯涅尔定律（Snell's low），

$$\frac{\sin\theta_S}{c_S} = \frac{\sin\gamma_P}{c_P} \quad (1-124)$$

注意，当 $\theta_S = \arcsin(c_S/c_P)$，角 γ_P 等于 90°，这个角称为临界角（critical angle）。

因为 $c_S < c_P$，所以临界角为实数值。如果入射角超过临界角值，则不会产生如图 1-18 所示的反射 P 波，因为 γ_P 会变为虚数。

反射系数 R_{SP} 和 R_{SS} 可以通过满足 $x_2 = 0$ 处的无应力边界条件来获得。

根据式（1-102）可得

$$\sigma_{22} = \mu\{\kappa^2\nabla^2\phi - 2(\psi_{,12} + \phi_{,11})\} = -\mu\{k_S^2\phi + 2(\psi_{,12} + \phi_{,11})\}$$
$$= -\mu\{(k_S^2 - 2k^2)(R_{SP}\mathrm{e}^{\mathrm{i}kx_1+\mathrm{i}\eta x_2}) - 2k\beta(-\mathrm{e}^{\mathrm{i}kx_1-\mathrm{i}\beta x_2} + R_{SS}\mathrm{e}^{\mathrm{i}kx_1+\mathrm{i}\beta x_2})\}$$
$$\sigma_{12} = \mu\{2\phi_{,12} + \psi_{,22} - \psi_{,11}\}$$
$$= \mu\{(-2k\eta)R_{SP}\mathrm{e}^{\mathrm{i}kx_1+\mathrm{i}\eta x_2} + (k^2 - \beta^2)(\mathrm{e}^{\mathrm{i}kx_1-\mathrm{i}\beta x_2} + R_{SS}\mathrm{e}^{\mathrm{i}kx_1+\mathrm{i}\beta x_2})\}$$
$$(1-125)$$

由于式（1-125）的两个应力分量在 $x_2 = 0$ 处必须为零，所以

$$\sigma_{22}|_{x_2=0} = -\mu\{(k_S^2 - 2k^2)(R_{SP}\mathrm{e}^{\mathrm{i}kx_1}) - 2k\beta(-\mathrm{e}^{\mathrm{i}kx_1} + R_{SS}\mathrm{e}^{\mathrm{i}kx_1})\}$$
$$= \mu\{(2k^2 - k_S^2)R_{SP} + 2k\beta(-1 + R_{SS})\}\mathrm{e}^{\mathrm{i}kx_1} = 0$$
$$\sigma_{12}|_{x_2=0} = \mu\{(-2k\eta)R_{SP}\mathrm{e}^{\mathrm{i}kx_1} + (k^2 - \beta^2)(\mathrm{e}^{\mathrm{i}kx_1} + R_{SS}\mathrm{e}^{\mathrm{i}kx_1})\}$$
$$= \mu\{(-2k\eta)R_{SP} + (2k^2 - k_S^2)(1 + R_{SS})\}\mathrm{e}^{\mathrm{i}kx_1} = 0$$

上述两式在满足以下条件的情况下对于所有的 x_1 都成立

$$\begin{bmatrix} (2k^2 - k_S^2) & 2k\beta \\ -2k\eta & (2k^2 - k_S^2) \end{bmatrix} \begin{Bmatrix} R_{SP} \\ R_{SS} \end{Bmatrix} = \begin{Bmatrix} 2k\beta \\ -(2k^2 - k_S^2) \end{Bmatrix} \quad (1-126)$$

求解式（1-126）可得到 R_{SP} 和 R_{SS}。

$$\begin{cases} R_{SP} = \dfrac{4k\beta(2k^2-k_S^2)}{4k^2\eta\beta+(2k^2-k_S^2)^2} \\ R_{SS} = \dfrac{4k^2\eta\beta-(2k^2-k_S^2)^2}{4k^2\eta\beta+(2k^2-k_S^2)^2} \end{cases} \tag{1-127}$$

例题 1.13

求 $\theta_S=0$ 时 R_{SP} 和 R_{SS} 的值。

解：根据式（1-123），当 $\theta_S=0$ 时，可以得到 $k=0$，$\eta=0$ 和 $\beta=0$。将这些参数代入式（1-127）可得

$$R_{SP} = \frac{4k\beta(2k^2-k_S^2)}{4k^2\eta\beta+(2k^2-k_S^2)^2} = 0$$

$$R_{SS} = \frac{4k^2\eta\beta-(2k^2-k_S^2)^2}{4k^2\eta\beta+(2k^2-k_S^2)^2} = -1$$

因此，对于垂直入射，反射波不包含任何 P 波。这种情况下的入射和反射波势由下式给出

$$\psi_S = \psi_I = \exp(-ik_S x_2)$$
$$\psi_{SS} = \psi_R = -\exp(ik_S x_2)$$

例题 1.14

计算平面内 S 波在垂直入射（$\theta_S=0$）时撞击无应力平面边界的位移和应力场。

解：如上例所示，对于 S 波的垂直入射，波势由下式给出

$$\psi = \psi_I + \psi_R = \exp(-ik_S x_2) - \exp(ik_S x_2)$$
$$\phi = 0$$

因此，根据式（1-100）可得

$$u_1 = \phi_{,1} + \psi_{,2} = -ik_S\{e^{-ik_S x_2} + e^{ik_S x_2}\} = -2ik_S\cos(k_S x_2)$$
$$u_2 = \phi_{,2} - \psi_{,1} = 0$$

同时，根据式（1-102）可得

$$\sigma_{11} = \mu\{\kappa^2\nabla^2\phi + 2(\psi_{,12} - \phi_{,22})\}$$
$$\sigma_{22} = \mu\{\kappa^2\nabla^2\phi + 2(\psi_{,12} + \phi_{,11})\}$$
$$\sigma_{12} = \mu\{2\phi_{,12} + \psi_{,22} - \psi_{,11}\}$$

将 $\phi=0$ 代入上述表达式中可得

$$\sigma_{11} = 2\mu\psi_{,12} = 0$$
$$\sigma_{22} = -2\mu\psi_{,12} = 0$$

$$\sigma_{12} = \mu\{\psi_{,22} - \psi_{,11}\} = -\mu k_S^2 \{e^{-ik_S^2 x_2} - e^{ik_S^2 x_2}\} = 2i\mu k_S^2 \sin(k_S^2 x_2)$$

请注意，所有应力分量在边界 $x_2 = 0$ 处都不存在。

1.2.7 离面或反平面运动——SH 波

在前面的小节中，我们讨论了平面内运动，其中位移和波传播方向被限制在 $x_1 x_2$ 平面内（见 1.2.3 节）。因此，位移和波速的 x_3 分量为零。如果波在 $x_1 x_2$ 平面内传播，但粒子只有 x_3 分量为非零位移，则波动称为离面或平面外运动。因此，对于离面问题，$u_1 = u_2 = 0$，$u_3 = u_3(x_1, x_2, t)$。

将上述位移分量代入纳维尔方程（式（1-79）），并进行点积和叉积运算（见表 1-2）。当体力不存在时，得到以下方程：

$$(\lambda + 2\mu) \cdot 0 - \mu(-u_{3,11} - u_{3,22}) = \rho \ddot{u}_3$$

$$\Rightarrow u_{3,11} + u_{3,22} - \frac{\rho}{\mu} \ddot{u}_3 = 0 \tag{1-128}$$

$$\Rightarrow \nabla^2 u_3 - \frac{1}{c_S^2} \ddot{u}_3 = 0$$

对于谐波，如前所述（见式（1-105）），我们假设 $e^{-i\omega t}$ 为时间相关函数，上面的公式可简化为

$$\nabla^2 u_3 + k_S^2 u_3 = 0 \tag{1-129}$$

注意，式（1-128）和式（1-129）分别与式（1-100a）式（1-107）相似。唯一的区别在于未知变量的定义不同。式（1-100a）和式（1-107）的变量是波势，而式（1-128）和式（1-129）的变量是位移。式（1-128）给出了速度为 c_S 的波运动，它与横波速度相同。从应变-位移和应力-应变关系（对于各向同性材料）还可以看出，位移场 $u_1 = u_2 = 0$ 和 $u_3 = u_3(x_1, x_2, t)$ 只能产生剪切应变（γ_{13} 和 γ_{23}）和剪切应力（σ_{13} 和 σ_{23}）。这里应注意的是，如前所述，面内剪切波的应变和应力场会产生非零剪切应变（γ_{12}）和剪切应力（σ_{12}）。因此，离面剪切波和平面内剪切波有一些共同点——它们以相同的速度（c_S）传播，并且只在介质中产生剪切应力。但是，它们会产生不同的非零剪切应力分量——因为它们具有不同的质点位移或极化方向，如图 1-19 所示。当波在 $x_1 x_2$ 平面内沿 $\mathbf{n}$ 方向传播，质点位移在 x_3 方向时，这种反平面剪切波

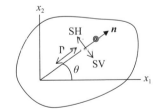

图 1-19 沿 $\mathbf{n}$ 方向传播的 P 波、SV 波和 SH 波的粒子位移方向（SH 波的粒子运动在 x_3 方向，用圆圈表示）

称为剪切水平波或 SH 波。如果质点位移垂直于波传播方向，但位于同一平面（在本例中为 x_1x_2 平面），则称为剪切垂直波或 SV 波。当质点位移平行于波传播方向时为 P 波。

请注意，斯托克斯-亥姆霍兹分解不是解决反平面问题所必需的。将 $u_1 = u_2 = 0$ 和 $u_3 = u_3(x_1, x_2, t)$ 直接代入 Navier 方程，将其简化为波动方程，即式（1-128）和式（1-129）。如前所述，它对谐波的解由下式给出

$$u_3 = A\exp(\mathrm{i}kx_1 + \mathrm{i}\beta x_2 - \mathrm{i}\omega t) \tag{1-130}$$

式中：A 为波的振幅；k 和 β 必须满足关系 $\sqrt{k^2 + \beta^2} = k_S^2$。在随后的分析中，时间相关函数 $\mathrm{e}^{-\mathrm{i}\omega t}$ 将被隐含并且不会被明确写出。

1.2.7.1 SH 波与无应力平面边界的相互作用

让我们考虑一个单位振幅的平面 SH 波在 $x_2 = 0$ 处以角度 θ_S 撞击无应力平面边界，如图 1-20 所示。如果反射波振幅为 R，反射角为 θ_S，则总位移场由下式给出

$$u_3 = \exp(\mathrm{i}kx_1 - \mathrm{i}\beta x_2) + R\exp(\mathrm{i}kx_1 - \mathrm{i}\beta x_2) \tag{1-131}$$

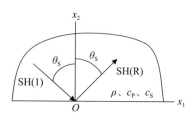

图 1-20　无应力边界反射的 SH 波

式中：时间相关函数 $\mathrm{e}^{-\mathrm{i}\omega t}$ 被隐含；k 和 β 在式（1-123）中进行了定义。

根据这个位移场可以得到应力场：

$$\begin{aligned}\sigma_{23} &= 2\mu\varepsilon_{23} = 2\mu \times \frac{1}{2}(u_{2,3} + u_{3,2}) = \mu u_{3,2} \\ &= \mathrm{i}\beta\mu\{-\mathrm{e}^{-\mathrm{i}\beta x_2} + R\mathrm{e}^{\mathrm{i}\beta x_2}\}\mathrm{e}^{\mathrm{i}kx_1}\end{aligned} \tag{1-132}$$

在 $x_2 = 0$ 处，$\sigma_{23} = 0$，因此

$$\sigma_{23}|_{x_2=0} = \mathrm{i}\beta\mu\{-1 + R\}\mathrm{e}^{\mathrm{i}kx_1} = 0$$

$$\Rightarrow R = 1$$

总位移和应力场由下式给出

$$u_3 = \exp(\mathrm{i}kx_1 - \mathrm{i}\beta x_2) + \exp(\mathrm{i}kx_1 + \mathrm{i}\beta x_2)$$
$$= \{\mathrm{e}^{-\mathrm{i}\beta x_2} + \mathrm{e}^{\mathrm{i}\beta x_2}\}\mathrm{e}^{\mathrm{i}kx_1} = 2\cos(\beta x_2)\mathrm{e}^{\mathrm{i}kx_1}$$

$$\sigma_{23} = \mathrm{i}\beta\mu\{-\mathrm{e}^{-\mathrm{i}\beta x_2} + \mathrm{e}^{\mathrm{i}\beta x_2}\}\mathrm{e}^{\mathrm{i}kx_1} = -2\beta\mu\sin(\beta x_2)\mathrm{e}^{\mathrm{i}kx_1}$$

$$\sigma_{13} = \mu u_{3,1} = \mathrm{i}k\mu\{\mathrm{e}^{-\mathrm{i}\beta x_2} + \mathrm{e}^{\mathrm{i}\beta x_2}\}\mathrm{e}^{\mathrm{i}kx_1} = 2\mathrm{i}k\mu\cos(\beta x_2)\mathrm{e}^{\mathrm{i}kx_1}$$

请注意，在边界处 σ_{23} 为零，但 σ_{13} 不是。

从上述分析可以清楚地看出，与平面波（P 和 SV）相比，离面波（SH）

的分析要简单得多,因为在反射表面没有发生模式转换,并且反射系数($R=1$)的表达式比式(1-120)和式(1-127)中给出的表达式简单得多。此外,与P-SV情况不同,离面分析不需要引入 Stokes-Helmholtz 势函数。由于这些简单性,尽管它们的实际应用有限,但反平面问题在学术上仍然很流行。

1.2.7.2 SH 波与平面界面的相互作用

让我们考虑 SH 波撞击两个各向同性弹性固体之间的平面界面的情况,如图 1-21 所示。两种弹性固体的材料特性(密度、P 波速度和 S 波速度)用 ρ_i、c_{Pi} 和 c_{Si} 表示,对于两种材料 $i=1$ 和 2。入射波、反射波和透射波的振幅分别为 1、R 和 T。入射角和反射角用 θ_1 表示,透射角用 θ_2 表示,如图 1-21 所示。

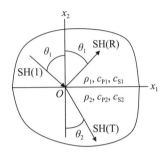

图 1-21 SH 波在平面界面的反射和透射

为了满足所有 x_1 在 $x_2=0$ 处界面上的位移(u_3)和应力(σ_{23})连续性条件,所有三个波的 x_1 相关项必须相同。这种情况产生了斯涅尔定律

$$\frac{\sin\theta_1}{c_{S1}} = \frac{\sin\theta_2}{c_{S2}} \tag{1-133}$$

入射波、反射波和透射波对应的位移场变为

$$\begin{aligned} u_{3\text{in}} &= e^{ikx_1 - i\beta_1 x_2} \\ u_{3\text{re}} &= Re^{ikx_1 + i\beta_1 x_2} \\ u_{3\text{tr}} &= Te^{ikx_1 + i\beta_2 x_2} \end{aligned} \tag{1-134}$$

式(1-134)中,下标 in、re 和 tr 分别对应于入射场、反射场和透射场。反射波和透射波的振幅分别用 R 和 T 表示,而入射波的幅度为 1。

注意

$$\begin{aligned} k &= k_{S1}\sin\theta_1 = k_{S2}\sin\theta_2 \\ \beta_1 &= k_{S1}\cos\theta_1 \\ \beta_2 &= k_{S2}\cos\theta_2 \end{aligned} \tag{1-134a}$$

$$k_{S1} = \frac{\omega}{c_{S1}}, \quad k_{S2} = \frac{\omega}{c_{S2}}$$

从 $x_2=0$ 处的位移和应力连续性可以得到

$$\begin{aligned} (1+R)e^{ikx_1} &= Te^{ikx_1} &\Rightarrow 1+R = T \\ \mu_1\beta_1(-1+R)e^{ikx_1} &= -\mu_2\beta_2 Te^{ikx_1} &\Rightarrow -1+R = -QT \end{aligned} \tag{1-135}$$

其中

$$Q = \frac{\mu_2 \beta_2}{\mu_1 \beta_1} \tag{1-136}$$

求解式（1-135）可以得到 R 和 T

$$R = \frac{1-Q}{1+Q}$$
$$T = \frac{2}{1+Q} \tag{1-137}$$

请注意，当两种材料相同时，$Q=1$，$R=0$ 和 $T=1$。这是理想的，因为在这种特殊情况下没有界面。

根据式（1-134a），对于法向入射（$\theta_1 = \theta_2 = 0$）的情况，$\beta_1 = k_{S1}$，$\beta_2 = k_{S2}$。因此

$$Q = \frac{\mu_2 \beta_2}{\mu_1 \beta_1} = \frac{\mu_2 k_{S2}}{\mu_1 k_{S1}} = \frac{\rho_2 c_{S2}^2 \dfrac{\omega}{c_{S2}}}{\rho_1 c_{S1}^2 \dfrac{\omega}{c_{S1}}} = \frac{\rho_2 c_{S2}}{\rho_1 c_{S1}} = \frac{Z_{2S}}{Z_{1S}}$$

所以

$$R = \frac{1-Q}{1+Q} = \frac{Z_{1S} - Z_{2S}}{Z_{1S} + Z_{2S}}$$
$$T = \frac{2}{1+Q} = \frac{2Z_{1S}}{Z_{1S} + Z_{2S}} \tag{1-137a}$$

1.2.8　P 波和 SV 波与平面界面的相互作用

由于模式转换，这些平面内问题与 1.2.7 节中分析的 SH 问题相比更为复杂，如下所示。首先，解决了 P 波入射问题。

1.2.8.1　P 波撞击界面

图 1-22 显示了一个单位振幅的平面 P 波撞击两个线弹性各向同性固体之间的平面界面。反射波和透射波都具有 P 波和 SV 波分量，它们的幅度分别用 R_{PP}、R_{PS}、T_{PP} 和 T_{PS} 表示。

这五种波的波势由下式给出

$$\phi_{in} = e^{ikx_1 - i\eta_1 x_2}$$
$$\phi_{rePP} = R_{PP} e^{ikx_1 + i\eta_1 x_2}$$

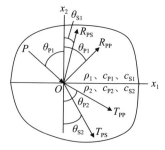

图 1-22　P 波入射界面附近的反射波和透射波

$$\phi_{\text{txPP}} = T_{\text{PP}} e^{ikx_1 - i\eta_2 x_2}$$
$$\psi_{\text{rePS}} = R_{\text{PS}} e^{ikx_1 + i\beta_1 x_2} \quad (1-138)$$
$$\psi_{\text{txPS}} = T_{\text{PS}} e^{ikx_1 + i\beta_2 x_2}$$

式中：下标 in、re 和 tx 分别用于表示入射波、反射波和透射波，以及

$$k = k_{\text{P1}} \sin\theta_{\text{P1}} = k_{\text{S1}} \sin\theta_{\text{S1}} = k_{\text{P2}} \sin\theta_{\text{P2}} = k_{\text{S2}} \sin\theta_{\text{S2}}$$
$$\eta_1 = k_{\text{P1}} \cos\theta_{\text{P1}}$$
$$\eta_2 = k_{\text{P2}} \cos\theta_{\text{P2}}$$
$$\beta_1 = k_{\text{S1}} \cos\theta_{\text{S1}} \quad (1-139)$$
$$\beta_2 = k_{\text{S2}} \cos\theta_{\text{S2}}$$
$$k_{\text{P1}} = \frac{\omega}{c_{\text{P1}}}, \quad k_{\text{P2}} = \frac{\omega}{c_{\text{P2}}}, \quad k_{\text{S1}} = \frac{\omega}{c_{\text{S1}}}, \quad k_{\text{S2}} = \frac{\omega}{c_{\text{S2}}}$$

从跨界面位移分量 u_1、u_2 和应力分量 σ_{12} 和 σ_{22} 的连续性，我们得到

$$ik(1 + R_{\text{PP}}) + i\beta_1 R_{\text{PS}} = ikT_{\text{PP}} - i\beta_2 T_{\text{PS}}$$
$$i\eta_1(-1 + R_{\text{PP}}) - ikR_{\text{PS}} = -i\eta_2 T_{\text{PP}} - ikT_{\text{PS}}$$
$$\mu_1\{2k\eta_1(1 - R_{\text{PP}}) - \beta_1^2 R_{\text{PS}} + k^2 R_{\text{PS}}\} = \mu_2\{2k\eta_2 T_{\text{PP}} - \beta_2^2 T_{\text{PP}} + k^2 T_{\text{PS}}\}$$
$$-\mu_1\{(k_{\text{S1}}^2 - 2k^2)(1 + R_{\text{PP}}) - 2k\beta_1 R_{\text{PS}}\} = -\mu_2\{(k_{\text{S2}}^2 - 2k^2) T_{\text{PP}} + 2k\beta_2 T_{\text{PS}}\}$$

上述方程可以写成以下形式：

$$\begin{bmatrix} k & \beta_1 & -k & \beta_2 \\ \eta_1 & -k & \eta_2 & k \\ 2k\eta_1 & -(2k^2 - k_{\text{S1}}^2) & 2k\eta_2\mu_{21} & (2k^2 - k_{\text{S2}}^2)\mu_{21} \\ (2k^2 - k_{\text{S1}}^2) & 2k\beta_1 & -(2k^2 - k_{\text{S2}}^2)\mu_{21} & 2k\beta_2\mu_{21} \end{bmatrix} \begin{Bmatrix} R_{\text{PP}} \\ R_{\text{PS}} \\ T_{\text{PP}} \\ T_{\text{PS}} \end{Bmatrix} = \begin{Bmatrix} -k \\ \eta_1 \\ 2k\eta_1 \\ -(2k^2 - k_{\text{S1}}^2) \end{Bmatrix}$$
$$(1-140)$$

式中：$\mu_{21} = \mu_2/\mu_1$，这个方程组可以求解得到 R_{PP}、R_{PS}、T_{PP} 和 T_{PS}。

例题 1.15

对于 P 波垂直入射（图 1-22 中的 $\theta_{\text{P1}} = 0$），计算两个固体中反射波和透射波的幅值和势场。

解：根据式（1-139）可以得到 $\theta_{\text{P1}} = 0$ 时

$$k = k_{\text{P1}} \sin\theta_{\text{P1}} = k_{\text{S1}} \sin\theta_{\text{S1}} = k_{\text{P2}} \sin\theta_{\text{P2}} = k_{\text{S2}} \sin\theta_{\text{S2}} = 0$$
$$\Rightarrow \theta_{\text{S1}} = \theta_{\text{P2}} = \theta_{\text{S2}} = 0$$
$$\eta_1 = k_{\text{P1}} \cos\theta_{\text{P1}} = k_{\text{P1}}$$
$$\eta_2 = k_{\text{P2}} \cos\theta_{\text{P2}} = k_{\text{P2}}$$

$$\beta_1 = k_{S1}\cos\theta_{S1} = k_{S1}$$
$$\beta_2 = k_{S2}\cos\theta_{S2} = k_{S2}$$

那么式（1-140）可以简化为

$$\begin{bmatrix} 0 & k_{S1} & 0 & k_{S2} \\ k_{P1} & 0 & k_{P2} & 0 \\ 0 & k_{S1}^2 & 0 & -k_{S2}^2\mu_{21} \\ -k_{S1}^2 & 0 & -k_{S2}^2\mu_{21} & 0 \end{bmatrix} \begin{Bmatrix} R_{PP} \\ R_{PS} \\ T_{PP} \\ T_{PS} \end{Bmatrix} = \begin{Bmatrix} 0 \\ k_{P1} \\ 0 \\ k_{S1}^2 \end{Bmatrix}$$

由上述矩阵方程中的第一个和第三个代数方程得到 $R_{PS} = T_{PS} = 0$。剩下的第二个和第四个方程形成一个二乘二方程组

$$\begin{bmatrix} k_{P1} & k_{P2} \\ -k_{S1}^2 & k_{S2}^2\mu_{21} \end{bmatrix} \begin{Bmatrix} R_{PP} \\ T_{PP} \end{Bmatrix} = \begin{Bmatrix} k_{P1} \\ k_{S1}^2 \end{Bmatrix}$$

上式可以很容易地求解得到

$$R_{PP} = \frac{k_{P1}k_{S2}^2\mu_{21} - k_{P2}k_{S1}^2}{k_{P1}k_{S2}^2\mu_{21} + k_{P2}k_{S1}^2} = \frac{1 - \dfrac{k_{P2}k_{S1}^2}{k_{P1}k_{S2}^2\mu_{21}}}{1 + \dfrac{k_{P2}k_{S1}^2}{k_{P1}k_{S2}^2\mu_{21}}} = \frac{1 - \dfrac{\mu_1 c_{P1}c_{S2}^2}{\mu_2 c_{P2}c_{S1}^2}}{1 + \dfrac{\mu_1 c_{P1}c_{S2}^2}{\mu_2 c_{P2}c_{S1}^2}} = \frac{1 - \dfrac{\rho_1 c_{P1}}{\rho_2 c_{P2}}}{1 + \dfrac{\rho_1 c_{P1}}{\rho_2 c_{P2}}}$$

$$\Rightarrow R_{PP} = \frac{\rho_2 c_{P2} - \rho_1 c_{P1}}{\rho_2 c_{P2} + \rho_1 c_{P1}} = \frac{Z_2 - Z_1}{Z_2 + Z_1}$$

$$(1-141)$$

$$T_{PP} = \frac{2k_{P1}k_{S1}^2}{k_{P1}k_{S2}^2\mu_{21} + k_{P2}k_{S1}^2} = \frac{\dfrac{2k_{P1}k_{S1}^2}{k_{P1}k_{S2}^2\mu_{21}}}{1 + \dfrac{k_{P2}k_{S1}^2}{k_{P1}k_{S2}^2\mu_{21}}} = \frac{2\dfrac{\mu_1 c_{S2}^2}{\mu_2 c_{S1}^2}}{1 + \dfrac{\mu_1 c_{P1}c_{S2}^2}{\mu_2 c_{P2}c_{S1}^2}} = \frac{2\dfrac{\rho_1}{\rho_2}}{1 + \dfrac{\rho_1 c_{P1}}{\rho_2 c_{P2}}}$$

$$\Rightarrow T_{PP} = \frac{\rho_1}{\rho_2}\frac{2\rho_2 c_{P2}}{\rho_2 c_{P2} + \rho_1 c_{P1}} = \frac{\rho_1}{\rho_2}\frac{2Z_2}{Z_2 + Z_1}$$

式中：$Z_i = \rho_i c_i$ 为声阻抗。请注意，当两种材料相同时，$R_{PP} = 0$ 和 $T_{PP} = 1$。

因此，对于平面 P 波在两种材料界面的垂直入射

$$\phi_1 = \phi_{inP} + \phi_{rePP} = e^{-ik_{P1}x_2} + \frac{Z_2 - Z_1}{Z_2 + Z_1}e^{ik_{P1}x_2}$$

$$\phi_2 = \phi_{txPP} = \frac{\rho_1}{\rho_2}\frac{2Z_2}{Z_2 + Z_1}e^{-ik_{P2}x_2}$$

$$\psi_1 = \psi_2 = 0$$

第 1 章 弹性波力学——线性分析

例题 1.16

计算 P 波垂直入射时两个固体中的应力和位移场（图 1-22 中的 $\theta_{P1}=0$）。

解： 上例中给出了这种情况下的势场。根据这些势场，位移和应力分量使用以下关系式获得（注意在这种情况下 $\psi=0$）

$$u_1 = \phi_{,1} + \psi_{,2} = \phi_{,1}$$

$$u_2 = \phi_{,2} - \psi_{,1} = \phi_{,2}$$

$$\sigma_{11} = -\mu\{k_S^2\phi + 2\phi_{,22} - 2\psi_{,12}\} = -\mu\{k_S^2\phi + 2\phi_{,22}\}$$

$$\sigma_{22} = -\mu\{k_S^2\phi + 2\phi_{,11} + 2\psi_{,12}\} = -\mu\{k_S^2\phi + 2\phi_{,11}\}$$

$$\sigma_{12} = \mu\{2\phi_{,12} + \psi_{,22} - \psi_{,11}\} = 2\mu\phi_{,12}$$

因此，对于实体 1

$$u_1 = \phi_{,1} = 0$$

$$u_2 = \phi_{,2} = ik_{P1}\{-e^{-ik_{P1}x_2} + R_{PP}e^{ik_{P1}x_2}\}$$

$$\sigma_{11} = -\mu\{k_S^2\phi + 2\phi_{,22}\} = \mu_1(2k_{P1}^2 - k_{S1}^2)(e^{-ik_{P1}x_2} + R_{PP}e^{ik_{P1}x_2})$$

$$\sigma_{22} = -\mu\{k_S^2\phi + 2\phi_{,11}\} = -\mu_1 k_{S1}^2(e^{-ik_{P1}x_2} + R_{PP}e^{ik_{P1}x_2})$$

$$\sigma_{12} = 2\mu\phi_{,12} = 0$$

对于实体 2

$$u_1 = \phi_{,1} = 0$$

$$u_2 = \phi_{,2} = -ik_{P2}T_{PP}e^{-ik_{P2}x_2}$$

$$\sigma_{11} = -\mu\{k_S^2\phi + 2\phi_{,22}\} = \mu_2(2k_{P2}^2 - k_{S2}^2)T_{PP}e^{-ik_{P2}x_2}$$

$$\sigma_{22} = -\mu\{k_S^2\phi + 2\phi_{,11}\} = -\mu_2 k_{S2}^2 T_{PP}e^{-ik_{P2}x_2}$$

$$\sigma_{12} = 2\mu\phi_{,12} = 0$$

式中：R_{PP} 和 T_{PP} 已在式（1-141）中进行了定义。

注意，在界面（$x_2=0$）处，非零位移和应力分量可以根据固体 1 和 2 给出的表达式计算。将 $x_2=0$ 代入实体 1 的表达式中得到

$$u_2 = ik_{P1}\{-1 + R_{PP}\} = ik_{P1}\left\{-1 + \frac{Z_2 - Z_1}{Z_2 + Z_1}\right\} = \frac{-2ik_{P1}Z_1}{Z_2 + Z_1} = -\frac{2i\omega\rho_1}{Z_2 + Z_1}$$

$$\sigma_{11} = \mu_1(2k_{P1}^2 - k_{S1}^2)(1 + R_{PP}) = \left(\frac{2}{\kappa_1^2} - 1\right)\frac{2\rho_1\omega^2 Z_2}{Z_2 + Z_1}$$

$$\sigma_{22} = -\mu_1 k_{S1}^2(1 + R_{PP}) = \frac{2\rho_1\omega^2 Z_2}{Z_2 + Z_1}$$

如果将 $x_2=0$ 代入实体 2 的表达式中，则得到

$$u_2 = -\mathrm{i}k_{\mathrm{P}2}T_{\mathrm{PP}} = -\mathrm{i}\frac{\omega}{c_{\mathrm{P}2}}\frac{\rho_1}{\rho_2}\frac{2Z_2}{Z_2+Z_1} = -\frac{2\mathrm{i}\omega\rho_1}{Z_2+Z_1}$$

$$\sigma_{11} = \mu_2(2k_{\mathrm{P}2}^2 - k_{\mathrm{S}2}^2)T_{\mathrm{PP}} = \left(\frac{2}{\kappa_2^2}-1\right)\frac{2\rho_1\omega^2 Z_2}{Z_2+Z_1}$$

$$\sigma_{22} = -\mu_2 k_{\mathrm{S}2}^2 T_{\mathrm{PP}} = \frac{2\rho_1\omega^2 Z_2}{Z_2+Z_1}$$

注意 u_2 和 σ_{22} 在界面上是连续的，但 σ_{11} 不是。这是因为 $\kappa_1(=c_{\mathrm{P}1}/c_{\mathrm{S}1})$ 和 $\kappa_2(=c_{\mathrm{P}2}/c_{\mathrm{S}2})$ 不同。

1.2.8.2 SV 波撞击界面

图 1-23 所示为一个单位振幅的平面 SV 波撞击两个线弹性各向同性固体之间的平面界面。反射波和透射波都具有 P 波和 SV 波分量，它们的振幅分别用 R_{SP}、R_{SS}、T_{SP} 和 T_{SS} 表示。

这五种波的波势如下：

$$\begin{aligned}
\psi_{\mathrm{inS}} &= \mathrm{e}^{\mathrm{i}kx_1 - \mathrm{i}\beta_1 x_2} \\
\phi_{\mathrm{reSP}} &= R_{\mathrm{SP}}\mathrm{e}^{\mathrm{i}kx_1 + \mathrm{i}\eta_1 x_2} \\
\phi_{\mathrm{txSP}} &= T_{\mathrm{SP}}\mathrm{e}^{\mathrm{i}kx_1 - \mathrm{i}\eta_2 x_2} \\
\psi_{\mathrm{reSS}} &= R_{\mathrm{SS}}\mathrm{e}^{\mathrm{i}kx_1 + \mathrm{i}\beta_1 x_2} \\
\psi_{\mathrm{txSS}} &= T_{\mathrm{SS}}\mathrm{e}^{\mathrm{i}kx_1 - \mathrm{i}\beta_2 x_2}
\end{aligned} \quad (1-142)$$

式中：下标 in、re 和 tx 分别用于表示入射波、反射波和透射波；k、η_i 和 β_i 在式（1-139）中进行了定义。

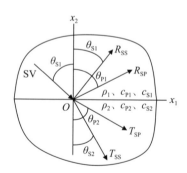

图 1-23 SV 波入射界面处的反射波和透射波

从界面上位移分量 u_1、u_2 和应力分量 σ_{12} 和 σ_{22} 的连续性，我们得到

$$\mathrm{i}kR_{\mathrm{SP}} + \mathrm{i}\beta_1(-1+R_{\mathrm{SS}}) = \mathrm{i}kT_{\mathrm{SP}} - \mathrm{i}\beta_2 T_{\mathrm{SS}}$$

$$i\eta_1 R_{SP} - ik(1+R_{SS}) = -i\eta_2 T_{SP} - ikT_{SS}$$

$$\mu_1\{-2k\eta_1 R_{SP} + (2k^2-k_{S1}^2)(1+R_{SS})\} = \mu_2\{2k\eta_2 T_{SP} + (2k^2-k_{S2}^2)T_{SS}\}$$

$$-\mu_1\{(k_{S1}^2-2k^2)R_{SP} + 2k\beta_1(1-R_{SS})\} = -\mu_2\{(k_{S2}^2-2k^2)T_{SP} + 2k\beta_2 T_{SS}\}$$

上述方程也可以写成以下形式：

$$\begin{bmatrix} k & \beta_1 & -k & \beta_2 \\ \eta_1 & -k & \eta_2 & k \\ 2k\eta_1 & -(2k^2-k_{S1}^2) & 2k\eta_2\mu_{21} & (2k^2-k_{S2}^2)\mu_{21} \\ (2k^2-k_{S1}^2) & 2k\beta_1 & -(2k^2-k_{S2}^2)\mu_{21} & 2k\beta_2\mu_{21} \end{bmatrix} \begin{Bmatrix} R_{SP} \\ R_{SS} \\ T_{SP} \\ T_{SS} \end{Bmatrix} = \begin{Bmatrix} \beta_1 \\ k \\ (2k^2-k_{S1}^2) \\ 2k\beta_1 \end{Bmatrix}$$

(1-143)

式中：$\mu_{21} = \mu_2/\mu_1$。求解该方程组可以得到 R_{SP}、R_{SS}、T_{SP} 和 T_{SS}。

示例 1.17

对于法向 SV 波入射（图 1-23 中 $\theta_{S1}=0$），计算两个固体中反射波和透射波的振幅和势场。

解： 当 $\theta_{S1}=0$ 时，根据式（1-139）可以得到

$$k = k_{P1}\sin\theta_{P1} = k_{S1}\sin\theta_{S1} = k_{P2}\sin\theta_{P2} = k_{S2}\sin\theta_{S2} = 0$$

$$\Rightarrow \theta_{P1} = \theta_{P2} = \theta_{S2} = 0$$

$$\eta_1 = k_{P1}\cos\theta_{P1} = k_{P1} \quad \eta_2 = k_{P2}\cos\theta_{P2} = k_{P2}$$

$$\beta_1 = k_{S1}\cos\theta_{S1} = k_{S1} \quad \beta_2 = k_{S2}\cos\theta_{S2} = k_{S2}$$

那么，式（1-143）可以化简为

$$\begin{bmatrix} 0 & k_{S1} & 0 & k_{S2} \\ k_{P1} & 0 & k_{P2} & 0 \\ 0 & k_{S1}^2 & 0 & -k_{S2}^2\mu_{21} \\ -k_{S1}^2 & 0 & k_{S2}^2\mu_{21} & 0 \end{bmatrix} \begin{Bmatrix} R_{SP} \\ R_{SS} \\ T_{SP} \\ T_{SS} \end{Bmatrix} = \begin{Bmatrix} k_{S1} \\ 0 \\ -k_{S1}^2 \\ 0 \end{Bmatrix}$$

由上述矩阵方程的第二个和第四个代数方程得到 $R_{SP} = T_{SP} = 0$。剩下的第一个和第三个方程形成一个二乘二方程组

$$\begin{bmatrix} k_{S1} & k_{S2} \\ k_{S1}^2 & -k_{S2}^2\mu_{21} \end{bmatrix} \begin{Bmatrix} R_{SS} \\ T_{SS} \end{Bmatrix} = \begin{Bmatrix} k_{S1} \\ -k_{S1}^2 \end{Bmatrix}$$

上式可以很容易地求解得到

$$R_{SS} = \frac{k_{S1}k_{S2}^2\mu_{21} - k_{S2}k_{S1}^2}{k_{S1}k_{S2}^2\mu_{21} + k_{S2}k_{S1}^2} = \frac{1 - \dfrac{k_{S2}k_{S1}^2}{k_{S1}k_{S2}^2\mu_{21}}}{1 + \dfrac{k_{S2}k_{S1}^2}{k_{S1}k_{S2}^2\mu_{21}}} = \frac{1 - \dfrac{\mu_1 c_{S2}}{\mu_2 c_{S1}}}{1 + \dfrac{\mu_1 c_{S2}}{\mu_2 c_{S1}}} = \frac{1 - \dfrac{\rho_1 c_{S1}}{\rho_2 c_{S2}}}{1 + \dfrac{\rho_1 c_{S1}}{\rho_2 c_{S2}}}$$

$$\Rightarrow R_{SS} = \frac{\rho_2 c_{S2} - \rho_1 c_{S1}}{\rho_2 c_{S2} + \rho_1 c_{S1}} = \frac{Z_{2S} - Z_{1S}}{Z_{2S} + Z_{1S}}$$

$$T_{SS} = \frac{2k_{S1}^3}{k_{S1}k_{S2}^2\mu_{21} + k_{S2}k_{S1}^2} = \frac{\dfrac{2k_{S1}^{23}}{k_{S1}k_{S2}^2\mu_{21}}}{1 + \dfrac{k_{S2}k_{S1}^2}{k_{S1}k_{S2}^2\mu_{21}}} = \frac{2\dfrac{\mu_1 c_{S2}^2}{\mu_2 c_{S1}^2}}{1 + \dfrac{\mu_1 c_{S2}}{\mu_2 c_{S1}}} = \frac{2\dfrac{\rho_1}{\rho_2}}{1 + \dfrac{\rho_1 c_{S1}}{\rho_2 c_{S2}}} \quad (1-144)$$

$$\Rightarrow T_{SS} = \frac{\rho_1}{\rho_2}\frac{2\rho_2 c_{S2}}{\rho_2 c_{S2} + \rho_1 c_{S1}} = \frac{\rho_1}{\rho_2}\frac{2Z_{2S}}{Z_{2S} + Z_{1S}}$$

式中：$Z_{iS} = \rho_i c_{Si}$ 是使用剪切波速度而不是 P 波速度计算得到的声阻抗。请注意，当两种材料相同时，$R_{SS}=0$ 和 $T_{SS}=1$。

因此，对于平面 SV 波在两种材料界面的垂直入射

$$\psi_1 = \psi_{inS} + \psi_{reSS} = e^{-ik_{S1}x_2} + \frac{Z_{2S} - Z_{1S}}{Z_{2S} + Z_{1S}}e^{ik_{S1}x_2}$$

$$\psi_2 = \psi_{txSS} = \frac{\rho_1}{\rho_2}\frac{2Z_{2S}}{Z_{2S} + Z_{1S}}e^{-ik_{S2}x_2}$$

$$\phi_1 = \phi_2 = 0$$

例题 1.18

计算 SV 波垂直入射时两个固体中的应力和位移场（图 1-23 中的 $\theta_{S1}=0$）。

解：上例中给出了这种情况下的势场。根据这些势场，位移和应力分量使用以下关系式获得（注意在这种情况下 $\phi=0$）

$$u_1 = \phi_{,1} + \psi_{,2} = \psi_{,2}$$
$$u_2 = \phi_{,2} - \psi_{,1} = -\psi_{,1}$$
$$\sigma_{11} = -\mu\{k_S^2\phi + 2\phi_{,22} - 2\psi_{,12}\} = -2\mu\psi_{,12}$$
$$\sigma_{22} = -\mu\{k_S^2\phi + 2\phi_{,11} + 2\psi_{,12}\} = -2\mu\psi_{,12}$$
$$\sigma_{12} = \mu\{2\phi_{,12} + \psi_{,22} - \psi_{,11}\} = \mu\{\psi_{,22} - \psi_{,11}\}$$

因此，对于实体 1

$$u_1 = \psi_{,2} = ik_{S1}(-e^{-ik_{S1}x_2} + R_{SS}e^{ik_{S1}x_2})$$
$$u_2 = -\psi_{,1} = 0$$
$$\sigma_{11} = -2\mu\psi_{,12} = 0$$
$$\sigma_{22} = -2\mu\psi_{,12} = 0$$
$$\sigma_{12} = \mu\{\psi_{,22} - \psi_{,11}\} = -\mu_1 k_{S1}^2(e^{-ik_{S1}x_2} + R_{SS}e^{ik_{S1}x_2})$$

对于实体 2

$$u_1 = \psi_{,2} = -\mathrm{i}k_{S2}T_{SS}\mathrm{e}^{-\mathrm{i}k_{S2}x_2}$$

$$u_2 = -\psi_{,1} = 0$$

$$\sigma_{11} = -2\mu\psi_{,12} = 0$$

$$\sigma_{22} = -2\mu\psi_{,12} = 0$$

$$\sigma_{12} = \mu\{\psi_{,22} - \psi_{,11}\} = -\mu_2 k_{S2}^2 T_{SS}\mathrm{e}^{\mathrm{i}k_{S2}x_2}$$

式中：R_{SS} 和 T_{SS} 已在式（1-144）中进行了定义。

请注意，在界面（$x_2=0$）处，非零位移和应力分量可以根据为固体 1 和 2 给出的表达式计算。将 $x_2=0$ 代入实体 1 的表达式中得到

$$u_1 = \mathrm{i}k_{S1}(-1+R_{SS}) = -\frac{\mathrm{i}\omega}{c_{S1}}\frac{2Z_{1S}}{Z_{2S}+Z_{1S}} = \frac{-2\mathrm{i}\omega\rho_1}{Z_{2S}+Z_{1S}}$$

$$\sigma_{12} = -\mu_1 k_{S1}^2(1+R_{SS}) = -\rho_1\omega^2\frac{2Z_{2S}}{Z_{2S}+Z_{1S}} = \frac{-2\rho_1\omega^2 Z_{2S}}{Z_{2S}+Z_{1S}}$$

如果将 $x_2=0$ 代入实体 2 的表达式中，则得到

$$u_1 = \mathrm{i}k_{S2}T_{SS} = -\mathrm{i}\frac{\omega}{c_{S2}}\frac{\rho_1}{\rho_2}\frac{2Z_{2S}}{Z_{2S}+Z_{1S}} = \frac{-2\mathrm{i}\omega\rho_1}{Z_{2S}+Z_{1S}}$$

$$\sigma_{12} = -\mu_2 k_{S2}^2 T_{SS} = -\rho_2\omega^2\frac{\rho_1}{\rho_2}\frac{2Z_{2S}}{Z_{2S}+Z_{1S}} = \frac{-2\rho_1\omega^2 Z_{2S}}{Z_{2S}+Z_{1S}}$$

注意 u_1 和 σ_{12} 在界面上是连续的。

1.2.9 均匀半空间中的瑞利波

上面讨论的 P 型、SV 型和 SH 型波在弹性体内传播，称为体波。当这些波遇到自由表面或界面时，它们会经历反射和透射。然而，一些波动被限制在自由表面或界面附近，被称为表面波或界面波。瑞利波就是一种表面波。

我们在前面已经知道，由式（1-121）中给出的势表达式可以满足在 $x_2=0$ 处的无应力边界条件（图 1-17）。现在，让我们尝试用一组不同的势表达式来满足 $x_2=0$ 处的无应力边界条件。如果可以用不同的势表达式来满足适当的边界条件，从而给出不同类型的质点运动，那么我们可以从逻辑上得出结论，这种新的波动可以存在于该边界条件的半空间中。现在尝试的势表达式是

$$\phi = A\exp(\mathrm{i}kx_1 - \eta x_2)$$
$$\psi = B\exp(\mathrm{i}kx_1 - \eta x_2)$$

(1-145)

式（1-45）隐含了时间相关函数 $\exp(-\mathrm{i}\omega t)$。请注意，随着 x_2 的增加，ϕ 和 ψ 呈指数衰减。与这些势有关的位移和应力在 $x_2=0$ 时被限制在自由面附近。显然，式（1-145）表示沿 x_1 方向以速度 c 传播的波动，其中 $c=\omega/k$。

将式（1-145）代入控制波动方程（式（1-107）），得到

$$-k^2+\eta^2+k_{\mathrm{P}}^2=0 \quad \Rightarrow \eta=\sqrt{k^2-k_{\mathrm{P}}^2}$$
$$-k^2+\beta^2+k_{\mathrm{S}}^2=0 \quad \Rightarrow \beta=\sqrt{k^2-k_{\mathrm{S}}^2} \tag{1-146}$$

根据式（1-102）得

$$\sigma_{22}=-\mu\{k_{\mathrm{S}}^2\phi+2(\psi_{,12}+\phi_{,11})\}$$
$$=-\mu\{(k_{\mathrm{S}}^2-2k^2)A\mathrm{e}^{\mathrm{i}kx_1-\eta x_2}-2\mathrm{i}k\beta B\mathrm{e}^{\mathrm{i}kx_1-\beta x_2}\}$$
$$\sigma_{12}=\mu\{2\phi_{,12}+\psi_{,22}-\psi_{,11}\}=\mu\{(-2\mathrm{i}k\eta)A\mathrm{e}^{\mathrm{i}kx_1-\eta x_2}+(k^2+\beta^2)B\mathrm{e}^{\mathrm{i}kx_1-\beta x_2}\}$$

满足 $x_2=0$ 处的无应力边界条件即可得到

$$\{(2k^2-k_{\mathrm{S}}^2)A+2\mathrm{i}k\beta B\}\mathrm{e}^{\mathrm{i}kx_1}=0$$
$$\{-2\mathrm{i}k\eta A+(2k^2-k_{\mathrm{S}}^2)B\}\mathrm{e}^{\mathrm{i}kx_1}=0$$

如果上式成立，则需满足

$$\begin{bmatrix} (2k^2-k_{\mathrm{S}}^2) & 2\mathrm{i}k\beta \\ -2\mathrm{i}k\eta & (2k^2-k_{\mathrm{S}}^2) \end{bmatrix}\begin{Bmatrix} A \\ B \end{Bmatrix}=\begin{Bmatrix} 0 \\ 0 \end{Bmatrix} \tag{1-147}$$

为了得到 A 和 B 的非平凡解，系数矩阵的行列式必须为零。

$$(2k^2-k_{\mathrm{S}}^2)^2-4k^2\eta\beta=0 \tag{1-148}$$

式（1-148）也可以写成

$$\left(2\frac{\omega^2}{c^2}-\frac{\omega^2}{c_{\mathrm{S}}^2}\right)^2-4\frac{\omega^2}{c^2}\left(\frac{\omega^2}{c^2}-\frac{\omega^2}{c_{\mathrm{P}}^2}\right)^{\frac{1}{2}}\left(\frac{\omega^2}{c^2}-\frac{\omega^2}{c_{\mathrm{S}}^2}\right)^{\frac{1}{2}}=0$$

$$\Rightarrow \left(2-\frac{c^2}{c_{\mathrm{S}}^2}\right)^2-4\left(1-\frac{c^2}{c_{\mathrm{P}}^2}\right)^{\frac{1}{2}}\left(1-\frac{c^2}{c_{\mathrm{S}}^2}\right)^{\frac{1}{2}}=0 \tag{1-148a}$$

$$\Rightarrow (2-\xi^2)^2-4\sqrt{(1-\xi^2)\left(1-\frac{\xi^2}{\kappa^2}\right)}=0$$

式中：$\xi=c/c_{\mathrm{S}}$；$\kappa=c_{\mathrm{P}}/c_{\mathrm{S}}$。

根据式（1-146）可得，$\eta=k\sqrt{1-\xi^2/\kappa^2}$，$\beta=k\sqrt{1-\xi^2}$。由于 $K>1$，如果 $\xi<1$，则 η 和 β 将具有实数值。可以证明，式（1-148）在 0 和 1 之间只有一个根（Mal 和 Singh，1991）。为了证明这一点，让我们从式（1-148a）中去掉根，为简单起见，引入变量 $p=1/K$，以获得

$$(2-\xi^2)^4 = 16(1-\xi^2)(1-p^2\xi^2)$$
$$\Rightarrow 16 - 32\xi^2 + 24\xi^4 - 8\xi^6 + \xi^8 = 16 - 16(1+p^2)\xi^2 + 16p^2\xi^4$$
$$\Rightarrow -32 + 24\xi^2 - 8\xi^4 + \xi^6 = -16(1+p^2) + 16p^2\xi^4 \quad (1-148b)$$
$$\Rightarrow \xi^6 - 8\xi^4 + (24 - 16p^2)\xi^2 - 16(1-p^2) = 0 = f(\xi^2)$$

请注意 $f(0) = -16(1-p^2) < 0$，$f(1) = 1-8+24-16 = 1 > 0$。式（1-148b）是 ξ 的六阶多项式方程或 x_2 的三阶多项式方程。如上所述，由于 $f(\xi^2)$ 在 0 和 1 之间改变符号，那么它在 0 和 1 之间必有最少一个或最多三个根。然而，当 ξ 介于 0 和 1 之间时，$f'(0) = 24 - 16p^2 > 0$ 和 $f''(\xi^2) = 6\xi^2 - 16 < 0$。因此，$f(\xi^2)$ 的斜率应该在 0 和 1 之间单调变化。换言之，$f(\xi^2)$ 不能在 0 和 1 之间多次改变其趋势（增加或减少）。所以它不能在 0 和 1 之间有三个根。因此，ξ^2 介于 0 和 1 之间时，式（1-148）仅有一个根。我们将这个根表示为 ξ_R，相应的 $c(=\xi_R \cdot c_S)$ 表示为 c_R。这种被限制在自由表面附近并具有速度 c_R 的波称为瑞利波。

例题 1.19

对于泊松比 $\nu = 0.25$ 的弹性固体，计算 c_R。

解： 根据 p、c_S、c_P 的定义以及表 1-1 中给出的关系，可以写出

$$p^2 = \left(\frac{c_S}{c_P}\right)^2 = \frac{\mu}{\lambda + 2\mu} = \frac{\mu}{\frac{2\mu\nu}{1-2\nu} + 2\mu} = \frac{\mu - 2\mu\nu}{-2\mu\nu + 2\mu} = \frac{1-2\nu}{2-2\nu} \quad (1-149)$$

当 $\nu = 0.25$ 时，$p^2 = 1/3$ 且式（1-148b）可以变为

$$\xi^6 - 8\xi^4 + \left(24 - \frac{16}{3}\right)\xi^2 - 16\left(1 - \frac{1}{3}\right) = 3\xi^6 - 24\xi^4 + 56\xi^2 - 32 = 0$$

上式得三个实数根为

$$\xi^2 = 4, \quad \left(2 + \frac{2}{\sqrt{3}}\right), \quad \left(2 - \frac{2}{\sqrt{3}}\right)$$

然而，这三个根中只有一个小于 1，这对于式（1-145）中的 η 和 β 具有实数值是必要的。因此，

$$\xi_R^2 = \left(2 - \frac{2}{\sqrt{3}}\right) \Rightarrow \xi_R = 0.91948$$

且 $c_R = 0.91948 c_S$。

同样地，可以计算其他泊松比的瑞利波速。提出了由横波速度和泊松比计算瑞利波速度的两个近似公式。

$$c_R = \frac{0.862 + 1.14\nu}{1+\nu} c_S \quad (1-150a)$$

$$c_R = \frac{0.87 + 1.12\nu}{1+\nu}c_S \qquad (1-150b)$$

式（1-150a）和式（1-150b）分别来自 Schmerr（1998）和 Viktorov（1967）。

根据不同泊松比的精确和近似公式计算出的瑞利波速度和横波速度之比见表 1-3。

表 1-3 不同泊松比下的瑞利波速度与横波速度之比

ν	0	0.05	0.15	0.25	0.30	0.40	0.50
c_R/c_S（精确解）	0.87	0.88	0.90	0.92	0.93	0.94	0.95
c_R/c_S（式（1-15a））	0.86	0.88	0.90	0.92	0.93	0.94	0.95
c_R/c_S（式（1-15b））	0.87	0.88	0.90	0.92	0.93	0.94	0.95

根据式（1-147）可以得到

$$\frac{B}{A} = \frac{2ik\eta}{(2k^2 - k_S^2)} = -\frac{(2k^2 - k_S^2)}{2ik\beta} \qquad (1-151)$$

因此，位移场可以由下式给出

$$u_1 = \phi_{,1} + \psi_{,2} = (ikAe^{-\eta x_2} - \beta B e^{-\beta x_2})e^{ikx_1} = ikA\left(e^{-\eta x_2} + \left[2 - \frac{k_S^2}{2k^2}\right]e^{-\beta x_2}\right)e^{ikx_1}$$

$$u_2 = \phi_{,2} - \psi_{,1} = (-\eta A e^{-\eta x_2} + ikB e^{-\beta x_2})e^{ikx_1} = -\eta A\left(e^{-\eta x_2} + \frac{2k^2 - k_S^2}{2\eta\beta}e^{-\beta x_2}\right)e^{ikx_1}$$

$$(1-152)$$

式（1-152）只有一个未定常数"A"，其可以计算瑞利波的幅值。

在表面（$x_2 = 0$）处

$$u_1 = ikA\left(3 - \frac{k_S^2}{2k^2}\right)e^{ikx_1}$$

$$u_2 = -\eta A\left(1 + \frac{2k^2 - k_S^2}{2\eta\beta}\right)e^{ikx_1}$$

$$(1-153)$$

根据式（1-153）可以很明显地看出，两个位移分量相差为 90°，因为 u_1 表达式的指数项系数是虚数，而 u_2 表达式的指数项系数是实数。通过对这些位移表达式的详细分析，我们可以发现，对于传播的瑞利波，质点是椭圆运动的，而波峰上的质点则与波的传播方向相反（Mal and Singh，1991）。这种类型的运动称为逆行椭圆运动。

1.2.10 Love 波

在 1.2.9 节中，已经表明瑞利波沿均匀固体中的无应力表面传播。现在让我们来研究离面运动是否可能以这种方式传播。为了研究这个问题，我们考虑如下形式的离面波

$$u_3 = A\mathrm{e}^{ikx_1 - \beta x_2}$$

沿弹性半空间无应力表面（在 $x_2 = 0$ 时）的 x_1 方向传播。注意，当一个波远离表面时，位移场呈指数衰减。

与该位移场相关的剪应力 σ_{23} 由下式给出

$$\sigma_{23} = \mu u_{3,2} = -\mu A\beta \mathrm{e}^{ikx_1 - \beta x_2}$$

请注意，在 $x_2 = 0$ 时，除非 A 为零，否则此应力分量是非零的。因此，SH 波不能平行于无应力表面传播。

现在让我们考虑分层半空间中的离面运动，如图 1-24 所示。

下行和上行 SH 波在厚度为 h 的层内传播，在衬底中，离面波平行于界面传播，这种水平传播波的强度随 x_2 呈指数衰减。与这些离面波相关联的位移场可以用以下形式写出：

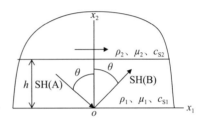

图 1-24 分层半空间中可能的反平面运动

$$u_3^1 = A\mathrm{e}^{ikx_1 - \mathrm{i}\beta_1 x_2} + B\mathrm{e}^{ikx_1 + \mathrm{i}\beta_1 x_2}$$
$$u_3^2 = C\mathrm{e}^{ikx_1 - \beta_2 x_2} \tag{1-154}$$

式中：A、B、C 为三个波的振幅，上标 1 和 2 表示位移是在层中还是在衬底中计算的；β_1 和 β_2 是实数，定义为

$$\beta_1 = \sqrt{k_{S1}^2 - k^2}$$
$$\beta_2 = \sqrt{k^2 - k_{S2}^2} \tag{1-154a}$$

从 $x_2 = 0$ 处的无应力边界条件，我们可以写出

$$\mu_1 u_{3,2}^1 \big|_{x_2=0} = \mathrm{i}\beta_1(-A + B)\mathrm{e}^{ikx_1} = 0$$

因此，$A = B$。

根据 $x_2 = h$ 处的位移和应力连续性条件，可得

$$u_3^1 \big|_{x_3=h} = u_3^2 \big|_{x_3=h} \Rightarrow A(\mathrm{e}^{-\mathrm{i}\beta_1 h} + \mathrm{e}^{-\mathrm{i}\beta_1 h})\mathrm{e}^{ikx_1} = C\mathrm{e}^{ikx_1 - \beta_2 h}$$

$$\Rightarrow 2A\cos(\beta_1 h) = C\mathrm{e}^{-\beta_2 h}$$

$$\mu_1 u_{3,2}^1 \big|_{x_3=h} = \mu_2 u_{3,2}^2 \big|_{x_3=h} \Rightarrow i\mu_1\beta_1 A(-e^{-i\beta_1 h} + e^{i\beta_1 h})e^{ikx_1} = -\mu_2\beta_2 C e^{ikx_1-\beta_2 h}$$

$$\Rightarrow 2A\sin(\beta_1 h) = \frac{\mu_2\beta_2}{\mu_1\beta_1}Ce^{-\beta_2 h}$$

基于上式可以得到

$$\tan(\beta_1 h) = \frac{\mu_2\beta_2}{\mu_1\beta_1} \Rightarrow \tan(h\sqrt{k_{S1}^2-k^2}) = \frac{\mu_2\sqrt{k^2-k_{S2}^2}}{\mu_1\sqrt{k_{S1}^2-k^2}} \quad (1-155)$$

由式（1-155）可以求得 k，从关系 $k=\omega/c_{Lo}$ 可以得到图 1-24 中水平传播波得速度 c_{Lo}，这个波称为 Love 波。注意，k 和 c_{Lo} 是波频 ω 的函数，换句话说，这个波是分散的。式（1-155）称为色散方程，对于给定的频率 ω 值，k 和 c_{Lo} 具有多个解。对于给定的频率 ω，固体内部的位移和应力场对于 k 和 c_{Lo} 的不同解是不同的。这些位移和应力分布称为振型（mode shape）。不同的振型与不同的波速相关。某一特定频率下特定阵型的波速是恒定的，这个速度称为相速度。

1.2.11 层状半空间中的瑞利波

1.2.9 节研究了各向同性半空间中的瑞利波传播。在 1.2.10 节中，证明了 SH 波与瑞利波不同，它不能平行于各向同性固体半空间中的无应力表面传播；然而，分层的固体半空间可以维持平行于无应力表面传播的 SH 运动（Love 波），如图 1-24 所示。现在让我们研究平面内（P-SV）运动或瑞利波是否可以在分层半空间中平行于无应力表面传播，如图 1-25 所示。

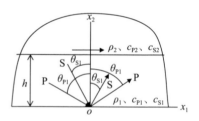

图 1-25 分层半空间中可能的平面内运动

在图 1-25 中，上行和下行 P/SV 波在层中传播，面内波在基板中水平传播。这些不同波的势场在下式中给出。

$$\begin{aligned}
\phi_1 &= (a_1 e^{-i\eta_1 x_2} + b_1 e^{i\eta_1 x_2})e^{ikx_1} \\
\psi_1 &= (c_1 e^{-i\beta_1 x_2} + d_1 e^{i\beta_1 x_2})e^{ikx_1} \\
\phi_2 &= b_2 e^{-\eta_2 x_2} e^{ikx_1} \\
\psi_2 &= d_2 e^{-\beta_2 x_2} e^{ikx_1}
\end{aligned} \quad (1-156)$$

式中

$$\eta_1 = \sqrt{k_{P1}^2 - k^2}$$
$$\beta_1 = \sqrt{k_{S1}^2 - k^2}$$
$$\eta_2 = \sqrt{k^2 - k_{P2}^2} \qquad (1-156\text{a})$$
$$\beta_2 = \sqrt{k^2 - k_{S2}^2}$$

下标 1 和 2 分别用于表示薄层和基板。注意，基板中的势呈指数衰减。未知系数 a_1、b_1、c_1、d_1、b_2 和 d_2 之间的关系可以从 $x_2 = 0$ 的两个边界条件和 $x_2 = h$ 的四个界面连续条件得到。这六种边界条件如下：

(1) $\sigma_{22}^1|_{x_2=0} = -\mu_1\{k_{S1}^2\phi_1 + 2(\psi_{1,12} + \phi_{1,11})\}_{x_2=0}$
$\qquad = -\mu_1\{(k_{S1}^2 - 2k^2)(a_1 + b_1) + 2k\beta_1(c_1 + d_1)\}\mathrm{e}^{\mathrm{i}kx_1} = 0$

(2) $\sigma_{12}^1|_{x_2=0} = \mu_1\{2\phi_{1,12} + \psi_{1,22} - \psi_{1,11}\}$
$\qquad = \mu_1\{(2k\eta_1)(a_1 - b_1) + (k^2 - \beta_1^2)(c_1 + d_1)\}\mathrm{e}^{\mathrm{i}kx_1} = 0$

(3) $\sigma_{22}^1|_{x_2=h} = \sigma_{22}^2|_{x_2=h} \Rightarrow -\mu_1\{k_{S1}^2\phi_1 + 2(\psi_{1,12} + \phi_{1,11})\}_{x_2=h}$
$\qquad = -\mu_2\{k_{S2}^2\phi_2 + 2(\psi_{2,12} + \phi_{2,11})\}_{x_2=h}$
$\qquad \Rightarrow -\mu_1\{(k_{S1}^2 - 2k^2)(a_1 E_1^{-1} + b_1 E_1) + 2k\beta_1(c_1 B_1^{-1} - d_1 B_1)\}\mathrm{e}^{\mathrm{i}kx_1}$
$\qquad = -\mu_2\{(k_{S2}^2 - 2k^2)b_2 E_2 - 2\mathrm{i}k\beta_2 d_2 B_2\}\mathrm{e}^{\mathrm{i}kx_1}$

(4) $\sigma_{12}^1|_{x_2=h} = \sigma_{12}^2|_{x_2=h} \Rightarrow \mu_1\{2\phi_{1,12} + \psi_{1,22} - \psi_{1,11}\}_{x_2=h}$
$\qquad = \mu_2\{2\phi_{2,12} + \psi_{2,22} - \psi_{2,11}\}_{x_2=h}$
$\qquad \Rightarrow \mu_1\{(2k\eta_1)(a_1 E_1^{-1} - b_1 E_1) + (k^2 - \beta_1^2)(c_1 B_1^{-1} + d_1 B_1)\}\mathrm{e}^{\mathrm{i}kx_1}$
$\qquad = \mu_2\{(-2\mathrm{i}k\eta_2)b_2 E_2 + (k^2 + \beta_2^2)d_2 B_2\}\mathrm{e}^{\mathrm{i}kx_1}$

(5) $u_1^1|_{x_2=h} = u_1^2|_{x_2=h} \Rightarrow \{\phi_{1,1} + \psi_{1,2}\}_{x_2=h} = \{\phi_{2,1} + \psi_{2,2}\}_{x_2=h}$
$\qquad \Rightarrow \{\mathrm{i}k(a_1 E_1^{-1} + b_1 E_1) + \mathrm{i}\beta_1(-c_1 B_1^{-1} + d_1 B_1)\}\mathrm{e}^{\mathrm{i}kx_1}$
$\qquad = \{\mathrm{i}kb_2 E_2 - \beta_2 d_2 B_2\}\mathrm{e}^{\mathrm{i}kx_1}$

(6) $u_2^1|_{x_2=h} = u_2^2|_{x_2=h} \Rightarrow \{\phi_{1,2} + \psi_{1,1}\}_{x_2=h} = \{\phi_{2,2} + \psi_{2,1}\}_{x_2=h}$
$\qquad \Rightarrow \{\mathrm{i}\eta_1(-a_1 E_1^{-1} + b_1 E_1) - \mathrm{i}k(c_1 B_1^{-1} + d_1 B_1)\}\mathrm{e}^{\mathrm{i}kx_1}$
$\qquad = \{-\eta_2 b_2 E_2 - \mathrm{i}k d_2 B_2\}\mathrm{e}^{\mathrm{i}kx_1}$

式中

$$E_1 = \mathrm{e}^{\mathrm{i}\eta_1 h}$$
$$B_1 = \mathrm{e}^{\mathrm{i}\beta_1 h}$$
$$E_2 = \mathrm{e}^{-\eta_2 h}$$
$$B_2 = \mathrm{e}^{-\beta_2 h}$$

上述六个边界条件给出了以下矩阵方程：

$$A \begin{Bmatrix} a_1 \\ b_1 \\ c_1 \\ d_1 \\ b_2 \\ d_2 \end{Bmatrix} = \begin{Bmatrix} 0 \\ 0 \\ 0 \\ 0 \\ 0 \\ 0 \end{Bmatrix} \quad (1-157)$$

其中系数矩阵 A 由下式给出

$$\begin{bmatrix} (2k^2-k_{S1}^2) & (2k^2-k_{S1}^2) & -2k\beta_1 & 2k\beta_1 & 0 & 0 \\ 2k\eta_1 & -2k\eta_1 & (2k^2-k_{S1}^2) & (2k^2-k_{S1}^2) & 0 & 0 \\ (2k^2-k_{S1}^2)\mu_1 E_1^{-1} & (2k^2-k_{S1}^2)\mu_1 E_1 & -2k\beta_1 B_1^{-1} & 2k\beta_1 B_1 & -(2k^2-k_{S2}^2)\mu_2 E_2 & -2ik\beta_2 \mu_2 B_2 \\ 2k\eta_1\mu_1 E_1^{-1} & -2k\eta_1\mu_1 E_1 & (2k^2-k_{S1}^2)\mu_1 B_1^{-1} & (2k^2-k_{S1}^2)\mu_1 B_1 & 2ik\eta_2 \mu_2 E_2 & -(2k^2-k_{S2}^2)\mu_2 B_2 \\ ikE_1^{-1} & ikE_1 & -i\beta_1 B_1^{-1} & i\beta_1 B_1 & -ikE_2 & \beta_2 B_2 \\ -i\eta_1 E_1^{-1} & i\eta_1 E_1 & -ikB_1^{-1} & -ikB_1 & \eta_2 E_2 & ikB_2 \end{bmatrix}$$

由于式（1-157）是齐次方程组，对于系数 a_1、b_1、c_1、d_1、b_2 和 d_2 的非平凡解，系数矩阵 A 的行列式必须为零。通过使 A 的行列式等于零获得的方程称为色散方程，因为该方程给出了作为频率函数的 k 值。从关系 $k=\omega/c_R$ 可以得到水平传播波的速度（c_R）。在这里，就像 Love 波一样，波速取决于频率，不同的振型以不同的速度传播。这种波称为层状固体中的广义瑞利－拉姆波或简称瑞利波。请注意，在均匀固体中，瑞利波不是色散的（波速与频率无关），但在分层的半空间中却是色散的。

上面讨论的求解半空间几何上的层中波传播问题的方法可以推广到当固体有多层时的情况。注意，对于半空间上的两层结构，系数矩阵 A 将具有 10×10 维，而对于半空间上的 n 层结构，该矩阵的维度将是 $(4n+2)\times(4n+2)$。

1.2.12 板波

到目前为止，我们已经研究了弹性波在均匀或分层半空间和均匀全空间中的传播力学。本节考虑波在具有两个无应力表面的板中的传播。为简单起见，将首先研究离面（SH）问题，然后再考虑平面内（P/SV）问题。

1.2.12.1 板中的离面波

图 1-26 显示了具有两个无应力边界的板

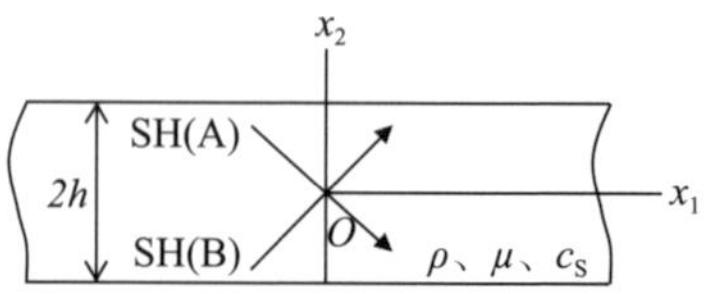

图 1-26 板中可能的 SH 运动

中可能的 SH 运动。

板中的位移场为

$$u_3 = (Ae^{-i\beta x_2} + Be^{i\beta x_2})e^{ikx_1}$$
$$\beta = \sqrt{k_S^2 - k^2}$$
（1－158）

从 $x_2 = +/-h$ 处的两个无应力边界条件可得到

$$\mu u_{3,2}|_{x_2=h} = 0 \Rightarrow i\beta\mu(-Ae^{-i\beta h} + Be^{i\beta h})e^{ikx_1} = 0$$
$$\mu u_{3,2}|_{x_2=-h} = 0 \Rightarrow i\beta\mu(-Ae^{i\beta h} + Be^{-i\beta h})e^{ikx_1} = 0$$
（1－159）

根据式（1－159）可得

$$\begin{bmatrix} -e^{-i\beta h} & e^{i\beta h} \\ -e^{i\beta h} & e^{-i\beta h} \end{bmatrix} \begin{Bmatrix} A \\ B \end{Bmatrix} = \begin{Bmatrix} 0 \\ 0 \end{Bmatrix}$$
（1－160）

对于 A 和 B 的非平凡解，系数矩阵的行列式必须为零。因此

$$-e^{-2i\beta h} + e^{2i\beta h} = 2i\sin(2\beta h) = 0$$
$$\Rightarrow \sin(2\beta h) = 0 = \sin\{m\pi\}, \quad m = 0, 1, 2, \cdots$$
$$\Rightarrow \sqrt{k_S^2 - k^2} = \frac{m\pi}{2h}, \quad m = 0, 1, 2, \cdots$$
（1－161）

k 可以根据式（1－61）计算得到。显然，对于不同的 m 值，k 也会不同。让我们用 k_m 来表示式（1－61）的解。

$$k_S^2 - k_m^2 = \left(\frac{m\pi}{2h}\right)^2, \quad m = 0, 1, 2, \cdots$$
$$\Rightarrow k_m = \sqrt{k_S^2 - \left(\frac{m\pi}{2h}\right)^2}, \quad m = 0, 1, 2, \cdots$$
$$\Rightarrow c_m = \frac{\omega}{k_m} = \frac{\omega}{\sqrt{k_S^2 - \left(\frac{m\pi}{2h}\right)^2}} = \frac{c_S}{\sqrt{1 - \left(\frac{m\pi}{2h}\right)^2\left(\frac{c_S}{\omega}\right)^2}}, \quad m = 0, 1, 2, \cdots$$
（1－162）

注意，c_m 是 ω 的函数，因此这些波是色散的；然而，当 $m=0$ 时，$c_m = c_0 = c_S$。因此，0 阶（$m=0$）振型不是色散的，但高阶（$m=1$、2、3、$\cdots$）振型是色散的（见图 1－27）。

1.2.12.1.1 振型

现在让我们计算 $m=0$、1、2、3$\cdots$ 时的振型。

当 $m=0$ 时，$k_m = k_S$；因此，$\beta = 0$，并从式（1－160）得到 $A=B$。那么，式（1－158）的位移场变为

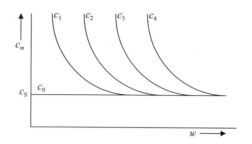

图 1-27 离面板波的色散曲线

$$u_3^0 = (Ae^{-i\beta x_2} + Be^{i\beta x_2})e^{ikx_1} = 2Ae^{ikx_1}$$

显然，位移场与 x_2 无关。上标"0"表示 0 阶振型。

对于 $m=1$ 以同样的方式可以得到

$$k_m = \sqrt{k_S^2 - \left(\frac{\pi}{2h}\right)^2} \quad \beta = \sqrt{k_S^2 - k_m^2} = \frac{\pi}{2h}$$

根据式（1-160）得到 $B/A = e^{\pm i\pi}$

将其代入式（1-158），得

$$u_3^1 = (Ae^{-i\beta x_2} + Be^{i\beta x_2})e^{ikx_1}$$
$$= A(e^{-\frac{i\pi x_2}{2h}} + e^{\pm i\pi}e^{\frac{i\pi x_2}{2h}})e^{ikx_1} = A(e^{-\frac{i\pi x_2}{2h}} - e^{\frac{i\pi x_2}{2h}})e^{ikx_1}$$
$$= -2iA\sin\left(\frac{\pi x_2}{2h}\right)e^{ikx_1}$$

当 $m=2$ 时

$$k_m = \sqrt{k_S^2 - \left(\frac{2\pi}{2h}\right)^2} \quad \beta = \sqrt{k_S^2 - k_m^2} = \frac{\pi}{h}$$

根据式（1-160）可以得到，$B/A = e^{\pm 2i\pi}$

将其代入式（1-158），有

$$u_3^2 = (Ae^{-i\beta x_2} + Be^{i\beta x_2})e^{ikx_1} = A(e^{-\frac{i\pi x_2}{h}} + e^{\pm 2i\pi}e^{\frac{i\pi x_2}{h}})e^{ikx_1}$$
$$= A(e^{-\frac{i\pi x_2}{h}} + e^{\frac{i\pi x_2}{h}})e^{ikx_1} = 2A\cos\left(\frac{\pi x_2}{h}\right)e^{ikx_1}$$

以这种方式，位移场的 x_2 依赖性交替变为正弦和余弦。x_2 方向的位移场变化称为振型。图 1-28 绘制了该问题的不同振型。相对于板中心平面的对称和反对称模式分别用"S"和"A"表示。左右箭头分别用于表示位移场的正负方向。

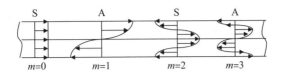

图 1-28 不同离面板波模式的振型

1.2.12.2 板中的面内波（Lamb 波）

图 1-29 显示了具有两个无应力边界的板中可能的面内（P/SV）运动。

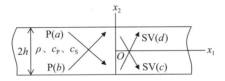

图 1-29 板中可能的平面内运动

板中的 P 波和 SV 波波势由下式给出

$$\varphi = (ae^{-i\eta x_2} + be^{i\eta x_2})e^{ikx_1}$$
$$\psi = (ce^{-i\beta x_2} + de^{i\beta x_2})e^{ikx_1}$$
$$\eta = \sqrt{k_P^2 - k^2}$$
$$\beta = \sqrt{k_S^2 - k^2}$$

(1-163)

从 $x_2 = +/-h$ 处的无应力边界条件可得

$$\begin{aligned}
\sigma_{22}|_{x_2=h} &= -\mu\{k_S^2\varphi + 2(\psi_{,12} + \varphi_{,11})\}_{x_2=h} \\
&= -\mu\{(k_S^2 - 2k^2)(aE^{-1} + bE) + 2k\beta(cB^{-1} - dB)\}e^{ikx_1} = 0 \\
\sigma_{22}|_{x_2=-h} &= -\mu\{k_S^2\varphi + 2(\psi_{,12} + \varphi_{,11})\}_{x_2=-h} \\
&= -\mu\{(k_S^2 - 2k^2)(aE + bE^{-1}) + 2k\beta(cB - dB^{-1})\}e^{ikx_1} = 0 \\
\sigma_{12}|_{x_2=h} &= \mu\{2\varphi_{,12} + \psi_{,22} - \psi_{,11}\}_{x_2=h} \\
&= \mu\{(2k\eta)(aE^{-1} - bE) + (k^2 - \beta^2)(cB^{-1} + dB)\}e^{ikx_1} = 0 \\
\sigma_{12}|_{x_2=-h} &= \mu\{2\varphi_{,12} + \psi_{,22} - \psi_{,11}\}_{x_2=-h} \\
&= \mu\{(2k\eta)(aE - bE^{-1}) + (k^2 - \beta^2)(cB + dB^{-1})\}e^{ikx_1} = 0
\end{aligned}$$

(1-164)

式中

$$E = e^{i\eta h}$$
$$B = e^{i\beta h}$$

根据式（1-164）可以得到

$$\begin{bmatrix} (2k^2-k_S^2)E^{-1} & (2k^2-k_S^2)E & -2k\beta B^{-1} & 2k\beta B \\ (2k^2-k_S^2)E & (2k^2-k_S^2)E^{-1} & -2k\beta B & 2k\beta B^{-1} \\ 2k\eta E^{-1} & -2k\eta E & (2k^2-k_S^2)B^{-1} & (2k^2-k_S^2)B \\ 2k\eta E & -2k\eta E^{-1} & (2k^2-k_S^2)B & (2k^2-k_S^2)B^{-1} \end{bmatrix} \begin{Bmatrix} a \\ b \\ c \\ d \end{Bmatrix} = \begin{Bmatrix} 0 \\ 0 \\ 0 \\ 0 \end{Bmatrix}$$

(1-165)

对于 a、b、c 和 d 的非平凡解，上述 4×4 系数矩阵的行列式必须为零。通过将上述矩阵的行列式等于零而获得的方程称为色散方程，因为频率的函数 k 是从该方程中获得的。与离面问题一样，对于给定频率，可以获得多个 k 值。这些值（k_m）对应波传播的多种模式。波速 c_L 从与 k_m 的关系 $c_L = \omega/k_m$ 得到。这种波称为兰姆波。由于 k_m 是色散的，相应的波速（c_L）也是色散的（随频率变化）。

对称和反对称模式：

通过将问题分解为对称和反对称问题，可以显著简化上述分析。为此，板中的波势可以写成以下形式，而不是等式（1-163）：

$$\begin{aligned} \phi &= (ae^{\eta x_2} + be^{-\eta x_2})e^{ikx_1} = \{A\sinh(\eta x_2) + B\cosh(\eta x_2)\}e^{ikx_1} \\ \psi &= (ce^{\beta x_2} + de^{-\beta x_2})e^{ikx_1} = \{C\sinh(\beta x_2) + D\cosh(\beta x_2)\}e^{ikx_1} \\ \eta &= \sqrt{k^2 - k_P^2} \\ \beta &= \sqrt{k^2 - k_S^2} \end{aligned}$$

(1-166)

从 $x_2 = +/-h$ 处的无应力边界条件可得，

(1) $\sigma_{22}|_{x_2=h} = -\mu\{k_S^2\phi + 2(\psi_{,12} + \phi_{,11})\}|_{x_2=h}$

$= -\mu\{(k_S^2 - 2k^2)[A\sinh(\eta h) + B\cosh(\eta h)] +$

$2ik\beta[C\cosh(\beta h) + D\sinh(\beta h)]\}e^{ikx_1} = 0$

(2) $\sigma_{22}|_{x_2=-h} = -\mu\{k_S^2\phi + 2(\psi_{,12} + \phi_{,11})\}|_{x_2=-h}$

$= -\mu\{(k_S^2 - 2k^2)[-A\sinh(\eta h) + B\cosh(\eta h)] +$

$2ik\beta[C\cosh(\beta h) - D\sinh(\beta h)]\}e^{ikx_1} = 0$

(3) $\sigma_{12}|_{x_2=h} = \mu\{2\phi_{,12} + \psi_{,22} - \psi_{,11}\}|_{x_2=h}$

$= \mu\{(2ik\eta)[A\cosh(\eta h) + B\sinh(\eta h)] +$

$(k^2 + \beta^2)[C\sinh(\beta h) + D\cosh(\beta h)]\}e^{ikx_1} = 0$

(4) $\sigma_{12}|_{x_2=-h} = \mu\{2\phi_{,12}+\psi_{,22}-\psi_{,11}\}_{x_2=-h}$
$= \mu\{(2ik\eta)[A\cosh(\eta h)-B\sinh(\eta h)]+$
$(k^2+\beta^2)[-C\sinh(\beta h)+D\cosh(\beta h)]\}e^{ikx_1}=0$ (1-167)

将式（1-167）的前两个方程式相加，并用第三个方程式减去第四个方程式，得到下列两个方程式：

$$(2k^2-k_S^2)B\cosh(\eta h)-2ik\beta C\cosh(\beta h)=0$$
$$2ik\eta B\sinh(\eta h)+(2k^2-k_S^2)C\sinh(\beta h)=0$$
(1-168a)

将式（1-167）的最后两个方程式相加，并用第一个方程式减去第二个方程式，得到以下结果：

$$(2k^2-k_S^2)A\sinh(\eta h)-2ik\beta D\sinh(\beta h)=0$$
$$2ik\eta A\cosh(\eta h)+(2k^2-k_S^2)D\cosh(\beta h)=0$$
(1-168b)

从式（1-168a）可知，对于 B 和 C 具有非平凡解，系数矩阵的行列式必须为零：

$$(2k^2-k_S^2)^2\cosh(\eta h)\sinh(\beta h)-4k^2\eta\beta\cosh(\beta h)\sinh(\eta h)=0$$
$$\Rightarrow \frac{\tanh(\eta h)}{\tanh(\beta h)}=\frac{(2k^2-k_S^2)^2}{4k^2\eta\beta}$$
(1-169a)

同样地，根据式（1-168b），对于 A 和 D 的非平凡解，系数矩阵的行列式必须为零：

$$(2k^2-k_S^2)^2\sinh(\eta h)\cosh(\beta h)-4k^2\eta\beta\sinh(\beta h)\cosh(\eta h)=0$$
$$\Rightarrow \frac{\tanh(\eta h)}{\tanh(\beta h)}=\frac{4k^2\eta\beta}{(2k^2-k_S^2)^2}$$
(1-169b)

如果 A 和 D 等于 0，但 B 和 C 不为 0，则式（1-169a）必须成立，且其势场可以由下式给出

$$\phi=(ae^{\eta x_2}+be^{-\eta x_2})e^{ikx_1}=B\cosh(\eta x_2)e^{ikx_1}$$
$$\psi=(ce^{\beta x_2}+de^{ikx_1})=C\sinh(\beta x_2)e^{ikx_1}$$

因此，位移场为

$$u_1=\phi_{,1}+\psi_{,2}=\{ikB\cosh(\eta x_2)+\beta C\cosh(\beta x_2)\}e^{ikx_1}$$
$$u_2=\phi_{,2}-\psi_{,1}=\{\eta B\sinh(\eta x_2)-ikC\sinh(\beta x_2)\}e^{ikx_1}$$

注意 u_1 是 x_2 的偶函数，而 u_2 是 x_2 的奇函数。因此，在这种情况下，位移场将关于板的中心平面（$x_2=0$）对称。这就是为什么这些模式被称为对称或扩展模式。

如果 B 和 C 等于 0，但 B 和 C 不为 0，则式（1-169b）必须成立。在这种情况下，u_1 是 x_2 的奇函数，而 u_2 是 x_2 的偶函数。因此，位移场将相对于板的中心平面（$x_2=0$）是反对称的。这些模式被称为反对称或弯曲模式。

板在对称和反对称波传播模式下的变形如图 1-30 所示。

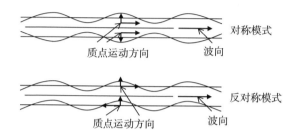

图 1-30　板变形和波传播的对称（上）和反对称（下）模式下的质点运动方向

式（1-169a）和（1-169b）相当复杂，且 k 有多个解，可以用数值方法得到。根据多个 k 值可以得到不同对称和反对称波传播模式的兰姆波速度 $c_L(=\omega/k)$。

让我们更仔细地研究一些特殊情况下的色散方程（式（1-169a）和式（1-169b））。例如，在低频下，由于 η 和 β 很小，所以

$$\frac{\tanh(\eta h)}{\tan(\beta h)} \approx \frac{\eta h}{\beta h} = \frac{\eta}{\beta}$$

将其代入式（1-169a），可以得到低频时的速度：

$$\frac{\eta}{\beta} = \frac{(2k^2-k_S^2)^2}{4k^2\eta\beta} \Rightarrow 4k^2\eta = (2k^2-k_S^2)^2 \Rightarrow 4k^2(k^2-k_P^2) = 4k^4 - 4k^2k_S^2 + k_S^4$$

$$\Rightarrow 4k^2(k_S^2-k_P^2) = 4k_S^4 \Rightarrow k^2 = \frac{k_S^4}{4(k_S^2-k_P^2)} \Rightarrow \frac{c_L^2}{\omega^2} = \frac{1}{k^2} = \frac{4(k_S^2-k_P^2)}{k_S^4} = 4\frac{c_S^2}{\omega^2}\left(1-\frac{c_S^2}{c_P^2}\right)$$

$$\Rightarrow c_L = 2c_S\sqrt{1-\frac{c_S^2}{c_P^2}} = c_0$$

(1-170)

式（1-169b）可以用摄动技术求解（Bland，1988；Mal 和 Singh，1991），对于小频率得到

$$c_L = c_S\left\{\frac{4}{2}\left(1-\frac{c_S^2}{c_P^2}\right)\right\}^{1/4}\left(\frac{\omega h}{c_S}\right)^{1/2} \quad (1-171)$$

因此，在零频率下，对称模式的相速度具有有限值（在式（1-170）中给出），但反对称模式的值为零。这些模式称为基本对称模式和反对称模式，分别

用符号 S_0 和 A_0 表示。在高频下，A_0 和 S_0 模式逐渐接近瑞利波速，如图 1-31 所示。下面给出相应的数学证明。

在高频情况下，$\tanh(\eta h) \approx \tanh(\beta h) \approx 1$。将其代入式 （1-169a） 和式 （1-169b） 得到

$$1 = \frac{(2k^2 - k_S^2)^2}{4k^2 \eta \beta} \Rightarrow 4k^2 \eta \beta = (2k^2 - k_S^2)^2 \Rightarrow (2k^2 - k_S^2)^2 - 4k^2 \eta \beta = 0$$

上述方程与瑞利波方程（式（1-148））相等。它的解给出了瑞利波的速度。因此，在高频下，兰姆模达到瑞利波速度。

虽然式 （1-169a） 和式 （1-169b） 在低频下都只有一个解，但随着信号频率的增加，方程将给出多个解。各向同性板的 c_L 随频率变化的典型曲线图如图 1-31 所示。

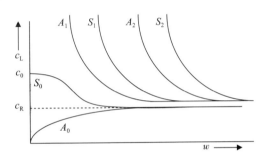

图 1-31 兰姆波在平板中传播的色散曲线

1.2.13 相速度和群速度

在图 1-27 和图 1-31 中，我们看到波速是频率的函数。因此，如果波的任何模式以单一频率（单色波）传播，则其速度可以根据如图 1-27 和图 1-31 所示的色散曲线来计算，这个速度称为相速度。单色波速或相速度的示意图如图 1-32 的上部两个曲线图所示。

图 1-32 显示的是时间 0（连续线）和 t（虚线）时刻的波动。

在图 1-32 中，请注意两个波 （1 和 2，顶部两个曲线图）的频率和相速度略有不同。与波 1 相比，波 2 的频率和相速度略高。对于图 1-31 中的 A0 模式，也观察到了类似的相速度-频率关系（速度随频率增加）。如果两个波 1 和 2 同时存在，那么它们的总响应将如图 1-32 的第三和第四图所示。第三个图是简单地将最上面的两个图相加得到的。第四个图与第三个图相同；唯一的区别是它以不同的比例绘制，覆盖了更大的 x 范围（0~15）。第四个图清楚地显示了两个波如何叠加性地和抑制性地干扰以形成由零区域分隔的几组或一

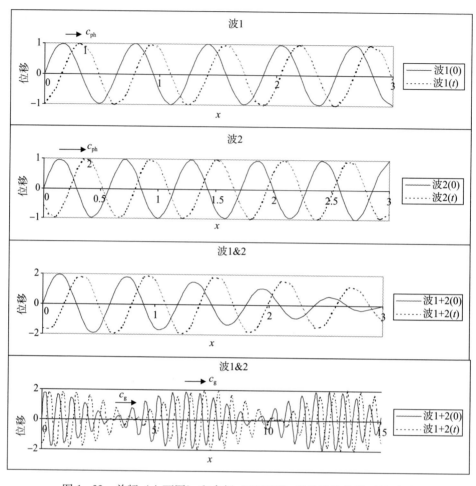

图 1-32 单频（上两图）和多频（下两图）弹性波的传播（显示了在时间 0（连续线）和 t（虚线）时刻的波动）

组波。在该图中，实线表示在时间 $t=0$ 时作为 x 函数的位移变化，虚线表示在时间 t（略大于 0）时的位移。这些波的传播在图中很明显。如果在时间 $t=1$ 处绘制虚线，则峰值位置的移动表示相速度，并在图中用 c_{ph} 表示。同理，这两个波之和的调制包络在零位或峰值位置的偏移就是包络的速度，称为群速度；它在图 1-32 的底部图中用 c_g 表示。下面推导出相速度和群速度之间的关系。

两个不同频率和相速度的波的数学表示是

$$u_i^1 = \sin(k_1 x - \omega_1 t)$$
$$u_i^2 = \sin(k_2 x - \omega_2 t)$$

(1-172)

式中：下标 i 可以取任意值 1、2 或 3；u 的上标 1 和 2 分别对应第一波和第二波。这两个波的相速度为

$$c_{\mathrm{ph}1}=\frac{\omega_1}{k_1}$$
$$c_{\mathrm{ph}2}=\frac{\omega_2}{k_2}$$
（1-172a）

将这两个波的叠加得到

$$u_i^1+u_i^2=\sin(k_1 x-\omega_1 t)+\sin(k_2 x-\omega_2 t)$$
$$=\sin(a+b)+\sin(a-b)=2\sin(a)\cos(b) \quad (1-173)$$

其中

$$a=\frac{1}{2}(k_1+k_2)x-\frac{1}{2}(\omega_1+\omega_2)t=k_{av}x-\omega_{av}t$$
$$b=\frac{1}{2}(k_1-k_2)x-\frac{1}{2}(\omega_1-\omega_2)t=\left(\frac{\Delta k}{2}x-\frac{\Delta\omega}{2}t\right)$$
（1-174）

根据式（1-173）和式（1-174）得

$$u_i^1+u_i^2=2\cos(b)\sin(a)=2\cos\left(\frac{\Delta k}{2}x-\frac{\Delta\omega}{2}t\right)\sin(k_{av}x-\omega_{av}t) \quad (1-175)$$

请注意，余弦项显示调制包络如何依赖于 x 和 t。上述分析表明，当两个波数和频率略有不同的波叠加时，合成的波具有平均波数和频率，并且是调幅的。幅值包络的速度是群速度，由下式给出

$$c_g=\frac{\Delta\omega}{\Delta k} \quad (1-176a)$$

如果叠加的两个波的频率和波数非常接近，即

$$\omega_1\approx\omega_2\approx\omega_3$$
$$k_1\approx k_2\approx k_3$$

那么

$$\omega_{av}\approx\omega$$
$$k_{av}\approx k$$
$$\Delta\omega\approx\mathrm{d}\omega$$
$$\Delta k\approx\mathrm{d}k$$

并且我们可以说，通过将两个波相加形成的波以相同的频率（ω）和波数（k）作为其各个分量传播。但是在幅值调制曲线的两个连续零点之间形成的包络或组以速度 c_g 传播，这里

$$c_g = \frac{d\omega}{dk} \qquad (1-176b)$$

群速度的概念很重要，因为能量以这种速度在固体中从一个点传播到另一个点。这个概念如图 1-33 所示。

让一个与时间相关的力 $P(t)$ 生成一个有限脉冲 A，如图 1-33 所示。该脉冲可以假设为多个不同频率的波的叠加。可以假设这些波中的每一个都存在于 $-\infty < x < +\infty$ 区域中。当所有这些波相加时，就会产生如图 1-33 所示的有限脉冲。这个概念类似于傅里叶级数求和概念。因此，图 1-33 的脉冲 A 是一组波，应以群速度（c_g）传播。因此，在时间 t 之后，整个脉冲将移动到距离 $t \cdot c_g$ 的位置 B。

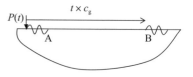

图 1-33 传播速度等于群速度的有限脉冲

1.2.14 点源激励

到目前为止，我们已经讨论了不同几何形状固体中可能出现的波动——无限大固体、半空间、平板等。然而，除了图 1-15 中的一些简单情况外，我们并没有讨论波是如何产生的。在本节中，我们将在分析中考虑源，并将计算由于点源激发而导致的固体中的波动。此处遵循 Mal 和 Singh（1991）给出的关于实心全空间的推导。

设集中时间简谐力 $P\delta(x)e^{-i\omega t}$ 作用于固体全空间的原点。其中 P 是作用在原点处的力向量，$\delta(x)$ 是三维增量函数，除了原点处是无穷大外，其他地方都是零。当体积包围原点时，增量函数的体积积分为 1。在不失一般性的情况下，我们可以说，对于这种简谐激励，位移场也将具有 $u = u(x)e^{-i\omega t}$ 的形式。在体力存在的情况下，体力是原点的集中力，纳维尔方程（式（1-79））采用以下形式

$$(\lambda + 2\mu)\underline{\nabla}(\underline{\nabla} \cdot \boldsymbol{u}) - \mu \underline{\nabla} \times (\underline{\nabla} \times \boldsymbol{u}) + \boldsymbol{P}\delta(x) = -\rho\omega^2 \boldsymbol{u}$$
$$\Rightarrow c_P^2 \underline{\nabla}(\underline{\nabla} \cdot \boldsymbol{u}) - c_S^2 \underline{\nabla} \times (\underline{\nabla} \times \boldsymbol{u}) + \omega^2 \boldsymbol{u} = -\frac{\boldsymbol{P}}{\rho}\delta(x) \qquad (1-177)$$

为了求解上述非齐次方程，$\delta(x)$ 用以下形式表示：

$$\delta(\boldsymbol{x}) = -\nabla^2 \left(\frac{1}{4\pi r}\right) \qquad (1-178)$$

式中：$r = |\boldsymbol{x}|$ 是距原点的径向距离。

为了证明式（1-178），让我们考虑一个函数

$$\Phi = \frac{C}{r}$$

式中：C 为一个常量。那么就可以很容易地证明

$$\nabla^2 \Phi(\boldsymbol{x}) = 0, \quad x \neq 0$$

此外，根据发散定理，

$$\int_V \nabla^2 \Phi \mathrm{d}V = \int_V \underline{\nabla} \cdot (\underline{\nabla}\Phi) \mathrm{d}V = \int_S (\underline{\nabla}\Phi) \cdot \boldsymbol{n} \mathrm{d}S$$

$$= \int_S (\Phi_{,1} n_1 + \Phi_{,2} n_2 + \Phi_{,3} n_3) \mathrm{d}S = \int_S \frac{\partial \Phi}{\partial x_i} \frac{\partial x_i}{\partial n} \mathrm{d}S$$

$$= \int_S \frac{\partial \Phi}{\partial n} \mathrm{d}S = C \int_{\beta=0}^{\pi} \int_{\theta=0}^{2\pi} \left(-\frac{1}{r^2}\right) r^2 \sin(\theta) \mathrm{d}\theta \mathrm{d}\beta = -4\pi C$$

如果 $C = -1/(4\pi)$，那么上述体积积分就为 1。因此，当 $x = 0$ 时，$\nabla^2[-1/(4\pi r)]$ 为 0，并且其体积积分是 1。因此，它一定是三维增量函数，如式（1-178）所示。

利用向量恒等式，我们可以写出

$$\boldsymbol{P}\delta(\boldsymbol{x}) = -\nabla^2\left(\frac{\boldsymbol{P}}{4\pi r}\right) = -\frac{1}{4}\left[\underline{\nabla}\left(\underline{\nabla}\cdot\frac{\boldsymbol{P}}{r}\right) - \underline{\nabla}\times\left(\underline{\nabla}\times\frac{\boldsymbol{P}}{r}\right)\right]$$

因此，运动方程（1-177）可以改写为

$$c_\mathrm{P}^2 \underline{\nabla}(\underline{\nabla}\cdot\boldsymbol{u}) - c_\mathrm{S}^2 \underline{\nabla}\times(\underline{\nabla}\times\boldsymbol{u}) + \omega^2 \boldsymbol{u} = \frac{1}{4\pi\rho}\left[\underline{\nabla}\left(\underline{\nabla}\cdot\frac{\boldsymbol{P}}{r}\right) - \underline{\nabla}\times\left(\underline{\nabla}\times\frac{\boldsymbol{P}}{r}\right)\right]$$

(1-179)

现在让我们用两个标量函数 ϕ 和 ψ 来表示 $\boldsymbol{u}$，其方式如下：

$$\boldsymbol{u} = \underline{\nabla}(\underline{\nabla}\cdot\boldsymbol{P}\phi) - \underline{\nabla}\times(\underline{\nabla}\times\boldsymbol{P}\psi) \tag{1-180}$$

那么

$$\underline{\nabla}\cdot\boldsymbol{u} = \nabla^2(\underline{\nabla}\cdot\boldsymbol{P}\phi) = \underline{\nabla}\cdot(\nabla^2\boldsymbol{P}\phi)$$

$$\underline{\nabla}\times\boldsymbol{u} = -\underline{\nabla}\times[\underline{\nabla}\times(\underline{\nabla}\times\boldsymbol{P}\psi)] = \underline{\nabla}\times(\boldsymbol{P}\nabla^2\psi)$$

且，式（1-179）变为

$$\underline{\nabla}\underline{\nabla}\cdot\left[\boldsymbol{P}\left(c_\mathrm{P}^2 \nabla^2\phi + \omega^2\phi - \frac{1}{4\pi\rho r}\right)\right] - \underline{\nabla}\times\underline{\nabla}\times\left[\boldsymbol{P}\left(c_\mathrm{S}^2 \nabla^2\psi + \omega^2\psi - \frac{1}{4\pi\rho r}\right)\right] = 0$$

(1-181)

如果 ϕ 和 ψ 是下列非齐次亥姆霍兹方程的解，则满足上述方程：

$$\nabla^2\phi + k_\mathrm{P}^2\phi = \frac{1}{4\pi\rho c_\mathrm{P}^2 r}$$

(1-182)

$$\nabla^2\psi + k_\mathrm{P}^2\psi = \frac{1}{4\pi\rho c_\mathrm{S}^2 r}$$

我们可以很容易地证明式（1-182）在 $r=0$ 处的特定解是有限的，为

$$\phi = \frac{1-e^{ik_P r}}{4\pi\rho\omega^2 r}$$

$$\psi = \frac{1-e^{ik_S r}}{4\pi\rho\omega^2 r} \tag{1-183}$$

根据式（1-183）和式（1-180），位移场可以写为

$$u = -\nabla\nabla \cdot \left[P \frac{e^{ik_P r} - e^{ik_S r}}{4\pi\rho\omega^2 r} \right] + \frac{Pe^{ik_S r}}{4\pi\rho c_S^2 r} \tag{1-184}$$

或者，以索引符号的形式，

$$\begin{aligned}
u_i &= \frac{1}{4\pi\rho\omega^2} \left[k_S^2 \frac{e^{ik_S r}}{r} P_i - \frac{\partial^2}{\partial x_i \partial x_j} \frac{e^{ik_P r} - e^{ik_S r}}{r} P_j \right] \\
&= \frac{i}{4\pi\rho\omega^2} \left[k_S^2 \frac{e^{ik_S r}}{r} \delta_{ij} - \frac{\partial^2}{\partial x_i \partial x_j} \frac{e^{ik_P r} - e^{ik_S r}}{r} \right] P_j = G_{ij}(\boldsymbol{x};0) P_j
\end{aligned} \tag{1-185}$$

式中：$G_{ij}(\boldsymbol{x};0)\exp(-i\omega t)$ 为在第 j 个方向上作用于原点的集中力 $\exp(-i\omega t)$ 在 $\boldsymbol{x}$ 处产生的位移的第 i 个分量；G_{ij} 为稳态格林张量，或者简单地说是无限各向同性固体的格林函数。

如果力在 $\boldsymbol{y}$ 处作用于 j 方向，则 i 方向的位移分量用 $G_{ij}(\boldsymbol{x};\boldsymbol{y})$ 表示，并将 r 替换为 $|\boldsymbol{x}-\boldsymbol{y}|$ 得到。在这种情况下，格林张量由 Mal 和 Singh（1991）给出：

$$\begin{aligned}
G_{ij}(\boldsymbol{x};\boldsymbol{y}) = \frac{1}{4\pi\rho\omega^2} &\left\{ \frac{e^{ik_P r}}{r} \left[k_P^2 R_i R_j + (3R_i R_j - \delta_{ij})\left(\frac{ik_P}{r} - \frac{i}{r^2}\right) \right] + \right. \\
&\left. \frac{e^{ik_S r}}{r} \left[k_S^2(\delta_{ij} - R_i R_j) - (3R_i R_j - \delta_{ij})\left(\frac{ik_S}{r} - \frac{i}{r^2}\right) \right] \right\}
\end{aligned} \tag{1-186}$$

其中

$$R_i = \frac{x_i - y_i}{r} \tag{1-186a}$$

如果 r 相对于波长较大，则 $k_P r$ 和 $k_S r$ 较大，并且通过仅保留包含 $(k_P r)^{-1}$ 和 $(k_S r)^{-1}$ 的项而忽略所有高阶项，可以获得 $G_{ij}(\boldsymbol{x};\boldsymbol{y})$ 的近似表达式。因此，在远场区域

$$G_{ij}(\boldsymbol{x};\boldsymbol{y}) = \frac{1}{4\pi\rho} \left[\frac{e^{ik_P r}}{c_P^2 r} R_i R_j + \frac{e^{ik_S r}}{c_S^2 r} (\delta_{ij} - R_i R_j) \right] \tag{1-187}$$

而远场中的位移向量由下式给出

$$u(x;0)=\frac{1}{4\pi\rho}\left[\frac{e^{ik_{P}r}}{c_{P}^{2}r}(e_{R}\cdot P)e_{R}+\frac{e^{ik_{S}r}}{c_{S}^{2}r}\{P-(e_{R}\cdot P)e_{R}\}\right] \quad (1-188)$$

式中：e_R 为两点间的单位向量。

1.2.15 波在流体中的传播

由于理想流体不存在任何剪应力，因此理想流体介质中的波传播分析要简单得多，可以看作是固体中波传播分析的特例。在本书中，除非另有说明，否则假定流体为理想流体。固体的本构关系（式（1-68））可以通过替换剪切模量 $\mu=0$ 来专门用于流体情况。

$$\sigma_{ij}=\lambda\delta_{ij}\varepsilon_{kk} \quad (1-189)$$

由于流体只能承受静水压力 p，流体中的应力场由下式给出

$$\sigma_{11}=\sigma_{22}=\sigma_{33}=-p \quad (1-190)$$

并且所有的剪应力分量都为零。然后，将本构关系简化为

$$-p=\sigma_{11}=\sigma_{22}=\sigma_{33}=\lambda(\varepsilon_{11}+\varepsilon_{22}+\varepsilon_{33})=\lambda(u_{1,1}+u_{2,2}+u_{3,3})=\lambda\nabla\cdot u$$

$$\Rightarrow \nabla\cdot u=-\frac{p}{\lambda} \quad (1-191)$$

运动控制方程（式（1-78））可以以相同的方式简化：

$$\begin{array}{l}\sigma_{11,1}+f_1=-p_{,1}+f_1=\rho\ddot{u}_1\\ \sigma_{22,2}+f_2=-p_{,2}+f_2=\rho\ddot{u}_2\\ \sigma_{33,3}+f_3=-p_{,3}+f_3=\rho\ddot{u}_3\\ \Rightarrow -\nabla p+f=\rho\ddot{u}=\rho\dot{v}\end{array} \quad (1-192)$$

因此

$$-\underline{\nabla}\cdot\underline{\nabla}p+\underline{\nabla}\cdot f=\underline{\nabla}\cdot\rho\ddot{u}=\rho\frac{\partial^2(\underline{\nabla}\cdot u)}{\partial t^2}=-\frac{\rho}{\lambda}\frac{\partial^2 p}{\partial t^2}$$

$$\Rightarrow -\nabla^2 p+\frac{1}{c_f^2}\frac{\partial^2 p}{\partial t^2}+\underline{\nabla}\cdot f=0 \quad (1-193)$$

$$\Rightarrow \nabla^2 p-\frac{1}{c_f^2}\frac{\partial^2 p}{\partial t^2}+f=0$$

其中

$$c_f=\sqrt{\frac{\lambda}{\rho}} \quad (1-194)$$

$$f=-\nabla\cdot f$$

在没有任何体力的情况下，上述控制方程简化为波动方程或亥姆霍兹方程

$$\nabla^2 p - \frac{1}{c_f^2}\frac{\partial^2 p}{\partial t^2} = 0 \qquad (1-195)$$

其解由下式给出

$$p = f(\boldsymbol{n} \cdot \boldsymbol{x} - c_f t) \qquad (1-196)$$

它表示以 c_f 的速度沿 $\boldsymbol{n}$ 方向传播的波。请注意，该波仅像固体中的 P 波一样产生正应力，其速度 c_f 可以从 P 波速度表达式（式（1-82））代入 $\mu = 0$ 得到。因此，这个波就是流体中的压缩波或 P 波。S 波不会在理想流体中产生。

对于谐波时间相关函数（$e^{-i\omega t}$）和二维问题，p 可以表示为 $p(x_1, x_2, t) = p(x_1, x_2)e^{-i\omega t}$，并且控制波动方程简化为

$$\nabla^2 p + k_f^2 p = 0 \qquad (1-197)$$

式中：$k_f(=\omega/c_f)$ 为波数。

式（1-197）的解由下式给出

$$p(x_1, x_2) = A e^{ikx_1 + i\eta x_2} \qquad (1-198)$$

式中

$$\eta = \sqrt{k_f^2 - k^2} \qquad (1-199)$$

由于平面波阵面的存在，由式（1-198）定义的波称为平面波。

1.2.15.1 压力与速度的关系

在没有任何体力的情况下，式（1-192）可以写为：

$$-\nabla p = \rho \ddot{\boldsymbol{u}} = \rho \dot{\boldsymbol{v}} = \rho \frac{\partial \boldsymbol{v}}{\partial t}$$

让我们对等式两边与 $\boldsymbol{n}$ 取点积，其中 $\boldsymbol{n}$ 是某个单位向量

$$-\nabla p \cdot \boldsymbol{n} = \rho \frac{\partial(\boldsymbol{v} \cdot \boldsymbol{n})}{\partial t} \qquad (1-200)$$

注意

$$-\nabla p \cdot \boldsymbol{n} = -\frac{\partial p}{\partial x_i}\frac{\partial x_i}{\partial n} = -\frac{\partial p}{\partial n}$$

$$\rho \frac{\partial(\boldsymbol{v} \cdot \boldsymbol{n})}{\partial t} = \rho \frac{\partial(v_n)}{\partial t}$$

因此

$$\rho \frac{\partial(v_n)}{\partial t} = -\frac{\partial p}{\partial n} \Rightarrow v_n = -\int \frac{1}{\rho}\frac{\partial p}{\partial n} dt \qquad (1-201)$$

1.2.15.2 平面波在流体-流体界面的反射和透射

现在让我们研究流体中的平面波如何在两种流体之间的界面处反射和透射。图 1-34 显示了一个幅值为 1 的平面波 p_{in} 入射到两种流体之间的界面。反射波和透射波分别用 p_{re} 和 p_{tx} 表示。p_{re} 和 p_{tx} 幅值分别为 R 和 T（图 1-34）。由于剪切波不能存在于流体介质中，反射波和透射波只能有压缩波或 P 波，如图（1-34）所示。

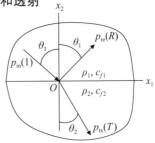

图 1-34 流体-流体界面处的入射、反射和透射波

对应于入射波、反射波和透射波的压力场由下式给出

$$p_{\text{in}} = \mathrm{e}^{\mathrm{i}kx_1 - \mathrm{i}\eta_1 x_2}$$
$$p_{\text{re}} = R \cdot \mathrm{e}^{\mathrm{i}kx_1 + \mathrm{i}\eta_1 x_2} \qquad (1-202)$$
$$p_{\text{tx}} = T \cdot \mathrm{e}^{\mathrm{i}kx_1 - \mathrm{i}\eta_2 x_2}$$

其中

$$k = k_{f1}\sin\theta_1 = k_{f2}\sin\theta_2$$
$$\eta_j = k_{fj}\cos\theta_j = \sqrt{k_{fj}^2 - k^2} \qquad (1-203)$$
$$k_{fj} = \frac{\omega}{c_{fj}}, \quad j = 1, 2$$

由于压力必须在整个界面上是连续的，所以

$$\left[(\mathrm{e}^{-\mathrm{i}\eta_1 x_2} + R \cdot \mathrm{e}^{\mathrm{i}\eta_1 x_2}) \mathrm{e}^{\mathrm{i}kx_1} \right]_{x_2=0} = \left[T \cdot \mathrm{e}^{-\mathrm{i}\eta_2 x_2} \mathrm{e}^{\mathrm{i}kx_1} \right]_{x_2=0} \qquad (1-204)$$
$$\Rightarrow 1 + R = T$$

跨界面必须满足的第二个连续性条件是位移的连续性或其垂直于界面的导数（速度）。从式（1-201）可以得到

$$v_2 \big|_{\text{fluid1}, x_2=0} - v_2 \big|_{\text{fluid2}, x_2=0}$$
$$\Rightarrow \int \frac{1}{\rho_1} \frac{\partial (p_{\text{in}} + p_{\text{re}})}{\partial x_2} \mathrm{d}t \bigg|_{x_2=0} = \int \frac{1}{\rho_2} \frac{\partial p_{\text{tx}}}{\partial x_2} \mathrm{d}t \bigg|_{x_2=0}$$
$$\Rightarrow \frac{1}{\rho_1} \frac{\partial (p_{\text{in}} + p_{\text{re}})}{\partial x_2} \bigg|_{x_2=0} = \frac{1}{\rho_2} \frac{\partial p_{\text{tx}}}{\partial x_2} \bigg|_{x_2=0} \qquad (1-205)$$
$$\Rightarrow \frac{\mathrm{i}\eta_1}{\rho_1}(-1 + R) = -\frac{\mathrm{i}\eta_2}{\rho_2} T$$

式（1-204）和式（1-205）可以写成矩阵形式

$$\begin{bmatrix} -1 & 1 \\ \dfrac{\eta_1}{\rho_1} & \dfrac{\eta_2}{\rho_2} \end{bmatrix} \begin{Bmatrix} R \\ T \end{Bmatrix} = \begin{Bmatrix} 1 \\ \dfrac{\eta_1}{\rho_1} \end{Bmatrix} \qquad (1-206)$$

式（1-206）可以给出

$$\begin{Bmatrix} R \\ T \end{Bmatrix} = \begin{bmatrix} -1 & 1 \\ \dfrac{\eta_1}{\rho_1} & \dfrac{\eta_2}{\rho_2} \end{bmatrix}^{-1} \begin{Bmatrix} 1 \\ \dfrac{\eta_1}{\rho_1} \end{Bmatrix} = \dfrac{1}{\left(\dfrac{\eta_1}{\rho_1}+\dfrac{\eta_2}{\rho_2}\right)} \begin{bmatrix} -\dfrac{\eta_2}{\rho_2} & 1 \\ \dfrac{\eta_1}{\rho_1} & 1 \end{bmatrix} \begin{Bmatrix} 1 \\ \dfrac{\eta_1}{\rho_1} \end{Bmatrix} = \dfrac{1}{\left(\dfrac{\eta_1}{\rho_1}+\dfrac{\eta_2}{\rho_2}\right)} \begin{Bmatrix} \dfrac{\eta_1}{\rho_1}-\dfrac{\eta_2}{\rho_2} \\ 2\dfrac{\eta_1}{\rho_1} \end{Bmatrix}$$

因此，

$$R = \dfrac{\dfrac{\eta_1}{\rho_1}-\dfrac{\eta_2}{\rho_2}}{\dfrac{\eta_1}{\rho_1}+\dfrac{\eta_2}{\rho_2}} = \dfrac{\dfrac{k_{f1}\cos\theta_1}{\rho_1}-\dfrac{k_{f2}\cos\theta_2}{\rho_2}}{\dfrac{k_{f1}\cos\theta_1}{\rho_1}+\dfrac{k_{f2}\cos\theta_2}{\rho_2}} = \dfrac{\rho_2 c_{f2}\cos\theta_1-\rho_1 c_{f1}\cos\theta_2}{\rho_2 c_{f2}\cos\theta_1+\rho_1 c_{f1}\cos\theta_2}$$

$$T = \dfrac{2\dfrac{\eta_1}{\rho_1}}{\dfrac{\eta_1}{\rho_1}+\dfrac{\eta_2}{\rho_2}} = \dfrac{2\dfrac{k_{f1}\cos\theta_1}{\rho_1}}{\dfrac{k_{f1}\cos\theta_1}{\rho_1}+\dfrac{k_{f2}\cos\theta_2}{\rho_2}} = \dfrac{2\rho_2 c_{f2}\cos\theta_1}{\rho_2 c_{f2}\cos\theta_1+\rho_1 c_{f1}\cos\theta_2}$$

$$(1-207)$$

1.2.15.3 流体中的平面波势

到目前为止，流体中的平面波都是用式（1-196）、式（1-198）和式（1-202）中给出的流体压力 p 来表示的。然而，固体中的平面波是用 P 波势和 S 波势表示的。由于流体中的弹性波是 P 波，所以也可以用 P 波势 ϕ 来表示流体中的体波，如下所示。

$$\phi = A\mathrm{e}^{\mathrm{i}k_f x - \mathrm{i}\omega t}$$
$$\boldsymbol{u} = \nabla\varphi \qquad (1-208)$$

上述方程适用于 P 波在固体介质中的传播。

对于二维时间谐波问题（隐含时间相关性函数 $\mathrm{e}^{-\mathrm{i}\omega t}$），$x_1 x_2$ 坐标系中的波势、位移和应力场由下式给出

$$\phi = A\mathrm{e}^{-kx_1 + \mathrm{i}\eta x_2}$$

$$u_1 = \dfrac{\partial \phi}{\partial x_1}$$

$$u_2 = \dfrac{\partial \phi}{\partial x_2}$$

$$\sigma_{11} = \sigma_{22} = \lambda(u_{1,1} + u_{2,2}) = \lambda\left(\frac{\partial^2 \phi}{\partial x_1^2} + \frac{\partial^2 \phi}{\partial x_1^2}\right) = \lambda \nabla^2 \phi = -\lambda k_f^2 \phi = -\rho\omega^2 \phi$$

$$\sigma_{12} = 0$$

$$p = -\sigma_{11} = -\sigma_{22} = \rho\omega^2 \phi \tag{1-209}$$

根据 P 波势，图 1-34 所示的入射波、反射波和透射波可表示为

$$\phi_{in} = e^{ikx_1 - i\eta_1 x_2}$$

$$\phi_{re} = R \cdot e^{ikx_1 + i\eta_1 x_2} \tag{1-210}$$

$$\phi_{tx} = T \cdot e^{ikx_1 - i\eta_2 x_2}$$

式中：k 和 η 已经在式（1-203）中定义。这里假设入射波幅值为 1，而反射波和透射波幅值分别为 R 和 T。

根据 $x_2 = 0$ 处界面上的法向位移（u_2）和法向应力（σ_{22}）的连续性可以得到

$$i\eta_1(-1 + R) = -i\eta_2 T$$

$$-\rho_1 \omega^2 (1 + R) = -\rho_2 \omega^2 T \tag{1-211}$$

上述两个方程式可写成矩阵形式

$$\begin{bmatrix} \eta_1 & \eta_2 \\ -\rho_1 & \rho_2 \end{bmatrix} \begin{Bmatrix} R \\ T \end{Bmatrix} = \begin{Bmatrix} \eta_1 \\ \rho_1 \end{Bmatrix} \tag{1-212}$$

根据式（1-212）可以得到

$$\begin{Bmatrix} R \\ T \end{Bmatrix} = \begin{bmatrix} \eta_1 & \eta_2 \\ -\rho_1 & \rho_2 \end{bmatrix}^{-1} \begin{Bmatrix} \eta_1 \\ \rho_1 \end{Bmatrix} = \frac{1}{(\eta_1 \rho_1 + \eta_2 \rho_2)} \begin{bmatrix} \rho_2 & -\eta_2 \\ \rho_1 & \eta_1 \end{bmatrix} \begin{Bmatrix} \eta_1 \\ \rho_1 \end{Bmatrix} = \begin{Bmatrix} \dfrac{\eta_1 \rho_2 - \eta_2 \rho_1}{\eta_1 \rho_2 + \eta_2 \rho_1} \\ \dfrac{2\eta_1 \rho_1}{\eta_1 \rho_2 + \eta_2 \rho_1} \end{Bmatrix}$$

$$\Rightarrow \begin{Bmatrix} R \\ T \end{Bmatrix} = \begin{Bmatrix} \dfrac{\rho_2 c_{f2} \cos\theta_1 - \rho_1 c_{f1} \cos\theta_2}{\rho_2 c_{f2} \cos\theta_1 + \rho_1 c_{f1} \cos\theta_2} \\ \dfrac{\rho_1 c_{f2} \cos\theta_1}{\rho_2 c_{f2} \cos\theta_1 + \rho_1 c_{f1} \cos\theta_2} \end{Bmatrix}$$

$$\tag{1-213}$$

请注意，R 与式（1-207）和式（1-213）中定义相同，但 T 的表达式略有不同。其原因是，在一种情况下，波的表达式是以压强的形式给出的，而在另一种情况下，是以势的形式给出的。压力-势关系在式（1-209）中给出。

例题 1.20

根据式（1-213）获得式（1-207）。

解：根据式（1-209），$p=\rho\omega^2\phi$。
因此

$$p_{\text{in}} = \rho_1\omega^2\phi_{\text{in}} = \rho_1\omega^2 e^{ikx_1-i\eta_1 x_2}$$

$$p_{\text{re}} = \rho_1\omega^2\phi_{\text{re}} = \rho_1\omega^2 R \cdot e^{ikx_1+i\eta_1 x_2}$$

$$p_{\text{tx}} = \rho_2\omega^2\phi_{\text{tx}} = \rho_2\omega^2 T \cdot e^{ikx_1-i\eta_2 x_2}$$

所以

$$\frac{|p_{\text{re}}|}{|p_{\text{in}}|} = R = \frac{\rho_2 c_{f2}\cos\theta_1 - \rho_1 c_{f1}\cos\theta_2}{\rho_2 c_{f2}\cos\theta_1 + \rho_1 c_{f1}\cos\theta_2}$$

$$\frac{|p_{\text{tx}}|}{|p_{\text{in}}|} = \frac{\rho_2 T}{\rho_1} = \frac{2\rho_2 c_{f2}\cos\theta_2}{\rho_2 c_{f2}\cos\theta_1 + \rho_1 c_{f1}\cos\theta_2} = T_P \quad (1-213\text{a})$$

这些表达式与方程式（1-207）中给出的表达式相同。

由于 R 的表达式在两种情况下是相同的，所以没有必要具体说明反射系数 R 是针对流体压力还是流体势定义的。然而，对于透射系数 T，情况并非如此，应该使用不同的符号来表示流体压力和流体势的透射系数。与固体材料类似，不带任何下标的 R 和 T 将用于表示流体势的反射和透射系数，符号 T_P 将用于表示流体压力的透射系数。T_P 和 T 之间的关系是

$$T_P = \frac{\rho_2}{\rho_1}T \quad (1-214)$$

请注意，对于法向入射

$$R = \frac{Z_2 - Z_1}{Z_2 + Z_1}$$

$$T_P = \frac{2Z_2}{Z_2 + Z_1}$$

1.2.15.4 流体中的点源

让我们分析当波由点源产生时流体中的波传播问题，如图 1-35 所示。这些集中的压力源产生具有球面波前的弹性波，被称为球面波。

如果点源的时间相关性为 $f(t)$，则运动控制方程（式（1-193））可以写成

$$\nabla^2 p - \frac{1}{c_f^2}\frac{\partial^2 p}{\partial t^2} = f(t)\delta(\boldsymbol{x}-0) \quad (1-215)$$

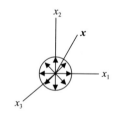

图 1-35 原点处的点源在流体中产生球面波

式中：三维德尔塔函数（Delta function）$\delta(x-0)$ 在除原点外的所有点处为零。由于源的轴对称性质，它将在流体中产生轴对称波。由于在不包括原点的区域内流体中没有体力，所以流体（不包括原点）的运动控制方程为

$$\nabla^2 p - \frac{1}{c_f^2}\frac{\partial^2 p}{\partial t^2}=0$$

这个问题是轴对称的，因此它的解应该是轴对称的。换句话说，p 应该与球坐标的角度 θ 和 β 无关，并且只是径向距离 r 和时间 t 的函数。对于这种特殊情况，上述控制方程简化为

$$\frac{1}{r^2}\left[\frac{\partial}{\partial r}\left(r^2\frac{\partial p}{\partial r}\right)\right]-\frac{1}{c_f^2}\frac{\partial^2 p}{\partial t^2}=0 \qquad (1-216)$$

如果我们令 $p=P(r,t)/r$，那么上述方程可以简化为

$$\frac{\partial^2 P}{\partial r^2}-\frac{1}{c_f^2}\frac{\partial^2 P}{\partial t^2}=0 \qquad (1-217)$$

式（1-217）具有一个以下形式的解

$$P=P_1\left(t-\frac{r}{c_f}\right)+P_2\left(t+\frac{r}{c_f}\right)$$

式中：P_1 和 P_2 分别为向外和向内传播的波。

从物理角度考虑，我们不可能有向内传播的波。因此，可接受的解是

$$p(r,t)=\frac{P}{r}=\frac{1}{r}P_1\left(t-\frac{r}{c_f}\right)$$

可以看出，函数 P_1 具有以下形式

$$P_1\left(t-\frac{r}{c_f}\right)=\frac{1}{4\pi}f\left(t-\frac{r}{c_f}\right)$$

因此，式（1-215）的最终解为

$$p(r,t)=\frac{1}{4\pi r}f\left(t-\frac{r}{c_f}\right) \qquad (1-218)$$

如果 $f(t)$ 是德尔塔函数，那么控制方程及其解由下式给出

$$\nabla^2 p - \frac{1}{c_f^2}\frac{\partial^2 p}{\partial t^2}=\delta(t)\delta(\boldsymbol{x}-\boldsymbol{0}) \qquad (1-219)$$

$$p(r,t)=\frac{1}{4\pi r}\delta\left(t-\frac{r}{c_f}\right) \qquad (1-220)$$

式（1-219）和式（1-220）的傅里叶变换为

$$\nabla^2 G+\frac{\omega^2}{c_f^2}G=\delta(\boldsymbol{x}-\boldsymbol{0})$$

$$G(r,\omega)=\frac{e^{i\omega r/c_f}}{4\pi r} \tag{1-221}$$

式中：G 为 p 的傅里叶变换。

对于简谐激励 $f(t)=e^{-i\omega t}$，我们可以假定压力场也是简谐的 $p(r,t)=G(r)e^{-i\omega t}$。那么，式（1-215）变为

$$\left[\nabla^2 G+\frac{\omega^2}{c_f^2}G\right]e^{-i\omega t}=\delta(\boldsymbol{x}-\boldsymbol{0})e^{-i\omega t} \tag{1-222}$$

比较式（1-221）和式（1-222），得到简谐情况的解

$$G(r)=\frac{e^{ik_f r}}{4\pi r} \tag{1-223}$$

式中：$k_f=\omega/c_f$。

1.2.16 平面波在流体-固体界面的反射和透射

图 1-36 显示了振幅为 1 的平面 P 波撞击流体半空间（密度=ρ_f，P 波速度=c_f）和固体半空间（密度=ρ_S，P 波速=c_P，S 波速度=c_S）界面。流体和固体介质中的反射波和透射波方向如图 1-36 所示。流体和固体中的波势分别为

$$\begin{aligned}\phi_{\text{in}}&=e^{ikx_1-i\eta_f x_2}\\ \phi_{\text{re}}&=R\cdot e^{ikx_1+i\eta_f x_2}\\ \phi_{\text{tx}}&=T_P\cdot e^{ikx_1-i\eta_S x_2}\\ \psi_{\text{tx}}&=T_S\cdot e^{ikx_1-i\beta_S x_2}\end{aligned} \tag{1-224}$$

式中

$$\begin{aligned} k&=k_f\sin\theta_1=k_P\sin\theta_{2P}=k_S\sin\theta_{2S}\\ \eta_f&=k_f\cos\theta_1=\sqrt{k_f^2-k^2}\\ \eta_S&=k_P\cos\theta_{2P}=\sqrt{k_P^2-k^2}\\ \beta_S&=k_S\cos\theta_{2S}=\sqrt{k_S^2-k^2}\\ k_f&=\frac{\omega}{c_f},\quad k_P=\frac{\omega}{c_P},\quad k_S=\frac{\omega}{c_S} \end{aligned} \tag{1-225}$$

所有的波都在式（1-224）中用它们的势来表示。从跨界面（在 $x_2=0$ 处）的法向位移（u_2）和应力（σ_{22} 和 σ_{12}）的连续性，可以得到

$$\begin{aligned} i\eta_f(-1+R)&=i(-\eta_S T_P-kT_S)\\ -\rho_f\omega^2(1+R)&=-\mu\{-(2k^2-k_S^2)T_P+2k\beta_S T_S\}\\ \mu\{2k\eta_S T_P+(k^2-\beta_S^2)T_S\}&=0 \end{aligned} \tag{1-226}$$

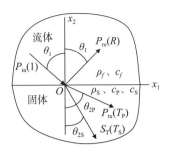

图 1-36 流体（$x_2 \geq 0$）和固体（$x_2 \leq 0$）半空间界面附近的入射波、反射波和透射波

上述方程可以写成矩阵形式：

$$\begin{bmatrix} \eta_f & \eta_S & k \\ -\rho_f \omega^2 & -\mu(2k^2-k_S^2) & 2\mu k\beta_S \\ 0 & 2k\eta_S & (2k^2-k_S^2) \end{bmatrix} \begin{Bmatrix} R \\ T_P \\ T_S \end{Bmatrix} = \begin{Bmatrix} \eta_f \\ \rho_f \omega^2 \\ 0 \end{Bmatrix} \quad (1-227)$$

由式（1-227）可解得 R、T_P 和 T_S，如下所示。

从式（1-227）中的第三个方程式我们得到以下结果：

$$T_S = -\frac{2k\eta_S}{(2k^2-k_S^2)} T_P$$

将此关系代入式（1-227）的前两个方程式，经过简化得到

$$R - \frac{\eta_S}{\eta_f} \frac{1}{\left(\dfrac{2k^2}{k_S^2}-1\right)} T_P = 1$$

$$R + \frac{\rho_S}{\rho_f} \left\{ \left[\left(\frac{2k^2}{k_S^2}-1\right) + \frac{4k^2\eta_S\beta_S}{k_S^4} \right] \Big/ \left(\frac{2k^2}{k_S^2}-1\right) \right\} T_P = -1$$

(1-227a)

从式（1-227a）的第二个方程中减去第一个方程可以得到

$$\left\{ \frac{\rho_S}{\rho_f} \frac{\left(\dfrac{2k^2}{k_S^2}-1\right) + \dfrac{4k^2\eta_S\beta_S}{k_S^4}}{\left(\dfrac{2k^2}{k_S^2}-1\right)} + \frac{\eta_S}{\eta_f} \frac{1}{\left(\dfrac{2k^2}{k_S^2}-1\right)} \right\} T_P$$

$$= \frac{\dfrac{\rho_S}{\rho_f}\left\{\left(\dfrac{2k^2}{k_S^2}-1\right)^2 + \dfrac{4k^2\eta_S\beta_S}{k_S^4}\right\} + \dfrac{\eta_S}{\eta_f}}{\left(\dfrac{2k^2}{k_S^2}-1\right)} T_P = -2$$

或

$$T_\text{P} = \frac{-2\left(\dfrac{2k^2}{k_\text{S}^2}-1\right)}{\dfrac{\rho_\text{S}}{\rho_f}\left\{\left(\dfrac{2k^2}{k_\text{S}^2}-1\right)^2+\dfrac{4k^2\eta_\text{S}\beta_\text{S}}{k_\text{S}^4}\right\}+\dfrac{\eta_\text{S}}{\eta_f}} \qquad (1-227\text{b})$$

将 T_P 的上述表达式代入式（1-227a）的第一个方程，得

$$R = 1 + \frac{\dfrac{\eta_\text{S}}{\eta_f}}{\left(\dfrac{2k^2}{k_\text{S}^2}-1\right)}\left\{\frac{-2\left(\dfrac{2k^2}{k_\text{S}^2}-1\right)}{\dfrac{\rho_\text{S}}{\rho_f}\left\{\left(\dfrac{2k^2}{k_\text{S}^2}-1\right)^2+\dfrac{4k^2\eta_\text{S}\beta_\text{S}}{k_\text{S}^4}\right\}+\dfrac{\eta_\text{S}}{\eta_f}}\right\}$$

$$= 1 + \frac{-2\dfrac{\eta_\text{S}}{\eta_f}}{\dfrac{\rho_\text{S}}{\rho_f}\left\{\left(\dfrac{2k^2}{k_\text{S}^2}-1\right)^2+\dfrac{4k^2\eta_\text{S}\beta_\text{S}}{k_\text{S}^4}\right\}+\dfrac{\eta_\text{S}}{\eta_f}}$$

或

$$R = \frac{\dfrac{\rho_\text{S}}{\rho_f}\left\{\left(\dfrac{2k^2}{k_\text{S}^2}-1\right)^2+\dfrac{4k^2\eta_\text{S}\beta_\text{S}}{k_\text{S}^4}\right\}-\dfrac{\eta_\text{S}}{\eta_f}}{\dfrac{\rho_\text{S}}{\rho_f}\left\{\left(\dfrac{2k^2}{k_\text{S}^2}-1\right)^2+\dfrac{4k^2\eta_\text{S}\beta_\text{S}}{k_\text{S}^4}\right\}+\dfrac{\eta_\text{S}}{\eta_f}} \qquad (1-227\text{c})$$

将式（1-227b）代入式（1-227）中第三个方程，得

$$T_\text{S} = \frac{\dfrac{2k\eta_\text{S}}{k_\text{S}^2}}{\left(\dfrac{2k^2}{k_\text{S}^2}-1\right)}\frac{2\left(\dfrac{2k^2}{k_\text{S}^2}-1\right)}{\dfrac{\rho_\text{S}}{\rho_f}\left\{\left(\dfrac{2k^2}{k_\text{S}^2}-1\right)^2+\dfrac{4k^2\eta_\text{S}\beta_\text{S}}{k_\text{S}^4}\right\}+\dfrac{\eta_\text{S}}{\eta_f}}$$

$$= \frac{\dfrac{4k\eta_\text{S}}{k_\text{S}^2}}{\dfrac{\rho_\text{S}}{\rho_f}\left\{\left(\dfrac{2k^2}{k_\text{S}^2}-1\right)^2+\dfrac{4k^2\eta_\text{S}\beta_\text{S}}{k_\text{S}^4}\right\}+\dfrac{\eta_\text{S}}{\eta_f}} \qquad (1-227\text{d})$$

上述方程式（式（1-227b、c、d））可以用入射角和透射角表示，如下所示。

根据式（1-225）可以得到

$$\left(\frac{2k^2}{k_S^2}-1\right)^2=\left(\frac{2k_S^2\sin^2\theta_{2S}}{k_S^2}-1\right)^2=(-\cos2\theta_{2S})^2=\cos^22\theta_{2S}$$

$$\frac{\eta_S}{\eta_f}=\frac{k_P\cos\theta_{2S}}{k_f\cos\theta_1}=\frac{c_f\cos\theta_{2P}}{c_P\cos\theta_1}$$

(1-227e)

$$\frac{4k^2\eta_S\beta_S}{k_S^4}=\frac{4}{k_S^4}(k_S\sin\theta_{2S}\cdot k_P\sin\theta_{2P}\cdot k_S\cos\theta_{2S}\cdot k_P\cos\theta_{2P})$$

$$=\frac{k_P^2}{k_S^2}\sin2\theta_{2P}\cdot\sin2\theta_{2S}=\frac{c_S^2}{c_P^2}\sin2\theta_{2P}\cdot\sin2\theta_{2S}$$

将上述关系代入式（1-227c）得到

$$R=\frac{\frac{\rho_S}{\rho_f}\left\{\left(\frac{2k^2}{k_S^2}-1\right)^2+\frac{4k^2\eta_S\beta_S}{k_S^4}\right\}-\frac{\eta_S}{\eta_f}}{\frac{\rho_S}{\rho_f}\left\{\left(\frac{2k^2}{k_S^2}-1\right)^2+\frac{4k^2\eta_S\beta_S}{k_S^4}\right\}+\frac{\eta_S}{\eta_f}}=\frac{\frac{\rho_S}{\rho_f}\left\{\cos^22\theta_{2S}+\frac{c_S^2}{c_P^2}\sin2\theta_{2P}\cdot\sin2\theta_{2S}\right\}-\frac{c_f}{c_P}\frac{\cos\theta_{2P}}{\cos\theta_1}}{\frac{\rho_S}{\rho_f}\left\{\cos^22\theta_{2S}+\frac{c_S^2}{c_P^2}\sin2\theta_{2P}\cdot\sin2\theta_{2S}\right\}+\frac{c_f}{c_P}\frac{\cos\theta_{2P}}{\cos\theta_1}}$$

或

$$R=\frac{\frac{\rho_S c_P\cos\theta_1}{\rho_f c_f}\left\{\cos^22\theta_{2S}+\frac{c_S^2}{c_P^2}\sin2\theta_{2P}\cdot\sin2\theta_{2S}\right\}-\cos\theta_{2P}}{\frac{\rho_S c_P\cos\theta_1}{\rho_f c_f}\left\{\cos^22\theta_{2S}+\frac{c_S^2}{c_P^2}\sin2\theta_{2P}\cdot\sin2\theta_{2S}\right\}+\cos\theta_{2P}}=\frac{\Delta_2-\Delta_1}{\Delta_2+\Delta_1}$$

(1-227f)

式中

$$\Delta_1=\cos\theta_{2P}$$

$$\Delta_2=\frac{\rho_S c_P\cos\theta_1}{\rho_f c_f}\left\{\cos^22\theta_{2S}+\frac{c_S^2}{c_P^2}\sin2\theta_{2P}\cdot\sin2\theta_{2S}\right\}$$

(1-227g)

同样地，根据式（1-227b）可以得到

$$T_P=\frac{-2\left(\frac{2k^2}{k_S^2}-1\right)}{\frac{\rho_S}{\rho_f}\left\{\left(\frac{2k^2}{k_S^2}-1\right)^2+\frac{4k^2\eta_S\beta_S}{k_S^4}\right\}+\frac{\eta_S}{\eta_f}}$$

$$=\frac{2\cos2\theta_{2S}}{\frac{\rho_S}{\rho_f}\left\{\cos^22\theta_{2S}+\frac{c_S^2}{c_P^2}\sin2\theta_{2P}\cdot\sin2\theta_{2S}\right\}+\frac{c_f\cos\theta_{2P}}{c_P\cos\theta_1}}$$

或

$$T_P = \cfrac{\cfrac{2c_P\cos\theta_1\cos2\theta_{2S}}{c_f}}{\cfrac{\rho_S c_P\cos\theta_1}{\rho_f c_f}\left\{\cos^2 2\theta_{2S}+\cfrac{c_S^2}{c_P^2}\sin2\theta_{2P}\cdot\sin2\theta_{2S}\right\}+\cos\theta_{2P}} \quad (1-227\text{h})$$

$$=\cfrac{2c_P\cos\theta_1\cos2\theta_{2S}}{c_f(\Delta_2+\Delta_1)}$$

而且，根据式（1-227d）我们可以得到

$$T_S = \cfrac{\cfrac{4k\eta_S}{k_S^2}}{\cfrac{\rho_S}{\rho_f}\left\{\left(\cfrac{2k^2}{k_S^2}-1\right)^2+\cfrac{4k^2\eta_S\beta_S}{k_S^4}\right\}+\cfrac{\eta_S}{\eta_f}} \quad (1-227\text{i})$$

$$=\cfrac{\cfrac{4k_S\sin\theta_1\cdot k_S\cos\theta_1}{k_S^2}}{\cfrac{\rho_S}{\rho_f}\left\{\cos^2 2\theta_{2S}+\cfrac{c_S^2}{c_P^2}\sin2\theta_{2P}\cdot\sin2\theta_{2S}\right\}+\cfrac{c_f\cos\theta_{2P}}{c_P\cos\theta_1}}$$

或

$$T_S = \cfrac{\cfrac{2c_S^2\sin2\theta_{2P}}{c_P^2}\cfrac{c_P\cos\theta_1}{c_f}}{\cfrac{\rho_S c_P\cos\theta_1}{\rho_f c_f}\left\{\cos^2 2\theta_{2S}+\cfrac{c_S^2}{c_P^2}\sin2\theta_{2P}\cdot\sin2\theta_{2S}\right\}+\cos\theta_{2P}} \quad (1-227\text{j})$$

$$=\cfrac{2c_S^2\sin2\theta_{2P}\cdot\cos\theta_1}{c_P c_f(\Delta_2+\Delta_1)}$$

如果 x_2 轴被定义为正向下，则可以证明 T_S 的符号应该改变，而 R 和 T_P 的符号保持不变。

例题 1.21

在图 1-36 中，假设流体中的入射场和反射场是根据流体压力而不是 P 波势定义的，而固体中的 P 波和 S 波是根据波势定义的。计算反射系数和透射系数。

解： 图 1-36 所示的入射波、反射波和透射波按以下形式写为

$$\begin{aligned} p_{\text{in}} &= \mathrm{e}^{\mathrm{i}kx_1-\mathrm{i}\eta_f x_2} \\ p_{\text{re}} &= R^*\cdot \mathrm{e}^{\mathrm{i}kx_1+\mathrm{i}\eta_f x_2} \\ \phi_{\text{tx}} &= T_P^*\cdot \mathrm{e}^{\mathrm{i}kx_1-\mathrm{i}\eta_S x_2} \\ \psi_{\text{tx}} &= T_S^*\cdot \mathrm{e}^{\mathrm{i}kx_1-\mathrm{i}\beta_S x_2} \end{aligned} \quad (1-227\text{k})$$

我们想用 R、T_P 和 T_S 来表示 R^*、T_P^* 和 T_S^*。

利用式（1-209），可以根据式（1-224）得到

$$p_{\text{in}} = \rho_f \omega^2 \phi_i = \rho_f \omega^2 e^{ikx_1 - i\eta_f x_2}$$

$$p_{\text{re}} = \rho_f \omega^2 \phi_{\text{re}} = \rho_f \omega^2 R \cdot e^{ikx_1 + i\eta_f x_2}$$

$$\phi_{\text{tx}} = T_P \cdot e^{ikx_1 - i\eta_S x_2} \tag{1-227l}$$

$$\psi_{\text{tx}} = T_S \cdot e^{ikx_1 - i\beta_S x_2}$$

因此，对于单位幅度的入射压力场，按以下方式修改反射和透射场：

$$p_{\text{in}} = e^{ikx_1 - i\eta_f x_2}$$

$$p_{\text{re}} = R \cdot e^{ikx_1 + i\eta_f x_2}$$

$$\phi_{\text{tx}} = \frac{T_P}{\rho_f \omega^2} \cdot e^{ikx_1 - i\eta_S x_2} \tag{1-227m}$$

$$\psi_{\text{tx}} = \frac{T_S}{\rho_f \omega^2} \cdot e^{ikx_1 - i\beta_S x_2}$$

对比式（1-227m）和式（1-227k）可以得到

$$R^* = R$$

$$T_P^* = \frac{T_P}{\rho_f \omega^2} \tag{1-227n}$$

$$T_S^* = \frac{T_S}{\rho_f \omega^2}$$

R、T_P 和 T_S 的表达式在式（1-227b~j）中给出。

1.2.17 浸没在流体中的固体平板对平面波的反射和透射

图 1-37 显示了振幅为 1 的声压波撞击浸入流体中的厚度为 h 的实心板的顶面。显然，实心板将流体空间分成两个半空间。上半空间包含入射波和反射波，而下半空间包含透射波。实心板中将产生 P 波和 S 波。P 波势和 S 波势分别用 ϕ 和 ψ 表示，下标 U 和 D 分别用于表示上行和下行波势。

由于上半空间和下半空间的流体特性相同，因此流体中的入射波、反射波和透射波的角度相等（θ）。对应于实心板中 P 波和 S 波的角度分别用 θ_P 和 θ_S 表示。

如前所述，流体中的弹性波在数学上可以用压力场或势场来表示。在 1.2.16 节中，我们已经用势场表示了它。这里，让我们用压力场来表示。固体中的波将用势场来表示。

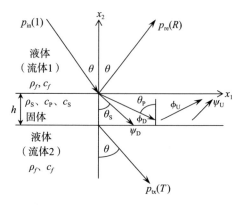

图 1-37 由包含上行和下行 P 波和 S 波的固体板分隔的流体半空间中的入射、反射和透射压力波

那么,图 1-37 中七个箭头所示的七个波可以用下列方式表示:

$$\begin{aligned}
p_{in} &= e^{ikx_1 - i\eta_f x_2} \\
p_{re} &= R \cdot e^{ikx_1 + i\eta_f x_2} \\
p_{Tx} &= T \cdot e^{ikx_1 - i\eta_f x_2} \\
\phi_D &= P_D \cdot e^{ikx_1 - i\eta_S x_2} \\
\phi_U &= P_U \cdot e^{ikx_1 + i\eta_S x_2} \\
\psi_D &= S_D \cdot e^{ikx_1 - i\beta_S x_2} \\
\psi_U &= S_U \cdot e^{ikx_1 + i\beta_S x_2}
\end{aligned} \quad (1-228)$$

其中

$$\begin{aligned}
k &= k_f \sin\theta = k_P \sin\theta_P = k_S \sin\theta_S \\
\eta_f &= k_f \cos\theta = \sqrt{k_f^2 - k^2} \\
\eta_S &= k_P \cos\theta_P = \sqrt{k_P^2 - k^2} \\
\beta_S &= k_S \cos\theta_S = \sqrt{k_S^2 - k^2} \\
k_f &= \frac{\omega}{c_f}, \quad k_P = \frac{\omega}{c_P}, \quad k_S = \frac{\omega}{c_S}
\end{aligned} \quad (1-229)$$

根据式(1-209)可得

$$u_2 = \frac{\partial \phi}{\partial x_2} = \frac{1}{\rho\omega^2}\frac{\partial p}{\partial x_2} \quad 和 \quad \sigma_{22} = -p$$

根据跨界面的法向位移(u_2)和应力(σ_{22} 和 σ_{12})的连续性($x_2 =$

0），得

$$\frac{\mathrm{i}\eta_f}{\rho_f \omega^2}(-1+R) = \mathrm{i}(-\eta_S P_D + \eta_S P_U - k S_D - k S_U)$$
$$-(1+R) = -\mu\{-(2k^2-k_S^2)(P_D+P_U) + 2k\beta_S(S_D-S_U)\}$$
$$\mu\{2k\eta_S(P_D-P_U) + (k^2-\beta_S^2)(S_D+S_U)\} = 0$$

(1-230a)

根据跨界面（$x_2=h$）处，法向位移（u_2）和应力（σ_{22} 和 σ_{12}）的连续性，可以得到

$$-\frac{\mathrm{i}\eta_f}{\rho_f \omega^2}TQ_f^{-1} = \mathrm{i}(-\eta_S Q_P^{-1} P_D + \eta_S Q_P P_U - k Q_S^{-1} S_D - k Q_S S_U)$$
$$-TQ_f^{-1} = -\mu\{-(2k^2-k_S^2)(Q_P^{-1} P_D + Q_P P_U) + 2k\beta_S(Q_S^{-1} S_D - Q_S S_U)\}$$
$$\mu\{2k\eta_S(Q_P^{-1} P_D - Q_P P_U) + (k^2-\beta_S^2)(Q_S^{-1} S_D + Q_S S_U)\} = 0$$

(1-230b)

式（1-230）中，μ 是固体的剪切模量，并且

$$Q_f = \mathrm{e}^{\mathrm{i}\eta_f h}$$
$$Q_P = \mathrm{e}^{\mathrm{i}\eta_S h}$$
$$Q_S = \mathrm{e}^{\mathrm{i}\beta_S h}$$

(1-231)

等式（1-230a）和式（1-230b）中给出的六个方程式可以以矩阵形式写入：

$$\boldsymbol{A}\{X\} = \{b\} \quad (1-232)$$

其中

$$\boldsymbol{A} = \begin{bmatrix} \dfrac{\eta_f}{\rho_f \omega^2} & 0 & \eta_S & -\eta_S & k & k \\ 1 & 0 & \mu(2k^2-k_S^2) & \mu(2k^2-k_S^2) & -2\mu k\beta_S & 2\mu k\beta_S \\ 0 & 0 & 2k\eta_S & -2k\eta_S & (2k^2-k_S^2) & (2k^2-k_S^2) \\ 0 & -\dfrac{\eta_f Q_f^{-1}}{\rho_f \omega^2} & \eta_S Q_P^{-1} & -\eta_S Q_P^{-1} & k Q_S^{-1} & k Q_S \\ 0 & Q_f^{-1} & \mu(2k^2-k_S^2)Q_P^{-1} & \mu(2k^2-k_S^2)Q_P & -2\mu k\beta_S Q_S^{-1} & 2\mu k\beta_S Q_S^{-1} \\ 0 & 0 & 2k\eta_S Q_P^{-1} & -2k\eta_S Q_P & (2k^2-k_S^2)Q_S^{-1} & (2k^2-k_S^2)Q_S \end{bmatrix}$$

(1-232a)

$$X = \begin{Bmatrix} R \\ T \\ P_\mathrm{D} \\ P_\mathrm{U} \\ S_\mathrm{D} \\ S_\mathrm{U} \end{Bmatrix}, \quad b = \begin{Bmatrix} \dfrac{\eta_f}{\rho_f \omega^2} \\ -1 \\ 0 \\ 0 \\ 0 \\ 0 \end{Bmatrix}$$

式（1-232）可以求解未知数 R、T 等。

如果图 1-37 中的 x_2 轴定义为正向下，则式（1-232）的 A 矩阵和 b 向量在使用式（1-229）中给出的关系后，可以用以下形式写为

$$A = \begin{bmatrix} 0 & 0 & -\dfrac{\sin 2\theta_\mathrm{P}}{c_\mathrm{P}^2} & \dfrac{\sin 2\theta_\mathrm{P}}{c_\mathrm{P}^2} & -\dfrac{\cos 2\theta_\mathrm{S}}{c_\mathrm{S}^2} & -\dfrac{\cos 2\theta_\mathrm{S}}{c_\mathrm{S}^2} \\ 0 & 0 & -\dfrac{Q_\mathrm{P} \sin 2\theta_\mathrm{P}}{c_\mathrm{P}^2} & \dfrac{\sin 2\theta_\mathrm{P}}{c_\mathrm{P}^2 Q_\mathrm{P}} & -\dfrac{Q_\mathrm{S} \cos 2\theta_\mathrm{S}}{c_\mathrm{S}^2} & -\dfrac{\cos 2\theta_\mathrm{S}}{Q_\mathrm{S} c_\mathrm{S}^2} \\ -1 & 0 & \rho_\mathrm{S}\omega^2\left(1+2\dfrac{c_\mathrm{S}^2}{c_\mathrm{P}^2}\sin^2\theta_\mathrm{P}\right) & \rho_\mathrm{S}\omega^2\left(1+2\dfrac{c_\mathrm{S}^2}{c_\mathrm{P}^2}\sin^2\theta_\mathrm{P}\right) & -\rho_\mathrm{S}\omega^2 \sin 2\theta_\mathrm{S} & \rho_\mathrm{S}\omega^2 \sin 2\theta_\mathrm{S} \\ 0 & -Q_f & \rho_\mathrm{S}\omega^2 Q_\mathrm{P}\left(1+2\dfrac{c_\mathrm{S}^2}{c_\mathrm{P}^2}\sin^2\theta_\mathrm{P}\right) & \dfrac{\rho_\mathrm{S}\omega^2}{Q_\mathrm{P}}\left(1+2\dfrac{c_\mathrm{S}^2}{c_\mathrm{P}^2}\sin^2\theta_\mathrm{P}\right) & -\rho_\mathrm{S}\omega^2 Q_\mathrm{S}\sin 2\theta_\mathrm{S} & \dfrac{\rho_\mathrm{S}\omega^2 \sin 2\theta_\mathrm{S}}{Q_\mathrm{S}} \\ \dfrac{\cos\theta}{\rho_f \omega^2 c_f} & 0 & \dfrac{\cos\theta_\mathrm{P}}{c_\mathrm{P}} & -\dfrac{\cos\theta_\mathrm{P}}{c_\mathrm{P}} & -\dfrac{\sin\theta_\mathrm{S}}{c_\mathrm{S}} & -\dfrac{\sin\theta_\mathrm{S}}{c_\mathrm{S}} \\ 0 & -\dfrac{\cos\theta}{\rho_f \omega^2 c_f}Q_f & \dfrac{Q_\mathrm{P}\cos\theta_\mathrm{P}}{c_\mathrm{P}} & -\dfrac{\cos\theta_\mathrm{P}}{c_\mathrm{P} Q_\mathrm{P}} & -\dfrac{Q_\mathrm{S}\sin\theta_\mathrm{S}}{c_\mathrm{S}} & -\dfrac{\sin\theta_\mathrm{S}}{c_\mathrm{S} Q_\mathrm{S}} \end{bmatrix}$$

（1-232b）

$$b = \begin{Bmatrix} 0 \\ 0 \\ 1 \\ 0 \\ \dfrac{\cos\theta}{\rho_f \omega^2 c_f} \\ 0 \end{Bmatrix}$$

1.2.18 不同材料的弹性属性

许多材料的弹性波速和密度如表 1-4 所示。这些值是从参考文献清单中给出的一些参考文献和其他来源收集得到的。给出了多种材料的三种波速——P 波速（c_P）、剪切波速（c_S）、瑞利波速（c_R）和密度（ρ）。有一些材料缺少某些信息——剪切波速、瑞利波速度或密度。

表 1-4 不同材料的弹性波速（P 波速度（c_P）、S 波速度（c_S）、瑞利波速度（c_R））和密度（ρ）

材料	c_P/(km/s)	$c_S(c_R)$/(km/s)	ρ/(gm/cm^3)
乙酸正丁酯	1.27		0.871
乙酸乙酯	1.18		0.900
乙酸甲酯（$C_3H_6O_2$）	1.15~1.21		0.928~0.934
乙酸丙酯	1.18		0.891
丙酮（C_3H_6O）	1.17		0.790
己二酮（$C_6H_{10}O_2$）	1.4		0.729
丙烯酸树脂	2.67	1.12	1.18
空气（0℃）	0.33		0.0004
空气（20℃）	0.34		
空气（100℃）	0.39		
空气（500℃）	0.55		
丁醇（$C_4H_{10}O$）	1.24		0.810
乙醇	1.18		0.789
甲醇	1.12		0.792
异丙醇	1.17		0.786
正丙醇	1.22		0.804
叔戊醇（$C_5H_{12}O$）	1.20		0.810
乙醇气体（0℃）	0.231		
氧化铝	10.82	6.16[5.68]	3.97
铝	6.25~6.5	3.04~3.13[2.84~2.95]	2.70~2.80
氨水	0.42		
苯胺（$C_6H_5NH_2$）	1.69		1.02
氩气	0.319		0.00178

续表

材料	c_P/(km/s)	$c_S(c_R)$/(km/s)	ρ/(gm/cm³)
液态氩气（-186℃至-189℃）	0.837~0.863		1.404~1.424
酚醛树脂	1.59		1.40
钛酸钡	4.00		6.02
苯（C_6H_6）	1.30		0.87
粗苯	1.33		0.878
乙苯	1.34		0.868
铍	12.7~12.9	8.71~8.88[7.84~7.87]	1.82~1.85
铋	2.18~2.20	1.10[1.03]	9.80
碳化硼	11.00		2.40
骨头	3.0~4.0	1.97~2.25[1.84~2.05]	1.90
黄铜（70%铜，30%锌）	4.28~4.44	2.03~2.12[1.96]	8.56
半硬化黄铜	3.83	2.05	8.10
海军黄铜	4.43	2.12[1.95]	8.42
铜	3.53	2.23[2.01]	8.86
丁基橡胶	1.70		1.11
镉	2.78	1.50[1.39]	8.64
碳氢化合物	1.16		
二氧化碳（CO_2）	0.258		
二硫化碳（CS_2）	1.15		1.26
二硫化碳	0.189		
一氧化碳（CO）	0.337		
四氯化碳（CCl_4）	0.93		
玻璃碳	4.26	2.68[2.43]	1.47
蓖麻油	1.48		0.969
铯（28.5℃）	0.967		1.88
氯	0.205		
巧克力（黑色）	2.58	0.96	1.302
氯仿（$CHCl_3$）	0.987		1.49
铬	6.61	4.01[3.66]	7.19
铌	4.92	2.10	8.57
康铜	5.18 5.24	2.64[2.45]	8.88~8.90

续表

材料	c_P/(km/s)	$c_S(c_R)$/(km/s)	ρ/(gm/cm³)
铜	4.66~5.01	2.26~2.33[1.93~2.17]	8.93
硬铝	6.40	3.12[2.92]	2.80
软木塞	0.051		0.24
柴油	1.25		
乙醚蒸汽（0℃）	0.179		
乙醚（$C_4H_{10}O$）	0.986		0.713
乙烯	0.314		
燧石	4.26	2.96	3.60
熔融石英	5.96	3.76	2.20
汽油	1.25		0.803
镓（29.5℃）	2.74		5.95
锗	5.41		5.47
冠状玻璃	5.26~5.66	3.26~3.52[3.12]	2.24~3.6
重燧石玻璃	5.26	2.96[2.73]	3.60
石英玻璃	5.57~5.97	3.43~3.77[3.41]	2.2~2.60
窗玻璃	6.79	3.43	
平板玻璃	5.71~5.79	3.43	2.75
耐热玻璃	5.56~5.64	3.28~3.43[3.01]	2.23
甘油（$C_3H_8O_3$）	1.92		1.26
黄金	3.24	1.20[1.13]	19.3~19.7
黄岗岩	3.90		
铪	3.84		13.28
氦气	0.97		0.00018
液态氦气（-269℃）	0.18		0.125
液态氦气（-271.5℃）	0.231		0.146
氢气	1.28		0.00009
液态氢气（-252.7℃）	1.13		0.355
冰	3.99	1.99	1.0
铬镍铁合金	5.70	3.0[2.79]	8.25~8.39
铟	2.22~2.56		7.30
因瓦合金（63.8%铁，36%镍，0.2%铜）	4.66	2.66[2.45]	8.00

续表

材料	c_P/(km/s)	$c_S(c_R)$/(km/s)	ρ/(gm/cm^3)
软铁	5.90~5.96	3.22[2.79~2.99]	7.7
铸铁	4.50~4.99	2.40~2.81[2.3~2.59]	7.22~7.80
煤油	1.32		0.81
肾脏	1.54		1.05
铅	2.16	0.70[0.63~0.66]	11.34~11.4
锆钛酸铅（PZT）	3.79		7.65
亚麻籽油	1.77		0.922
肝脏	1.54		1.07
透明合成树脂	2.68~2.70	1.05~1.10	1.15~1.18
镁	5.47~6.31	3.01~3.16[2.93]	1.69~1.83
锰	4.60~4.66	2.35	7.39~7.47
大理石	6.15		9.5
水银（20℃）	1.42~1.45		13.5~13.8
甲烷	0.43		0.00074
甲醛	0.98		
钼	6.30~6.48	3.35~3.51[3.11~3.25]	10.2
镍铜合金	5.35~6.04	2.72[1.96~2.53]	8.82~8.83
氯苯（C_6H_5Cl）	1.27		1.107
吗啉（C_4H_9NO）	1.44		1.00
机油（SAE 20）	1.74		0.87
聚酯薄膜	2.54		1.18
正己醇（$C_6H_{14}O$）	1.30		0.819
氖	0.43		
氯丁橡胶	1.56		
镍	5.61~5.81	2.93~3.08[2.64~2.86]	8.3~8.91
铌	5.07	2.09[1.97]	8.59
一氧化氮	0.325		
硝基苯（$C_6H_5NO_2$）	1.46		1.20
氮气（0-20℃）	0.33~0.35		0.00116~0.00125
液态氮气（-197℃）	0.869		0.815
液态氮气（-203℃）	0.929		0.843

续表

材料	c_P/(km/s)	$c_S(c_R)$/(km/s)	ρ/(gm/cm³)
硝基甲烷（CH_3NC_2）	1.33		1.13
一氧化二氮	0.26		
尼龙	2.62	1.10[1.04]	1.11~1.14
油	1.38~1.5		0.92~0.953
橄榄油	1.43		0.948
氧气（0-20℃）	0.32~0.33		0.00132~0.00142
液态氧气（-183.6℃）	0.971		1.143
液态氧气（-210℃）	1.13		1.272
石蜡（15℃）	1.30		
石蜡油	1.42		0.835
花生油	1.46		0.936
戊烷	1.01		0.621
有机玻璃（PMMA）	2.70	1.33[1.24]	1.19
石油	1.29		0.825
塑料，丙烯酸树脂	2.67	1.12	1.18
铂	3.26~3.96	1.67~1.73[1.60]	21.4
有机玻璃	2.67~2.77	1.12~1.43	1.18~1.27
钚	1.79		15.75
聚碳酸酯	2.22		1.19
聚酯铸造树脂	2.29		1.07
聚乙烯	2.0~2.67		0.92~1.10
聚乙烯（低密度）	1.95	0.54[0.51]	0.92
聚乙烯（TCI）	1.60		
聚丙烯	2.74		0.904
聚苯乙烯（Styron 666）	2.40	1.15[1.08]	1.05
聚苯乙烯	2.67	1.10	2.80
聚氯乙烯	2.30		1.35
聚氯乙烯-醋酸酯	2.25		
聚乙烯醇缩甲醛	2.68		
聚偏二乙烯氯化物	2.40		1.70
钾（100℃）	1.86		0.818

续表

材料	c_P/(km/s)	$c_S(c_R)$/(km/s)	ρ/(gm/cm³)
钾（200℃）	1.81		0.796
钾（400℃）	1.71		0.751
钾（600℃）	1.60		0.707
钾（800℃）	1.49		0.662
石英	5.66~5.92	3.76	2.65
高硅氧纤维绝热材料	3.75		1.73
岩盐（x方向）	4.78		
罗谢尔盐	5.36	3.76	2.20
橡胶	1.26~1.85		
盐溶液（10%）	1.47		
盐溶液（15%）	1.53		
盐溶液（20%）	1.60		
砂岩	2.92	1.84[1.68]	
蓝宝石	9.8~11.15		3.98
二氧化硅（熔化）	5.96	3.76[3.41]	2.15
碳化硅	12.10	7.49[6.81]	3.21
硅油（25℃，道琼斯710流体）	1.35		
氮化硅	10.61	6.20[5.69]	3.19
银	3.60~3.70	1.70[1.59]	10.5
银-18镍	4.62	2.31	
环氧银，电子焊料	1.90	0.98[0.91]	2.71
钠（100℃）	2.53		0.926
钠（200℃）	2.48		0.904
钠（400℃）	2.37		0.857
钠（600℃）	2.26		0.809
钠（800℃）	2.15		0.759
脾脏	1.50		1.07
不锈钢	5.98	3.3[3.05]	7.80
钢铁	5.66~5.98	3.05~3.3[2.95~3.05]	7.80~7.93
钽	4.16	2.04[1.90]	16.67
聚四氟乙烯	1.35~1.45		2.14~2.20

续表

材料	c_P/(km/s)	$c_S(c_R)$/(km/s)	ρ/(gm/cm³)
钍	2.40	1.56[1.40]	11.73
锡	3.32~3.38	1.59~1.67[1.49]	7.3
组织（牛肉）	1.55		1.08
组织（脑）	1.49		1.04
组织（人）	1.47		1.07
钛合金	6.10~6.13	3.12~3.18[2.96]	4.51~4.54
碳化钛	8.27	5.16[4.68]	5.15
碳化钛，含6%钴	6.66	3.98[3.64]	15.0
钨	5.18~5.41	2.64~2.89[2.46~2.67]	19.25
变压器油	1.39		0.92
铀	3.37	1.94[1.78]	19.05
二氧化铀	5.18		10.96
钒	6.02	2.77[2.60]	6.09
水（20℃）	1.48		1.00
海水	1.53		1.025
水蒸气（0℃）	0.401		
水蒸气（100℃）	0.405		
水蒸气（130℃）	0.424		
木材（橡木）	4.47~4.64	1.75	0.4615
木材（松木）	3.32		
木材（白杨）	4.28		
锌	4.17~4.19	2.42[2.22]	7.1~7.14
氧化锌（c-轴）	6.40	2.95[2.77]	5.61
锆锡合金	4.72	2.36[2.20]	9.36
锆	4.65	2.25[2.10]	6.51

注：对于某些材料，弹性波速和密度不是一个值，而是给出了从不同来源收集的材料属性与范围（上限和下限）。

1.3 小结

本章从弹性力学和连续介质力学的基本方程出发，简要回顾了弹性波在固体和流体介质中传播力学的基本原理。第1章只介绍了与线性超声无损检测相关的基本线性分析，非线性分析将在第 4 章介绍。

本章详细讨论了弹性波在无材料衰减的各向同性固体和流体中的传播。本章的材料可以在研究生水平的弹性波传播第一节课中涵盖。一些更高级的主题将在后面的章节中涵盖，如弹性波在有和没有材料衰减的各向异性多层板和管道中的传播，用半解析技术建立超声场模型和非线性超声分析。

文献中有许多关于固体中弹性波传播力学的好书，感兴趣的读者可以参考这些书进行进一步的研究。这些书的作者有 Brekhovskikh（1960）、Kolsky（1963）、Achenbach（1973）、Auld（1990）、Graff（1991）、Mal（1991）、Schmerr（1998）、Rose（1999）。

习题

问题 1.1

简化以下表达式（请注意，δ_{ij} 是 Kronecker 增量，重复索引表示求和，逗号表示导数）：

(a) δ_{mm}　　(b) $\delta_{ij}\delta_{kj}$　　(c) $\delta_{ij}u_{k,kj}$　　(d) $\delta_{ij}\delta_{ij}$

(e) $\delta_{mm}\delta_{ij}X_j$　　(f) $\delta_{km}u_{i,jk}u_{i,jm}$　　(g) $\dfrac{\partial x_m}{\partial x_k}\dfrac{\partial x_m}{\partial x_k}$

问题 1.2

用索引符号表示以下数学运算。

(1) $\underline{\nabla}\cdot\boldsymbol{u}$　　(2) $\nabla^2\phi$　　(3) $\nabla^2\boldsymbol{u}$　　(4) $\underline{\nabla}\phi$

(5) $\underline{\nabla}\times\boldsymbol{u}$　　(6) $\underline{\nabla}\times(\underline{\nabla}\times\boldsymbol{u})$　　(7) $\boldsymbol{C}=\boldsymbol{AB}$　　(8) $\boldsymbol{A}^{\mathrm{T}}\boldsymbol{B}\ne\boldsymbol{AB}^{\mathrm{T}}$

(9) $\boldsymbol{c}=\boldsymbol{A}^{\mathrm{T}}\boldsymbol{b}$　　(10) $\underline{\nabla}\cdot(\underline{\nabla}\times\boldsymbol{u})$　　(11) $\underline{\nabla}\times(\underline{\nabla}\phi)$　　(12) $\underline{\nabla}(\underline{\nabla}\cdot\boldsymbol{u})$

(13) $\underline{\nabla}\cdot(\underline{\nabla}\phi)$

其中 $\boldsymbol{u}$ 是向量，ϕ 是标量；$\boldsymbol{A}$、$\boldsymbol{B}$ 和 $\boldsymbol{C}$ 是 3×3 矩阵，$\boldsymbol{c}$ 和 $\boldsymbol{b}$ 是 3×1 个向量。

问题 1.3

考虑通过点 P 的两个面（见图 1-38）。这两个平面在 P 点处的单位法向量分别是 m_j 和 n_j。点 P 处两个表面上的牵引力向量分别用 $\overset{m}{T_i}$ 和 $\overset{n}{T_i}$ 表示。检验 $\overset{m}{T}$ 和 $\underline{n}$ 之间的点积是否与 $\overset{n}{T}$ 和 $\underline{m}$ 之间的点积相同或不同。

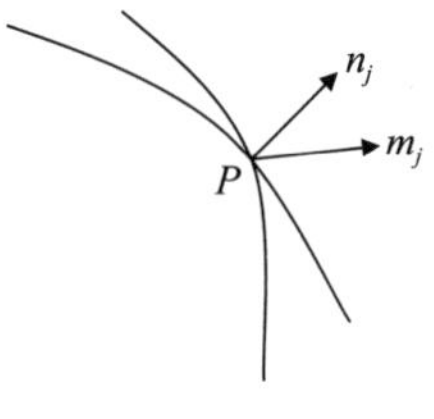

图 1-38　问题 1.3 的示意图

问题 1.4：

1. 三角形薄板沿边界 OA 固定，并沿边界 AB 承受单位面积均匀分布的

水平载荷 p_0，如图 1-39 所示。给出 x_1x_2 坐标系中位移或应力分量的所有边界条件。

2. 如果 p_0 垂直于边界 AB，那么沿着 AB 边的应力边界条件是什么？

问题 1.5：

如图 1-40 所示，半径为 a 的四分之一圆盘受到沿 AO 和 CO 边界从 0 到 T_0 的线性变化的剪切应力和沿着边界 ABC 的均匀压力 p_0。假设所有平面外应力分量均为零。

1. 根据笛卡儿坐标系中的应力分量 σ_{11}、σ_{22} 和 σ_{12}，给出沿边界 OA 和 OC 的所有应力边界条件。

2. 根据圆柱坐标系中的应力分量 σ_{rr}、$\sigma_{\theta\theta}$ 和 $\sigma_{r\theta}$，给出沿边界 OA 和 OC 的所有应力边界条件。

3. 据笛卡儿坐标系中的应力分量 σ_{11}、σ_{22} 和 σ_{12}，给出 B 点的所有应力边界条件。

4. 根据圆柱坐标系中的应力分量 σ_{rr}、$\sigma_{\theta\theta}$ 和 $\sigma_{r\theta}$，给出了沿边界 ABC 的所有应力边界条件。

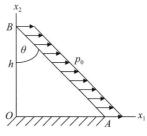

图 1-39 问题 1.4 的示意图

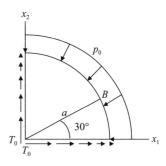

图 1-40 问题 1.5 的示意图

问题 1.6：

1. 由各向同性材料建造的大坝两侧有两个不同的水位，如图 1-41 所示。根据应力分量 σ_{xx}、σ_{yy} 和 τ_{xy} 定义沿边界 AB 和 CD 的所有边界条件。

2. 如果大坝是由正交各向异性材料制成的，对前一部分的回答应该有什么变化？

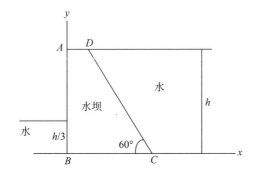

图 1-41 问题 1.6 的示意图

问题 1.7：

用曲面 S 所包围的体积 V（见图 1-42）来表示曲面积分 $\oint_S x_i n_j \mathrm{d}S$。$n_j$ 是曲面上向外单位法向量的第 j 个分量。

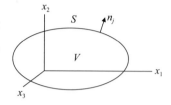

图 1-42 问题 1.7 的示意图

问题 1.8：

1. 通过求解适当的特征值问题，获得以下应力状态的主应力及其方向：

$$\boldsymbol{\sigma} = \begin{bmatrix} 5 & -3 & 0 \\ -3 & 2 & 0 \\ 0 & 0 & 10 \end{bmatrix}$$

2. 用摩尔圆法解决同样的问题，并将你的结果与前一部分得到的结果进行比较。（本章未涉及摩尔圆技术。然而，由于该技术在材料力学本科课程中有所涉及，因此读者应熟悉该技术。）

问题 1.9：

各向异性弹性固体受到某种载荷，在 $x_1 x_2 x_3$ 坐标系中产生应变状态 ε_{ij}。在不同的（旋转的）$x_{1'} x_{2'} x_{3'}$ 坐标系中，应变状态被转换为 $\varepsilon_{m'n'}$。

1. 你认为应变能密度函数 U_0 仅仅是应变不变量的函数吗？
2. 当 U_0 用 ε_{ij} 或 $\varepsilon_{m'n'}$ 表示时，你期望它的表达是相同的还是不同的？
3. 当你用 ε_{ij} 和用 $\varepsilon_{m'n'}$ 的表达式计算 U_0 时，你认为 U_0 的数值是否相同？
4. 证明你的答案。如果材料是各向同性的，请回答上述三个问题。

问题 1.10：

线弹性材料的应力-应变关系由 $\sigma_{ij} = C_{ijkl} \varepsilon_{kl}$ 给出。从各向同性材料的应力-应变关系出发，证明各向同性材料的 C_{ijkl} 是由 $\lambda \delta_{ij} \delta_{kl} + \mu(\delta_{ik} \delta_{jl} + \delta_{il} \delta_{jk})$ 得到的。

问题 1.11：

获得材料的位移平衡控制方程，其应力-应变关系由下式给出

$$\sigma_{ij} = \alpha_{ijkl} \varepsilon_{km} \varepsilon_{ml} + \beta_{ijkl} \varepsilon_{kl} + \delta_{ij} \gamma$$

式中：α_{ijkl} 和 β_{ijkl} 是其在整个区域上恒定的材料特性；γ 是在点与点之间变化的残余静水应力状态。

问题 1.12：

从三维应力变换定律 $\sigma_{i'j'} = \lambda_{i'm} \lambda_{j'n} \sigma_{mn} = l_{i'm} l_{j'n} \sigma_{mn}$ 出发，证明对于二维应力变换，以下方程适用。（注意方向余弦 $\lambda_{i'm} = l_{i'm} = \cos(\theta_{i'm})$，其中，$\theta_{i's}$ 是质数坐标系和非质数坐标系统的 x_i 和 x_m 轴之间的角度，如图 1-43 所示。）

$$\sigma_{1'1'} = \sigma_{11}\cos^2\theta + \sigma_{22}\sin^2\theta + 2\sigma_{12}\sin\theta\cos\theta$$

$$\sigma_{2'2'} = \sigma_{11}\sin^2\theta + \sigma_{22}\cos^2\theta - 2\sigma_{12}\sin\theta\cos\theta$$

$$\sigma_{1'2'} = (-\sigma_{11} + \sigma_{22})\sin\theta\cos\theta + \sigma_{12}(\cos^2\theta - \sin^2\theta)$$

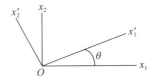

图 1-43 问题 1.12 的示意图

问题 1.13

考虑一个杆（具有零体力的一维结构），其应力-应变关系由 $\sigma_{11} = E\varepsilon_{11}$ 给出。

1. 将牛顿定律（力=质量乘以加速度）应用于杆的一个单元段，以波动方程的形式推导出杆的运动控制方程。可以假设杆上的 σ_{11} 和 ε_{11} 只是 x_1 的函数。

2. 杆内的弹性波速应该是多少？

问题 1.14：

厚度为 $2h$ 的无限大板在 $t \geq 0$ 时，两面承受恒定的法向压力 p_0（见图 1-44）。计算点 $P(\delta, 0, 0)$ 处的位移场 $\boldsymbol{u}$，其中 $0 < \delta < h$，时间 $t = h/c_P$，其中 c_P 是材料中的 P 波速度

问题 1.15：

1. 如图 1-45 所示，半空间在 $x_1 = 0$ 时受到与时间相关的剪切应力场 $p(t)$。得到时间 $t > 0$ 时点 (x_1, x_2, x_3) 处的应力场和位移场。

2. 设 $p(t)$ 在 $5 < t < 15$ 时为 1，在 t 的其他值时为 0，则绘制 u_1、u_2、σ_{11} 和 σ_{12} 在 $x_1 = 5\sqrt{\mu/\rho}$，$x_2 = 0$ 和 $x_3 = 0$ 处的时间函数，其中 μ 和 ρ 分别为剪切模量和泊松比。

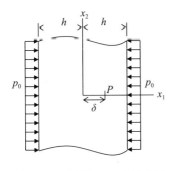

图 1-44 问题 1.14 的示意图

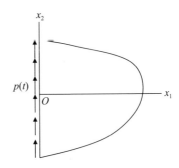

图 1-45 问题 1.15 的图

问题 1.16：

如图 1-46 所示，线性弹性半空间在其表面上受到与时间相关的倾斜载荷 $p(t)$。载荷持续时间为 T，幅值为 P。问题几何结构和施加的载荷与 x_2 和 x_3 坐标无关。如图所示，将点 $Q(x_1=X_0, x_2=Y_0)$ 处的两个位移分量 u_1（实线）和 u_2（虚线）的变化作为时间的函数绘制在同一图上。绘制同一点 Q 处的两个应力分量 σ_{11}（实线）和 σ_{12}（虚线）随时间的变化。在绘图中给出重要的值。Lame 的第一和第二常数以及固体密度分别为 λ、μ 和 ρ。您可以直接绘制结果，而不给出中间步骤。对于位移和应力分量，绘制 t 轴上方的正值和 t 轴下方的负值。

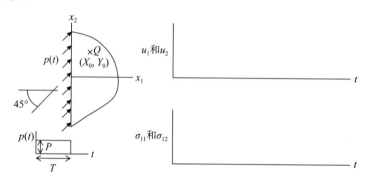

图 1-46　问题 1.16 的示意图

问题 1.17：

1. 对于半空间中垂直传播的 SH 波，如图 1-47 所示，根据 α、a 和 $k_S(\omega/c_S)$ 计算半径为 "a" 的半圆上的总位移和应力场。

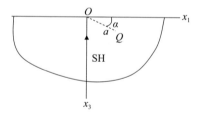

图 1-47　问题 1.17 的示意图

2. 检查半圆形在 $x_3=0$ 处与表面相交的点处是否满足无应力边界条件。
3. 找到半圆上最大位移的振幅，并找到位移振幅最大的点。

问题 1.18：

均匀半空间受时间谐波入射平面 P 波激励，如图 1-48 所示。如果入射场势为

$$\Phi_i(x_1,x_3,t)=\phi_i(x_1,x_3)\mathrm{e}^{-\mathrm{i}\omega t}=A\mathrm{e}^{\mathrm{i}(kx_1-\eta x_3)}\mathrm{e}^{-\mathrm{i}\omega t}$$

计算点 Q 处作为 a、α 和 θ 的函数的位移场 u_1 和 u_3。α 从 0 变化到 π，θ 从 0 变化至 $\pi/2$。假设半空间中反射 P 波和 S 波的反射系数分别为 $R_{PP}(\theta)$ 和 $R_{PS}(\theta)$。假设 P 波和 S 波速度分别为 c_P 和 c_S。用 $R_{PP}(\theta)$、$R_{PS}(\theta)$、a、α、ω、c_P 和 c_S 表示最终结果。

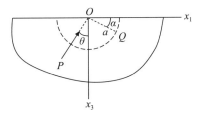

图 1-48　问题 1.18 的示意图

问题 1.19：

1. 证明在分层半空间（如图 1-49 所示）中入射 SH 波的传递系数 T 为

$$T=\frac{1}{\cos\left\{\dfrac{\omega h}{c_{S1}c_{S2}}\sqrt{c_{S2}^2-c_{S1}^2\sin^2\theta}\right\}}$$

式中：传递系数定义为 $T=u_2(x_1,0)/u_2(x_1,h)$（图 1-49）。

入射波的方程为

$$u_{2i}=A\exp\left\{\mathrm{i}\frac{\omega}{c_{S2}}(x_1\sin\theta-x_3\cos\theta-c_{S2}t)\right\}$$

2. 当（1）$c_{S1}=c_{S2}$，（2）$h=0$ 时传递函数的值是多少？

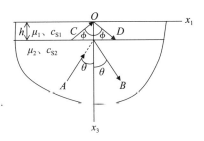

图 1-49　问题 1.19 的示意图

问题 1.20：

获得平面 P 波在通过弹性半空间传播后以倾斜角 θ 撞击刚性平面边界的反射波振幅表达式。倾角 θ 是从垂直于刚性边界的轴线处测量的。

问题 1.21：

对于二维波传播问题，P 波和 S 波势为

$$\phi = \phi(n_1 x_1 + n_2 x_2 - c_P t), \quad \psi = \psi(n_1 x_1 + n_2 x_2 - c_S t)$$

1. 证明这两种波的传播方向和波前是相互垂直的。
2. 当波在 x_1 方向传播时，对以下情况进行证明。
   (1) $\phi \neq 0$，$\psi = 0$，$u_2 = \sigma_{12} = 0$。
   (2) $\phi = 0$，$\psi \neq 0$，$u_1 = \sigma_{11} = \sigma_{22} = 0$。

问题 1.22：

如图 1-50 所示，在固体介质中传播的平面 SH 波撞击四分之一空间中 $x_1 = 0$ 和 $x_2 = 0$ 处的无应力边界。与入射 SH 波相关的位移场由 $u_{3i} = e^{-ikx_1 - i\beta x_2}$ 给出；隐含了时间相关函数 $e^{-i\omega t}$。当入射 SH 波遇到两个无应力表面时，产生满足边界条件的反射平面波。

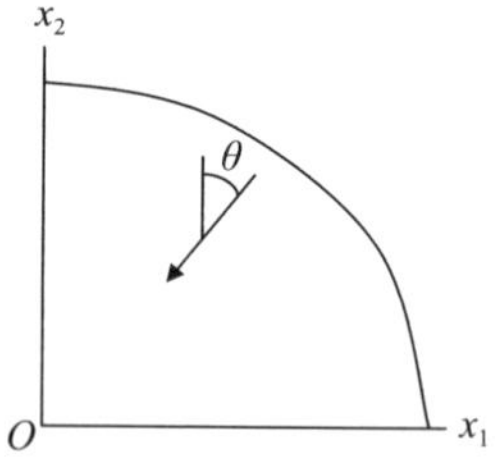

获得该四分之一空间中的完整位移场（考虑入射波和所有反射波），并证明当考虑总位移场时，满足两个表面的无应力边界条件。

图 1-50 问题 1.22 的图

问题 1.23：

$$\left(2 - \frac{c_R^2}{c_S^2}\right)^2 - 4\left(1 - \frac{c_R^2}{c_P^2}\right)^{1/2}\left(1 - \frac{c_R^2}{c_S^2}\right)^{1/2} = 0$$

从瑞利波色散方程证明，当瑞利波速度接近剪切波速度时（大多数材料都是如此），可以从以下关系式近似获得瑞利波速度 c_R

$$\frac{c_R}{c_S} = \frac{0.875 + 1.125\nu}{1 + \nu}$$

式中：ν 为泊松比。（提示：代入 $c/c_S = 1 + \Delta$，其中 Δ 为很小的数，然后忽略 Δ 中的高阶项）

问题 1.24：

考虑厚度为 $2h$ 的板中的水平剪切运动。在 $x_2 = +h$ 和 $-h$ 处的平板表面是刚性固定的。

1. 确定这个几何问题的色散关系（导波速度作为频率的函数）并绘制色散曲线。
2. 计算并绘制前几个模态的模态振型。
3. 讨论该问题的波传播特性（频散关系和振型）与 1.2.12.1 节讨论的无应力板问题的异同。

问题 1.25：

P 波通常在两个固体的界面处入射，如图 1-51(a)(b) 所示。入射纵波振幅为 1，反射波振幅为 R。

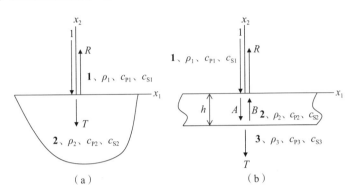

图 1-51 问题 1.25 的图

1. 对于图 1-51(a) 所示的几何问题，R 的值是多少？您不需要推导它；只需使用给定的材料属性给出它的表达式。

2. 对于两个图中所示的材料属性，两个 R 是否应该相同？注意，图 1-51(b) 中总共有三种材料，但图 1-51(a) 中只有两种。

3. 当材料 3 的特性发生变化而材料 1 和 2 的特性不变时，图 1-51(b) 中的 R 值是否会发生变化？

4. 在图 1-51(b) 的哪个界面（顶部、底部或两者），需要满足应力和位移连续性条件来求解 R？

5. 在图 1-51(b) 的哪个界面（顶部、底部或两者），需要满足应力和位移连续性条件来求解 T？

6. 用 T 和其他未知常量写出所有必要的方程式，从中可以解出图 1-51(b) 中的 T。你不需要给出 T 的最终表达式，只需要写出必要的方程。

问题 1.26：

考虑相速度（c_{ph}）随频率 ω 的变化，如图 1-52 顶部的连续线所示。获得并绘制作为频率 ω 函数的群速度（c_g）在三个范围内的变化（ω 介于 0 和 1、1 和 2 之间以及大于 2）。给出 ω = 0.5、1.5 和 2.5 时的群速度值。如果使用除相速度和群速度定义之外的任何关系，则必须进行推导。

（提示：根据相速度和群速度的定义 $c_{ph} = \omega/k$，$c_g = d\omega/dk$，首先获得作为相速度（c_{ph}）及其导数 $dc_{ph}/d\omega$ 的函数的群速度，然后使用该关系来解决问题。）

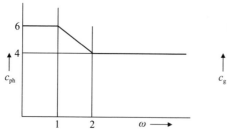
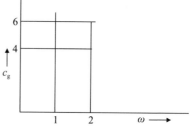

图1-52 问题1.26的示意图

问题1.27：

如果一个向量（如力、速度）在 x_1 和 x_2 方向上都有分量"A"，则合成向量的大小为 $\sqrt{2}A$，并在 $x_{1'}$ 方向上起作用（图1-53）。

具有谐波时间依赖性的两个平面P波在材料中以速度 c_P 沿 x_1 和 x_2 方向传播。这两种波的波势由下式给出

$$\phi_1 = Ae^{ik_P x_1 - i\omega t}$$
$$\phi_2 = Ae^{ik_P x_2 - i\omega t}$$

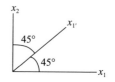

图1-53 问题1.27的示意图

式中：$k_P = \omega/c_P$。

1. 在该材料中，求出两个点处的总质点位移（大小和方向）——（1）原点，$x_1 = x_2 = 0$，以及（2）第二个点，其中 $x_1 = x_2 = h$。

2. 一位学生认为，这两个谐波的组合效应是在 $x_{1'}$ 方向传播的合成波，振幅为 $\sqrt{2}A$。你同意这个说法吗？从数学上证明你"是"或"否"的答案是正确的。

3. 另一位学生认为，这两个谐波的组合效应是以速度 $\sqrt{2}c_P$ 沿 $x_{1'}$ 方向传播的合成波。你同意这个说法吗？从数学上证明你"是"或"否"的答案是正确的。

问题1.28：

众所周知，当平面P波或SV波以一定角度撞击固体的无应力平面边界时，就会产生反射P波和SV波。这种现象称为模式转换。

如果固体半空间压在光滑的刚性表面上，使得固体边界上的点不能垂直移动，但可以自由水平移动（因为表面是无摩擦的），则验证P波和SV波入射是否发生模式转换，并计算（1）P波、（2）SV波和（3）SH波倾斜入射的所有反射系数，如图1-54所示。

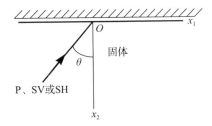

图 1-54 问题 1.28 的示意图

参考文献

[1] Achenbach, J. D., Wave Propagation in Elastic Solids [M], North-Holland Publishing Company/American Elsevier, Amsterdam, 1973.

[2] Auld, B. A., Acoustic Fields and Waves in Solids [M], 2nd ed., Vols. 1 and 2, Kreiger, Malabar, Florida, 1990.

[3] Bland, D. R., Wave Theory and Applications [M], Oxford University Press, New York, 1988.

[4] Brekhovskikh, L. M., Waves in Layered Media [M], Academic Press, New York/London, 1960.

[5] Graff, K. F., Wave Motion in Elastic Solids [M], Dover Publications, 1991.

[6] Kolsky, H., Stress Waves in Solids [M], Dover, New York, 1963.

[7] Mal, A. K. and S. J. Singh, Deformation of Elastic Solids [M], Prentice Hall, NewJersey, 1991.

[8] Moon, P. and D. E. Spencer, Vectors [M], D. Van Nostrand Company, Inc., Princeton, New Jersey, 1965.

[9] Rayleigh, J. W. S., The Theory of Sound [M], Dover, New York, 1945.

[10] Rose, J. L., Ultrasonic Waves in Solid Media [M], Cambridge University Press, 1999.

[11] Schmerr, L. W., Fundamentals of Ultrasonic Nondestructive Evaluation-A Modeling Approach [M], Plenum Press, New York, 1998.

[12] Viktorov, I. A., Rayleigh and Lamb Waves-Physical Theory and Applications [M], Plenum Press, New York, 1967.

第2章
弹性导波——无损检测中的分析与应用

近年来,导波已成功应用于复合板、混凝土板和管、金属板和管等管和板状结构的缺陷检测。本章给出了这种检测的理论背景,列出了导波检测技术相对于传统超声波检测技术的优势,并给出了一些板材和管道检测的实验结果。考虑到这一目的,本章介绍了作者和其他研究人员在板和管道导波检测技术方面的最新进展。

2.1 导波和波导

波导是一种具有边界和/或界面的结构,可帮助弹性波从一个点传播到另一个点。通过波导传播的弹性波称为导波。弹性全空间没有任何边界或界面,因此不能被认为是波导,但是弹性半空间具有无应力边界,如果弹性波沿该边界传播,则弹性半空间可以作为波导。无应力边界可以帮助弹性波从边界的一个点传播到另一个点,如第1章1.2.9节所示。沿弹性半空间无应力边界传播的导波称为瑞利波。半空间上的单层介质可以是 Love 波(反平面运动,第1.2.10节)或瑞利波(Rayleigh wave)的波导,该瑞利波也称为广义瑞利-兰姆波(Rayleigh-Lamb wave,平面内运动,第1.2.11节)。波导可以是任何形状或大小。常见的波导类型有板、管、圆柱杆(实心或中空)和棒(矩形截面或其他几何形状)。尽管波导的横截面通常是保持恒定的,但它也可以是变化的。图2-1显示了不同类型的波导:(a)板;(b~d)具有矩形、圆形和 I 形横截面的棒;(e、f)具有不同横截面的杆。在其中一些波导中,弹性波可以很容易地传播,而在其他情况下,传播的导波会快速衰减。

兰姆波(Lamb wave)是在板中传播的导波,如图2-1(a)所示。板的两个无牵引力边界面有助于兰姆波模式的传播。在平板中观察到的兰姆波也称为

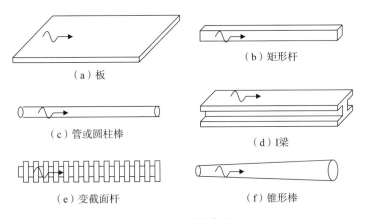

图 2-1 不同波导

平板波。同样,通过矩形或圆柱杆传播的导波称为杆波(rod wave),管道或圆柱杆中的导波称为圆柱形导波(cylindrical guided wave)。所有这些导波都有一个共同点:它们通过满足波导边界条件的波导传播。Rayleigh(1885)和 Lamb(1917)分别首先解决了弹性半空间和弹性板中的导波传播问题。这两种波导中的导波以它们命名。这两种导波之间的第一个区别是,弹性半空间中的瑞利波速是非色散的,这意味着它与频率无关(参见第1.2.9节),而兰姆波速是色散的,或依赖于频率(见第1.2.12节)。另一个区别是,在给定频率下,半空间中的瑞利波只能以一种速度传播,而兰姆波可以以多种速度传播。不同的板波模式与板中不同类型的质点运动有关(图1-28),在同一频率下以不同的波速传播(图1-27和图1-31)。与兰姆波一样,通过矩形棒或圆柱棒的导波也显示出多种模式,并且这些模式的波速通常是分散的。由于这些相似之处,有时通过管道、有限宽度的矩形平板或矩形棒传播的导波也称为兰姆波。然而,严格地说,这些波不是兰姆波,应该被识别为导波而不是兰姆波。

2.1.1 兰姆波和泄漏兰姆波

当平板浸入液体中时,液-固界面处的表面不是无牵引力的,传播波的能量会泄漏到周围的液体中,那么传播波被称为泄漏兰姆波。严格地说,没有任何泄漏能量的兰姆波只能在真空中的平板中观察到。当板被浸入空气中时,在板中传播的兰姆波会将能量泄漏到空气中。因此,在浸入空气中的板中传播的波也是泄漏兰姆波。然而,由于泄漏到周围空气中的能量强度很小,通常被忽略。因此,当板在空气中时,该波不是泄漏兰姆波。对于浸没在液体中的平板来说，泄漏到周围液体中的能量强度是不可忽略的，也不应该被忽略。

2.2 基本方程——真空中的均匀弹性板

兰姆波在固体平板中传播的基本方程已在第 1 章第 1.2.12.2 节中推导出来。我们在这里简要回顾一下这些方程。对于厚度为 $2h$ 的线弹性各向同性板（见图 1-29），相速度频散曲线是通过求解下列频散方程（见式（1-169））得到的：

$$\frac{\tanh(\eta h)}{\tanh(\beta h)} = \frac{(2k^2-k_S^2)^2}{4k^2\eta\beta} \tag{2-1a}$$

$$\frac{\tanh(\eta h)}{\tanh(\beta h)} = \frac{4k^2\eta\beta}{(2k^2-k_S^2)^2} \tag{2-1b}$$

式（2-1a）和式（2-1b）分别给出了对称和反对称模式的相速度频散曲线。在式（2-1）中

$$\begin{aligned} k &= \frac{\omega}{c_L} \\ \eta &= \sqrt{k^2 - k_P^2} \\ \beta &= \sqrt{k^2 - k_S^2} \\ k_P &= \frac{\omega}{c_P} \\ k_S &= \frac{\omega}{c_S} \end{aligned} \tag{2-2}$$

式中：c_L 为兰姆波速度（相速度）；c_P 为 P 波的速度；c_S 为板材中的 S 波速度；ω 为传播波的角频率（rad/s，$\omega = 2\pi f$）。

对称和反对称 Lamb 模式的势场、位移场和应力场可以从式（1-166）和式（1-167）获得。

对称模式：

$$\begin{aligned} \phi &= B\cosh(\eta x_2)\mathrm{e}^{\mathrm{i}kx_1} \\ \psi &= C\sinh(\beta x_2)\mathrm{e}^{\mathrm{i}kx_1} \end{aligned} \tag{2-3}$$

$$\begin{aligned} u_1 &= \phi_{,1} + \psi_{,2} = \{\mathrm{i}kB\cosh(\eta x_2) + \beta C\cosh(\beta x_2)\}\mathrm{e}^{\mathrm{i}kx_1} \\ u_2 &= \phi_{,2} - \psi_{,1} = \{\eta B\sinh(\eta x_2) - \mathrm{i}kC\sinh(\beta x_2)\}\mathrm{e}^{\mathrm{i}kx_1} \end{aligned} \tag{2-4}$$

$$\sigma_{22}=-\mu\{k_S^2\phi+2(\psi_{,12}+\phi_{,11})\}=-\mu\{(k_S^2-2k^2)A\cosh(\eta x_2)+2ik\beta D\cosh(\beta x_2)\}e^{ikx_1}$$

$$\sigma_{12}=\mu\{2\phi_{,12}+\psi_{,22}-\psi_{,11}\}=\mu\{(2ik\eta)A\sinh(\eta x_2)+(k^2+\beta^2)D\sinh(\beta x_2)\}e^{ikx_1}$$

(2-5)

反对称模式：

$$\phi=A\sinh(\eta x_2)e^{ikx_1}$$
$$\psi=D\cosh(\beta x_2)e^{ikx_1}$$

(2-6)

$$u_1=\phi_{,1}+\psi_{,2}=\{ikA\sinh(\eta x_2)+\beta D\sinh(\beta x_2)\}e^{ikx_1}$$
$$u_2=\phi_{,2}-\psi_{,1}=\{\eta B\cosh(\eta x_2)-ikD\cosh(\beta x_2)\}e^{ikx_1}$$

(2-7)

$$\sigma_{22}=-\mu\{k_S^2\phi+2(\psi_{,12}+\phi_{,11})\}=-\mu\{(k_S^2-2k^2)A\sinh(\eta x_2)+2ik\beta D\sinh(\beta x_2)\}e^{ikx_1}$$

$$\sigma_{12}=\mu\{2\phi_{,12}+\psi_{,22}-\psi_{,11}\}=\mu\{(2ik\eta)A\cosh(\eta x_2)+(k^2+\beta^2)D\cosh(\beta x_2)\}e^{ikx_1}$$

(2-8)

根据式（1-168）得

$$\frac{B}{C}=\frac{2ik\beta}{(2k^2-k_S^2)}\frac{\cosh(\beta h)}{\cosh(\eta h)}=-\frac{(2k^2-k_S^2)}{2ik\eta}\frac{\sinh(\beta h)}{\sinh(\eta h)}$$

(2-9a)

和

$$\frac{A}{D}=\frac{2ik\beta}{(2k^2-k_S^2)}\frac{\sinh(\beta h)}{\sinh(\eta h)}=-\frac{(2k^2-k_S^2)}{2ik\eta}\frac{\cosh(\beta h)}{\cosh(\eta h)}$$

(2-9b)

将式（2-9a）和式（2-9b）代入位移和应力表达式，我们可以得到对称模式的位移和应力表达式：

$$u_1=\{ikB\cosh(\eta x_2)+\beta C\cosh(\beta x_2)\}e^{ikx_1}$$
$$=B\left\{ik\cosh(\eta x_2)+\frac{(2k^2-k_S^2)}{2ik}\frac{\cosh(\eta h)}{\cosh(\beta h)}\cosh(\beta x_2)\right\}e^{ikx_1}$$

$$u_2=\{\eta B\sinh(\eta x_2)-ikC\sinh(\beta x_2)\}e^{ikx_1}$$
$$=B\left\{\eta\sinh(\eta x_2)-\frac{(2h^2-h_S^2)}{2\beta}\frac{\cosh(\eta h)}{\cosh(\beta h)}\sinh(\beta x_2)\right\}e^{ikx_1}$$

(2-10)

$$\sigma_{22}=-\mu\{(k_S^2-2k^2)B\cosh(\eta x_2)+2ik\beta C\cosh(\beta x_2)\}e^{ikx_1}$$
$$=-\mu B\left\{(k_S^2-2k^2)\cosh(\eta x_2)+2ik\beta\frac{(2k^2-k_S^2)}{2ik\beta}\frac{\cosh(\eta h)}{\cosh(\beta h)}\cosh(\beta x_2)\right\}e^{ikx_1}$$
$$=\eta B(2k^2-k_S^2)\left\{\cosh(\eta x_2)-\frac{\cosh(\eta h)}{\cosh(\beta h)}\cosh(\beta x_2)\right\}e^{ikx_1}$$

$$\begin{aligned}\sigma_{12} &= \mu\{(2ik\eta)B\sinh(\eta x_2) + (k^2+\beta^2)C\sinh(\beta x_2)\}\mathrm{e}^{ikx_1} \\ &= \mu B\left\{(2ik\eta)\sinh(\eta x_2) + (2k^2-k_S^2)\frac{C}{B}\sinh(\beta x_2)\right\}\mathrm{e}^{ikx_1} \\ &= \mu B\left\{(2ik\eta)\sinh(\eta x_2) - (2k^2-k_S^2)\frac{2ik\eta}{(2k^2-k_S^2)}\frac{\sinh(\eta h)}{\sinh(\beta h)}\sinh(\beta x_2)\right\}\mathrm{e}^{ikx_1} \\ &= 2ik\eta\mu B\left\{\sinh(\eta x_2) - \frac{\sinh(\eta h)}{\sinh(\beta h)}\sinh(\beta x_2)\right\}\mathrm{e}^{ikx_1}\end{aligned}$$

(2-11)

对于反对称模式

$$\begin{aligned}u_1 &= \{ikA\sinh(\eta x_2) + \beta D\sinh(\beta x_2)\}\mathrm{e}^{ikx_1} \\ &= A\left\{ik\sinh(\eta x_2) + \frac{(2k^2-k_S^2)}{2ik}\frac{\sinh(\eta h)}{\sinh(\beta h)}\sinh(\beta x_2)\right\}\mathrm{e}^{ikx_1} \\ u_2 &= \{\eta A\cosh(\eta x_2) - ikD\cosh(\beta x_2)\}\mathrm{e}^{ikx_1} \\ &= A\left\{\eta\cosh(\eta x_2) - \frac{(2k^2-k_S^2)}{2\beta}\frac{\sinh(\eta h)}{\sinh(\beta h)}\cosh(\beta x_2)\right\}\mathrm{e}^{ikx_1}\end{aligned}$$

(2-12)

$$\begin{aligned}\sigma_{22} &= -\mu\{(k_S^2-2k^2)A\sinh(\eta x_2) + 2ik\beta D\sinh(\beta x_2)\}\mathrm{e}^{ikx_1} \\ &= -\mu A\left\{(k_S^2-2k^2)\sinh(\eta x_2) + 2ik\beta\frac{(2k^2-k_S^2)}{2ik\beta}\frac{\sinh(\eta h)}{\sinh(\beta h)}\sinh(\beta x_2)\right\}\mathrm{e}^{ikx_1} \\ &= \eta A(2k^2-k_S^2)\left\{\sinh(\eta x_2) - \frac{\sinh(\eta h)}{\sinh(\beta h)}\sinh(\beta x_2)\right\}\mathrm{e}^{ikx_1} \\ \sigma_{12} &= \mu\{(2ik\eta)A\cosh(\eta x_2) + (k^2+\beta^2)D\cosh(\beta x_2)\}\mathrm{e}^{ikx_1} \\ &= \mu A\left\{(2ik\eta)\cosh(\eta x_2) + (2k^2-k_S^2)\frac{D}{A}\cosh(\beta x_2)\right\}\mathrm{e}^{ikx_1} \\ &= \mu A\left\{(2ik\eta)\cosh(\eta x_2) - (2k^2-k_S^2)\frac{2ik\eta}{(2k^2-k_S^2)}\frac{\cosh(\eta h)}{\cosh(\beta h)}\cosh(\beta x_2)\right\}\mathrm{e}^{ikx_1} \\ &= 2ik\eta\mu A\left\{\cosh(\eta x_2) - \frac{\cosh(\eta h)}{\cosh(\beta h)}\cosh(\beta x_2)\right\}\mathrm{e}^{ikx_1}\end{aligned}$$

(2-13)

时间依赖性 $\mathrm{e}^{-i\omega t}$ 隐含在上述表达式中。

2.2.1 色散曲线和振型

正如第1章所述,波速随频率的变化称为色散曲线。位移场和应力场沿板厚度的变化称为振型。本节将讨论求解色散方程和振型所需要的步骤。

2.2.1.1 色散曲线

要得到色散曲线必须求解式（2-1）。可以通过以下两种方式之一求解：

（1）固定频率（ω），然后尝试通过满足色散方程（式（2-1））得到兰姆波速（c_L）；

（2）固定 Lamb 波速（c_L），然后研究满足色散方程的频率值（$f=\omega/2\pi$）。

如果采用第一种方法，则频率是固定的，并且假设兰姆波速的值为 c_L。使用这些 f 和 c_L 值，k、η 和 β 可由式（2-2）计算得到，因为板材中的 P 波和 S 波速度（c_P 和 c_S）是已知的。将 k、η、β、k_S 和 h（板厚）的值代入式（2-1），并比较等式的左侧和右侧。如果等式两边的计算值不同，则对 c_L 进行重新估计。换句话说，非线性方程（式（2-1））是使用非线性方程求解的标准技术求解给定频率的 c_L，例如二分法、割线法、牛顿-拉夫森法等。由于超越色散方程（式（2-1））具有多个根，在这种情况下会出现上述复杂情况，因此，在根搜索步骤中可能会遗漏一些根。然而，原则上，通过采用非常小的步长，可以在给定频率下捕获所有的根。在一个频率上捕获所有色散方程的根后，改变频率值，然后按照相同的求根技术，捕获新频率的所有根。以这种方式，式（2-1a）的多个根可以在频率—相速度空间中找到并绘制出来，如图 2-2 所示。在这里，根是沿着垂直网格线以 0.5MHz 的间隔找到的。

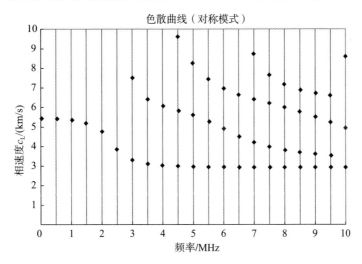

图 2-2 对于 1mm 厚的铝板，以 0.5MHz 的频率间隔绘制的式（2-1a）的根（$c_P=6.32$km/s，$c_S=3.13$km/s，$\rho=2700$kg/m³）

或者，可以不固定频率，而是固定兰姆波速（c_L）并改变频率（f）以捕

获给定 c_L 值的所有根。然后更改 c_L 值，再次通过改变 f，找到新 c_L 值的所有根。图 2-3 显示了以这种方式捕获的式（2-1a）的所有根。沿水平网格线找到了 c_L 间隔 0.5km/s 的根。请注意，图 2-2 中出现的一些略低于 3km/s 和 5.5km/s 的 c_L 值的根在图 2-3 中没有捕获。

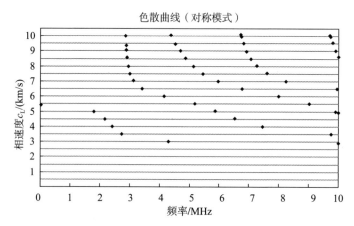

图 2-3 对于 1mm 厚的铝板，以 c_L 间隔 0.5km/s 绘制的式（2-1a）的根（材料属性在图 2-2 的标题中给出）

连接图 2-2 和图 2-3 中的相邻根，得到对称模式的色散曲线，如图 2-4 所示。这些模式表示为 S_0、S_1、S_2、S_3 等。这里，字母 S 指的是对称模式，下标 0、1、2、3、…从最低频率模式开始从左到右编号。这些数字称为模式的

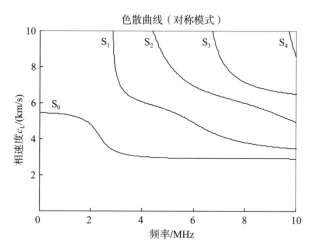

图 2-4 解式（2-1a）后得到色散曲线并用实线连接根（1mm 厚铝板中兰姆波传播的对称模式，材料特性已在图 2-2 给出）

阶数。请注意，S_0 模式从零频率开始，但高阶模式（S_1、S_2、S_3 等）从非零频率开始。低于其未观察到特定模式的频率值称为该模式的截止频率。需要指出的是，S_0 模式没有截止频率；然而，高阶模式有一个非零的截止频率－随着模式阶数的增大，相应的截止频率也增大。

采用同样的方法，可以通过求解式（2-1b）来计算反对称模式。同一块板的反对称模式如图 2-5 所示。反对称模分别表示为 A_0、A_1、A_2、A_3 等。零阶反对称模式 A_0 没有截止频率。但高阶模式（A_1、A_2、A_3 等）具有非零截止频率，该频率随着模式阶数的增加而增加。

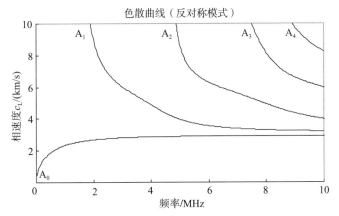

图 2-5 解式（2-1a）后得到色散曲线并用实线连接根（1mm 厚铝板中兰姆波传播的反对称模式，材料特性已在图 2-2 给出）

将这两组模式叠加后，就得到了一组完整的色散曲线。厚度为 1mm 的铝板、铜板和钢板的色散曲线如图 2-6 所示，该图显示了材料特性变化对色散曲线的影响。

然后研究了板厚变化对色散曲线的影响。当式（2-1a）和（2-1b）改写成以下形式时，这种效应就能明显地显现出来：

$$\frac{\tanh\left(\omega h\sqrt{\frac{1}{c_L^2}-\frac{1}{c_P^2}}\right)}{\tanh\left(\omega h\sqrt{\frac{1}{c_L^2}-\frac{1}{c_S^2}}\right)}=\frac{\left(\frac{2}{c_L^2}-\frac{1}{c_S^2}\right)^2}{\frac{4}{c_L^2}\sqrt{\frac{1}{c_L^2}-\frac{1}{c_P^2}}\sqrt{\frac{1}{c_L^2}-\frac{1}{c_S^2}}} \qquad (2-14a)$$

$$\frac{\tanh\left(\omega h\sqrt{\frac{1}{c_L^2}-\frac{1}{c_P^2}}\right)}{\tanh\left(\omega h\sqrt{\frac{1}{c_L^2}-\frac{1}{c_S^2}}\right)}=\frac{\frac{4}{c_L^2}\sqrt{\frac{1}{c_L^2}-\frac{1}{c_P^2}}\sqrt{\frac{1}{c_L^2}-\frac{1}{c_S^2}}}{\left(\frac{2}{c_L^2}-\frac{1}{c_S^2}\right)^2} \qquad (2-14b)$$

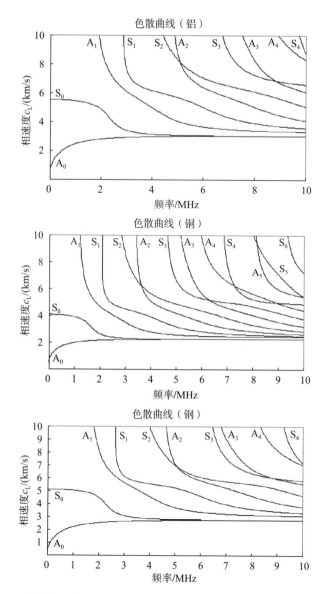

图2-6 1mm厚铝板、铜板和钢板的色散曲线(材料属性:(铝:$c_P = 6.32$km/s,$c_S = 3.13$km/s,$\rho = 2700$kg/m^3);(铜:$c_P = 4.7$km/s,$c_S = 2.26$km/s,$\rho = 8900$kg/m^3);(钢:$c_P = 5.96$km/s、$c_S = 3.26$km/s,$\rho = 7900$kg/m^3))

注意,板的半厚度(h)和波频$\omega(=2\pi f)$作为乘积项出现在方程(2-14)中。因此从方程式(2-14)可以将c_L的变化绘制为$fh(=\omega h/2\pi)$的函数,而不仅仅是f的函数。该图的主要优点是一个图可以表示不同厚度板的色散曲线。从方程式（2-14），很容易看出1mm厚板在5MHz的c_L值应该与5mm厚板在1MHz或2.5mm厚板在2MHz的c_L值相同，因为对于所有这些组合，板厚与频率的乘积等于5MHz·mm。图2-6给出了1mm厚板的三组色散曲线，频率范围从0~10MHz。相同的曲线将表示2mm厚板在0~5MHz频率范围内的色散曲线，或5mm厚板在0~2MHz频率范围内的色散曲线。换句话说，在图2-6中，如果频率轴变为频率乘以板厚（或$2fh$），如图2-7所示，那么该图表示不同厚度板的频散曲线。对于较小的板厚，频率值应该更大，对于较厚的板，频率值应该更小，以便在色散曲线图的水平轴上获得相同的$2fh$值，如图2-7所示。

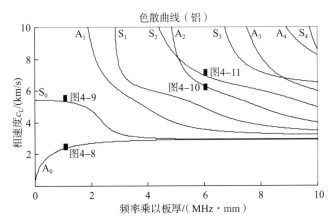

图2-7 不同厚度铝板的色散曲线（由黑色方块标记的四个相速度-频率组合在板内的位移和应力变化如图2-8~图2-11所示）

2.2.1.2 振型

图2-6和图2-7的色散曲线上的任何点都给出了兰姆波可以传播的频率-相位速度组合。对于给定的频率和相速度值，对于对称模式，板内的位移和应力场可以从式（2-10）和式（2-11）获得，对于反对称模式，可以从式（2-12）和式（2-13）获得。通常，我们喜欢计算板内的位移和应力场变化。在波传播方向（x_1方向），对于给定的时间和x_2值，场的变化是正弦的，因为x_1依赖于e^{ikx_1}（见式（2-10）~（2-13））。位移场和应力场的x_2相关性称为振型。图2-8~2-11显示了四种不同频率-相位速度组合下的四种模式（A_0、S_0、A_2和S_2）的不同位移和应力分量的振型。对于所有四个数字，铝板厚度为1mm，场值相对于它们的最大值进行归一化。图2-8和图2-9的波频率为1MHz，图2-10和图2-11的波频率为6MHz。色散曲线图中的矩形黑色标记（图2-7）显示了其生成振型的频率-相速度组合。

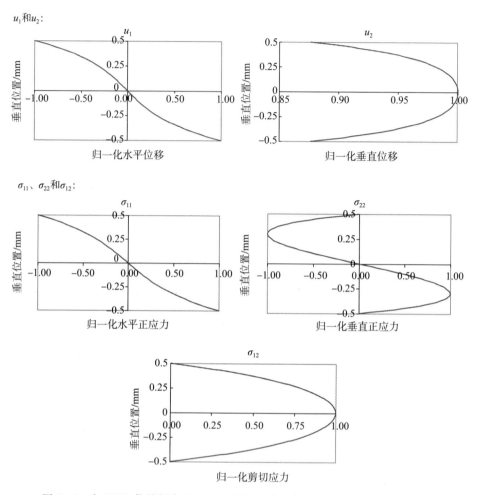

图 2-8 在 1MHz 信号频率下,1mm 厚铝板中兰姆波传播的 A_0 模式的位移和应力沿板厚的变化(频散曲线上的相应点如图 2-7 所示)

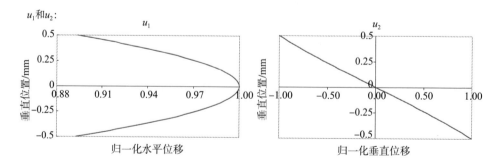

σ_{11}、σ_{22}和σ_{12}：

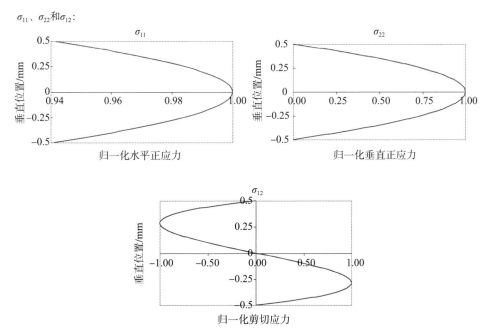

图 2-9 在 1MHz 信号频率下，1mm 厚铝板中兰姆波传播的 S_0 模式的位移和应力沿板厚的变化（频散曲线上的相应点如图 2-7 所示）

u_1和u_2：

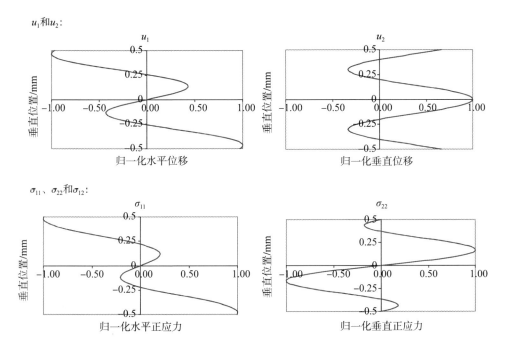

σ_{11}、σ_{22}和σ_{12}：

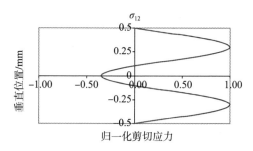

图 2-10 在 1MHz 信号频率下，1mm 厚铝板中兰姆波传播的 A_2 模式的位移和应力沿板厚的变化（频散曲线上的相应点如图 2-7 所示）

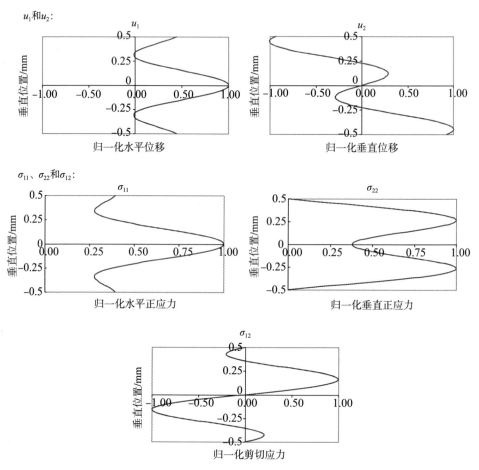

图 2-11 在 6MHz 信号频率下，1mm 厚铝板中兰姆波传播的 S_2 模式的位移和应力沿板厚的变化（频散曲线上的相应点如图 2-7 所示）

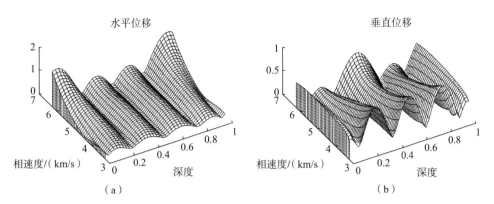

图 2-12a 当相速度从 3.4km/s~6.3km/s 变化时，A_2 模式的水平位移（u_1 分量，图（a））和垂直位移（u_2 分量，图（b））的幅值随板厚变化（板顶部的深度为 0，板底的深度为 1，铝板的色散曲线如图 2-7 所示）

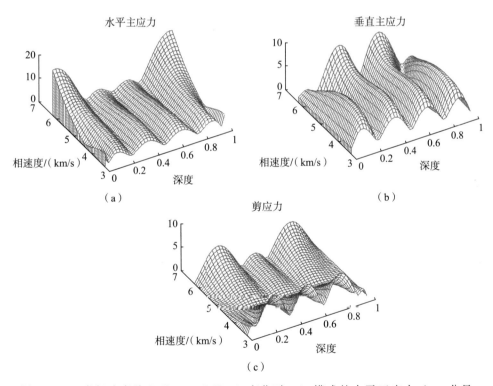

图 2-12b 当相速度从 3.4km/s~6.3km/s 变化时，A_2 模式的水平正应力（σ_{11} 分量，图（a））、垂直法应力（σ_{22} 分量，图（b））和剪应力（σ_{12} 分量，图（c））的幅值随相速度的变化；板顶部的深度为 0，板底的深度为 1（铝板的色散曲线如图 2-7 所示）

正如预期的那样，反对称模式 A_0（图 2-8）和 A_2（图 2-10）将 u_1、σ_{11}、σ_{22} 显示为 x_2 的奇函数，而 u_2 和 σ_{12} 为偶函数。从图 2-9 和图 2-11 可以看出，对称模式（S_0 和 S_2）将 u_1、σ_{11}、σ_{22} 生成为 x_2 的偶函数，而 u_2 和 σ_{12} 为奇函数。还应注意的是，振型中的振荡随着模式的频率和阶数的增加而增加。

如果频率改变，但模式阶数不变，振型会怎样变化？为了研究它，在图 2-12(a、b) 和图 2-13(a、b) 中分别绘制了不同相速度下 A_2 和 S_2 模式的位移和应力幅值沿板厚度的曲线。注意，对于这两种模式，随着相速的增加，频率降低。振荡模式的细节随相速度（和频率）而变化，但对于大多数场变量，在较宽的频率和相速度范围内，变化的一般性质大致相同。值得注意的一件事是，在两种模式下，在 4.4km/s 的相速度附近，整个板厚的剪应力几乎等于零。

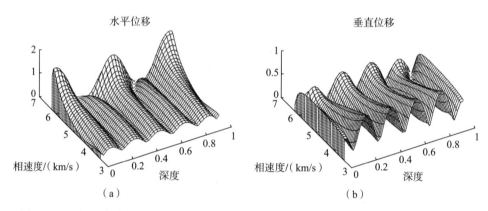

图 2-13a 相速度从 3.4km/s~6.3km/s 变化时，S_2 模式的水平位移（u_1 分量，图 (a)）和垂直位移（u_2 分量，图 (b)）的幅值随板厚变化（板顶部的深度为 0，板底的深度为 1，铝板的色散曲线如图 2-7 所示）

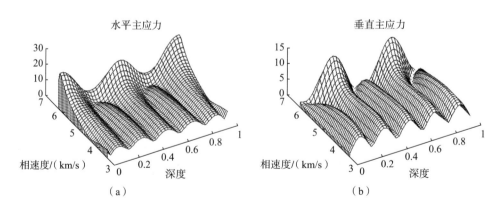

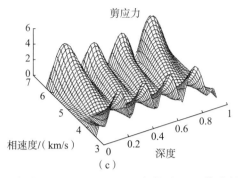

图 2-13b 当相速度从 3.4km/s~6.3km/s 变化时，S_2 模式的水平正应力（σ_{11} 分量，图（a））、垂直法应力（σ_{22} 分量，图（b））和剪应力（σ_{12} 分量，图（c））的幅值随相速度的变化；板顶部的深度为 0，板底的深度为 1（铝板的色散曲线如图 2-7 所示）

2.3 浸没在液体中的均匀弹性板

在 2.2 节中，我们学习了兰姆波的不同模式如何在真空中放置的平板中产生质点位移。现在让我们研究放置在无限大板上方和下方的两个流体半空间的影响。与前一种情况（真空中的板）不同，这里声能不再被限制在板内；它会泄漏到周围的流体介质中，如图 2-14 所示。

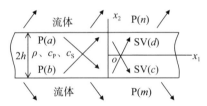

图 2-14 兰姆波沿正 x_1 方向传播，同时声波能量泄漏到周围的流体介质中，从而导致兰姆波的泄漏传播

根据式（1-166），固体板中的势场由下式给出

$$\phi = (ae^{\eta x_2} + be^{-\eta x_2})e^{ikx_1} = \{A\sinh(\eta x_2) + B\cosh(\eta x_2)\}e^{ikx_1}$$
$$\psi = (ce^{\beta x_2} + de^{-\beta x_2})e^{ikx_1} = \{C\sinh(\beta x_2) + D\cosh(\beta x_2)\}e^{ikx_1}$$
$$\eta = \sqrt{k^2 - k_P^2}$$
$$\beta = \sqrt{k^2 - k_S^2}$$
（2-15）

流体中的势场为

$$\phi_{fL} = me^{\eta_f x_2}e^{ikx_1} = m\{\sinh(\eta_f x_2) + \cosh(\eta_f x_2)\}e^{ikx_1}$$
$$\phi_{fU} = ne^{-\eta_f x_2}e^{ikx_1} = n\{\cosh(\eta_f x_2) - \sinh(\eta_f x_2)\}e^{ikx_1}$$
$$\eta_f = \sqrt{k^2 - k_f^2}$$
（2-16）

式中：ϕ_{fL} 和 ϕ_{fU} 分别对应于下部和上部流体半空间中的波势。

我们可以用下面的方式来分离对称分量和反对称分量，而不是用上面的形式来写波势：

对称运动

$$\begin{aligned}\phi &= B\cosh(\eta x_2)\mathrm{e}^{ikx_1}\\ \psi &= C\sinh(\beta x_2)\mathrm{e}^{ikx_1}\\ \phi_{fL} &= M\mathrm{e}^{\eta_f x_2}\mathrm{e}^{ikx_1}\\ \phi_{fU} &= M\mathrm{e}^{-\eta_f x_2}\mathrm{e}^{ikx_1}\end{aligned} \quad (2-17)$$

反对称运动

$$\begin{aligned}\phi &= A\sinh(\eta x_2)\mathrm{e}^{ikx_1}\\ \psi &= D\cosh(\beta x_2)\mathrm{e}^{ikx_1}\\ \phi_{fL} &= N\mathrm{e}^{\eta_f x_2}\mathrm{e}^{ikx_1}\\ \phi_{fU} &= N\mathrm{e}^{-\eta_f x_2}\mathrm{e}^{ikx_1}\end{aligned} \quad (2-18)$$

然后分别分析对称和反对称运动，如下所示。式（2-16）中的 ϕ_{fL} 和 ϕ_{fU} 的定义不同于等式（2-17）和式（2-18）中给出的定义。但是，这两个定义是等价的（见习题2.7）。

2.3.1 对称运动

在流体-固体界面处，剪切应力分量应该为零，而法向应力和法向位移分量在界面上应该是连续的。因此我们可以写出

$$\sigma_{12}|_{x_2=\pm h} = \mu\{(2ik\eta)[\pm B\sinh(\eta h)] + (2k^2-k_S^2)[\pm C\sinh(\beta h)]\}\mathrm{e}^{ikx_1} = 0$$

$$\Rightarrow 2ik\eta B\sinh(\eta h) + (2k^2-k_S^2)C\sinh(\beta h) = 0$$

$$\sigma_{22}|_{x_2=\pm h} = +\mu\{(2k^2-k_S^2)[B\cosh(\eta h)] - 2ik\beta[C\cosh(\beta h)]\}\mathrm{e}^{ikx_1} = -\rho_f\omega^2 M\mathrm{e}^{-\eta_f h}\mathrm{e}^{ikx_1}$$

$$\Rightarrow (2k^2-k_S^2)B\cosh(\eta h) - 2ik\beta C\cosh(\beta h) + \frac{\rho_f k_S^2}{\rho}M\mathrm{e}^{-\eta_f h} = 0$$

$$u_2|_{x_2=\pm h} = \phi_{,2}-\psi_{,1} = \{\pm\eta B\sinh(\eta h) \mp ikC\sinh(\beta h)\}\mathrm{e}^{ikx_1} = \mp\eta_f M\mathrm{e}^{-\eta_f h}\mathrm{e}^{ikx_1}$$

$$\Rightarrow \eta B\sinh(\eta h) - ikC\sinh(\beta h) + \eta_f M\mathrm{e}^{-\eta_f h} = 0$$

$$(2-19)$$

式（2-19）给出的三个代数方程可以写成矩阵方程：

$$\begin{bmatrix} 2ik\eta\sinh(\eta h) & (2k^2-k_S^2)\sinh(\beta h) & 0 \\ (2k^2-k_S^2)\cosh(\eta h) & -2ik\beta\cosh(\beta h) & \dfrac{\rho_f k_S^2}{\rho}e^{-\eta_f h} \\ \eta\sinh(\eta h) & -ik\sinh(\beta h) & \eta_f e^{-\eta_f h} \end{bmatrix} \begin{Bmatrix} B \\ C \\ M \end{Bmatrix} = \begin{Bmatrix} 0 \\ 0 \\ 0 \end{Bmatrix}$$

(2-20)

对于 B、C 和 M 的非零解，系数矩阵的行列式必须为零。因此

$$\eta_f e^{-\eta_f h}\{4k^2\eta\beta\sinh(\eta h)\cosh(\beta h) - (2k^2-k_S^2)\cosh(\eta h)\sinh(\beta h)\} -$$

$$\dfrac{\rho_f k_S^2}{\rho}e^{-\eta_f h}\{2k^2\eta\sinh(\eta h)\sinh(\beta h) - \eta(2k^2-k_S^2)\sinh(\eta h)\sinh(\beta h)\} = 0$$

$$\Rightarrow \eta_f\{4k^2\eta\beta\sinh(\eta h)\cosh(\beta h) - (2k^2-k_S^2)\cosh(\eta h)\sinh(\beta h)\} -$$

$$\dfrac{\rho_f \eta k_S^4}{\rho}\sinh(\eta h)\sinh(\beta h) = 0$$

$$\Rightarrow 4k^2\eta\beta\sinh(\eta h)\cosh(\beta h) - (2k^2-k_S^2)\cosh(\eta h)\sinh(\beta h)$$

$$= \dfrac{\rho_f \eta k_S^4}{\rho}\sinh(\eta h)\sinh(\beta h)$$

(2-21)

2.3.2 反对称运动

对于式（2-18）给出的势场，板的运动应相对于板中心平面反对称。与 2.3.1 节一样，如果我们在流体-固体界面处应用消失的剪应力条件以及两个界面上的法向应力和法向位移分量的连续性条件，可以得到

$$\sigma_{12}|_{x_2=\pm h} = \mu\{2ik\eta A\cosh(\eta h) + (2k^2-k_S^2)D\cosh(\beta h)\}e^{ikx_1} = 0$$

$$\Rightarrow 2ik\eta A\cosh(\eta h) + (2k^2-k_S^2)D\cosh(\beta h) = 0$$

$$\sigma_{22}|_{x_2=\pm h} = +\mu\{\pm(2k^2-k_S^2)A\sinh(\eta h) - 2ik\beta[\pm D\sinh(\beta h)]\}e^{ikx_1} = \pm\rho_f\omega^2 N e^{-\eta_f h}e^{ikx_1}$$

$$\Rightarrow (2k^2-k_S^2)A\sinh(\eta h) - 2ik\beta D\sinh(\beta h) - \dfrac{\rho_f k_S^2}{\rho}N e^{-\eta_f h} = 0$$

$$u_2|_{x_2=\pm h} = \phi_{,2} - \psi_{,1} = \{\eta A\cosh(\eta h) - ikD\cosh(\beta h)\}e^{ikx_1} = \eta_f N e^{-\eta_f h}e^{ikx_1}$$

$$\Rightarrow \eta A\cosh(\eta h) - ikD\cosh(\beta h) - \eta_f N e^{-\eta_f h} = 0$$

(2-22)

式（2-22）的三个方程可以写成以下矩阵形式：

$$\begin{bmatrix} 2ik\eta\cosh(\eta h) & (2k^2-k_S^2)\cosh(\beta h) & 0 \\ (2k^2-k_S^2)\sinh(\eta h) & -2ik\beta\sinh(\beta h) & -\dfrac{\rho_f k_S^2}{\rho}e^{-\eta_f h} \\ \eta\cosh(\eta h) & -ik\cosh(\beta h) & -\eta_f e^{-\eta_f h} \end{bmatrix}\begin{Bmatrix} A \\ D \\ N \end{Bmatrix}=\begin{Bmatrix} 0 \\ 0 \\ 0 \end{Bmatrix}$$

(2-23)

对于 A、D 和 N 的非零解，系数矩阵的行列式必须为零。因此

$$-\eta_f e^{-\eta_f h}\{4k^2\eta\beta\cosh(\eta h)\sinh(\beta h)-(2k^2-k_S^2)\sinh(\eta h)\cosh(\beta h)\}+$$
$$\dfrac{\rho_f k_S^2}{\rho}e^{-\eta_f h}\{2k^2\eta\cosh(\eta h)\cosh(\beta h)-\eta(2k^2-k_S^2)\cosh(\eta h)\cosh(\beta h)\}=0$$
$$\Rightarrow -\eta_f\{4k^2\eta\beta\cosh(\eta h)\sinh(\beta h)-(2k^2-k_S^2)\sinh(\eta h)\cosh(\beta h)\}+$$
$$\dfrac{\rho_f\eta k_S^4}{\rho}\cosh(\eta h)\cosh(\beta h)=0$$
$$\Rightarrow 4k^2\eta\beta\cosh(\eta h)\sinh(\beta h)-(2k^2-k_S^2)\sinh(\eta h)\cosh(\beta h)$$
$$=\dfrac{\rho_f\eta k_S^4}{\rho}\cosh(\eta h)\cosh(\beta h)$$

(2-24)

式（2-21）和式（2-24）给出了泄漏兰姆波在对称和反对称模式下的色散方程。浸没在水中铝板的泄漏兰姆波色散曲线如图2-15所示。兰姆波频散曲线（图2-6）和泄漏兰姆波频散曲线（图2-15）的异同在此提及。请注意，在图2-15中，当c_L值低于2km/s时出现了另一种模式。Viktorov（1967）指出，对于浸入液体中的固体板，在每个频率处都会出现一个附加的色散方程

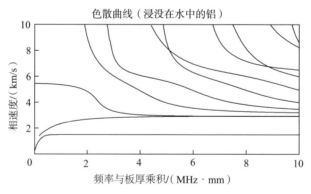

图2-15 1mm厚铝板在水中的色散曲线。该模式几乎是水平的，相速度小于2km/s，对应于Scholte波（其他曲线对应于兰姆模式）

实根，给出的相速度值小于流体中的 P 波速度或固体中的横波速度。流体-固体界面上的这种波动模式首先由 Scholte（1942）发现，并被认为是在两个固体界面上观察到的 Stonely 波模式的特例（Stonely，1924）。这种波模式称为 Scholte 波模式或 Stonely-Scholte 波模式。在没有流体-固体或固体-固体界面的情况下，这种界面波模式（Stonely 和 Scholte）在自由板中观察不到（图 2-6）。除了这一附加模式外，水的存在不会显著改变图 2-6 中的其他兰姆模式。请注意，当板处于真空中时，式（2-21）和式（2-24）的右侧消失。这将色散方程简化为式（2-1）给出的形式，结果是界面波模式消失。

示例 2.1

在不分离平板运动的对称分量和反对称分量的情况下，得到液体中均匀各向同性固体平板中泄漏兰姆波传播的色散方程。

解： 对于图 2-14 所示的问题几何，下行和上行 P 波，以及 SV 波的势场由式（2-15）和式（2-16）给出。

固体板内的波势：

$$\phi = (ae^{\eta x_2} + be^{-\eta x_2})e^{ikx_1}$$

$$\psi = (ce^{\beta x_2} + de^{-\beta x_2})e^{ikx_1}$$

$$\eta = \sqrt{k^2 - k_P^2}$$

$$\beta = \sqrt{k^2 - k_S^2}$$

下部和上部流体半空间中的波势：

$$\phi_{fL} = me^{\eta_f x_2}e^{ikx_1}$$

$$\phi_{fU} = ne^{-\eta_f x_2}e^{ikx_1}$$

$$\eta_f = \sqrt{k^2 - k_f^2}$$

如果我们在流体-固体界面处应用无剪应力条件以及两个界面上的法向应力和位移分量的连续性，我们得到

$$\sigma_{12}|_{x_2=h} = \mu\{2\phi_{,12} + \psi_{,12} - \psi_{,11}\}_{x_2=h}$$

$$= \mu\{(2ik\eta)(aE - bE^{-1}) + (2k^2 - k_S^2)(cB + dB^{-1})\}e^{ikx_1} = 0$$

$$\Rightarrow (2ik\eta)(aE - bE^{-1}) + (2k^2 - k_S^2)(cB + dB^{-1}) = 0$$

$$\sigma_{12}|_{x_2=-h} = \mu\{2\phi_{,12} + \psi_{,22} - \psi_{,11}\}_{x_2=-h}$$

$$= \mu\{(2ik\eta)(aE^{-1} - bE) + (2k^2 - k_S^2)(cB^{-1} + dB)\}e^{ikx_1} = 0$$

$$\Rightarrow (2ik\eta)(aE^{-1} - bE) + (2k^2 - k_S^2)(cB^{-1} + dB) = 0$$

$$\sigma_{22}\big|_{x_2=h} = -\mu\{k_S^2\phi + 2(\psi_{,12}+\phi_{,11})\}_{x_2=h}$$

$$= -\mu\{(k_S^2-2k^2)(aE+bE^{-1}) + 2ik\beta(cB-dB^{-1})\}e^{ikx_1} = -\rho_f\omega^2 nE_f^{-1}e^{ikx_1}$$

$$\Rightarrow (2k^2-k_S^2)(aE+bE^{-1}) + 2ik\beta(cB-dB^{-1}) + \frac{\rho_f k_S^2}{\rho}nE_f^{-1} = 0$$

$$\sigma_{22}\big|_{x_2=-h} = -\mu\{k_S^2\phi + 2(\psi_{,12}+\phi_{,11})\}_{x_2=-h}$$

$$= -\mu\{(k_S^2-2k^2)(aE^{-1}+bE) + 2ik\beta(cB^{-1}-dB)\}e^{ikx_1} = -\rho_f\omega^2 mE_f^{-1}e^{ikx_1}$$

$$\Rightarrow (2k^2-k_S^2)(aE^{-1}+bE) - 2ik\beta(cB^{-1}-dB) + \frac{\rho_f k_S^2}{\rho}mE_f^{-1} = 0$$

$$u_2\big|_{x_2=h} = \{\phi_{,2}-\psi_{,1}\}_{x_2=h}$$

$$= \{\eta(aE-bE^{-1}) - ik(cB+dB^{-1})\}e^{ikx_1} = -\eta_f nE_f^{-1}e^{ikx_1}$$

$$\Rightarrow \eta(aE-bE^{-1}) - ik(cB+dB^{-1}) + \eta_f nE_f^{-1} = 0$$

$$u_2\big|_{x_2=-h} = \{\phi_{,2}-\psi_{,1}\}_{x_2=-h}$$

$$= \{\eta(aE^{-1}-bE) - ik(cB^{-1}+dB)\}e^{ikx_1} = \eta_f mE_f^{-1}e^{ikx_1}$$

$$\Rightarrow \eta(aE^{-1}-bE) - ik(cB^{-1}+dB) - \eta_f mE_f^{-1} = 0$$

$$(2-25)$$

式中

$$E = e^{i\eta h}$$
$$B = e^{i\beta h} \qquad (2-26)$$
$$E_f = e^{i\eta_f h}$$

以上六个流固界面的连续性条件可以写成以下矩阵形式：

$$\begin{bmatrix} 2ik\eta E & -2ik\eta E^{-1} & (2k^2-k_S^2)B & (2k^2-k_S^2)B^{-1} & 0 & 0 \\ 2ik\eta E^{-1} & -2ik\eta E & (2k^2-k_S^2)B^{-1} & (2k^2-k_S^2)B & 0 & 0 \\ (2k^2-k_S^2)E & (2k^2-k_S^2)E^{-1} & -2ik\beta B & 2ik\beta B^{-1} & 0 & \dfrac{\rho_f k_S^2}{\rho}E_f^{-1} \\ (2k^2-k_S^2)E^{-1} & (2k^2-k_S^2)E & 2ik\beta B^{-1} & 2ik\beta B & \dfrac{\rho_f k_S^2}{\rho}E_f^{-1} & 0 \\ \eta E & -\eta E^{-1} & -ikB & -ikB^{-1} & 0 & \eta_f E_f^{-1} \\ \eta E^{-1} & -\eta E & -ikB^{-1} & -ikB & -\eta_f E_f^{-1} & 0 \end{bmatrix} \begin{Bmatrix} a \\ b \\ c \\ d \\ m \\ n \end{Bmatrix} = \begin{Bmatrix} 0 \\ 0 \\ 0 \\ 0 \\ 0 \\ 0 \end{Bmatrix}$$

$$(2-27)$$

对于非零波幅（a、b、c、d、m、n），上述 6×6 系数矩阵的行列式必须为零。通过将该矩阵的行列式等于零，得到了泄漏兰姆波传播的色散方程。请注意，这个色散方程同时给出了对称和反对称模式。然而，与式（2-21）和式（2-24）相比，上述6×6矩阵的行列式要复杂得多。出于这个原因，对称和反对称模式尽可能与相对简单的对称和反对称模式的色散方程分开计算。

2.4 平面P波撞击浸没在流体中的固体平板

在第2.2节和2.3节中，通过将质点运动分解为对称和反对称分量，研究了兰姆波在真空或浸泡在流体中的平板中的传播。这些兰姆波是由某些外部激励在板中产生的，例如，与时间相关的力或撞击板的弹性波场。在这本节中，研究了平面P波以 θ 角撞击平板的问题，如图1-37所示。

对于平面P波撞击浸入流体中固体板的情况，流体中的压力场和固体中的势场在式（1-228）中给出：

$$p_{in} = e^{ikx_1 - i\eta_f x_2}$$

$$p_{re} = R \cdot e^{ikx_1 + i\eta_f x_2}$$

$$p_{tx} = T \cdot e^{ikx_1 - i\eta_f x_2}$$

$$\phi_D = P_D \cdot e^{ikx_1 - i\eta_S x_2}$$

$$\phi_U = P_U \cdot e^{ikx_1 + i\eta_S x_2}$$

$$\psi_D = S_D \cdot e^{ikx_1 - i\beta_S x_2}$$

$$\psi_U = S_U \cdot e^{ikx_1 + i\beta_S x_2}$$

式（2-15）和式（2-16）与式（1-228）相似；唯一不同的是，在式（1-228）中，出现了一个附加项 p_{in}，它对应于入射到板的P波。式（1-228）中的 p_{re} 和 p_{tx} 与式（2-16）中的 ϕ_{fU} 和 ϕ_{fL} 相似。然而，p_{re} 和 p_{tx} 是压力场，而 ϕ_{fU} 和 ϕ_{fL} 是流体中的波势。流体中的压力（p）和波势（ϕ）之间的关系在第1章的式（1-209）中给出，$p = \rho\omega^2\phi$。还应该指出的是，式（1-228）中的 η_f、η_S 和 β_S，以及式（2-15）和式（2-16）中的 η_f、η 和 β 的定义略有不同。他们的定义见式（1-229）、式（2-15）和式（2-16）。来自式（1-228）的式（2-15）和式（2-16）中波幅的符号也发生了变化。

式（1-232）和（1-232a）给出了由流固界面上的应力和位移连续性条件获得的六个方程。注意，式（1-232）是一个非齐次方程组，而式（2-27）是一个齐次方程组。式（1-232）右侧向量的非零项是由于存在冲击P波。式（1-232）和式（2-27）的6×6系数矩阵相似；然而，这两种情况并不相同，因为在这两种情况下，波势的定义略有不同。

对于上述两种情况（有无冲击 P 波），为了得到相同的系数矩阵，固体平板和两个流体半空间中的波势可以按如下方式定义。

实心板内部的波势：

$$\phi = (ae^{\eta x_2} + be^{-\eta x_2})e^{ikx_1}$$
$$\psi = (ce^{\beta x_2} + de^{-\beta x_2})e^{ikx_1}$$
$$\eta = \sqrt{k^2 - k_P^2} = -i\sqrt{k_P^2 - k^2}$$
$$\beta = \sqrt{k^2 - k_S^2} = -i\sqrt{k_S^2 - k^2}$$

（2-28a）

下部和上部流体半空间中的波势：

$$\phi_{fL} = me^{\eta_f x_2} e^{ikx_1}$$
$$\phi_{fU} = (e^{\eta_f x_2} + ne^{-\eta_f x_2})e^{ikx_1}$$
$$\eta_f = \sqrt{k^2 - k_f^2} = -i\sqrt{k_f^2 - k^2} = -ik_f\cos\theta, \quad k = k_f\sin\theta$$

（2-28b）

对比式（2-16），式（2-28b）中的 ϕ_{fU} 表示撞击平板的入射 P 波。上、下流体半空间中反射和透射 P 波的振幅分别用 n 和 m 表示。在两个流固界面上应用连续性条件，得到以下方程：

$$\sigma_{12}|_{x_2=h} = 0 \Rightarrow (2ik\eta)(aE - bE^{-1}) + (2k^2 - k_S^2)(cB + dB^{-1}) = 0$$

$$\sigma_{12}|_{x_2=-h} = 0 \Rightarrow (2ik\eta)(aE^{-1} - bE) + (2k^2 - k_S^2)(cB^{-1} + dB) = 0$$

$$\sigma_{22}|_{x_2=h} = -\mu\{(k_S^2 - 2k^2)(aE + bE^{-1}) + 2ik\beta(cB - dB^{-1})\}e^{ikx_1} = -\rho_f \omega^2(E_f + nE_f^{-1})e^{ikx_1}$$

$$\Rightarrow (2k^2 - k_S^2)(aE + bE^{-1}) - 2ik\beta(cB - dB^{-1}) + \frac{\rho_f k_S^2}{\rho}(E_f + nE_f^{-1}) = 0$$

$$\sigma_{22}|_{x_2=-h} = -\mu\{(k_S^2 - 2k^2)(aE^{-1} + bE) + 2ik\beta(cB^{-1} - dB)\}e^{ikx_1} = -\rho_f \omega^2 mE_f^{-1}e^{ikx_1}$$

$$\Rightarrow (2k^2 - k_S^2)(aE^{-1} + bE) - 2ik\beta(cB^{-1} - dB) + \frac{\rho_f k_S^2}{\rho}mE_f^{-1} = 0$$

$$u_2|_{x_2=h} = \{\phi_{,2} - \psi_{,1}\}_{x_2=h} = \{\eta(aE - bE^{-1}) - ik(cB + dB^{-1})\}e^{ikx_1} = \eta_f(E_f - nE_f^{-1})e^{ikx_1}$$

$$\Rightarrow \eta(aE - bE^{-1}) - ik(cB + dB^{-1}) - \eta_f(E_f - nE_f^{-1}) = 0$$

$$u_2|_{x_2=-h} = \{\phi_{,2} - \psi_{,1}\}_{x_2=-h} = \{\eta(aE^{-1} - bE) - ik(cB^{-1} + dB)\}e^{ikx_1} = \eta_f mE_f^{-1}e^{ikx_1}$$

$$\Rightarrow \eta(aE^{-1} - bE) - ik(cB^{-1} + dB) - \eta_f mE_f^{-1} = 0$$

（2-29）

E、B 和 E_f 的定义在方程式（2-26）中给出。这六个方程的矩阵表达式为

$$\begin{bmatrix} 2ik\eta E & -2ik\eta E^{-1} & (2k^2-k_S^2)B & (2k^2-k_S^2)B^{-1} & 0 & 0 \\ 2ik\eta E^{-1} & -2ik\eta E & (2k^2-k_S^2)B^{-1} & (2k^2-k_S^2)B & 0 & 0 \\ (2k^2-k_S^2)E & (2k^2-k_S^2)E^{-1} & -2ik\beta B & 2ik\beta B^{-1} & 0 & \dfrac{\rho_f k_S^2}{\rho}E_f^{-1} \\ (2k^2-k_S^2)E^{-1} & (2k^2-k_S^2)E & 2ik\beta B^{-1} & 2ik\beta B & \dfrac{\rho_f k_S^2}{\rho}E_f^{-1} & 0 \\ \eta E & -\eta E^{-1} & -ikB & -ikB^{-1} & 0 & \eta_f E_f^{-1} \\ \eta E^{-1} & -\eta E & -ikB^{-1} & -ikB & -\eta_f E_f^{-1} & 0 \end{bmatrix} \begin{Bmatrix} a \\ b \\ c \\ d \\ m \\ n \end{Bmatrix} = \begin{Bmatrix} 0 \\ 0 \\ -\dfrac{\rho_f k_S^2}{\rho}E_f \\ 0 \\ \eta_f E_f \\ 0 \end{Bmatrix}$$

(2-30)

请注意，式（2-27）和式（2-30）中的系数矩阵是相同的。这两组方程之间的唯一区别在于它们右侧向量的定义。由方程（2-27）和式（2-30）定义的两个问题类似于结构动力学中的自由振动和受迫振动问题，其中右侧向量代表受迫函数。请注意，式（2-27）中的波数 k 通过色散方程得到；换句话说，通过将系数矩阵的行列式等于零得到。然而，在式（2-30）中，k 不再是一个变量；它是由入射 P 波的入射角确定的（见式（2-28b））。

为了在板中产生兰姆波，式（2-30）中的波数 k 必须是兰姆波色散方程的解。换句话说，如果入射 P 波的入射角使得 k 等于 ω/c_L（c_L 是板中的兰姆波速），则将产生兰姆波。对于给定的频率，在兰姆波色散曲线图中可以观察到许多波速（图 2-6）。在板中会生成哪种兰姆模式取决于 P 波的入射角对应的 k 值，$k=k_f\sin\theta$。要生成相速度为 c_L 的兰姆模式，需要满足以下条件：

$$k_f\sin\theta = k = \frac{\omega}{c_L}$$

$$\Rightarrow \sin\theta = \frac{\omega}{c_L k_f} = \frac{c_f}{c_L} \tag{2-31}$$

$$\Rightarrow \theta = \arcsin\left(\frac{c_f}{c_L}\right)$$

式（2-31）给出了浸入在声波速度为 c_f 的流体中的板产生具有相速度 c_L 的兰姆模式所需的入射角（θ）。式（2-31）也称为斯涅尔定律。

图 2-16 显示了通过用平面 P 波撞击平板，并在板中产生兰姆波的示意图。如果平面 P 波以适合产生兰姆模式的入射角（θ）撞击平板的左侧，则板中会产生兰姆模式。生成的兰姆波以速度 $c_L (=\omega/k)$ 向右传播。请注意，式（2-30）和式（2-27）分别控制平板左侧（强制振动）和右侧（自由振动）的运动。从式（2-31）可以看出，显然只有相速度高于周围流体中声波

速度的兰姆模式才能以这种方式产生。水中的声波速度为 1.48km/s，而在酒精中为 1.12~1.24km/s（见表 1-4）。因此，要生成相速度在 1.2km/s 和 1.48km/s 之间的兰姆模式，平板必须浸入酒精中而不是水中。

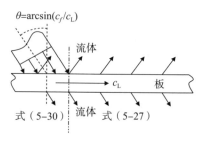

图 2-16 浸泡在流体中的平板中产生的兰姆波（式（2-30）和式（2-27）分别控制板左侧（强制振动）和右侧（自由振动），虚线将平板的左右两侧分开）

2.4.1 板材的兰姆波检测

前面我们已经了解了如何通过调整入射 P 波的入射角和频率在板中产生不同的兰姆模式。如图 2-16 所示，通过将超声换能器与平板呈一定角度放置，可以满足条件要求。超声波换能器产生特定频率的 P 波，信号频率由换能器中压电陶瓷晶体的固有频率决定。对于传统的超声波检测应用，超声波换能器的频率从 500kHz~10MHz 不等。然而，特殊定制的超声换能器可以产生低至 50kHz 甚至更低的共振频率，以及高达 100MHz 或更高共振频率的超声信号。在声学显微镜中，信号频率可高达 1~2GHz，在某些应用中甚至更高。

2.4.1.1 用窄带和宽带换能器产生多种兰姆模式

具有明确的固有频率并始终在该频率附近振动的超声波换能器称为窄带换能器。例如，5MHz 窄带换能器只能产生频率等于 5MHz 或非常接近 5MHz 的超声波信号，例如，在 4.8~5.2MHz 之间。另一方面，宽带换能器可以在很宽的频率范围内产生超声波。例如，5MHz 宽带换能器可以产生 1~9MHz 之间的超声波。为了用窄带换能器产生不同的兰姆模式，因为不可能改变信号频率，所以必须改变入射角（图 2-16 中的 θ）。注意，改变 θ 意味着改变相速度 c_L，因为 θ 和 c_L 通过式（2-31）关联在一起。保持信号频率恒定并改变入射角意味着沿色散曲线图的垂直轴移动（图 2-2）。如果 $\theta = \arcsin(c_f/c_L)$（其中，$c_f$ 为流体中的 P 波波速；c_L 为兰姆波波速），则在入射角 θ 处产生兰姆波。如果我们放置两个超声波换能器，一个作为发射器（T），另一个作为接收器（R），如图 2-17(a) 所示，并将接收到的信号强度记录为入射角 θ 的函数，那么我们应该得到如图2-17(b)所示的曲线。峰值与产生兰姆模式的入射角对应。如果入射角与兰姆模式产生角不对应，则不会有超声波能量到达接收器，因为不会产生兰姆波。直接反射声束的能量主要局限在AB线和CD线之间（图2-17(a)）。这种直接反射的声束也称为"镜面反射"声束。

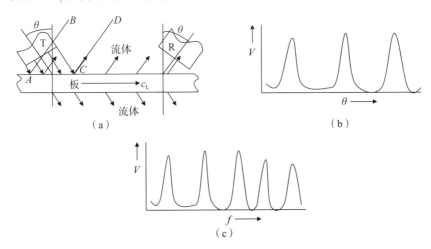

图2-17 （a）用于在板中产生和接收兰姆波的发射器（T）和接收器（R）；（b）作为入射角函数的接收信号电压幅值——峰值表示兰姆模式的产生；（c）作为信号频率函数的接收信号电压幅值——峰值表示兰姆模式的产生。

如果换能器是宽带类型，则可以在保持换能器倾斜角度恒定的同时改变信号频率。固定倾角意味着恒定的相速度。因此，在这种情况下，当我们改变频率时意味着在色散曲线在图中水平移动（图2-3）。这样就生成了接收信号的电压-频率曲线或$V(f)$曲线，如图2-17(c)所示。在这种情况下，将在生成兰姆模式的频率处观察到峰值。如果信号频率与兰姆波产生频率不对应，则接收到的信号强度应该接近于零，因为在这种情况下反射的信号能量仍然主要局限于AB线和CD线之间并且不会到达接收器。

2.4.1.2 大型板材的无损检测

按照前面介绍的技术，可以在一个板上生成多个兰姆模式。在这一部分中，我们研究了平板中兰姆模式与内部缺陷之间的相互作用。Ghosh 和 Kundu（1998）的研究表明，通过将传感器放置在连接在板上的小锥形水容器中，而不是将整个板浸入大水箱中，可以在大型板中产生强而稳定的兰姆模式，如图2-18所示。无底但不漏水的容器与板相连，这样水就与板直接接触而不漏出。Alleyne 和 Cawley（1992）也避免了将整个平板浸入水箱中，并通过在充满水的圆柱孔中放置倾斜的换能器来在平板中产生兰姆波。在这两种情况中，传感器和平板之间都提供了水耦合——在一种情况下是圆柱形水柱,在另一种情况下是锥形水柱。在这两者之间,锥形水柱被发现可以产生更稳定的信号。

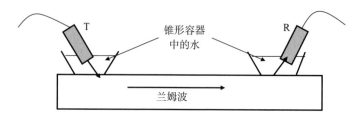

图 2-18 锥形水容器中的传感器(Ghosh,Kundu,1998)

使用图 2-18 所示的发射器-接收器布置,可以在 9.9mm(0.39 inch)厚的钢板中产生兰姆波。Ghosh 等(1998 年)给出了采用钢板和铝板进行这项实验的细节。本节给出了钢板的一些试验结果。板的长度和宽度分别为 1524mm(60 in)和 88.9mm(3.5 in)。平行于板表面,在板的中心平面钻一个直径 3.175mm(0.125 in)和深 50.8mm(2 in)的孔,以人为地制造内部缺陷,如图 2-19 所示。

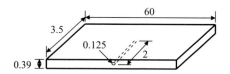

图 2-19 带有孔的钢板,所有尺寸均以 in 为单位(Ghosh, et al, 1998)

图 2-20 显示了图 2-19 中的试件在 26°入射角下无缺陷区域(不包含孔的区域)的 $V(f)$ 曲线。所有实验结果的发射器和接收器之间的距离为 304.8mm(12 in)。该入射角对应的相速度为 3.4km/s,其可在 $c_f = 1.49$km/s 时由斯奈尔定律导出,即式(2-31)。

图 2-20 中的四条曲线对应于在四个不同时间对平板的四个区域进行的四个不同实验,它们显示了实验的可变性。这些差异是由于在低频时信号不能很好地准直。信号的方向性由换能器的倾斜度及其相对于锥形容器底部的相对位置控制。在不同的实验中,即使平板的尺寸及其特性没有变化,换能器相对于锥形容器底部的位置略有变化,就会导致 $V(f)$ 曲线发生变化。还可以看到,由于信号的准直度较低,因此较低频率时的噪声水平较高;换言之,它的指向性在较低频率时较差。

然而,尽管 $V(f)$ 曲线中存在噪声和实验可变性,但很容易观察到两个强烈且可区分的峰值——第一个在 230kHz 附近,第二个在 600kHz 附近(图 2-20)。

在 $V(f)$ 图中还观察到了 540kHz 附近的另一个峰值；但是，它比 600kHz 附近的峰值要弱得多。

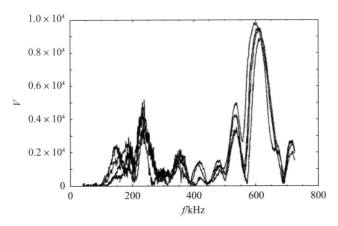

图 2-20　图 2-18 中的设置在图 2-19 中平板的无缺陷区域处产生的
四条 $V(f)$ 曲线，入射角为 26°（Ghosh, et al, 1998）

对该试件的理论色散曲线进行了计算，并绘制在图 2-21 中。将实验点（图 2-20 中出现峰值的频率）与图 2-21 中的理论曲线一起绘制，以确定对应于图 2-20 中两个峰值的兰姆模式。在图 2-21 中，$V(f)$ 曲线的强峰用符号"＊"表示，而弱峰用符号"＋"表示。由于峰值频率因实验而异，因此表 2-1 和每种模式的色散曲线图（图 2-21）中显示了一个频率范围（而不是单个值）。将实验点绘制在图 2-21 的理论色散曲线图上后，可以清楚地看到图 2-20 的两个峰值对应于零阶对称（S_0）模式和一阶反对称（A_1）模式。

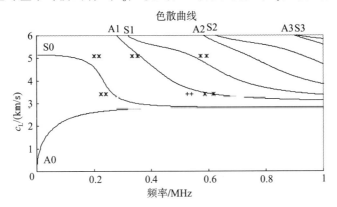

图 2-21　0.39 in 厚钢板的理论色散曲线（$c_P = 5.72$km/s，$c_S = 3.05$km/s，$\rho = 7900$kg/m³）。
实验点分别用"＊"和"＋"符号表示强峰和弱峰（Ghosh, et al, 1998）

缺陷区域的 $V(f)$ 曲线如图 2-22 所示。对于这些曲线，发射器和接收器被放置在孔的两边。因此，发射器在平板中产生的兰姆波必须在到达接收器之前通过包含孔的区域。图 2-22 的四条曲线是针对在四个不同位置进行的四个不同实验，而缺陷（孔）在所有四种情况下都位于发射器和接收器之间。请注意，S_0 模式受到缺陷（孔）的强烈影响（几乎消失），但 A_1 模式没有显著变化，表明它对这种缺陷不很敏感。

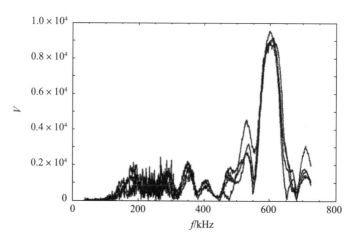

图 2-22　入射角为 26°时钢板缺陷区域的 $V(f)$ 曲线（Ghosh et al, 1998）

图 2-20 和图 2-22 的结果汇总在表 2-1 中，在该表中，标记为"频率范围"的行描述了在所有四个实验中观察到兰姆波峰值的频率范围。以"最小""最大"和"平均幅值"表示的行显示了在无缺陷区（相应的列标记为"无缺陷"）和缺陷区（相应的列标记为"缺陷"）的四个实验曲线所对应的四个峰值的最小、最大和平均值。由于缺陷的存在，S_0 模式的平均幅值变化的百分比为 78.8%，其中负号表示峰值幅度的降低。由于缺陷导致的 A_1 模式的变化仅为 0.89%。图 2-23 和图 2-24 分别显示了 S_0 和 A_1 模式下相速度从 3~5km/s 变化时平板内的应力模式。深度尺寸相对于平板厚度进行了归一化。在这些图中，σ_{11}、σ_{22} 和 σ_{13} 分别代表水平法向应力（σ_{11}）、垂直法向应力（σ_{22}）和剪应力分量（σ_{12}）。x_1 和 x_2 轴分别与平板表面平行和垂直。对于 S_0 模式（图 2-23），在 3.4km/s 的相速度下，法向应力 σ_{22} 在平板的中心平面附近较大（深度=0.5），但 σ_{12} 在此处为 0。在孔洞存在的情况下，由于孔洞自由表面的法向应力和剪应力分量必须消失，所以这些应力分量会发生变化，从而影响传播模式。对于 A_1 模式（图 2-24），在板的中心平面，法向应力（σ_{11} 和 σ_{22}）为零，而

σ_{12} 在板的中心平面具有非零值(此外,相速度在 4km/s 附近,整个板的 σ_{12} 为零)。然而,由于两个法向应力分量在中心面处为零,缺陷对 A_1 模式的影响较小。

表 2-1 入射角为 26°时的兰姆模式峰值(图 2-20,图 2-22)

模式	S_0		A_1	
频率范围/kHz	224~241		588~617	
幅值信息	无缺陷	有缺陷	无缺陷	有缺陷
最小值	3333	203	8782	8637
最大值	4782	1534	9797	9536
平均值	3713	785	9116	9034
百分比变化/%		78.8		0.89

来源:经 Elsevier 公司许可,转载自 Ghosh 等(1998)。

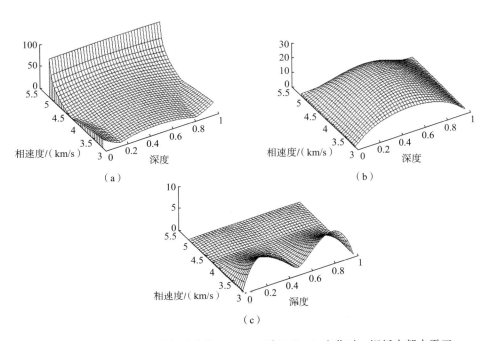

图 2-23 S_0 模式下,当相速度从 3.1km/s 到 5.1km/s 变化时,钢板内部水平正应力(σ_{11},图(a))、垂直法向应力(σ_{22},图(b))和剪应力(σ_{12},图(c))的幅值变化(板的顶部深度为 0,板的底部深度为 1,该钢板的色散曲线如图 2-21 所示)

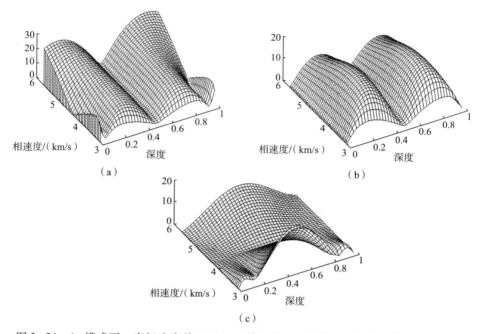

图2-24 A_1模式下,当相速度从3.1km/s到5.1km/s变化时,钢板内部水平正应力(σ_{11},图(a))、垂直法向应力(σ_{22},图(b))和剪应力(σ_{12},图(c))的幅值变化(板的顶部深度为0,板的底部深度为1,该钢板的色散曲线如图2-21所示)

对于入射角为17°(通过斯涅尔定律得到相速度为5.1km/s)的情况,没有任何缺陷的平板的$V(f)$曲线在210kHz、340kHz和580kHz附近观察到了强峰(图2-25)。这些分别对应S_0、A_1和S_1模式(图2-21)。在图2-21中可

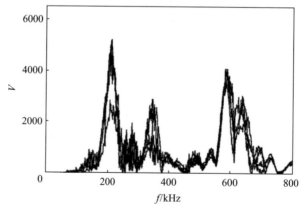

图2-25 入射角为17°时钢板无缺陷区域的$V(f)$曲线(Ghosh, et al, 1998)

以看出，A_1 和 S_1 模式的理论值非常接近实验值。但是，对应于 S_0 模式的实验点与理论 S_0 曲线不是很接近。这是因为低于 200kHz 的换能器响应非常弱（换能器的中心频率为 500kHz）。其次，尽管换能器倾斜 17°，但并非平板中产生的所有 200kHz 兰姆波信号的能量都以 17° 的倾角准确地撞击板。一些超声波能量以稍大的角度撞击板，使相应的相速度更小（基于斯涅尔定律，式（2-31）），从而使实验点更接近理论曲线。

缺陷区的四条 $V(f)$ 曲线如图 2-26 所示。可以清楚地看到，由于缺陷的存在，S_0 和 S_1 模式发生了显著变化，但 A_1 模式对缺陷同样不很敏感。表 2-2 对这一结果进行了总结。由于缺陷的存在，S_0 模式的幅值降低了 72% 以上；S_1 模式的幅值降低了 64% 以上，而 A_1 模式的幅值仅降低了 3.5%。对称模式对缺陷更加敏感的理由与前面相同。如图 2-23 显示，对于相速度为 5.1km/s 时的 S_0 模式，板中心平面处的 σ_{11} 非常大，而 σ_{22} 适中大。因此，板中心面处

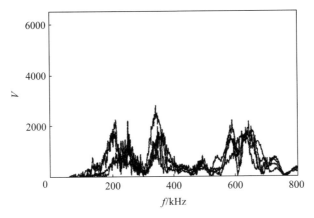

图 2-26 入射角为 17° 时钢板缺陷区域的 $V(f)$ 曲线（Ghosh, et al, 1998）

表 2-2 入射角为 17° 时的兰姆模式峰值（图 2-25，图 2-26）

模式	S_0		A_1		A_1	
频率范围/kHz	201~219		334~352		573~595	
幅值信息	无缺陷	有缺陷	无缺陷	有缺陷	无缺陷	有缺陷
最小值	2523	133	1294	8637	3504	950
最大值	4597	1544	2169	2335	4013	1830
平均值	3161	860	1625	1568	3714	1319
百分比变化/%		-72.79		-3.5		-64.48

来源：经 Elsevier 许可，转载自 Ghosh 等（1998）。

缺陷的存在显著地影响了该模式（72.79%）。如图 2-27 所示，对于相速度为 5.1km/s 时的 S_1 模式，板中心平面处 σ_{11} 很小，但 σ_{22} 很大。因此，该模式也受到缺陷的强烈影响（64.48%），尽管程度低于 S_0 模式（72.8%）。另一方面，A_1 模式使剪应力分量 σ_{12} 在中心平面不为零，但正应力分量 σ_{11} 和 σ_{22} 在此处为零（图 2-24）；然而，相速度为 5.1km/s 时，尽管 σ_{12} 不为零，但它在中心平面上很小，因此孔的存在对该模式的影响不显著（仅 3.5% 的变化）。

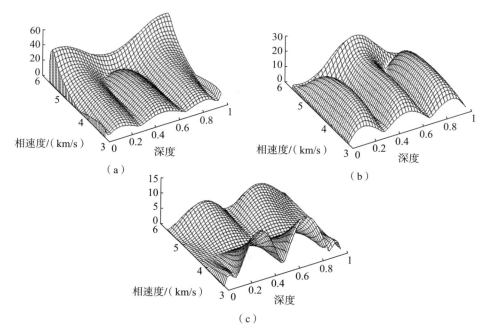

图 2-27　S_1 模式下，当相速度从 3.1km/s 到 5.1km/s 变化时，钢板内部水平正应力（σ_{11}，图（a））、垂直法向应力（σ_{22}，图（b））和剪应力（σ_{12}，图（c））的幅值变化（板的顶部深度为 0，板的底部深度为 1，该钢板的色散曲线如图 2-21 所示）

2.5　多层板中的导波

到目前为止，我们已经分析了在真空中或浸入流体中的均匀各向同性板中的兰姆波的传播。本节将分析多层实心板中的导波传播，这里需要考虑三个问题：

（1）多层实心板在真空中的自由振动；
（2）浸入流体中的多层实心板的自由振动；
（3）浸入流体中的多层固体板的受迫振动——通过流体半空间传播的平面 P 波撞击流体-固体界面，从而产生受迫激励。

这三个问题的几何形状如图 2-28 所示。

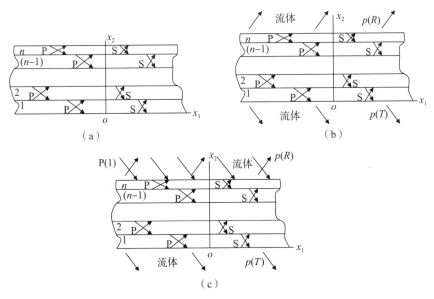

图 2-28　通过 n 层板的导波传播（(a) 在真空中、(b) 在流体中、(c) 浸没在流体中的板受到振幅为 1 的向下 P 波的撞击）

2.5.1　真空中的 n 层板

问题几何图形如图 2-28(a) 所示。n 层厚为 h_1、h_2、h_3、$\cdots$、h_n 的固体板在 $x_2 = y_1$、y_2、y_3、$\cdots$、y_n 处沿 $(n-1)$ 个界面完美绑定（无相对滑动），其中 $y_1 = h_1$，$y_2 = h_1 + h_2$，$y_3 = h_1 + h_2 + h_3$，且 $y_{n-1} = h_1 + h_2 + h_3 + \cdots + h_{n-1}$。因此，每个界面上的位移分量（$u_1$ 和 u_2）以及法向和剪切应力分量（σ_{22} 和 σ_{12}）必须是连续的。此外，在 $x_2 = y_1 = h_1$ 和 $x_2 = y_n = h_1 + h_2 + h_3 + \cdots + h_n$ 的两个边界表面上的法向和剪切应力分量（σ_{22} 和 σ_{12}）必须消失。因为当板处于真空中时，边界必须是无应力的。因此，有必要解决在这些边界条件和跨界面连续条件约束下的边值求解问题。

第 m 层内部的控制方程一般可以通过考虑该层中的上行和下行 P 波和 S 波来满足。请注意，下标 m 代表第 m 层。

$$\phi_m = \{a_m e^{-i\eta_m(x_2-y_{m-1})} + b_m e^{-i\eta_m(x_2-y_{m-1})}\} e^{ikx_1}$$

$$\psi_m = \{c_m e^{-i\beta_m(x_2-y_{m-1})} + d_m e^{-i\beta_m(x_2-y_{m-1})}\} e^{ikx_1}$$

$$\eta_m = \sqrt{k_{Pm}^2 - k^2} = i\sqrt{k^2 - k_{Pm}^2} \tag{2-32}$$

$$\beta_m = \sqrt{k_{Sm}^2 - k^2} = i\sqrt{k^2 - k_{Sm}^2}$$

式中：a_m、b_m、c_m、d_m 分别为层中下行和上行 P 波和 S 波的波幅；$k_{Pm}(=\omega/c_{Pm})$ 和 $k_{Sm}(=\omega/c_{Sm})$ 分别为 P 波和 S 波的波数。指数项的定义使得相位项在层的下界面处变为零。注意，只需将 y_{m-1} 替换为 y_P，指数项的相位就可以在任何水平 y_P 上等于零。在满足连续性和边界条件时，a_m、b_m、c_m 和 d_m 的实部和虚部会自动调整。层顶部（$x_2=y_m$）和底部（$x_2=y_{m-1}$）的应力和位移分量可以定义为

$$\sigma_{12}\big|_{x_2=y_m} = \mu_m\{2\phi_{m,12} + \psi_{m,22} - \psi_{m,11}\}_{x_2=y_m}$$

$$= \mu_m\{2k\eta_m(a_m E_m^{-1} - b_m E_m) + (2k^2 - k_{Sm}^2)(c_m B_m^{-1} + d_m B_m)\} e^{ikx_1}$$

$$\sigma_{12}\big|_{x_2=y_{m-1}} = \mu_m\{2\phi_{m,12} + \psi_{m,22} - \psi_{m,11}\}_{x_2=y_{m-1}}$$

$$= \mu_m\{2k\eta_m(a_m - b_m) + (2k^2 - k_{Sm}^2)(c_m + d_m)\} e^{ikx_1}$$

$$\sigma_{22}\big|_{x_2=y_m} = -\mu_m\{k_{Sm}^2 \phi_m + 2(\psi_{m,12} + \phi_{m,11})\}_{x_2=y_m}$$

$$= -\mu_m\{(k_{Sm}^2 - 2k^2)(a_m E_m^{-1} + b_m E_m) + 2k\beta_m(c_m B_m^{-1} - d_m B_m)\} e^{ikx_1}$$

$$\sigma_{22}\big|_{x_2=y_{m-1}} = -\mu_m\{k_{Sm}^2 \phi_m + 2(\psi_{m,12} + \phi_{m,11})\}_{x_2=y_{m-1}}$$

$$= -\mu_m\{(k_{Sm}^2 - 2k^2)(a_m + b_m) + 2k\beta_m(c_m - d_m)\} e^{ikx_1} \tag{2-33}$$

$$u_2\big|_{x_2=y_m} = \{\phi_{m,2} - \psi_{m,1}\}_{x_2=y_m}$$

$$= \{-i\eta_m(a)(a_m E_m^{-1} - b_m E_m) - ik(c_m B_m^{-1} + d_m B_m)\} e^{ikx_1}$$

$$u_2\big|_{x_2=y_{m-1}} = \{\phi_{m,2} - \psi_{m,1}\}_{x_2=y_{m-1}}$$

$$= \{-i\eta_m(a)(a_m - b_m) - ik(c_m + d_m)\} e^{ikx_1}$$

$$u_1\big|_{x_2=y_m} = \{\phi_{m,1} + \psi_{m,2}\}_{x_2=y_m}$$

$$= \{ik(a_m E_m^{-1} + b_m E_m) + i\eta_m(-c_m B_m^{-1} + d_m B_m)\} e^{ikx_1}$$

$$u_1\big|_{x_2=y_{m-1}} = \{\phi_{m,1} + \psi_{m,2}\}_{x_2=y_{m-1}}$$

$$= \{ik(a_m + b_m) + i\eta_m(-c_m + d_m)\} e^{ikx_1}$$

式中

$$E_m = e^{i\eta_m h_m}$$
$$B_m = e^{i\beta_m h_m} \quad (2-34)$$

根据式（2-33），第 m 层顶部和底部的位移和应力分量可以用波幅表示，其矩阵形式如下：

$$\begin{bmatrix} u_1 \\ u_2 \\ \sigma_{22} \\ \sigma_{12} \end{bmatrix}_{x_2=y_m} = \begin{bmatrix} ikB_mE_m^{-1} & ikE_m & -i\eta_m B_m^{-1} & i\eta_m B_m \\ -i\eta_m E_m^{-1} & i\eta_m E_m & -ikB_m^{-1} & -ikB_m \\ \mu_m(2k^2-k_{Sm}^2)E_m^{-1} & \mu_m(2k^2-k_{Sm}^2)E_m & -2k\mu_m\beta_m B_m^{-1} & 2k\mu_m\beta_m B_m \\ 2k\mu_m\eta_m E_m^{-1} & -2k\mu_m\eta_m E_m & \mu_m(2k^2-k_{Sm}^2)B_m^{-1} & \mu_m(2k^2-k_{Sm}^2)B_m \end{bmatrix} \begin{Bmatrix} a_m \\ b_m \\ c_m \\ d_m \end{Bmatrix}$$

(2-35a)

和

$$\begin{bmatrix} u_1 \\ u_2 \\ \sigma_{22} \\ \sigma_{12} \end{bmatrix}_{x_2=y_{m-1}} = \begin{bmatrix} ik & ik & -i\eta_m & i\eta_m \\ -i\eta_m & i\eta_m & -ik & -ik \\ \mu_m(2k^2-k_{Sm}^2) & \mu_m(2k^2-k_{Sm}^2) & -2k\mu_m\beta_m & 2k\mu_m\beta_m \\ 2k\mu_m\eta_m & -2k\mu_m\eta_m & \mu_m(2k^2-k_{Sm}^2) & \mu_m(2k^2-k_{Sm}^2) \end{bmatrix} \begin{Bmatrix} a_m \\ b_m \\ c_m \\ d_m \end{Bmatrix}$$

(2-35b)

式（2-35a）和式（2-35b）可以写成

$$\boldsymbol{S}_m = \boldsymbol{G}_m \boldsymbol{C}_m \quad (2-36a)$$
$$\boldsymbol{S}_{m-1} = \boldsymbol{H}_m \boldsymbol{C}_m \quad (2-36b)$$

式中：$\boldsymbol{S}_m$ 和 $\boldsymbol{S}_{m-1}$ 分别为 $x_2=y_m$ 和 y_{m-1} 处 4×1 的应力-位移向量，如式（2-35）左侧；$\boldsymbol{S}_m = [a_m \ b_m \ c_m \ d_m]^T$ 是 4×1 的系数向量，$\boldsymbol{G}_m$ 和 $\boldsymbol{H}_m$ 分别是 4×4 的方阵，如式（2-35a）和式（2-35b）右侧。

根据式（2-36）可以写出

$$\boldsymbol{S}_m = \boldsymbol{G}_m \boldsymbol{C}_m = \boldsymbol{G}_m \boldsymbol{H}_m^{-1} \boldsymbol{S}_{m-1} = \boldsymbol{A}_m \boldsymbol{S}_{m-1} \quad (2-37)$$

式（2-37）将第 m 层顶部和底部的应力-位移分量联系起来。矩阵 $\boldsymbol{A}_m = (\boldsymbol{G}_m \boldsymbol{H}_m^{-1})$ 称为层矩阵或传播矩阵（Thomson，1950；Haskell，1953；Kennett，1983；Kundu，Mal，1985）。

类似地，对于第 $m+1$ 层，可以写成

$$\boldsymbol{S}_{m+1} = \boldsymbol{G}_{m+1} \boldsymbol{C}_{m+1} \quad (2-38a)$$
$$\boldsymbol{S}_m = \boldsymbol{H}_{m+1} \boldsymbol{C}_{m+1} \quad (2-38b)$$
$$\boldsymbol{S}_{m+1} = \boldsymbol{A}_{m+1} \boldsymbol{S}_m \quad (2-38c)$$

注意，在 $x_2 = y_m$ 处，根据跨界面的位移和应力连续性条件，式（2-37）和式（2-38）中的 S_m 必然相同。因此，

$$S_{m+1} = A_{m+1} S_m = A_{m+1} A_m S_{m-1} \tag{2-39}$$

通过这种方式，顶部边界处的应力-位移向量就可以与底部边界处的应力-位移向量相关：

$$S_n = A_n A_{n-1} A_{n-2} \cdots A_2 A_1 S_0 = J S_0 \tag{2-40}$$

式（2-40）中：J 为 n 个层矩阵相乘得到的 4×4 矩阵。

式（2-40）以展开矩阵形式写在下面，并强制执行无应力边界条件。顶部和底部边界的未知位移分量表示为 U_n、V_n、U_0 和 V_0，如下所示。

$$\begin{Bmatrix} u_1 \\ u_2 \\ \sigma_{22} \\ \sigma_{12} \end{Bmatrix}_{x_2 = y_n} = \begin{bmatrix} J_{11} & J_{12} & J_{13} & J_{14} \\ J_{21} & J_{22} & J_{23} & J_{24} \\ J_{31} & J_{32} & J_{33} & J_{34} \\ J_{41} & J_{42} & J_{43} & J_{44} \end{bmatrix} \begin{Bmatrix} u_1 \\ u_2 \\ \sigma_{22} \\ \sigma_{12} \end{Bmatrix}_{x_2 = y_0}$$

$$\Rightarrow \begin{Bmatrix} U_n \\ V_n \\ 0 \\ 0 \end{Bmatrix} = \begin{bmatrix} J_{11} & J_{12} & J_{13} & J_{14} \\ J_{21} & J_{22} & J_{23} & J_{24} \\ J_{31} & J_{32} & J_{33} & J_{34} \\ J_{41} & J_{42} & J_{43} & J_{44} \end{bmatrix} \begin{Bmatrix} U_0 \\ V_0 \\ 0 \\ 0 \end{Bmatrix} \tag{2-41}$$

根据式（2-41），四个具有四个未知量 U_n、V_n、U_0 和 V_0 的代数方程可写成以下形式：

$$\begin{bmatrix} -1 & 0 & J_{11} & J_{12} \\ 0 & -1 & J_{21} & J_{22} \\ 0 & 0 & J_{31} & J_{32} \\ 0 & 0 & J_{41} & J_{42} \end{bmatrix} \begin{Bmatrix} U_n \\ V_n \\ U_0 \\ V_0 \end{Bmatrix} = \begin{Bmatrix} 0 \\ 0 \\ 0 \\ 0 \end{Bmatrix} \tag{2-42}$$

如果兰姆波通过板传播，则顶部和底部边界处的位移分量不应等于零。换句话说，上述方程组必须有一个非平凡解。因此，系数矩阵的行列式必须为零，即

$$J_{31} J_{42} - J_{32} J_{41} = 0 \tag{2-43}$$

式（2-43）是导波在真空中的 n 层板中传播的色散方程，如图 2-28(a) 所示。

通过将非零值分配给四个未知量（U_n、V_n、U_0 和 V_0）中的一个，其余三个可从式（2-43）中获得。因此，利用关系 $S_m = A_n A_{n-1} A_{n-2} \cdots A_2 A_1 S_0$ 可以计算得到任何界面 $x_2 = y_m$ 处的应力-位移向量 S_m。为了获得第 m 层内的波幅，

可采用式（2-36）。以这种方法得到 a_m、b_m、c_m 和 d_m。然后，根据式（2-33）获得板内的应力和位移变化（振型）。

2.5.1.1　数值不稳定性

在 Thomson（1950）和 Haskell（1953）首次提出该技术之后，上述方法被称为传递矩阵法、传播矩阵法或 Thomson-Haskell 矩阵法。只要板厚和波频率的乘积不是很大，这种技术就可以很好地工作。当这个乘积变大时，就会发生数值不稳定。造成这种数值不稳定的原因是式（2-43）计算了非常大但又接近的两个数值之间的差异。随着频率与厚度乘积的增加，这两个数字变大，但彼此保持接近，并且在执行减法运算时，大量有效数字丢失。注意，当丢失的有效数字数超过32位时，即使是双精度计算也不足以准确求解色散方程或振型。数值精度问题可以通过 delta-矩阵运算来消除，这是一种由 Dunkin（1965），Dunkin 和 Corbin（1970），Schwab 和 Knopoff（1970）以及 Kundu 和 Mal（1985）开发的子矩阵操作技术。

2.5.1.2　全局矩阵法

多层板问题可以用一种称为全局矩阵法的交替矩阵公式来求解（Knopoff，1964；Mal，1988）。在这种方法中，通过遵循 Mal（1988）推荐的公式来避免数值精度问题。

如前所述，数值问题的根源是式（2-33）和后续方程中的指数增长项。从式（2-34）可以看出，当 η_m 和 β_m 变为虚数时，E_m^{-1} 和 B_m^{-1} 呈指数增长。可以通过以下形式定义第 m 层中的波势来绕过这个指数项增长的问题：

$$\begin{aligned}
\phi_m &= \{a_m e^{-i\eta_m(x_2-y_m)} + b_m e^{i\eta_m(x_2-y_{m-1})}\} e^{ikx_1} \\
\psi_m &= \{c_m e^{-i\beta_m(x_2-y_m)} + d_m e^{i\beta_m(x_2-y_{m-1})}\} e^{ikx_1} \\
\eta_m &= \sqrt{k_{Pm}^2 - k^2} = i\sqrt{k^2 - k_{Pm}^2} \\
\beta_m &= \sqrt{k_{Sm}^2 - k^2} = i\sqrt{k^2 - k_{Sm}^2}
\end{aligned} \quad (2-44)$$

注意，式（2-44）中势表达式的第一项的定义与式（2-32）的对应项稍有不同。根据这一定义，对于 $y_{m-1} < x_2 < y_m$，当 η_m 和 β_m 变为虚数时，所有指数项都会衰减而不是增长。

使用这些势能表达式，式（2-33）中给出的应力和位移分量变为

$$\sigma_{12}|_{x_2=y_m} = \mu_m \{2k\eta_m(a_m - b_m E_m) + (2k^2 - k_{Sm}^2)(c_m + d_m B_m)\} e^{ikx_1}$$

$$\sigma_{12}|_{x_2=y_{m-1}} = \mu_m \{2k\eta_m(a_m E_m - b_m) + (2k^2 - k_{Sm}^2)(c_m B_m + d_m)\} e^{ikx_1}$$

$$\sigma_{22}|_{x_2=y_m} = -\mu_m \{(k_{Sm}^2 - 2k^2)(a_m + b_m E_m) + 2k\beta_m(c_m - d_m B_m)\} e^{ikx_1}$$

$$\sigma_{22}|_{x_2=y_{m-1}} = -\mu_m\{(k_{Sm}^2-2k^2)(a_mE_m+b_m)+2k\beta_m(c_mB_m-d_m)\}e^{ikx_1}$$

$$u_2|_{x_2=y_m} = \{-i\eta_m(a_m-b_mE_m)-ik(c_m+d_mB_m)\}e^{ikx_1}$$

$$u_2|_{x_2=y_{m-1}} = \{-i\eta_m(a_mE_m-b_m)-ik(c_mB_m+d_m)\}e^{ikx_1} \quad (2-45)$$

$$u_1|_{x_2=y_m} = \{ik(a_m+b_mE_m)+i\eta_m(-c_m+d_mB_m)\}e^{ikx_1}$$

$$u_1|_{x_2=y_{m-1}} = \{ik(a_mE_m+b_m)+i\eta_m(-c_mB_m+d_m)\}e^{ikx_1}$$

E_m 和 B_m 在式 (2-34) 中进行了定义。

根据式 (2-45),第 m 层顶部和底部的位移和应力分量可以用波幅的形式写为

$$\begin{bmatrix} u_1 \\ u_2 \\ \sigma_{22} \\ \sigma_{12} \end{bmatrix}_{x_2=y_m} = \begin{bmatrix} ik & ikE_m & -i\eta_m & i\eta_mB_m \\ -i\eta_m & i\eta_mE_m & -ik & -ikB_m \\ \mu_m(2k^2-k_{Sm}^2) & \mu_m(2k^2-k_{Sm}^2)E_m & -2k\mu_m\beta_m & 2k\mu_m\beta_mB_m \\ 2k\mu_m\eta_m & -2k\mu_m\eta_mE_m & \mu_m(2k^2-k_{Sm}^2) & \mu_m(2k^2-k_{Sm}^2)B_m \end{bmatrix} \begin{Bmatrix} a_m \\ b_m \\ c_m \\ d_m \end{Bmatrix}$$

$$(2-46a)$$

和

$$\begin{bmatrix} u_1 \\ u_2 \\ \sigma_{22} \\ \sigma_{12} \end{bmatrix}_{x_2=y_{m-1}} = \begin{bmatrix} ikE_m & ik & -i\eta_mB_m & i\eta_m \\ -i\eta_mE_m & i\eta_m & -ikB_m & -ik \\ \mu_m(2k^2-k_{Sm}^2)E_m & \mu_m(2k^2-k_{Sm}^2) & -2k\mu_m\beta_mB_m & 2k\mu_m\beta_m \\ 2k\mu_m\eta_mE_m & -2k\mu_m\eta_m & \mu_m(2k^2-k_{Sm}^2)B_m & \mu_m(2k^2-k_{Sm}^2) \end{bmatrix} \begin{Bmatrix} a_m \\ b_m \\ c_m \\ d_m \end{Bmatrix}$$

$$(2-46b)$$

式 (2-46a) 和式 (2-46b) 可以写成式 (2-36a) 和式 (2-36b) 中给出的简写形式。同理,对于第 $m+1$ 层,可以得到式 (2-38a) 和式 (2-38b)。此处,唯一的区别是 **G** 和 **H** 矩阵的项都不包含 E_m^{-1} 或 B_m^{-1}。

根据界面上的应力-位移连续性条件,

$$\begin{aligned} \boldsymbol{S}_m &= \boldsymbol{G}_m\boldsymbol{C}_m = \boldsymbol{H}_{m+1}\boldsymbol{C}_{m+1} \\ &\Rightarrow \boldsymbol{G}_m\boldsymbol{C}_m - \boldsymbol{H}_{m+1}\boldsymbol{C}_{m+1} = \boldsymbol{0}, \end{aligned} \quad m=1,2,3,\cdots,(n-1) \quad (2-47)$$

根据 $x_2=y_0$ 和 y_n 处的无应力边界条件,我们得到

$$\boldsymbol{S}_0 = \boldsymbol{H}_1\boldsymbol{C}_1 = \begin{Bmatrix} U_0 \\ V_0 \\ 0 \\ 0 \end{Bmatrix}$$

$$S_n = G_n C_n = \begin{Bmatrix} U_n \\ V_n \\ 0 \\ 0 \end{Bmatrix} \qquad (2-48)$$

式（2-48）中，表面位移 U_0、V_0、U_n 和 V_n 是未知的。将所有未知数移到式（2-48）的左侧，可以用以下表达形式：

$$\begin{bmatrix} -1 & 0 & ikE_1 & ik & -i\eta_1 B_1 & i\eta_1 \\ 0 & -1 & -i\eta_1 E_1 & i\eta_1 & -ikB_1 & -ik \\ 0 & 0 & \mu_1(2k^2-k_{S1}^2)E_1 & \mu_1(2k^2-k_{S1}^2) & -2k\mu_1\beta_1 B_1 & 2k\mu_1\beta_1 \\ 0 & 0 & 2k\mu_1\eta_1 E_1 & -2k\mu_1\eta_1 & \mu_1(2k^2-k_{S1}^2)B_1 & \mu_1(2k^2-k_{S1}^2) \end{bmatrix} \begin{Bmatrix} U_0 \\ V_0 \\ a_1 \\ b_1 \\ c_1 \\ d_1 \end{Bmatrix} = \begin{Bmatrix} 0 \\ 0 \\ 0 \\ 0 \end{Bmatrix}$$

$$(2-49\text{a})$$

$$\begin{bmatrix} ik & ikE_n & -i\eta_n & i\eta_n B_n & -1 & 0 \\ -i\eta_n & i\eta_n E_n & -ik & -ikB_n & 0 & -1 \\ \mu_n(2k^2-k_{Sn}^2) & \mu_n(2k^2-k_{Sn}^2)E_n & -2k\mu_n\beta_n & 2k\mu_n\beta_n B_n & 0 & 0 \\ 2k\mu_n\beta_n & -2k\mu_n\beta_n E_n & \mu_m(2k^2-k_{Sm}^2) & \mu_n(2k^2-k_{Sn}^2)B_n & 0 & 0 \end{bmatrix} \begin{Bmatrix} a_n \\ b_n \\ c_n \\ d_n \\ U_n \\ V_n \end{Bmatrix} = \begin{Bmatrix} 0 \\ 0 \\ 0 \\ 0 \end{Bmatrix}$$

$$(2-49\text{b})$$

注意，在（2-49）的两个矩阵方程中总共有 8 个代数方程，在式（2-47）的 $(n-1)$ 个矩阵方程中总共有 $4(n-1)$ 个代数方程。未知参数的总数为 $(4n+4)$；它们是 U_0、V_0、U_n、V_n 和 A_m、B_m、C_m、d_m（$m=1,2,3,\cdots,n$）。这个由 $4(n+1)$ 个代数方程组成的系统可以写成下面给出的矩阵形式。

$$\begin{bmatrix} [H_1^*]_{4\times 6} & [0]_{4\times 4} & [0]_{4\times 4} & [0]_{4\times 4} & \cdots & [0]_{4\times 4} & [0]_{4\times 4} & [0]_{4\times 6} \\ [[0]_{4\times 2} \vdots [G_1]_{4\times 4}] & -[H_2]_{4\times 4} & [0]_{4\times 4} & [0]_{4\times 4} & \cdots & [0]_{4\times 4} & [0]_{4\times 4} & [0]_{4\times 6} \\ [0]_{4\times 6} & [G_2]_{4\times 4} & -[H_3]_{4\times 4} & [0]_{4\times 4} & \cdots & [0]_{4\times 4} & [0]_{4\times 4} & [0]_{4\times 6} \\ [0]_{4\times 6} & [0]_{4\times 4} & [G_3]_{4\times 4} & -[H_4]_{4\times 4} & \cdots & [0]_{4\times 4} & [0]_{4\times 4} & [0]_{4\times 6} \\ \vdots & \vdots & \vdots & \vdots & & \vdots & \vdots & \vdots \\ [0]_{4\times 6} & [0]_{4\times 4} & [0]_{4\times 4} & [0]_{4\times 4} & \cdots & [G_{n-2}]_{4\times 4} & -[H_{n-1}]_{4\times 4} & [0]_{4\times 6} \\ [0]_{4\times 6} & [0]_{4\times 4} & [0]_{4\times 4} & [0]_{4\times 4} & \cdots & [0]_{4\times 4} & [G_{n-1}]_{4\times 4} & -[[H_n]_{4\times 4} \vdots [0]_{4\times 2}] \\ [0]_{4\times 6} & [0]_{4\times 4} & [0]_{4\times 4} & [0]_{4\times 4} & \cdots & [0]_{4\times 4} & [0]_{4\times 4} & [G_n^*]_{4\times 6} \end{bmatrix}_{4(n+1)\times 4(n+1)}$$

$$\times \begin{Bmatrix} \begin{Bmatrix} U_0 \\ V_0 \end{Bmatrix}_{2\times 1} \\ \{C_1\}_{4\times 1} \\ \{C_2\}_{4\times 1} \\ \{C_3\}_{4\times 1} \\ \vdots \\ \{C_{n-1}\}_{4\times 1} \\ \{C_n\}_{4\times 1} \\ \begin{Bmatrix} U_n \\ V_n \end{Bmatrix}_{2\times 1} \end{Bmatrix}_{4(n+1)\times 1} = \begin{Bmatrix} 0 \\ 0 \\ 0 \\ 0 \\ \vdots \\ 0 \\ 0 \\ 0 \\ 0 \end{Bmatrix}_{4(n+1)\times 1} \quad (2-50)$$

式中：H_1^* 和 G_n^* 分别为式（2-49a）和式（2-49b）给出的 4×6 的系数矩阵。式（2-46）右侧给出了 G_m、H_m 和 C_m 的表达式。

对于上述齐次方程组（也称为全局方程组）的非平凡解，式（2-50）的带状方阵的行列式必须等于零。通过将行列式等同于零，得到色散方程。然后，将单位值分配给其中一个未知数（例如，可以假设 U_0 为 1），并且求解出剩余的 $(4n+3)$ 个未知数。求解波幅 a_m、b_m、c_m、d_m （$m=1, 2, 3, \cdots, n$）后，可以根据位移-波势和应力-波势关系计算任意点的位移场和应力场。

2.5.2 流体中的 n 层板

流体中 n 层板的问题几何如图 2-28(b) 所示。板的尺寸和材料属性与第 2.5.1 节中给出的相同。这里唯一的区别是板浸入流体中。流体特性由下标 f 表示。

流体中的势场由下式给出：

$$\phi_{fL} = T e^{-i\eta_f x_2} e^{ikx_1}$$
$$\phi_{fU} = R e^{i\eta_f (x_2 - y_n)} e^{ikx_1} \quad (2-51)$$
$$\eta_f = \sqrt{k_f^2 - k^2} = i\sqrt{k^2 - k_f^2}$$

式中：下标 L 和 U 分别对应下流体半空间和上流体半空间；k_f 为流体中的波数。由上述势场得到流体-固体边界处的法向应力和位移分量：

$$\sigma_{22}|_{x_2=y_n} = -\rho_f \omega^2 \{\phi_{fU}\}_{x_2=y_n} = -\rho_f \omega^2 R e^{ikx_1}$$
$$\sigma_{22}|_{x_2=y_0} = -\rho_f \omega^2 \{\phi_{fL}\}_{x_2=y_0} = -\rho_f \omega^2 T e^{ikx_1}$$
$$u_2|_{x_2=y_n} = \{\phi_{fU,2}\}_{x_2=y_n} = i\eta_f R e^{ikx_1} \quad (2-52)$$
$$u_2|_{x_2=y_0} = \{\phi_{fL,2}\}_{x_2=y_0} = -i\eta_f T e^{ikx_1}$$

式（2-32）给出了第 m 层内部的波势。对于该问题的后续推导（直至式（2-40）），波势保持不变。然而，在这种情况下，等式（2-41）应不同，因为流体-固体界面处的法向应力分量不等于零。使流体-固体界面处的垂直位移和法向应力分量相等，根据流体和固体中的波势计算，得到以下矩阵方程：

$$\begin{Bmatrix} u_1 \\ u_2 \\ \sigma_{22} \\ \sigma_{12} \end{Bmatrix}_{x_2=y_n} = \begin{bmatrix} J_{11} & J_{12} & J_{13} & J_{14} \\ J_{21} & J_{22} & J_{23} & J_{24} \\ J_{31} & J_{32} & J_{33} & J_{34} \\ J_{41} & J_{42} & J_{43} & J_{44} \end{bmatrix} \begin{Bmatrix} u_1 \\ u_2 \\ \sigma_{22} \\ \sigma_{12} \end{Bmatrix}_{x_2=y_0}$$

$$= \begin{Bmatrix} U_n \\ i\eta_f R \\ -\rho_f \omega^2 R \\ 0 \end{Bmatrix} = \begin{bmatrix} J_{11} & J_{12} & J_{13} & J_{14} \\ J_{21} & J_{22} & J_{23} & J_{24} \\ J_{31} & J_{32} & J_{33} & J_{34} \\ J_{41} & J_{42} & J_{43} & J_{44} \end{bmatrix} \begin{Bmatrix} U_0 \\ i\eta_f T \\ -\rho_f \omega^2 T \\ 0 \end{Bmatrix} \quad (2-53)$$

注意，板的顶部和底部表面的剪切应力分量为零，因为完美的流体不能有任何剪切应力。实心板中的水平位移分量 U_0 和 U_n 是未知数；它们不一定等于流体中的水平位移分量，因为流体-固体界面处的流体和固体质点之间可能发生滑移。式（2-53）有 4 个未知数，R、T、U_0 和 U_n，可以按以下方式重新排列：

$$\begin{bmatrix} 0 & -(i\eta_f J_{12}+\rho_f \omega^2 J_{13}) & J_{11} & -1 \\ -i\eta_f & -(i\eta_f J_{22}+\rho_f \omega^2 J_{23}) & J_{21} & 0 \\ \rho_f \omega^2 & -(i\eta_f J_{32}+\rho_f \omega^2 J_{33}) & J_{31} & 0 \\ 0 & -(i\eta_f J_{42}+\rho_f \omega^2 J_{43}) & J_{41} & 0 \end{bmatrix} \begin{Bmatrix} R \\ T \\ U_0 \\ U_n \end{Bmatrix} = \begin{Bmatrix} 0 \\ 0 \\ 0 \\ 0 \end{Bmatrix} \quad (2-54)$$

对于上述齐次方程组的非平凡解，系数矩阵的行列式必须为零。因此，我们可以得到

$$i\eta_f [J_{31}(i\eta_f J_{42}+\rho_f \omega^2 J_{43}) - J_{41}(i\eta_f J_{32}+\rho_f \omega^2 J_{33})] \\ + \rho_f \omega^2 [J_{21}(i\eta_f J_{42}+\rho_f \omega^2 J_{43}) - J_{41}(i\eta_f J_{22}+\rho_f \omega^2 J_{23})] = 0 \quad (2-55)$$

式（2-55）是泄漏兰姆波在浸入流体中的 n 层板中传播的色散方程。

与 2.4 节一样，求解色散方程后，假设 $U_0=1$，其他三个未知量 R、T 和 U_n 可以从式（2-54）得到。然后，采用关系 $\boldsymbol{S}_m = \boldsymbol{A}_m \boldsymbol{A}_{m-1} \cdots \boldsymbol{A}_2 \boldsymbol{A}_1 \boldsymbol{S}_0$ 可以计算得到任意界面 $x_2=y_m$ 处的应力—位移向量 $\boldsymbol{S}_m$。在评估 $\boldsymbol{S}_m$ 之后，采用式（2-36）获得第 m 层内的波幅。这样就得到了 a_m、b_m、c_m 和 d_m。板内部的应力和位移变化（振型）可以从位移-波势和应力-波势关系中得到，如式（2-33）所示。

示例 2.2

证明色散方程式（2-42）是色散方程式（2-55）的一个特例。换句话说，推导出方程式（2-42）来自式（2-55）。

解：式（2-42）是用于真空中的板，而式（2-55）是用于流体介质中的板。因此，当流体性质接近真空性质时，式（2-55）应接近式（2-42）。假设流体密度（ρ_f）和流体中的声速（C_f）都很小，接近于零。换句话说，流体几乎就像真空一样。那么波数（$K_f = \omega/C_f$）应该非常大，我们可以得到

$$\eta_f = \sqrt{k_f^2 - k^2} = k_f\sqrt{1 - \frac{k^2}{k_f^2}} \neq 0$$

将 $\rho_f = 0$ 代入式（2-55）得到

$$i\eta_f[J_{31}(i\eta_f J_{42} + \rho_f \omega^2 J_{43}) - J_{41}(i\eta_f J_{32} + \rho_f \omega^2 J_{33})]$$
$$+ \rho_f \omega^2[J_{21}(i\eta_f J_{42} + \rho_f \omega^2 J_{43}) - J_{41}(i\eta_f J_{22} + \rho_f \omega^2 J_{23})]$$
$$= i\eta_f[J_{31}(i\eta_f J_{42}) - J_{41}(i\eta_f J_{32})]$$
$$= i\eta_f^2[J_{31}J_{42} - J_{32}J_{41}] = 0$$

因为 η_f 不等于 0，所以

$$J_{32}J_{42} - J_{32}J_{41} = 0$$

2.5.2.1 流体中的 n 层板

如第 2.5.1 节所述，当频率乘板厚的值较大时，数值不稳定。这一数值精度问题可以通过遵循增量矩阵操作（Dunkin, Corbin, 1970; Kundu, Mal, 1985）或全局矩阵方法（Knopoff, 1964; Mal, 1988）来避免。

对于这一问题，全局矩阵公式的前几个步骤与前一个问题的步骤相同。因此，式（2-44）~式（2-47）在这种情况下也有效。然而，由于这个问题的边界条件是不同的，所以式（2-48）应（见式（2-53））更改为

$$S_0 = H_1 C_1 = \begin{Bmatrix} U_0 \\ -i\eta_f T \\ -\rho_f \omega^2 T \\ 0 \end{Bmatrix}$$

$$S_n = G_n C_n = \begin{Bmatrix} U_n \\ i\eta_f R \\ -\rho_f \omega^2 R \\ 0 \end{Bmatrix}$$

（2-56）

式中：U_0、U_n、R 和 T 为未知数。式（2-56）可以改写为

$$\begin{bmatrix} -1 & 0 & ikE_1 & ik & -i\eta_1 B_1 & i\eta_1 \\ 0 & i\eta_f & -i\eta_1 E_1 & i\eta_1 & -ikB_1 & -ik \\ 0 & \rho_f \omega^2 & \mu_1(2k^2-k_{S1}^2)E_1 & \mu_1(2k^2-k_{S1}^2) & -2k\mu_1\beta_1 B_1 & 2k\mu_1\beta_1 \\ 0 & 0 & 2k\mu_1\eta_1 E_1 & -2k\mu_1\eta_1 & \mu_1(2k^2-k_{S1}^2)B_1 & \mu_1(2k^2-k_{S1}^2) \end{bmatrix} \begin{Bmatrix} U_0 \\ T \\ a_1 \\ b_1 \\ c_1 \\ d_1 \end{Bmatrix} = \begin{Bmatrix} 0 \\ 0 \\ 0 \\ 0 \end{Bmatrix}$$

(2-57a)

$$\begin{bmatrix} ik & ikE_n & -i\eta_n & i\eta_n B_n & -1 & 0 \\ -i\eta_n & i\eta_n E_n & -ik & -ikB_n & 0 & -i\eta_f \\ \mu_n(2k^2-k_{Sn}^2) & \mu_n(2k^2-k_{Sn}^2)E_n & -2k\mu_n\beta_n & 2k\mu_n\beta_n B_n & 0 & \rho_f \omega^2 \\ 2k\mu_n\beta_n & -2k\mu_n\beta_n E_n & \mu_n(2k^2-k_{Sn}^2) & \mu_n(2k^2-k_{Sn}^2)B_n & 0 & 0 \end{bmatrix} \begin{Bmatrix} a_n \\ b_n \\ c_n \\ d_n \\ U_n \\ R \end{Bmatrix} = \begin{Bmatrix} 0 \\ 0 \\ 0 \\ 0 \end{Bmatrix}$$

(2-57b)

注意,在式(2-57)的两个矩阵方程中总共有8个代数方程,在式(2-47)的$(n-1)$矩阵方程中总共有$4(n-1)$个代数方程。未知参数的数量为$(4n+4)$,它们是U_0、U_n、R、T 和 a_m、b_m、c_m、$d_m(m=1,2,3,\cdots,n)$。这个由$4(n+1)$个代数方程组成的系统可以用矩阵形式表示为

$$\begin{bmatrix} [\boldsymbol{H}_1^*]_{4\times 6} & [0]_{4\times 4} & \cdots & [0]_{4\times 6} \\ [[0]_{4\times 2} \vdots [\boldsymbol{G}_1]_{4\times 4}] & -[\boldsymbol{H}_2]_{4\times 4} & \cdots & [0]_{4\times 6} \\ \vdots & \vdots & \vdots & \vdots \\ [0]_{4\times 6} & [0]_{4\times 4} & \cdots & [\boldsymbol{G}_n^*]_{4\times 6} \end{bmatrix}_{4(n+1)\times 4(n+1)} \begin{Bmatrix} \begin{Bmatrix} U_0 \\ T \end{Bmatrix}_{2\times 1} \\ \{\boldsymbol{C}_1\}_{4\times 1} \\ \{\boldsymbol{C}_2\}_{4\times 1} \\ \{\boldsymbol{C}_3\}_{4\times 1} \\ \vdots \\ \{\boldsymbol{C}_{n-1}\}_{4\times 1} \\ \{\boldsymbol{C}_n\}_{4\times 1} \\ \begin{Bmatrix} U_n \\ R \end{Bmatrix}_{2\times 1} \end{Bmatrix}_{4(n+1)\times 1} = \begin{Bmatrix} 0 \\ 0 \\ 0 \\ 0 \\ \vdots \\ 0 \\ 0 \\ 0 \end{Bmatrix}_{4(n+1)\times 1}$$

(2-58)

式(2-58)的带状方阵表达式与方程(2-50)中给出的带状方阵表达式相同。然而,在方程(2-58)中,$\boldsymbol{H}_1^*$ 和 $\boldsymbol{G}_n^*$ 分别是式(2-57a)和式(2-57b)给出的4×6系数矩阵。注意,这些表达式与式(2-49)中给出的表达式不同。

G_m、H_m 和 C_m 的表达式在式（2-46）的右侧给出。式（2-58）和式（2-50）的未知向量也略有不同。

对于上述齐次方程组的非平凡解，式（2-58）的带状方阵的行列式必须等于零，色散方程是通过将这个行列式等于零得到的。然后，将一个单位值分配给其中一个未知数（例如，可以假设 U_0 为1），那么就可以求得剩下的 $(4n+3)$ 个未知数。求解波幅 a_m、b_m、c_m、d_m ($m=1,2,3,\cdots,n$) 后，可以根据位移-波势和应力-波势关系计算任意点的位移场和应力场。

2.5.3 浸入流体中并受到平面 P 波冲击的 n 层板

在 2.5.1 节和 2.5.2 节中，我们已经解决了自由振动问题（板在真空或流体中，即没有任何外部激励）。在本节中，我们考虑受迫振动问题，即多层板受到振幅为1的平面 P 波的冲击，如图 2-28(c) 所示。该外部激励会产生振幅为 R 的反射波、振幅为 T 的透射波以及板层内的上行和下行波，如图 2-28(c) 所示。假设入射 P 波的入射角（从垂直轴测量）为 θ，那么水平波数应为 $k=k_f\sin\theta$。

在这种情况下，流体中的势场应类似于式（2-51），但对上半流体空间中的入射 P 波有一个附加项：

$$\begin{cases} \phi_{fL} = Te^{-i\eta_f x_2}e^{ikx_1} \\ \phi_{fU} = \{e^{-i\eta_f(x_2-y_n)} + Re^{i\eta_f(x_2-y_n)}\}e^{ikx_1} \\ \eta_f = \sqrt{k_f^2 - k^2} = k_f\cos\theta, \quad k = k_f\sin\theta \end{cases} \quad (2-59)$$

流体-固体边界处的法向应力和位移分量由上述势场获得：

$$\begin{cases} \sigma_{22}|_{x_2=y_n} = -\rho_f\omega^2\{\phi_{fU}\}_{x_2=y_n} = -\rho_f\omega^2(1+R)e^{ikx_1} \\ \sigma_{22}|_{x_2=y_0} = -\rho_f\omega^2\{\phi_{fL}\}_{x_2=y_0} = -\rho_f\omega^2 Te^{ikx_1} \\ u_2|_{x_2=y_n} = \{\phi_{fU}\}_{x_2=y_n} = i\eta_f(-1+R)e^{ikx_1} \\ u_2|_{x_2=y_0} = \{\phi_{fL}\}_{x_2=y_0} = -i\eta_f Te^{ikx_1} \end{cases} \quad (2-60)$$

第 m 层内的波势在式（2-32）中给出。对于该问题，后续推导（直到式（2-40））波势保持不变。然而，在这种情况下式（2-41）应不相同，因为流体-固体界面上的法向应力分量不等于零。使根据流体和固体中的波势计算得到的流体-固体界面处的垂直位移和法向应力分量相等，得到以下矩阵方程

$$\begin{Bmatrix} u_1 \\ u_2 \\ \sigma_{22} \\ \sigma_{12} \end{Bmatrix}_{x_2=y_n} = \begin{bmatrix} J_{11} & J_{12} & J_{13} & J_{14} \\ J_{21} & J_{22} & J_{23} & J_{24} \\ J_{31} & J_{32} & J_{33} & J_{34} \\ J_{41} & J_{42} & J_{43} & J_{44} \end{bmatrix} \begin{Bmatrix} u_1 \\ u_2 \\ \sigma_{22} \\ \sigma_{12} \end{Bmatrix}_{x_2=y_0}$$

$$\left\{\begin{array}{c} U_n \\ i\eta_f(-1+R) \\ -\rho_f \omega^2(-1+R) \\ 0 \end{array}\right\} = \begin{bmatrix} J_{11} & J_{12} & J_{13} & J_{14} \\ J_{21} & J_{22} & J_{23} & J_{24} \\ J_{31} & J_{32} & J_{33} & J_{34} \\ J_{41} & J_{42} & J_{43} & J_{44} \end{bmatrix} \left\{\begin{array}{c} U_0 \\ -i\eta_f T \\ -\rho_f \omega^2 T \\ 0 \end{array}\right\} \quad (2-61)$$

固体板中的水平位移分量 U_0 和 U_n 是未知数，不一定等于流体中的水平位移分量，因为流体和固体颗粒在流固界面处可能发生滑移。式（2-61）有 4 个未知数 R、T、U_0 和 U_n，可以按以下方式重新排列：

$$\begin{bmatrix} 0 & -(i\eta_f J_{12}+\rho_f \omega^2 J_{13}) & J_{11} & -1 \\ -i\eta_f & -(i\eta_f J_{22}+\rho_f \omega^2 J_{23}) & J_{21} & 0 \\ \rho_f \omega^2 & -(i\eta_f J_{32}+\rho_f \omega^2 J_{33}) & J_{31} & 0 \\ 0 & -(i\eta_f J_{42}+\rho_f \omega^2 J_{43}) & J_{41} & 0 \end{bmatrix} \left\{\begin{array}{c} R \\ T \\ U_0 \\ U_n \end{array}\right\} = \left\{\begin{array}{c} 0 \\ i\eta_f \\ \rho_f \omega^2 \\ 0 \end{array}\right\} \quad (2-62)$$

从上述非齐次方程组可以得到 4 个未知数 R、T、U_0 和 U_n。然后，任意界面 $x_2=y_m$ 处的应力-位移向量 $\boldsymbol{S}_m$ 可以根据关系 $\boldsymbol{S}_m = \boldsymbol{A}_m \boldsymbol{A}_{m-1} \cdots \boldsymbol{A}_2 \boldsymbol{A}_1 \boldsymbol{S}_0$ 得到。在得到 $\boldsymbol{S}_m$ 后，利用式（2-36）得到第 m 层内部的波幅。因此，可以得到 a_m、b_m、c_m 和 d_m；最后根据式（2-33）给出的位移-波势和应力-波势关系就可得到板内的应力和位移变化。

2.5.3.1 全局矩阵法

如 2.5.1 节和 2.5.2 节所述，数值不稳定性发生在频率乘以板厚值大的情况下。这个数值精度问题可以通过利用增量矩阵操作或全局矩阵方法来避免。

对于这个问题，全局矩阵公式的前几个步骤与前面的问题相同，式（2-44）到式（2-47）也适用于这个问题，然而，由于这里的边界条件不同，式（2-48）应改为（见式（2-61））

$$\left\{\begin{array}{l} \boldsymbol{S}_0 = \boldsymbol{H}_1 \boldsymbol{C}_1 = \left\{\begin{array}{c} U_0 \\ -i\eta_f T \\ -\rho_f \omega^2 T \\ 0 \end{array}\right\} \\ \boldsymbol{S}_n = \boldsymbol{G}_n \boldsymbol{C}_n = \left\{\begin{array}{c} U_n \\ i\eta_f(-1+R) \\ -\rho_f \omega^2(1+R) \\ 0 \end{array}\right\} \end{array}\right. \quad (2-63)$$

式中：U_0、U_n、R、T 为未知数。式（2-63）可以改写为

$$\begin{bmatrix} -1 & 0 & ikE_1 & ik & -i\eta_1 B_1 & i\eta_1 \\ 0 & i\eta_f & -i\eta_1 E_1 & i\eta_1 & -ikB_1 & -ik \\ 0 & \rho_f\omega^2 & \mu_1(2k^2-k_{S1}^2)E_1 & \mu_1(2k^2-k_{S1}^2) & -2k\mu_1\beta_1 B_1 & 2k\mu_1\beta_1 \\ 0 & 0 & 2k\mu_1\eta_1 E_1 & -2k\mu_1\eta_1 & \mu_1(2k^2-k_{S1}^2)B_1 & \mu_1(2k^2-k_{S1}^2) \end{bmatrix} \begin{Bmatrix} U_0 \\ T \\ a_1 \\ b_1 \\ c_1 \\ d_1 \end{Bmatrix} = \begin{Bmatrix} 0 \\ 0 \\ 0 \\ 0 \end{Bmatrix}$$

(2-64a)

$$\begin{bmatrix} ik & ikE_n & -i\eta_n & i\eta_n B_n & -1 & 0 \\ -i\eta_n & i\eta_n E_n & -ik & -ikB_n & 0 & -i\eta_f \\ \mu_n(2k^2-k_{Sn}^2) & \mu_n(2k^2-k_{Sn}^2)E_n & -2k\mu_n\beta_n & 2k\mu_n\beta_n B_n & 0 & \rho_f\omega^2 \\ 2k\mu_n\beta_n & -2k\mu_n\beta_n E_n & \mu_n(2k^2-k_{Sn}^2) & \mu_n(2k^2-k_{Sn}^2)B_n & 0 & 0 \end{bmatrix} \begin{Bmatrix} a_n \\ b_n \\ c_n \\ d_n \\ U_n \\ R \end{Bmatrix} = \begin{Bmatrix} 0 \\ -i\eta_f \\ -\rho_f\omega^2 \\ 0 \end{Bmatrix}$$

(2-64b)

注意，式（2-64a）与式（2-57a）相同，但是式（2-64b）不同于式（2-57b）。在式（2-64）的两个矩阵方程中共有 8 个代数方程，在式（2-47）的（$n-1$）矩阵方程中共有 4（$n-1$）个代数方程。未知参数总数为（$4n+4$）个；它们是 U_0、U_n、R、T 和 a_m、b_m、c_m、d_m（$m=1,2,3,\cdots,n$）。这个由 4（$n+1$）个代数方程组成的系统可以写成以下矩阵形式：

$$\begin{bmatrix} [\boldsymbol{H}_1^*]_{4\times 6} & [0]_{4\times 4} & \cdots & [0]_{4\times 6} \\ [[0]_{4\times 2} \vdots [\boldsymbol{G}_1]_{4\times 4}] & -[\boldsymbol{H}_2]_{4\times 4} & \cdots & [0]_{4\times 6} \\ \vdots & \vdots & \vdots & \vdots \\ [0]_{4\times 6} & [0]_{4\times 4} & \cdots & [\boldsymbol{G}_n^*]_{4\times 6} \end{bmatrix}_{4(n+1)\times 4(n+1)} \begin{Bmatrix} \begin{Bmatrix} U_0 \\ T \end{Bmatrix}_{2\times 1} \\ \{\boldsymbol{C}_1\}_{4\times 1} \\ \{\boldsymbol{C}_2\}_{4\times 1} \\ \{\boldsymbol{C}_3\}_{4\times 1} \\ \vdots \\ \{\boldsymbol{C}_{n-1}\}_{4\times 1} \\ \{\boldsymbol{C}_n\}_{4\times 1} \\ \begin{Bmatrix} U_n \\ R \end{Bmatrix}_{2\times 1} \end{Bmatrix}_{4(n+1)\times 1} = \begin{Bmatrix} 0 \\ 0 \\ 0 \\ 0 \\ 0 \\ \vdots \\ 0 \\ -i\eta_f \\ -\rho_f\omega^2 \\ 0 \end{Bmatrix}_{4(n+1)\times 1}$$

(2-65)

式（2-65）的带状方阵表达式与式（2-50）和式（2-58）中给出的类似。式（2-65）中，$\boldsymbol{H}_1^*$ 和 $\boldsymbol{G}_n^*$ 分别是式（2-64a）和式（2-64b）给出的

4×6系数矩阵。请注意，这些矩阵与式（2-57）中给出的矩阵相同，但与式（2-49）中给出的不同。式（2-46）右侧给出了 G_m、H_m 和 C_m 的表达式。式（2-65）和（2-58）的未知向量相同，但这两个方程式右侧的两个向量不同。

求解非齐次方程组（式（2-65））可以得到（$4n+4$）个未知数。求解波幅 a_m、b_m、c_m、d_m（$m=1,2,3,\cdots,n$）后，可以根据位移-波势和应力-波势关系计算任意点的位移场和应力场。

2.6 单层和多层复合板中的导波

到目前为止，我们只分析了由各向同性弹性层制成的板。所有这些分析都排除了纤维增强复合板和任何由各向异性层制成的板。在本节中，研究了单向纤维增强复合板和由各向异性层制成的多层复合板中的导波传播。在多层板中，纤维方向可以从一层变化到下一层。

如前所述，对于这个平板问题，可以考虑三种不同的问题几何结构，如图2-28所示，（a）真空中的平板；（b）流体中的平板；（c）平面P波撞击流体中平板。然而，我们在前2.5节（示例2.2）中已经知道，真空中的板是流体中的板的特殊情况，因此，没有必要单独考虑平板在真空中的问题。在浸入流体中的板的色散方程中，如果我们将流体密度设置为零，并且将流体的声波速度设置为较小的值，那么我们可以恢复真空中板的色散方程。在第2.5节中还表明，自由振动问题（流体中的板）的色散方程可以从受迫振动问题（平面P波撞击流体中的板）获得，因为这两个问题之间的唯一区别是，对于自由振动问题，我们得到的是齐次方程组，而对于强迫振动问题，它是一个非齐次方程组。但从色散方程导出的系数矩阵对于这两个问题是相同的（见式（2-65）和式（2-58），或式（2-62）和式（2-54））。因此，如果我们分析强迫振动问题，即平面P波撞击浸没在流体中的复合材料板，那么我们就得到了最一般情况下的解。两个自由振动问题，真空中的板和流体中的板可以从强迫振动问题的一般解导出。这个问题是按照 Mal 等（1991）概述的技术解决的。

按照 Mal 的标记法，这个几何问题的坐标轴与我们之前的假设稍微不同。如图2-29所示，垂直轴从 x_2 变为 x_3（正向下），波传播方向相对于 x_1 轴倾斜 ϕ 角。横观各向同性固体的应力-应变关系在式（1-63）和式（1-64）中给出。这些关系是针对作为对称轴的 x_3 轴给出的。如果 x_1 轴为对称轴，那么按照第1章中给出的推理，可以证明式（1-63）回变为

$$\begin{Bmatrix} \sigma_{11} \\ \sigma_{22} \\ \sigma_{33} \\ \sigma_{23} \\ \sigma_{31} \\ \sigma_{12} \end{Bmatrix} = \begin{bmatrix} C_{11} & C_{12} & C_{12} & 0 & 0 & 0 \\ & C_{22} & C_{23} & 0 & 0 & 0 \\ & & C_{22} & 0 & 0 & 0 \\ & & & C_{44} & 0 & 0 \\ & & & & C_{55} & 0 \\ & 对称 & & & & C_{55} \end{bmatrix} \begin{Bmatrix} \varepsilon_{11} \\ \varepsilon_{22} \\ \varepsilon_{33} \\ 2\varepsilon_{23} \\ 2\varepsilon_{31} \\ 2\varepsilon_{12} \end{Bmatrix} \quad (2-66)$$

式中

$$C_{44} = \frac{C_{22} - C_{23}}{2} \quad (2-67)$$

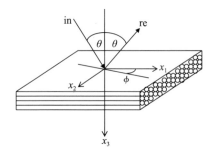

图 2-29 浸入流体中的纤维增强复合板对平面 P 波的反射（纤维方向为 x_1 方向，包含入射波和反射波的平面与 x_1 轴的夹角为 ϕ）

这种应力-应变关系可以在任何关于各向异性固体力学的书中找到（Christensen，1981）（可参考本书中的式（1-63）和式（1-64）进行比较）。

Buchwald（1961）提出了以下位移—波势关系，这有助于解决该问题：

$$\begin{Bmatrix} u_1 \\ u_2 \\ u_3 \end{Bmatrix} = \begin{bmatrix} \partial/\partial x_1 & 0 & 0 \\ 0 & \partial/\partial x_2 & \partial/\partial x_3 \\ 0 & \partial/\partial x_3 & -\partial/\partial x_2 \end{bmatrix} \begin{Bmatrix} \phi_1 \\ \phi_2 \\ \phi_3 \end{Bmatrix} \quad (2-68)$$

在没有任何外力的情况下，运动方程（式（1-78））变为

$$\begin{cases} \sigma_{11,1} + \sigma_{12,2} + \sigma_{13,3} = \rho \ddot{u}_1 \\ \sigma_{21,1} + \sigma_{22,2} + \sigma_{23,3} = \rho \ddot{u}_2 \\ \sigma_{31,1} + \sigma_{32,2} + \sigma_{33,3} = \rho \ddot{u}_3 \end{cases} \quad (2-69)$$

将式（2-66）代入式（2-69），并对谐波时间相关方程（$e^{-i\omega t}$）进行专门化，我们得到

$$\begin{cases} (C_{11}u_{1,11}+C_{12}u_{2,21}+C_{12}u_{3,31})+C_{55}(u_{1,22}+u_{2,12})+C_{55}(u_{1,33}+u_{3,13})+\rho\omega^2 u_1=0 \\ C_{55}(u_{1,21}+u_{2,11})+(C_{12}u_{1,12}+C_{22}u_{2,22}+C_{23}u_{3,32})+C_{44}(u_{2,33}+u_{3,23})+\rho\omega^2 u_2=0 \\ C_{55}(u_{1,31}+u_{3,11})+C_{44}(u_{2,32}+u_{3,22})+(C_{12}u_{1,13}+C_{23}u_{2,23}+C_{22}u_{3,33})+\rho\omega^2 u_3=0 \end{cases}$$

$$(2-70)$$

然后将式（2-68）代入式（2-70）得到

$$\begin{cases} (C_{11}\phi_{1,111}+C_{12}\phi_{2,221}+C_{12}\phi_{3,321}+C_{12}\phi_{2,331}-C_{12}\phi_{3,231})+ \\ \quad C_{55}(\phi_{1,122}+\phi_{2,212}+\phi_{3,312})+C_{55}(\phi_{1,133}+\phi_{2,313}-\phi_{3,212})+\rho\omega^2\phi_{1,1}=0 \\ C_{55}(\phi_{1,121}+\phi_{2,211}+\phi_{3,311})+(C_{12}\phi_{1,112}+C_{22}\phi_{2,222}+C_{22}\phi_{3,322}+C_{23}\phi_{2,332}-C_{23}\phi_{3,232})+ \\ \quad C_{44}(\phi_{2,233}+\phi_{3,333}+\phi_{2,323}-\phi_{3,232})+\rho\omega^2\phi_{2,2}+\rho\omega^2\phi_{3,3}=0 \\ C_{55}(\phi_{1,131}+\phi_{2,311}+\phi_{3,211})+C_{44}(\phi_{2,232}+\phi_{3,332}+\phi_{2,322}-\phi_{3,222})+ \\ \quad (C_{12}\phi_{1,113}+C_{23}\phi_{2,223}+C_{23}\phi_{3,323}+C_{22}\phi_{2,333}-C_{23}\phi_{3,233})+\rho\omega^2\phi_{2,3}-\rho\omega^2\phi_{3,2}=0 \end{cases}$$

$$(2-71)$$

式（2-71）的第一个式子可以写成

$$\begin{cases} [(C_{11}\phi_{1,11}+C_{12}\phi_{2,22}+C_{12}\phi_{3,32}+C_{12}\phi_{2,33}-C_{12}\phi_{3,23})+ \\ \quad C_{55}(\phi_{1,22}+\phi_{2,22}+\phi_{3,32})+C_{55}(\phi_{1,33}+\phi_{2,33}-\phi_{3,23})+\rho\omega^2\phi_1]_{,1}=0 \\ \Rightarrow [(C_{11}\phi_{1,11}+C_{12}\phi_{2,22}+C_{12}\phi_{2,33})+C_{55}(\phi_{1,22}+\phi_{2,22}+\phi_{1,33}+\phi_{2,33})+\rho\omega^2\phi_1]_{,1}=0 \\ \Rightarrow [(C_{11}\phi_{1,11}+C_{12}\nabla_1^2\phi_2)+C_{55}\nabla_1^2(\phi_1+\phi_2)+\rho\omega^2\phi_1]_{,1}=0 \\ \Rightarrow [(C_{11}\phi_{1,11}+C_{55}\nabla_1^2\phi_1+\rho\omega^2\phi_1)+(C_{11}+C_{55})\nabla_1^2\phi_2]_{,1}=0 \end{cases}$$

$$(2-72)$$

式中：$\nabla_1^2=\dfrac{\partial^2}{\partial x_2^2}+\dfrac{\partial^2}{\partial x_3^2}$。

同理，式（2-71）的第二个方程可以改写为

$$\begin{cases} [C_{55}(\phi_{1,11}+\phi_{2,11})+(C_{12}\phi_{1,11}+C_{22}\phi_{2,22}+C_{23}\phi_{2,33})+C_{44}(\phi_{2,33}+\phi_{3,33})+\rho\omega^2\phi_2]_{,2}+ \\ \quad [C_{55}\phi_{3,11}+C_{22}\phi_{3,22}-C_{23}\phi_{3,22}+C_{44}(\phi_{3,33}-\phi_{3,22})+\rho\omega^2\phi_3]_{,3}=0 \\ \Rightarrow [(C_{12}+C_{55})\phi_{1,11}+(C_{55}\phi_{2,11})+(C_{22}\phi_{2,22}+C_{22}\phi_{2,33}-2C_{44}\phi_{2,33})+2C_{44}\phi_{2,33}+\rho\omega^2\phi_2]_{,2}+ \\ \quad [C_{55}\phi_{3,11}+2C_{44}\phi_{3,22}+C_{44}(\phi_{3,33}-\phi_{3,22})+\rho\omega^2\phi_3]_{,3}=0 \\ \Rightarrow [(C_{12}+C_{55})\phi_{1,11}+C_{55}\phi_{2,11}+C_{22}(\phi_{2,22}+C_{22}\phi_{2,33})+\rho\omega^2\phi_2]_{,2}+ \\ \quad [C_{55}\phi_{3,11}+C_{44}(\phi_{3,33}+\phi_{3,22})+\rho\omega^2\phi_3]_{,3}=0 \\ \Rightarrow [(C_{12}+C_{55})\phi_{1,11}+C_{55}\phi_{2,11}+C_{22}\nabla_1^2\phi_2+\rho\omega^2\phi_2]_{,2}+[C_{55}\phi_{3,11}+C_{44}\nabla_1^2\phi_3+\rho\omega^2\phi_3]_{,3}=0 \end{cases}$$

$$(2-73)$$

第三个式子可以写为

$$\begin{cases} C_{55}(\phi_{1,131}+\phi_{2,311}+\phi_{3,211})+C_{44}(\phi_{2,232}+\phi_{3,332}+\phi_{2,322}-\phi_{3,222})+ \\ \quad (C_{12}\phi_{1,113}+C_{23}\phi_{2,223}+C_{23}\phi_{3,323}+C_{22}\phi_{2,333}-C_{22}\phi_{3,233})+\rho\omega^2\phi_{2,3}-\rho\omega^2\phi_{3,2}=0 \\ [C_{55}(\phi_{1,11}+\phi_{2,11})+C_{44}(\phi_{2,22}+\phi_{2,22})+(C_{12}\phi_{1,11}+C_{23}\phi_{2,22}+C_{22}\phi_{2,33})+\rho\omega^2\phi_2]_{,3}+ \\ \quad [-C_{55}\phi_{3,11}+C_{44}(\phi_{3,33}-\phi_{3,22})+(C_{23}\phi_{3,33}-C_{22}\phi_{3,33})-\rho\omega^2\phi_3]_{,2}=0 \\ [(C_{55}+C_{12})\phi_{1,11}+C_{55}\phi_{2,11}+2C_{44}\phi_{2,22}+(C_{22}\phi_{2,22}-2C_{44}\phi_{2,22}+C_{22}\phi_{2,33})+\rho\omega^2\phi_2]_{,3}+ \\ \quad [-C_{55}\phi_{3,11}+C_{44}(\phi_{3,33}-\phi_{3,22})+(-2C_{44}\phi_{3,33})-\rho\omega^2\phi_3]_{,2}=0 \\ [(C_{55}+C_{12})\phi_{1,11}+C_{55}\phi_{2,11}+C_{22}\nabla_1^2\phi_2+\rho\omega^2\phi_2]_{,3}-[C_{55}\phi_{3,11}+C_{44}\nabla_1^2\phi_3+\rho\omega^2\phi_3]_{,2}=0 \end{cases}$$
$$(2-74)$$

请注意,满足式(2-72)、式(2-73)和式(2-74)的充分条件是

$$\begin{cases} C_{11}\phi_{1,11}+C_{55}\nabla_1^2\phi_1+\rho\omega^2\phi_1+(C_{12}+C_{55})\nabla_1^2\phi_2=0 \\ (C_{12}+C_{55})\phi_{1,11}+C_{55}\phi_{2,11}+C_{22}\nabla_1^2\phi_2+\rho\omega^2\phi_2=0 \\ C_{55}\phi_{3,11}+C_{44}\nabla_1^2\phi_3+\rho\omega^2\phi_3=0 \end{cases} \quad (2-75)$$

式(2-75)可以改写为

$$\begin{cases} \left(\dfrac{C_{55}}{\rho}\nabla_1^2+\dfrac{C_{11}}{\rho}\dfrac{\partial^2}{\partial x_1^2}+\omega^2\right)\phi_1+\dfrac{(C_{12}+C_{55})}{\rho}\nabla_1^2\phi_2=0 \\ \dfrac{(C_{12}+C_{55})}{\rho}\dfrac{\partial^2}{\partial x_1^2}\phi_1+\left(\dfrac{C_{22}}{\rho}\nabla_1^2+\dfrac{C_{55}}{\rho}\dfrac{\partial^2}{\partial x_1^2}+\omega^2\right)\phi_2=0 \\ \left(\dfrac{C_{44}}{\rho}\nabla_1^2+\dfrac{C_{55}}{\rho}\dfrac{\partial^2}{\partial x_1^2}+\omega^2\right)\phi_3=0 \end{cases} \quad (2-76)$$

将

$$\begin{cases} \dfrac{C_{22}}{\rho}=a_1 \\ \dfrac{C_{11}}{\rho}=a_2 \\ \dfrac{C_{12}+C_{55}}{\rho}=a_3 \\ \dfrac{C_{44}}{\rho}=a_4 \\ \dfrac{C_{55}}{\rho}=a_5 \end{cases} \quad (2-77)$$

代入式(2-76)可得

$$\begin{cases} \left(a_5 \nabla_1^2 + a_2 \dfrac{\partial^2}{\partial x_1^2} + \omega^2\right)\phi_1 + a_3 \nabla_1^2 \phi_2 = 0 \\ a_3 \dfrac{\partial^2}{\partial x_1^2}\phi_1 + \left(a_1 \nabla_1^2 + a_5 \dfrac{\partial^2}{\partial x_1^2} + \omega^2\right)\phi_2 = 0 \\ \left(a_4 \nabla_1^2 + a_5 \dfrac{\partial^2}{\partial x_1^2} + \omega^2\right)\phi_3 = 0 \end{cases} \quad (2-78\mathrm{a})$$

式（2-78a）可以写成矩阵形式：

$$\begin{bmatrix} \left(a_5 \nabla_1^2 + a_2 \dfrac{\partial^2}{\partial x_1^2} + \omega^2\right) & a_3 \nabla_1^2 & 0 \\ a_3 \dfrac{\partial^2}{\partial x_1^2} & \left(a_1 \nabla_1^2 + a_5 \dfrac{\partial^2}{\partial x_1^2} + \omega^2\right) & 0 \\ 0 & 0 & \left(a_4 \nabla_1^2 + a_5 \dfrac{\partial^2}{\partial x_1^2} + \omega^2\right) \end{bmatrix} \begin{Bmatrix} \phi_1 \\ \phi_2 \\ \phi_3 \end{Bmatrix} = \begin{Bmatrix} 0 \\ 0 \\ 0 \end{Bmatrix}$$

$$(2-78\mathrm{b})$$

上述微分方程组的解由（Mal，等，1991）给出：

$$\begin{Bmatrix} \phi_1 \\ \phi_2 \\ \phi_3 \end{Bmatrix} = \begin{bmatrix} q_{11} & q_{22} & 0 \\ q_{21} & q_{22} & 0 \\ 0 & 0 & 1 \end{bmatrix} \left(\begin{bmatrix} \mathrm{e}^{\mathrm{i}\xi_1 x_3} & 0 & 0 \\ 0 & \mathrm{e}^{\mathrm{i}\xi_2 x_3} & 0 \\ 0 & 0 & \mathrm{e}^{\mathrm{i}\xi_3 x_3} \end{bmatrix} \begin{bmatrix} A_1^+ \\ A_2^+ \\ A_3^+ \end{bmatrix} + \begin{bmatrix} \mathrm{e}^{-\mathrm{i}\xi_1 x_3} & 0 & 0 \\ 0 & \mathrm{e}^{-\mathrm{i}\xi_2 x_3} & 0 \\ 0 & 0 & \mathrm{e}^{-\mathrm{i}\xi_3 x_3} \end{bmatrix} \begin{bmatrix} A_1^- \\ A_2^- \\ A_3^- \end{bmatrix} \right) \mathrm{e}^{\mathrm{i}(\xi_1 x_1 + \xi_2 x_2)}$$

或者

$$\begin{Bmatrix} \phi_1 \\ \phi_2 \\ \phi_3 \end{Bmatrix} = \begin{bmatrix} q_{11} & q_{22} & 0 \\ q_{21} & q_{22} & 0 \\ 0 & 0 & 1 \end{bmatrix} \begin{Bmatrix} A_1^+ \mathrm{e}^{\mathrm{i}\xi_1 x_3} + A_1^- \mathrm{e}^{-\mathrm{i}\xi_1 x_3} \\ A_2^+ \mathrm{e}^{\mathrm{i}\xi_2 x_3} + A_2^- \mathrm{e}^{-\mathrm{i}\xi_2 x_3} \\ A_3^+ \mathrm{e}^{\mathrm{i}\xi_3 x_3} + A_3^- \mathrm{e}^{-\mathrm{i}\xi_3 x_3} \end{Bmatrix} \mathrm{e}^{\mathrm{i}(\xi_1 x_1 + \xi_2 x_2)} \quad (2-79)$$

式中

$$\begin{cases} q_{11} = a_3 b_1 \\ q_{12} = a_3 b_2 \\ q_{21} = \omega^2 - a_2 \xi_1^2 - a_5 b_1 \\ q_{22} = \omega^2 - a_2 \xi_1^2 - a_5 b_2 \end{cases} \quad (2-80\mathrm{a})$$

$$\begin{cases} b_{1,2} = -\left(\dfrac{\beta}{2\alpha}\right) \mp \left[\left(\dfrac{\beta}{2\alpha}\right)^2 - \dfrac{\gamma}{\alpha}\right]^{1/2} \\ \alpha = a_1 a_5 \\ \beta = (a_1 a_2 + a_5^2 - a_3^2)\xi_1^2 - \omega^2(a_1 + a_5) \\ \gamma = (a_2 \xi_1^2 - \omega^2)(a_2 \xi_1^2 - \omega^2) \end{cases} \quad (2-80\text{b})$$

$$\begin{cases} \zeta_1^2 = -\xi_2^2 + b_1 \\ \zeta_2^2 = -\xi_2^2 + b_2 \\ \zeta_3^2 = -\xi_2^2 + (\omega^2 - a_5 \xi_1^2)/a_4 \end{cases} \quad (2-80\text{c})$$

服从 $\mathrm{Im}(\xi_j) \geqslant 0$,$j=1$、2、3。

根据式（2-79）中给出的波势表达式,可以使用式（2-68）和式（2-66）获得表面（$x_3 =$ 常数）处的三个位移分量,以及法向和剪应力分量:

$$[u_1 \quad u_2 \quad u_3 \quad \sigma_{13} \quad \sigma_{23} \quad \sigma_{33}]^T = \{S(x_3)\} e^{i(\xi_1 x_1 + \xi_2 x_2)}$$
$$= \begin{bmatrix} Q_{11} & Q_{12} \\ Q_{21} & Q_{22} \end{bmatrix} E \begin{bmatrix} A^+ \\ A^- \end{bmatrix} e^{i(\xi_1 x_1 + \xi_2 x_2)} \quad (2-81)$$

式中

$$E = \begin{bmatrix} e^{i\xi_1 x_3} & 0 & 0 & 0 & 0 & 0 \\ 0 & e^{i\xi_2 x_3} & 0 & 0 & 0 & 0 \\ 0 & 0 & e^{i\xi_3 x_3} & 0 & 0 & 0 \\ 0 & 0 & 0 & e^{-i\xi_1 x_3} & 0 & 0 \\ 0 & 0 & 0 & 0 & e^{-i\xi_2 x_3} & 0 \\ 0 & 0 & 0 & 0 & 0 & e^{-i\xi_3 x_3} \end{bmatrix} \quad (2-82)$$

$$[A^+ \quad A^-]^T = [A_1^+ \quad A_2^+ \quad A_3^+ \quad A_1^- \quad A_2^- \quad A_3^-]^T \quad (2-83)$$

$$\begin{cases} Q_{11} = \begin{bmatrix} i\xi_1 q_{11} & i\xi_1 q_{12} & 0 \\ i\xi_2 q_{21} & i\xi_2 q_{22} & i\xi_3 \\ i\xi_1 q_{21} & i\xi_2 q_{22} & -i\xi_2 \end{bmatrix} \\ Q_{12} = \begin{bmatrix} i\xi_1 q_{11} & i\xi_1 q_{12} & 0 \\ i\xi_2 q_{21} & i\xi_2 q_{22} & -i\xi_3 \\ -i\xi_1 q_{21} & -i\xi_2 q_{22} & -i\xi_2 \end{bmatrix} \end{cases}$$

$$\begin{cases} \boldsymbol{Q}_{21} = \begin{bmatrix} -\rho a_5\xi_1\zeta_1(q_{11}+q_{21}) & -\rho a_5\xi_1\zeta_2(q_{12}+q_{22}) & \rho a_5\xi_1\zeta_2 \\ -2\rho a_4\xi_2\zeta_1 q_{21} & -2\rho a_4\xi_2\zeta_2 q_{22} & \rho a_4(\xi_2^2-\zeta_3^2) \\ \delta_1 & \delta_2 & 2\rho a_4\xi_2\zeta_3 \end{bmatrix} \\ \boldsymbol{Q}_{22} = \begin{bmatrix} \rho a_5\xi_1\zeta_1(q_{11}+q_{21}) & \rho a_5\xi_1\zeta_2(q_{12}+q_{22}) & \rho a_5\xi_1\zeta_2 \\ 2\rho a_4\xi_2\zeta_1 q_{21} & 2\rho a_4\xi_2\zeta_2 q_{22} & \rho a_4(\xi_2^2-\zeta_3^2) \\ \delta_1 & \delta_2 & -2\rho a_4\xi_2\zeta_3 \end{bmatrix} \end{cases} \quad (2-84)$$

$$\begin{cases} \delta_1 = \rho[(a_5-a_3)\xi_1^2 q_{11} - (a_1-2a_4)\xi_2^2 q_{21} - a_1\zeta_1^2 q_{21}] \\ \delta_2 = \rho[(a_5-a_3)\xi_1^2 q_{12} - (a_1-2a_4)\xi_2^2 q_{22} - a_1\zeta_2^2 q_{22}] \end{cases} \quad (2-84a)$$

入射波引起的波场（图 2-29）由下式给出：

$$e^{i(\xi_1 x_1 + \xi_2 x_2 + \zeta_0 x_3)} \quad (2-85)$$

式中

$$\xi_1 = k_0 \sin\theta\cos\phi, \quad \xi_2 = k_0 \sin\theta\sin\phi, \quad \zeta_0 = k_0\cos\theta, \quad k_0 = \omega/\alpha_0 \quad (2-86)$$

上部和下部流体中的声波势分别用 ϕ_0 和 ϕ_b 表示。那么，流体中的位移和应力分量由下式给出：

$$u_i = \frac{\partial \phi_\alpha}{\partial x_i}, \quad i=1、2、3$$
$$\sigma_{33} = -\rho_0\omega^2\phi_\alpha, \quad \sigma_{13} = \sigma_{23} = 0 \quad (2-87)$$

式中：下标 α 为 0（对于顶部流体）或 b（对于底部流体）。

根据反射和透射系数 R 和 T，顶部和底部流体半空间中的波势由下式给出：

$$\phi_0 = (e^{i\zeta_0 x_3} + Re^{-i\zeta_0 x_3})e^{i(\xi_1 x_1 + \xi_2 x_2)}$$
$$\phi_b = Te^{i[\zeta_0(x_3-H)+\xi_1 x_1+\xi_2 x_2]} \quad (2-88)$$

在流体半空间与平板的顶部和底部界面上，法向位移和应力分量应是连续的。界面处的剪应力应消失。流体和固体在界面上可以具有不同的水平位移分量。因此，板顶面和底面的位移和应力分量可以写为

$$\boldsymbol{S}(x_3)^T e^{i(\xi_1 x_1+\xi_2 x_2)} = \lfloor u_1 \quad u_2 \quad \phi_{0,3} \quad 0 \quad 0 \quad -\rho_0\omega^2\phi_0 \rfloor, \quad x_3=0$$
$$= [u_1 \quad u_2 \quad \phi_{b,3} \quad 0 \quad 0 \quad -\rho_0\omega^2\phi_b], \quad x_3=H \quad (2-89)$$

将式（2-88）代入式（2-89）得到：

$$\boldsymbol{S}(x_3)^T e^{i(\xi_1 x_1+\xi_2 x_2)} = [U_0 \quad V_0 \quad i\zeta_0(1-R) \quad 0 \quad 0 \quad -\rho_0\omega^2(1+R)]e^{i(\xi_1 x_1+\xi_2 x_2)}, \quad x_3=0$$
$$= [U_1 \quad V_2 \quad i\zeta_0 T \quad 0 \quad 0 \quad -\rho_0\omega^2\phi_b T]e^{i(\xi_1 x_1+\xi_2 x_2)}, \quad x_3=H$$
$$(2-90)$$

式中：ξ_0、ξ_1 和 ξ_2 在式（2-86）中定义；传播项 $\mathrm{e}^{\mathrm{i}(\xi_1 x_1 + \xi_2 x_2)}$ 隐含在每项中。需要注意的是，式（2-89）中的 u_1 和 u_2 与式（2-90）中的 U_0、V_0、U_1 和 V_1 的关系如下：

$$u_1|_{x_3=0} = U_0 \mathrm{e}^{\mathrm{i}(\xi_1 x_1 + \xi_2 x_2)}, \quad u_2|_{x_3=0} = V_0 \mathrm{e}^{\mathrm{i}(\xi_1 x_1 + \xi_2 x_2)}$$

$$u_1|_{x_3=H} = U_1 \mathrm{e}^{\mathrm{i}(\xi_1 x_1 + \xi_2 x_2)}, \quad u_2|_{x_3=H} = V_1 \mathrm{e}^{\mathrm{i}(\xi_1 x_1 + \xi_2 x_2)}$$

2.6.1 浸没在流体中的单层复合板

令式（2-90）和式（2-89）中的 $S(x_3)$ 在 $x_3 = 0$ 和 H 时相等，可以得到 12 个方程，其中包括 12 个未知数 A_1^+、A_2^+、A_3^+、A_1^-、A_2^-、A_3^-、R、T、U_0、V_0、U_1 和 V_1。由于它给出了一个非齐次方程组，因此可以使用 12 个方程唯一地求解 12 个未知数。通过将系数矩阵的行列式等于 0 来获得色散方程。

2.6.2 浸没在流体中的多层复合板

本节还遵循了 Mal 等（1991）给出的符号和步骤。本节分析了多层复合材料板：不同层中的纤维取向不同。引入了全局坐标系 xyz，其中 xy 平面与平板的表面平行。对于每个层或薄片，还引入了局部坐标系 $x_1 x_2 x_3$，其中 x_1 轴沿纤维方向，x_3 轴沿 z 轴方向。第 m 层中的纤维方向（x_1 轴）与 x 轴的夹角为 φ_m；φ_m 通常随层板的不同而变化。

全局坐标系中三个位移分量的 z 相关部分分别用 $U(z)$、$V(z)$ 和 $W(z)$ 表示，三个应力分量 σ_{13}、σ_{23}、σ_{33} 分别用 $X(z)$、$Y(z)$ 以及 $Z(z)$ 来表示。符号 u_i 和 $\sigma_{i3}(i=1,2,3)$ 表示每个局部坐标系中位移和应力分量的 z 相关部分。

全局坐标系中的位移和应力向量通过以下关系从局部坐标系转换而来：

$$\begin{cases} \begin{Bmatrix} U_m \\ V_m \\ W_m \end{Bmatrix} = \boldsymbol{L}(m) \begin{Bmatrix} u_1^m \\ u_2^m \\ u_3^m \end{Bmatrix} \\ \begin{Bmatrix} X_m \\ Y_m \\ Z_m \end{Bmatrix} = \boldsymbol{L}(m) \begin{Bmatrix} \sigma_{13}^m \\ \sigma_{23}^m \\ \sigma_{33}^m \end{Bmatrix} \end{cases} \quad (2-91)$$

式中：下标和上标"m"表示第 m 层的对应组件。变换矩阵 $\boldsymbol{L}(m)$ 由下式给出

$$\boldsymbol{L}(m) = \begin{bmatrix} \cos(\phi_m) & -\sin(\phi_m) & 0 \\ \sin(\phi_m) & \cos(\phi_m) & 0 \\ 0 & 0 & 1 \end{bmatrix} \quad (2-92)$$

应力-位移向量 $S(z)$ 在平行于 xy 平面的所有界面上必须是连续的。在第 m 层 $[z_{m-1} \leqslant z \leqslant z_m]$，使用式（2-81）和式（2-91），向量 $S(z)$ 用下列分块矩阵形式表示：

$$S_m(z) = \begin{bmatrix} L(m) & 0 \\ 0 & L(m) \end{bmatrix} \begin{bmatrix} Q_{11}(m) & Q_{12}(m) \\ Q_{21}(m) & Q_{22}(m) \end{bmatrix} \begin{bmatrix} E^+(z,m) & 0 \\ 0 & E^-(z,m) \end{bmatrix} \begin{Bmatrix} A^+(m) \\ A^-(m) \end{Bmatrix}$$

(2-93)

式中所有的分块子矩阵和向量都是 3 阶的。向量 $A^{\pm}(m)$ 矩阵 $Q_{ij}(m)$ 的定义与均匀板的定义相同（见式（2-83）和式（2-84））。计算 $Q_{ij}(m)$ 时，式（2-84）中的材料性质可用第 m 层的材料性质代替。矩阵 $E^+(z, m)$ 由下式给出。

$$\begin{cases} E^+(z,m) = \begin{bmatrix} e^{i\zeta_1(z-z_{m-1})} & 0 & 0 \\ 0 & e^{i\zeta_2(z-z_{m-1})} & 0 \\ 0 & 0 & e^{i\zeta_3(z-z_{m-1})} \end{bmatrix} \\ E^-(z,m) = \begin{bmatrix} e^{i\zeta_1(z_m-z)} & 0 & 0 \\ 0 & e^{i\zeta_2(z_m-z)} & 0 \\ 0 & 0 & e^{i\zeta_3(z_m-z)} \end{bmatrix} \end{cases}$$

(2-94)

跨界面 z_m 的连续性条件，$S_m(z_m) = S_{m+1}(z_m)$，可以写为

$$Q_m^- A_m = Q_{m+1}^+ A_{m+1}$$

(2-95)

式中

$$\begin{cases} A_m = \begin{Bmatrix} A_m^+ \\ A_m^- \end{Bmatrix} \\ Q_m^+ = \begin{bmatrix} -L(m)Q_{11}(m) & -L(m)Q_{12}(m)E_m \\ -L(m)Q_{21}(m) & -L(m)Q_{22}(m)E_m \end{bmatrix} \\ Q_m^- = \begin{bmatrix} L(m)Q_{11}(m)E_m & L(m)Q_{12}(m) \\ L(m)Q_{21}(m)E_m & L(m)Q_{22}(m) \end{bmatrix} \\ E_m = \begin{bmatrix} e^{i\zeta_1 h_m} & 0 & 0 \\ 0 & e^{i\zeta_2 h_m} & 0 \\ 0 & 0 & e^{i\zeta_3 h_m} \end{bmatrix} \end{cases}$$

(2-96)

式中：$h_m = z_m - z_{m-1}$；上标"-"和"+"代表第 m 层的上下界面。此外，

波数 $\zeta_j(j=1,2,3)$ 受 $\text{Im}(\zeta_j)>0$ 的约束，因此 $\boldsymbol{E}_m$ 的对角线元素总是有界的。

对于 N 层、多取向（纤维在不同层中的不同方向）复合板，在其顶面受到平面声波的作用，通过满足流固界面处的边界条件，可以得到以下方程和内部界面的连续性条件：

$$\begin{bmatrix} \boldsymbol{Q}_0^- & \boldsymbol{Q}_1^+ & \boldsymbol{0} & \boldsymbol{0} & \cdots & \cdots & \cdots & \boldsymbol{0} \\ \boldsymbol{0} & \boldsymbol{Q}_1^- & \boldsymbol{Q}_2^+ & \boldsymbol{0} & \cdots & \cdots & \cdots & \boldsymbol{0} \\ \vdots & \vdots & \vdots & \vdots & \vdots & \vdots & \vdots & \vdots \\ \boldsymbol{0} & \cdots & \boldsymbol{0} & \boldsymbol{Q}_{m-1}^- & \boldsymbol{Q}_m^+ & \boldsymbol{0} & \cdots & \boldsymbol{0} \\ \boldsymbol{0} & \cdots & \cdots & \boldsymbol{0} & \boldsymbol{Q}_m^- & \boldsymbol{Q}_{m+1}^+ & \boldsymbol{0} & \cdots \\ \vdots & \vdots & \vdots & \vdots & \vdots & \vdots & \vdots & \vdots \\ \boldsymbol{0} & \cdots & \cdots & \cdots & \cdots & \boldsymbol{0} & \boldsymbol{Q}_N^- & \boldsymbol{Q}_b^+ \end{bmatrix} \begin{Bmatrix} \boldsymbol{A}_0 \\ \boldsymbol{A}_1 \\ \vdots \\ \boldsymbol{A}_m \\ \boldsymbol{A}_{m+1} \\ \vdots \\ \boldsymbol{A}_N \\ \boldsymbol{A}_{N+1} \end{Bmatrix} = \begin{Bmatrix} \boldsymbol{P}_1 \\ \boldsymbol{P}_2 \\ 0 \\ 0 \\ 0 \\ 0 \\ 0 \\ 0 \end{Bmatrix} \quad (2-97)$$

式中：矩阵 $\boldsymbol{Q}_0^-$、$\boldsymbol{Q}_b^+$ 和向量 $\boldsymbol{P}_1$、$\boldsymbol{P}_2$ 与流体载荷有关，由下式给出

$$\begin{cases} \boldsymbol{Q}_0^- = \begin{bmatrix} -1 & 0 & 0 \\ 0 & -1 & 0 \\ 0 & 0 & \mathrm{i}\zeta_0 \\ 0 & 0 & 0 \\ 0 & 0 & 0 \\ 0 & 0 & \rho_0\omega^2 \end{bmatrix}, \quad \boldsymbol{Q}_b^+ = \begin{bmatrix} 1 & 0 & 0 \\ 0 & 1 & 0 \\ 0 & 0 & \mathrm{i}\zeta_0 \\ 0 & 0 & 0 \\ 0 & 0 & 0 \\ 0 & 0 & -\rho_0\omega^2 \end{bmatrix} \\ \boldsymbol{P}_1 = \{0 \quad 0 \quad \mathrm{i}\zeta_0\}, \quad \boldsymbol{P}_2 = \{0 \quad 0 \quad -\rho_0\omega^2\} \end{cases} \quad (2-98)$$

未知系数 R 和 T 以及流-固界面上的切向位移包含在 $\boldsymbol{A}_0$ 和 $\boldsymbol{A}_b$（或 $\boldsymbol{A}_{N+1}$）中，其形式为

$$\boldsymbol{A}_0 = \{U_0 \quad V_0 \quad R\}, \quad \boldsymbol{A}_{N+1} = \{U_{N+1} \quad V_{N+1} \quad T\} \quad (2-99)$$

式（2-97）可以通过标准数值方法求解。

2.6.3 真空中的多层复合板（色散方程）

为了获得放置在真空中并且在不同层中具有不同纤维取向的多层复合板的色散方程，将两个外表面的牵引力值设置为零。那么，式（2-97）给出的是齐次方程组。该方程组如果满足下式，则存在非平凡解。

$$\mathrm{Det}\begin{bmatrix} \hat{Q}_1^+ & 0 & 0 & \cdots & \cdots & \cdots & \cdots & 0 \\ Q_1^- & Q_2^+ & 0 & 0 & & & & 0 \\ 0 & Q_2^- & Q_3^+ & 0 & & & & 0 \\ \vdots & \vdots & \vdots & \vdots & \vdots & \vdots & \vdots & \vdots \\ 0 & \cdots & 0 & Q_{m-1}^- & Q_m^+ & 0 & \cdots & 0 \\ 0 & \cdots & \cdots & 0 & Q_m^- & Q_{m+1}^+ & 0 & 0 \\ \vdots & \vdots & \vdots & \vdots & \vdots & \vdots & \vdots & \vdots \\ 0 & \cdots & \cdots & \cdots & 0 & Q_{N-1}^- & Q_N^+ & 0 \\ 0 & \cdots & \cdots & \cdots & \cdots & \cdots & 0 & \hat{Q}_N^- \end{bmatrix} = 0 \quad (2-100\mathrm{a})$$

式中

$$\begin{cases} \hat{Q}_1^+ = [L(1)Q_{21}(1) & L(1)Q_{22}(1)E_1] \\ \hat{Q}_N^- = [-L(N)Q_{21}(N)E_N & -L(N)Q_{22}(N)] \end{cases} \quad (2-100\mathrm{b})$$

对于以 0°或 90°方向在交叉层压板中传播到顶层纤维的波，行列式变得奇异，因为它包括反平面（SH）运动。为了消除这种奇异性，有必要消除与 SH 波运动相关的元素，并适当调整矩阵的维数（Mal，等，1991）。

2.6.4 考虑衰减的复合板分析

第 2.6.1~2.6.3 节中讨论的解决方法忽略了材料衰减。为了将材料衰减纳入公式中，式（2-66）的材料常数将变得复杂。实部表示刚度特性，虚部表示衰减特性。波在纤维增强复合材料中的衰减或消散是由基体的黏弹性以及来自纤维和其他不均匀性的散射引起的。通过假设材料常数 C_{ij} 是复数且与频率相关，可以在频域中对这两种效应进行建模。对于各向同性黏弹性实体建模，可以将 P 波和 S 波速度复杂化，并以下形式表示（Mal，等，1992）：

$$\begin{cases} \hat{\alpha} = \sqrt{\dfrac{\lambda + 2\mu}{\rho}} = \dfrac{\alpha}{1+\dfrac{\mathrm{i}}{2Q_\alpha}} \\ \hat{\beta} = \sqrt{\dfrac{\mu}{\rho}} = \dfrac{\hat{\beta}}{1+\dfrac{\mathrm{i}}{2Q_\beta}} \end{cases} \quad (2-101\mathrm{a})$$

式中：Q_α 和 Q_β 称为品质因数。

对各种材料的实验结果证明了（Mal，等，1992）：

(a) $\hat{\alpha}$、$\hat{\beta}$、Q_α 和 Q_β 在宽频率范围内与频率无关；(b) Q_α 和 Q_β 分别与波速 $\hat{\alpha}$ 和 $\hat{\beta}$ 成正比；(c) 大多数材料的 Q_α 和 Q_β 的数值都很大。因此，有

$$\begin{cases} \dfrac{1}{Q_\beta} = \dfrac{1}{k \cdot \hat{\beta}} = p \\ \dfrac{1}{Q_\alpha} = \dfrac{1}{k \cdot \hat{\alpha}} = \dfrac{1}{k \cdot \hat{\beta}} \dfrac{\hat{\beta}}{\hat{\alpha}} = p \dfrac{\hat{\beta}}{\hat{\alpha}} \end{cases} \quad (2-101\text{b})$$

根据式（2-101a）和式（2-101b）得

$$\begin{cases} \alpha = \dfrac{\hat{\alpha}}{1+\dfrac{\mathrm{i}}{2Q_\alpha}} = \dfrac{\hat{\alpha}}{1+\dfrac{1}{2}\mathrm{i}p\left(\dfrac{\hat{\beta}}{\hat{\alpha}}\right)} = \dfrac{\hat{\alpha}}{\sqrt{1+\mathrm{i}p\left(\dfrac{\hat{\beta}}{\hat{\alpha}}\right)}} \\ \beta = \dfrac{\hat{\beta}}{1+\dfrac{\mathrm{i}}{2Q_\beta}} = \dfrac{\hat{\beta}}{1+\dfrac{1}{2}\mathrm{i}p} = \dfrac{\hat{\beta}}{\sqrt{1+\mathrm{i}p}} \end{cases} \quad (2-101\text{c})$$

或

$$\begin{cases} \alpha^2 = \dfrac{(\hat{\alpha})^2}{1+\mathrm{i}p\left(\dfrac{\hat{\beta}}{\hat{\alpha}}\right)} \\ \beta^2 = \dfrac{(\hat{\beta})^2}{1+\mathrm{i}p} \end{cases} \quad (2-101\text{d})$$

注意，材料衰减仅用一个材料参数 p 表示。这可能是由于与阻尼因子（$p/2$）成反比的质量因子与波速近似成正比的实验事实。

对于一个横向各向同性的固体，可以看出，当 $i=1$ 到 5 时，材料中的五种体波速度与 $\sqrt{\alpha_i}$ 成正比；α_i 的定义见式（2-77）(Mal，等，1992)。因此，对于这种具有衰减的各向异性固体，式（2-77）的 α_i 可以用与式（2-101d）相同的方式复数化（Mal，等，(1992)）：

$$\begin{cases} \dfrac{C_{22}}{\rho} = a_1 = \hat{a}_1\left(1+\mathrm{i}p\sqrt{\dfrac{\hat{a}_5}{\hat{a}_1}}\right)^{-1} \\ \dfrac{C_{11}}{\rho} = a_2 = \hat{a}_2\left(1+\mathrm{i}p\sqrt{\dfrac{\hat{a}_5}{\hat{a}_2}}\right)^{-1} \\ \dfrac{C_{12}+C_{55}}{\rho} = a_3 = \hat{a}_3\left(1+\mathrm{i}p\sqrt{\dfrac{\hat{a}_5}{\hat{a}_3}}\right)^{-1} \end{cases}$$

$$\begin{cases} \dfrac{C_{44}}{\rho}=a_4=\hat{a}_4\left(1+\mathrm{i}p\sqrt{\dfrac{\hat{a}_5}{\hat{a}_4}}\right)^{-1} \\ \dfrac{C_{55}}{\rho}=a_5=\hat{a}_5(1+\mathrm{i}p)^{-1} \end{cases} \tag{2-102}$$

注意，在上述定义中，只有一个与材料衰减相关的独立参数 p，p_2 称为阻尼因子或阻尼比。当波长与内部微结构尺寸（晶粒尺寸、纤维直径等）相比较大时，阻尼因子在低频范围内与频率无关。在较高频率下，由于内部微结构的波散射，阻尼因子随频率增加。Mal 等（1992）提出了阻尼系数的以下频率依赖性：

$$p=p_0\left[1+a_0\left(\dfrac{f}{f_0}-1\right)^n H(f-f_0)\right] \tag{2-103}$$

式中：$H(f)$ 为 Heaviside 阶跃函数；p_0 和 a_0 为材料常数；二维模型 $n=2$，三维模型 $n=3$。

式（2-103）表明，当频率小于 f_0 时，波衰减为常数；当频率大于 f_0 时，波衰减增大。材料参数 a_0 决定衰减随频率增加的速率。上面描述的"品质因子"和"阻尼因子"只是与材料阻尼和衰减相关的许多定义中的两个。

下面列出了用于构建材料阻尼的不同术语和符号：

Ψ——比阻尼容量；

η——损耗因子；

δ——对数衰减；

ϕ——应力导致应变的相位角；

E''——损耗模量；

ξ——阻尼比或阻尼系数，$\xi=p/2$；

ΔW——每个循环的能量损失；

α——衰减。

材料阻尼的这些不同定义之间的关系如下所示，适用于较小的材料阻尼值（$\tan\phi<0.1$）（Kinra，Wolfenden，1992）

$$\dfrac{1}{Q}=\dfrac{\psi}{2\pi}=\eta=\dfrac{\delta}{\pi}=\tan\phi=\dfrac{E''}{E'}=2\zeta=\dfrac{\Delta W}{2\pi W}=\dfrac{\lambda\alpha}{\pi} \tag{2-104}$$

式中：Q 为品质因数；E 为储能模量；W 为最大弹性储能；λ 为弹性波波长。

2.7 多层复合板缺陷检测-实验研究

根据第 2.6 节中描述的理论，Mal 等（1991）计算了无缺陷和受损（分层）复合板的反射频谱。他们已经从理论和实验上证明了分层对反射信号频谱有很大的影响。Nagy 等（1989）、Chimenti 和 Martin（1991）、Ditri 等（1992）、Kundu 等（1996）、Maslov 和 Kundu（1997）、Kundu 和 Maslov（1997）、Yang 和 Kundu（1998）等提出了利用兰姆波扫描检测平板内部缺陷的方法。Yang 和 Kundu（1998）利用导波在多层各向异性复合材料板中的传播理论，确定了 12 层复合材料板中某一特定层的缺陷应采用哪种兰姆模式来检测。后来，Kundu 等（2001）研究表明，通过分析超声波束以接近兰姆临界角但不完全是临界角的入射角撞击多层复合材料板时所产生的应力分布，可以发现复合材料板中不同类型的缺陷（分层、纤维断裂、纤维缺失等），并预测缺陷位于哪层。Kundu 等（2001）研究了由 SCS-6 纤维增强的五层金属基体（Ti-6Al-4V）复合板。本研究的数值和实验结果在试件描述后给出。

2.7.1　试件描述

试件为尺寸为 $80\times33\times1.97\text{mm}^3$ 的五层金属基复合板。Ti-6Al-4V 基体中的五层 SCS-6 纤维以 90°和 0°方向交替排列。SCS 是光纤制造商 Textron 公司的版权/注册名称。这种纤维有一个直径约 $25\mu\text{m}$ 的碳芯，碳芯周围有两层同心的碳化硅层，外面有两层很薄（几微米厚）的碳涂层。总纤维直径约为 152 μm。顶层、中层和底层的纤维沿 x_2 方向或沿板长方向排列；另外两层在 x_1 方向或沿板的宽度方向（图 2-30）。该复合材料是由箔-纤维-箔技术制成的。如图 2-30 所示，内部缺陷是在制造过程中故意引入的。第一层（顶部）和第五层（底部）的纤维没有任何瑕疵。第二层纤维的左侧涂有氮化硼，以防止纤维与基质之间形成良好的黏结，如图 2-30 所示。第三层的纤维是故意在靠近中间的地方折断的。第四层有两个纤维缺失的区域；左侧的 5 个纤维和右侧的 10 个纤维被移除。第三层和第四层的照片如图 2-31 所示。这些照片是在制作试样之前拍摄的。在这些照片中，可以清楚地看到断裂和缺失的纤维区。

图 2-30 显示了如何通过沿垂直于第 1、3 和 5 层的纤维方向并平行于第 2 和 4 层的纤维的方向传播的兰姆波来扫描样本。

在研究兰姆波生成的图像之前，首先通过传统的 C 扫描技术扫描试件，其中 P 波以垂直入射方式撞击板。C 扫描图像如图 2-32 所示。图 2-32 的三个图像是由 10MHz（顶部和中部）和 75MHz（底部）聚焦换能器在脉冲回波模式产生的，换能器轴垂直于板试件定位。对于顶部和底部图像，栅位置为接收来自层中部的反射信号，而背面回波被忽略，因此，在这两幅图中应能清楚地看到内部缺陷,对于中间图像,还记录了背面回波。在所有这三个图像中,可以清楚地看到脱粘,在一些图像中可以隐约看到缺失和断裂的纤维。为了理解和分析兰姆波生成的图像,需要计算兰姆波在垂直于1、3、5层光纤方向传播时的内应力和位移分布。也就是说,对于1层、3层和5层,光纤方向相对于兰姆波传播方向为90°,对于2层和4层,光纤方向相对于兰姆波传播方向为0°。在实验过程中,将试件浸入水中。

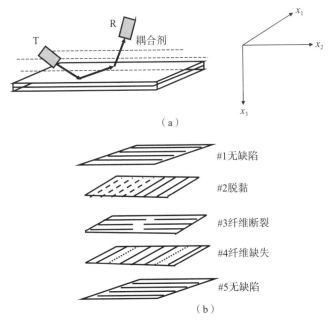

图2-30 发射器、接收器和板试样的相对方向(a)和五层复合板试样的内部缺陷示意图(b)(Kundu,等,2001)

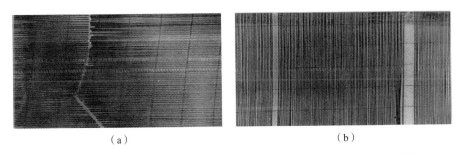

图2-31 第三层断裂纤维(a)和第四层缺失纤维的照片(b)(在制造样品之前拍摄(Kundu,等,1996))

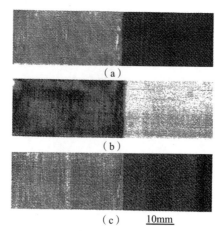

（a）

（b）

（c） 10mm

图2-32 由10MHz（图(a)，图(b)）和75MHz（图(c)）聚焦传感器生成的常规C扫描图像（用于脉冲回波模式，在构建顶部和底部图像时省略了背面回波，但对于中间图像考虑了背面回波（Kundu，等，1996））

2.7.2 数值和实验结果

要计算多层板的内应力和位移，就需要知道各层的所有弹性常数。然而，各个层的五个独立弹性常数是未知的，也不容易测量。只有板的密度（$5100kg/m^3$（$5.1gm/cm^3$））可以毫无困难地测量。耦合流体（水）的P波速度（1.49km/s）和密度（$1000kg/m^3$（$1gm/cm^3$））也是已知量。

Huang等（1997），Yang和Mal（1996）给出了SCS-6纤维增强钛基体的钛（Ti）和碳化硅（SiC）的弹性性能。表2-3列出了这些属性。

表2-3 Ti和SiC的弹性性能（Huang, et al, 1997[1]；Yang, Mal, 1996[2]）

材料	杨氏模量 E /GPa	泊松比 ν	Lame第一常数 λ /GPa	剪切模量 G /GPa	密度 ρ /gm/cm^3
钛[1]（Ti）	121.6	0.35	103.3	45.1	5.4
钛[2]（Ti）	96.5		55.9	37.1	4.5
碳化硅[1]（SiC）	415.0	0.17	91.4	177.4	3.2
碳化硅[2]（SiC）	431.0		176	172.0	3.2

注：这两个参考文献中给出的值用上标1和2标记。
来源：经Elsevier公司许可转载自Kundu等，2001

从表2-3中Ti和SiC的应力-应变关系可以写成如下形式。在本构矩阵（或 C 矩阵）中，给出了每个元素的范围。这个范围是由表2-3中给出的两组弹性常数值得出的。

Ti 的应力应变关系：

$$\begin{Bmatrix} \sigma_{11} \\ \sigma_{22} \\ \sigma_{33} \\ \sigma_{23} \\ \sigma_{31} \\ \sigma_{12} \end{Bmatrix} = \begin{bmatrix} 130.1\sim193.5 & 55.9\sim103.3 & 55.9\sim103.3 & 0 & 0 & 0 \\ & 130.1\sim193.3 & 55.9\sim103.3 & 0 & 0 & 0 \\ & & 130.1\sim193.3 & 0 & 0 & 0 \\ & & & 37.1\sim45.1 & 0 & 0 \\ & & & & 37.1\sim45.1 & 0 \\ & & & & & 37.1\sim45.1 \end{bmatrix} \begin{Bmatrix} \varepsilon_{11} \\ \varepsilon_{22} \\ \varepsilon_{33} \\ 2\varepsilon_{23} \\ 2\varepsilon_{31} \\ 2\varepsilon_{12} \end{Bmatrix}$$

$$(2-105a)$$

SiC 的应力应变关系：

$$\begin{Bmatrix} \sigma_{11} \\ \sigma_{22} \\ \sigma_{33} \\ \sigma_{23} \\ \sigma_{31} \\ \sigma_{12} \end{Bmatrix} = \begin{bmatrix} 446\sim520 & 91.4\sim176 & 91.4\sim176 & 0 & 0 & 0 \\ & 446\sim520 & 91.4\sim176 & 0 & 0 & 0 \\ & & 446\sim520 & 0 & 0 & 0 \\ & & & 172\sim177.4 & 0 & 0 \\ & & & & 172\sim177.4 & 0 \\ & & & & & 172\sim177.4 \end{bmatrix} \begin{Bmatrix} \varepsilon_{11} \\ \varepsilon_{22} \\ \varepsilon_{33} \\ 2\varepsilon_{23} \\ 2\varepsilon_{31} \\ 2\varepsilon_{12} \end{Bmatrix}$$

$$(2-105b)$$

在式（2-105a）和式（2-105b）中，Ti 和 SiC 的本构矩阵是各向同性的并且有两个独立的弹性常数。然而，SiC 纤维增强钛基复合材料具有六边形对称性。因此，复合材料的 C 矩阵应该是各向异性的，并且具有五个独立的弹性常数。Kundu 等（1996）获得的不同频率下不同兰姆模式的相速度实验值如图 2-33 所示，总共显示了 20 个三角形。

将理论色散曲线与实验点进行匹配，通过试错法得到了五层复合板各层的 C 矩阵。经过多次试验，下面的应力应变关系给出了理论曲线与实验点之间的最佳拟合。

$$\begin{Bmatrix} \sigma_{11} \\ \sigma_{22} \\ \sigma_{33} \\ \sigma_{23} \\ \sigma_{31} \\ \sigma_{12} \end{Bmatrix} = \begin{bmatrix} 325 & 103 & 103 & 0 & 0 & 0 \\ & 194 & 92 & 0 & 0 & 0 \\ & & 194 & 0 & 0 & 0 \\ & & & 51 & 0 & 0 \\ & & & & 100 & 0 \\ & & & & & 100 \end{bmatrix} \begin{Bmatrix} \varepsilon_{11} \\ \varepsilon_{22} \\ \varepsilon_{33} \\ 2\varepsilon_{23} \\ 2\varepsilon_{31} \\ 2\varepsilon_{12} \end{Bmatrix} \quad (2-106)$$

式中：x_1 为纤维方向，弹性常数单位为 GPa。注意 $C_{44}=(C_{22}-C_{23})/2$。

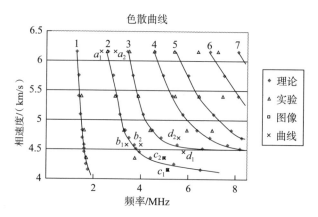

图 2-33　数值计算的色散曲线（菱形符号用连续的线连接，20 个实验点用三角形符号表示；图 2-34、图 2-35 和图 2-37 中的应力图是针对 8 种不同频率-相速度组合（a_j、b_j、c_j 和 d_j，$j=1$ 和 2）生成的，这些点用十字标记表示；正方形标记（点 c_1 和 c_2）显示了用于生成图 2-36 的两幅图像的频率—相速度组合，此处显示的 7 种模式编号为 1~7（Kundu, et al, 2001）

总厚度为 1.97mm 的五层复合板的理论泄漏兰姆波色散曲线如图 2-33 所示，由连续线连接的黑色菱形符号表示。对于垂直于顶层纤维方向传播的兰姆波（见图 2-30），这些值是根据式（2-106）中给出的各层属性计算得到的。兰姆模式从左（低频）到右（高频）从 1~7 编号。值得注意的是，对于这五种模式，实验值与理论色散曲线之间的匹配是相当好的。这五个模式的 17 个实验值中有 14 个与理论曲线基本吻合，但第 6 个和第 7 个模式与理论曲线不太匹配。这种匹配可以通过更多的迭代调整层的弹性属性，或通过实施复杂的优化方案，如单纯形算法，来进一步改进（Nelder, Mead, 1965；Karim, Mal, Bar-Cohen, 1990；Kundu, 1992；Kinra, Iyer, 1995）。

在获得弹性特性后，计算了不同频率-相速度组合的应力分布——在第二和第三 Lamb 模式及其附近。这些已计算出应力分布的频率-相速度组合由 a_j、b_j、c_j 和 d_j（$j=1$ 和 2）表示，并在图 2-33 中用八个十字表示。这些图是给定频率的平面纵波以特定角度撞击复合板而得到的。利用斯奈尔定律（式（2-31））从入射角获得相应的相速度。如果相速度-频率组合接近漏兰姆模式，但与色散曲线不完全一致，则应力和位移分量将与漏兰姆波传播的分量不同。值得一提的是，在兰姆模式附近的应力场计算中，考虑了上、下流体半空间中入射波、反射波和透射波的贡献。设置入射角，使根据斯奈尔定律计算的相速度接近兰姆模式相速度。由于入射、反射和投射信号的存在，板的顶面和底面的法向应力分量的值不同。

在两种不同的频率—相位速度组合（c_1 和 c_2）下生成了复合材料板的图像；这两个点在图 2-33 中用两个方格标出。

图 2-34 和图 2-35 显示了六种频率-相速度组合下沿板厚度或深度的计算应力分布：两对（a_j 和 b_j）靠近第二模态，一对（d_j）靠近第三模态。图 2-34 显示了切应力（σ_{13}）沿板深度的变化。图 2-35 为法向应力的变化（σ_{33} 为左列，σ_{11} 为右列）。相速度（c_L）和入射角（θ）由斯奈尔定律关联（式（2-31））。

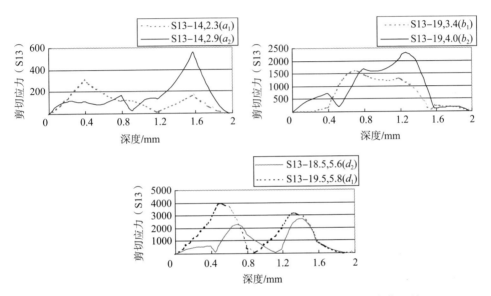

图 2-34 在第二和第三兰姆模式附近，复合板内部的剪应力变化（基于图 2-33 中点 a_1、b_1 和 d_1 表示的频率-相速度组合生成的为虚线；基于图 2-33 中点 a_2、b_2 和 d_2 表示的频率-相速度组合生成的为实线（Kundu, et al, 2001））

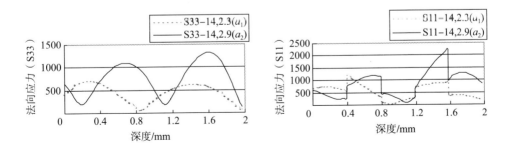

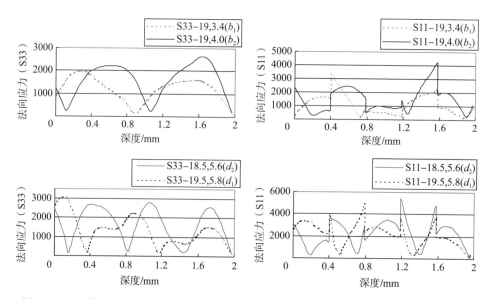

图 2-35 在第二和第三兰姆模式附近,复合板内部的剪应力变化(基于图 2-33 中点 a_1、b_1 和 d_1 表示的频率-相速度组合生成的为虚线;基于图 2-33 中点 a_2、b_2 和 d_2 表示的频率-相速度组合生成的为实线;σ_{33} 和 σ_{11} 分别显示在左栏和右栏中(Kundu, et al, 2001))

图 2-34 和图 2-35 的横轴显示了沿板厚方向(在 x_3 方向(见图 2-30a)的深度为从 0(板的顶部)~1.97mm(板的底部))。由于五层板各层的厚度相同,因此各层界面分别位于 0.394mm、0.788mm、1.182mm 和 1.576mm。在图 2-34 和图 2-35 中,水平轴标记为 0.4mm、0.8mm、1.2mm 和 1.6mm,非常接近界面位置。在图 2-34 和图 2-35 的每个曲线图中都显示了两条曲线。虚线对应于位于兰姆模式略下方或左侧的频率-相速度组合,连续线对应于兰姆模式略上方或右侧的点。图 2-34 和图 2-35 中的曲线标记为 SIJ-θ, $f(\alpha_j)$,其中 θ 是入射角(单位:度),f 是信号频率(单位:MHz),α_j 表示图 2-33 中的点(a_j、b_j、c_j 或 d_j),SIJ 表示 S13-剪应力(σ_{13}),S33 或 S11-法向应力(σ_{33} 或 σ_{11})。请注意,这些曲线不是关于板的中心平面对称的。因此,在兰姆临界入射角附近,由入射波、反射波和透射波综合作用而产生的这些近兰姆模应该能够分辨出平板中心平面两层镜面对称的相同缺陷。

需要注意的是,连续曲线给出的数值在板的下半部分相对较高。注意,对于频率-相速度组合 a_2 和 b_2(图 2-33),第 4 层的 σ_{13} 和 σ_{11} 远大于第 2 层的 σ_{13} 和 σ_{11}。另一方面,对于 a_1 和 b_1 点,第一层和第二层响应大于第四层和第五层响应。对于 σ_{33},这种差异不太明显。对于点 d_1 和 d_2,这个趋势也是成立的。而在 d_2 点，板的上下半部分之间的应力幅值差异不像 a_2 和 b_2 点那么大。

图 2-34 和图 2-35 的结果总结如下：

（1）兰姆模式附近的应力场相对于平板对称的中心平面是不对称的；

（2）如果相对于兰姆模式沿一个方向移动导致应力在板的上半部增长，则相反方向的移动会导致板下半部的应力增长；

（3）对于所有应力分量，在板的下半部分和上半部分的镜面对称的两层之间的应力值的百分比差异并不相同；

（4）兰姆模式附近的镜面对称的两层之间的应力值的百分比差异从一种兰姆模式变为另一种兰姆模式。

应力幅值的差异是否足以区分钢板上下半部的缺陷？为了研究它，使用与图 2-33 中的点 c_1 和 c_2 相对应的频率-相位-速度组合生成了两张样本图像。这里应当指出，点 c_1 对应于入射角为 21°和频率为 5.15MHz 的信号，而点 c_2 则对应于入射角为 20°，频率为 5MHz 的信号。实验室制造的超声波扫描仪用于生成超声波图像。使用 Matec 310 门控放大器和来自 Wavetek 函数发生器的短纯音信号来激发一个宽带 Panameics 换能器（12.7mm(0.5 in) 直径）。反射信号由 Matec 接收器接收，并由 GAGE 40MHz 数据采集板数字化，然后对接收信号进行分析。图像生成软件计算给定时间窗口内信号的峰-峰或平均振幅，然后将其绘制成与传感器水平位置 (x_1, x_2) 相对的灰度图像。窗口设置在信号的第一个到达时间附近，因此避免了来自板边界的反射。

生成的图像如图 2-36 所示。在 20°入射的 5MHz 信号清晰地显示了第四层的纤维缺失缺陷。在 21°入射的 5.15MHz 信号显示了第二层的分层缺陷（较暗区域），它还隐约显示了第四层缺失的纤维。

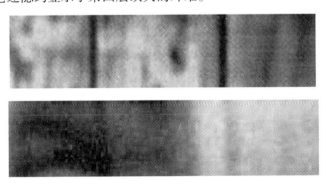

图 2-36　由两种不同的频率-相速度组合产生的五层复合板试样的两幅图像（如图 2-33 中的点 c_1 和 c_2 所示，顶部图像是由 5.0MHz 信号在 20°入射时产生的（点 c_2），底部图像是由 5.15MHz 信号在 21°入射时产生的（点 c_1）(Kundu, et al, 2001)）

分层和缺失的纤维降低了缺陷位置的剪切应力承载能力。注意，由于非零接触压力，压缩正应力 σ_{33} 可以出现在缺陷位置。因此，σ_{13} 分布的研究对于预测传播波对分层和丢失纤维类型缺陷的敏感性是至关重要的。图 2-33 中 c_1 和 c_2 点的 σ_{13} 剖面如图 2-37 所示。这里需要注意的是，对于 5MHz 的信号，σ_{13} 在第二层很小，在第四层最大。由于这个原因，在图 2-36 中我们看到，5MHz 信号产生的图像清楚地显示了第四层的纤维缺失缺陷，而完全忽略了第二层的分层缺陷。另一方面，对于 5.15MHz 信号（图 2-37 的虚线），剪应力在第二层最大，在第四层非常小。这解释了为什么由 5.15MHz 信号产生的图像显示了第二层的分层缺陷（较暗的区域），而第四层的缺失纤维缺陷并不清楚。

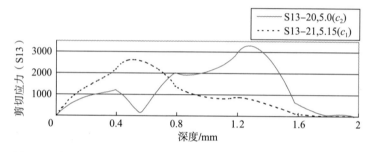

图 2-37　图 2-33 中 c_1 点（虚线）和 c_2 点（连续线）所示的频率-相速度组合下复合板内部的剪应力变化（相应的超声图像如图 2-36 所示（Kundu，et al，2001））

这里清楚地展示了近兰姆模式成像的优点。在传统的 C 扫描图像（图 2-32）中，脱层缺陷保护了丢失的纤维缺陷，但是在近兰姆波图像（图 2-36）中，当选择撞击角和信号频率的适当组合时，脱层缺陷对丢失的纤维缺陷的检测没有太大影响。

2.8　管道圆周方向的导波传播

弹性波可以在管道的轴向和周向传播，或者相对于轴向成 90°以外的角度传播。在这一节中，讨论了弹性波在圆周方向上的传播。通过沿圆周方向传播导波，可以更有效地检测大直径管道中的纵向应力腐蚀裂纹。导波在平板中的传播（如上所述）和在管道圆周方向上的传播（在本节中讨论）的区别在于，平板的曲率为零，而管道的曲率不为零。因此，如果我们研究在波传播方向上具有非零曲率并且在垂直方向上具有零曲率的弯曲板中的导波传播，那么该研究基本上与管道的圆周方向上的导波传播相同。Towfighi 等（2002 年）首先解决了一般各向异性材料的这个问题。由于各向同性曲面板的解是 Towfighi 等（2002）求解的各向异性曲面板问题的一个特例，在此详细讨论他们的求解方法，然后专门求解各向同性曲面板的解。与各向同性材料不同，Stokes-Helmholtz 分解技术简化了控制方程，在各向异性情况下，这种一般分解技术不起作用。因此，必须求解耦合的微分方程组。

Viktorov（1958）分析了导波在曲面中的传播，引入了角波数的概念，然后推导、分解和求解了控制微分方程组，但他只考虑了一个曲面，并找到了凸柱面和凹柱面的解。Qu 等（1996）为了分析弯曲板，增加了第二曲面的边界条件，解决了导波在各向同性弯曲板中的传播问题。Grace 和 Goodman（1966）、Brekhovskikh（1968）、Cerv（1988）、Liu 和 Qu（1998a, b）以及 Valle 等（1999）分析了沿一个或多个曲面的周向波传播的不同方面。在所有这些工作中，材料模型都被构建为各向同性弹性材料。Towfighi 等（2002 年）首先给出了各向异性圆柱体圆周方向上的波传播。他们提供了一种系统的求解方法，这种方法能够求解一组耦合的微分方程，因此可以用来解决各种波的传播问题。

2.8.1 基本方程

此处给出了 Towfighi 等（2002）的圆柱体中波沿圆周方向传播的公式，波的传播方向如图 2-38 所示。在本节中，波载体可互换地称为"弯曲板"、"圆柱体""管段"，或简称为"管道"，所有意思相同。我们感兴趣的是计算从 T 截面向 R 截面传播的波在曲板中的频散曲线（图 2-38）。这种分析只考虑弯曲板的凸面和凹面，但不包括从板的边缘或边界反射的导波。问题几何体可以是圆柱体的一部分，也可以是完整的圆柱体。

具有各向同性材料特性的管道中，沿圆周方向的波传播通常被建模为平面应变问题，即沿管道纵轴的位移分量被设置为零。对于其他几种类型的各向异性，这种情况仍然有效。然而，对于一般的各向异性，在数学建模中必须考虑位移的纵向分量。平面应变理想化需要几何和材料性质的对称性。在缺乏这种对称性的情况下，需要进行三维数学建模。

在圆柱坐标中，以位移表示的应变分量可表示为（见表 1-2）

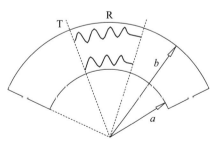

图 2-38　圆周方向波在 T 段至 R 段的管段或曲板中传播（假定波速与曲率半径成正比 (Towfighi, et al, 2002)）

$$\begin{cases} \varepsilon_{rr} = \dfrac{\partial u_r}{\partial r} \\[4pt] \varepsilon_{\theta\theta} = \dfrac{1}{r}\dfrac{\partial u_\theta}{\partial \theta} + \dfrac{u_r}{r} \\[4pt] \varepsilon_{zz} = \dfrac{\partial u_z}{\partial z} \\[4pt] \varepsilon_{rz} = \dfrac{1}{2}\left(\dfrac{\partial u_r}{\partial z} + \dfrac{\partial u_z}{\partial r}\right) \\[4pt] \varepsilon_{r\theta} = \dfrac{1}{2}\left(\dfrac{1}{r}\dfrac{\partial u_r}{\partial \theta} - \dfrac{u_\theta}{r} + \dfrac{\partial u_\theta}{\partial r}\right) \\[4pt] \varepsilon_{z\theta} = \dfrac{1}{2}\left(\dfrac{1}{r}\dfrac{\partial u_z}{\partial \theta} + \dfrac{\partial u_\theta}{\partial z}\right) \end{cases} \quad (2-107)$$

应力和位移分量如图 2-39 所示。在圆柱坐标系中，包含 21 个独立弹性常数的一般各向异性的本构矩阵可以根据式（1-59）写出：

$$\begin{Bmatrix} \sigma_{\theta\theta} \\ \sigma_{zz} \\ \sigma_{rr} \\ \sigma_{\theta z} \\ \sigma_{r\theta} \\ \sigma_{rz} \end{Bmatrix} = \begin{bmatrix} C_{11} & C_{12} & C_{13} & C_{14} & C_{15} & C_{16} \\ & C_{22} & C_{23} & C_{24} & C_{25} & C_{26} \\ & & C_{33} & C_{34} & C_{35} & C_{36} \\ & & & C_{44} & C_{45} & C_{46} \\ & 对称 & & & C_{55} & C_{56} \\ & & & & & C_{66} \end{bmatrix} \begin{Bmatrix} \varepsilon_{\theta\theta} \\ \varepsilon_{zz} \\ \varepsilon_{rr} \\ 2\varepsilon_{\theta z} \\ 2\varepsilon_{r\theta} \\ 2\varepsilon_{rz} \end{Bmatrix} \quad (2-108)$$

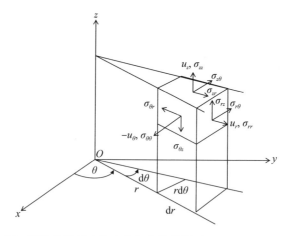

图 2-39 圆柱坐标系中的应力和位移分量（Towfighi, et al, 2002）

圆柱坐标下三个位移分量的运动方程可以通过结合表 1-2 中给出的圆柱坐标下的平衡方程和式（1-78）得到。

$$\begin{cases} \dfrac{\partial \sigma_{rr}}{\partial r} + \dfrac{\partial \sigma_{rz}}{\partial z} + \dfrac{1}{r}\dfrac{\partial \sigma_{r\theta}}{\partial \theta} + \dfrac{1}{r}(\sigma_{rr}-\sigma_{\theta\theta}) - \rho\dfrac{\partial^2 u_r(r,\theta,t)}{\partial t^2} = 0 \\ \dfrac{\partial \sigma_{r\theta}}{\partial r} + \dfrac{\partial \sigma_{z\theta}}{\partial z} + \dfrac{1}{r}\dfrac{\partial \sigma_{\theta\theta}}{\partial \theta} + \dfrac{2}{r}\sigma_{r\theta} - \rho\dfrac{\partial^2 u_\theta(r,\theta,t)}{\partial t^2} = 0 \\ \dfrac{\partial \sigma_{rz}}{\partial r} + \dfrac{\partial \sigma_{zz}}{\partial z} + \dfrac{1}{r}\dfrac{\partial \sigma_{z\theta}}{\partial \theta} + \dfrac{1}{r}\sigma_{rz} - \rho\dfrac{\partial^2 u_z(r,\theta,t)}{\partial t^2} = 0 \end{cases} \quad (2-109)$$

式（2-109）中的应力分量可以用位移分量来表示。然后，位移分量可以用传播波的形式来表示，如下节所讨论的那样。

2.8.2 波形

在圆柱形的几何结构中，在圆周方向产生具有平面波前的表面波，需要圆周波的速度是径向距离的函数。Viktorov（1958）提出了这个概念，并称为角波数，如下所示。

$$\begin{cases} u_r(r,\theta,t) = U_r(r)\exp(ip\theta - i\omega t) \\ u_\theta(r,\theta,t) = U_t(r)\exp(ip\theta - i\omega t) \\ u_z(r,\theta,t) = U_z(r)\exp(ip\theta - i\omega t) \end{cases} \quad (2-110)$$

式中：$U_r(r)$、$U_t(r)$ 和 $U_z(r)$ 分别为在径向、切向和轴向的振幅；i 为虚数单位，$i=\sqrt{-1}$。这里应该指出的是，相速度不是一个常数，而是随着半径的变化而变化。如图 2-38 所示，相位速度必须与半径成正比，才能有一个平面波前。因此，如果假定 c_b 是半径为 b 的外表面的相位速度，对于半径为 r 的其他位置，相位速度将是

$$v_{\text{ph}}(r) = \dfrac{c_b r}{b} \quad (2-111)$$

对于平板来说，因为曲率不会改变，所以波数 k 被定义为 ω/v_{ph}。然而，对于弧形板来说，同样的定义应该取决于 r。因此，与 r 无关的角波数 p 被定义为

$$p = \dfrac{\omega}{v_{\text{ph}}(r)/r} = \dfrac{\omega b}{c_b} \quad (2-112)$$

2.8.3 控制微分方程

随后将式（2-107）、式（2-108）和式（2-110）~式（2-112）代入式（2-109），得出以下控制微分方程（Towfighi 等人，2002）：

$$\begin{aligned}&-2C_{55}U_r(r)p^2-2C_{15}U_t(r)p^2-2C_{45}U_z(r)p^2-2\mathrm{i}C_{11}U_t(r)p\\&-2\mathrm{i}C_{55}U_t(r)p-2\mathrm{i}C_{14}U_z(r)p+4\mathrm{i}rC_{35}U_r'(r)p\\&+2\mathrm{i}rC_{13}U_t'(r)p+2\mathrm{i}rC_{55}U_t'(r)p+2\mathrm{i}rC_{34}U_z'(r)p\\&+2\mathrm{i}rC_{56}U_z'(r)p+2r^2\rho\omega^2U_r(r)-2C_{11}U_r(r)\\&+2C_{15}U_t(r)+2rC_{33}U_r'(r)-2rC_{15}U_t'(r)-2rC_{16}U_z'(r)\\&+2rC_{36}U_z'(r)+2r^2C_{33}U_r''(r)+2r^2C_{35}U_t''(r)+2r^2C_{36}U_z''(r)=0\\&-2C_{15}U_r(r)p^2-2C_{11}U_t(r)p^2-2C_{14}U_z(r)p^2-2\mathrm{i}C_{11}U_r(r)p\\&+2\mathrm{i}C_{55}U_t(r)p+2\mathrm{i}C_{45}U_z(r)p+2\mathrm{i}rC_{13}U_r'(r)p\\&+2\mathrm{i}rC_{55}U_r'(r)p+4\mathrm{i}rC_{15}U_t'(r)p+2\mathrm{i}rC_{16}U_z'(r)p\\&+2\mathrm{i}rC_{45}U_z'(r)p+2r^2\rho\omega^2U_t(r)+2C_{15}U_r(r)\\&-2C_{55}U_t(r)+2rC_{15}U_r'(r)+4rC_{35}U_t'(r)+2rC_{55}U_t'(r)\\&+4rC_{56}U_z'(r)+2r^2C_{35}U_r''(r)+2r^2C_{55}U_t''(r)+2r^2C_{56}U_z''(r)=0\\&-2C_{45}U_r(r)p^2-2C_{14}U_t(r)p^2-2C_{44}U_z(r)p^2+2\mathrm{i}C_{14}U_r(r)p\\&-2\mathrm{i}C_{45}U_t(r)p+2\mathrm{i}rC_{34}U_r'(r)p+2\mathrm{i}rC_{56}U_r'(r)p\\&+2\mathrm{i}rC_{16}U_t'(r)p+2\mathrm{i}rC_{45}U_t'(r)p+4\mathrm{i}rC_{46}U_z'(r)p\\&+2rC_{16}U_r'(r)+2r^2\rho\omega^2U_z(r)+2rC_{36}U_r'(r)\\&+2rC_{66}U_t'(r)+2r^2C_{36}U_r''(r)+2r^2C_{56}U_t''(r)+2r^2C_{66}U_z''(r)=0\end{aligned} \quad (2-113)$$

2.8.4 边界条件

为了获得色散曲线,必须满足无牵引边界条件(管道内外表面的应力值为零)。

因此,当 $r=a$ 和 $r=b$ 时,

$$\begin{aligned}&C_{13}U_r(r)+\mathrm{i}pC_{35}U_r(r)+\mathrm{i}pC_{13}U_t(r)-C_{35}U_t(r)+\mathrm{i}pC_{34}U_z(r)+\\&\quad rC_{33}U_r'(r)+rC_{35}U_t'(r)+rC_{36}U_z'(r)=0\\&C_{15}U_r(r)+\mathrm{i}pC_{55}U_r(r)+\mathrm{i}pC_{15}U_t(r)-C_{55}U_t(r)-\mathrm{i}pC_{45}U_z(r)+\\&\quad rC_{35}U_r'(r)+rC_{55}U_t'(r)+rC_{56}U_z'(r)=0\\&C_{16}U_r(r)+\mathrm{i}pC_{56}U_r(r)+\mathrm{i}pC_{16}U_t(r)-C_{56}U_t(r)+\mathrm{i}pC_{46}U_z(r)+\\&\quad rC_{36}U_r'(r)+rC_{56}U_t'(r)+rC_{66}U_z'(r)=0\end{aligned} \quad (2-114)$$

2.8.5 求解

可以看出,所有微分方程都是三个位移分量 $U_r(r)$、$U_t(r)$ 和 $U_z(r)$ 及其

导数的函数。还应注意，$U_r(r)$、$U_t(r)$ 和 $U_z(r)$ 仅是半径的函数，它们出现在所有方程中。因此，必须同时满足三个耦合微分方程和六个边界条件。

为了求解这一耦合微分方程组，将未知函数展开为傅里叶级数。将 FS 展开代入微分方程，得到三个代数方程，它们必须满足整个问题域。为了满足给定数量的 FS 项的方程，采用了具有线性权函数的加权残差积分（Towfighi 等人，2002）：

$$R = \int_a^b w f(r, x_i) \, dr = 0 \qquad (2-115)$$

与线性权函数的峰值对应的半径可以取内半径和外半径之间的任意值，每个值都得到一个独立的方程。因此，从每个微分方程可以得到任意数量的代数方程。

还应注意，一般解是可以获得的所有解函数的线性组合。因此，一般解应包含组合参数，组合参数的数量与单个解的数量相同，这些组合参数是满足边界条件所必需的。满足六个边界条件需要六个参数和六个方程，因此，组合参数的充要数是六，这表明存在六个独立的解。

将解函数代入微分方程得到三个方程，每个方程包含所有 FS 参数。换句话说，三个幅值函数的所有 FS 参数都出现在每个方程中。由于这种耦合，对 $U_r(r)$、$U_t(r)$ 和 $U_z(r)$ 的 FS 展开得到的参数值不是独立的，一个解必须将所有参数作为一组结果。由于方程是线性的，并且必须使用组合参数来组合结果，因此只能找到它们的相对值。因此，可以假设其中一个 FS 参数等于 1。然后，可以根据该单位值计算其他 FS 参数的相对值。每组参数值定义了上述振幅函数的一组相关形状，这些称为基本形状。由于方程的数量必须等于未知数的数量，因此需要特定数量的权重函数。

$U_r(r)$ 的 FS 展开式如下：

$$U_r(r) = x_0 + \sum_{n=1}^{m} \left\{ \cos\left(\frac{n\pi r}{L}\right) x_n + \sin\left(\frac{n\pi r}{L}\right) y_n \right\} \qquad (2-116)$$

其包含 $(2m+1)$ 个参数或系数 x_n 和 y_n。对于 $U_t(r)$ 和 $U_z(r)$ 的另外两个表达式，未知数的总数变为 $(6m+3)$。应用如上所述的加权残差法，得到以下一组线性方程：

$$\begin{pmatrix} a_{11}x_1 & a_{12}x_2 & \cdots & a_{1s}x_s & a_{1(s+1)}x_{(s+1)} & \cdots & a_{1(s+6)}x_{(s+6)} \\ a_{21}x_1 & a_{22}x_2 & \cdots & a_{2s}x_s & a_{2(s+1)}x_{(s+1)} & \cdots & a_{2(s+6)}x_{(s+6)} \\ \vdots & \vdots & \vdots & \vdots & \vdots & \vdots & \vdots \\ a_{s1}x_1 & a_{s2}x_2 & \cdots & a_{ss}x_s & a_{s(s+1)}x_{(s+1)} & \cdots & a_{s(s+6)}x_{(s+6)} \end{pmatrix} = \begin{pmatrix} 0 \\ 0 \\ \cdots \\ 0 \end{pmatrix}$$

$$(2-117)$$

式中：x_{s+1}、x_{s+2}、…、x_{s+6} 表示 FS 展开的最后正弦和余弦项。如等式（2-118）所示，为最后六个参数分配六个独立的单位向量：

$$\begin{pmatrix} x_{s+1}^1 & x_{s+1}^2 & x_{s+1}^3 & x_{s+1}^4 & x_{s+1}^5 & x_{s+1}^6 \\ x_{s+2}^1 & x_{s+2}^2 & x_{s+2}^3 & x_{s+2}^4 & x_{s+2}^5 & x_{s+2}^6 \\ x_{s+3}^1 & x_{s+3}^2 & x_{s+3}^3 & x_{s+3}^4 & x_{s+3}^5 & x_{s+3}^6 \\ x_{s+4}^1 & x_{s+4}^2 & x_{s+4}^3 & x_{s+4}^4 & x_{s+4}^5 & x_{s+4}^6 \\ x_{s+5}^1 & x_{s+5}^2 & x_{s+5}^3 & x_{s+5}^4 & x_{s+5}^5 & x_{s+5}^6 \\ x_{s+6}^1 & x_{s+6}^2 & x_{s+6}^3 & x_{s+6}^4 & x_{s+6}^5 & x_{s+6}^6 \end{pmatrix} = \begin{pmatrix} 1 & 0 & 0 & 0 & 0 & 0 \\ 0 & 1 & 0 & 0 & 0 & 0 \\ 0 & 0 & 1 & 0 & 0 & 0 \\ 0 & 0 & 0 & 1 & 0 & 0 \\ 0 & 0 & 0 & 0 & 1 & 0 \\ 0 & 0 & 0 & 0 & 0 & 1 \end{pmatrix} \quad (2-118)$$

得到六个独立的解。因此，方程的数量必须为 $s=6m-3$。因此，一般解可以作为上述解的线性组合，如下所示：

$$A_1 \begin{pmatrix} x_1^1 \\ x_2^1 \\ x_3^1 \\ \vdots \\ \vdots \\ x_s^1 \end{pmatrix} + A_2 \begin{pmatrix} x_1^2 \\ x_2^2 \\ x_3^2 \\ \vdots \\ x_s^2 \end{pmatrix} + A_3 \begin{pmatrix} x_1^3 \\ x_2^3 \\ x_3^3 \\ \vdots \\ x_s^3 \end{pmatrix} + A_4 \begin{pmatrix} x_1^4 \\ x_2^4 \\ x_3^4 \\ \vdots \\ x_s^4 \end{pmatrix} + A_5 \begin{pmatrix} x_1^5 \\ x_2^5 \\ x_3^5 \\ \vdots \\ x_s^5 \end{pmatrix} + A_6 \begin{pmatrix} x_1^6 \\ x_2^6 \\ x_3^6 \\ \vdots \\ x_s^6 \end{pmatrix} \quad (2-119)$$

FS 参数的上标显示解集编号。将获得的 FS 参数代入管道内外表面上的应力分量会导致特征值问题。对于色散曲线上的任何点，系数 A_i 的行列式应为零。

2.8.6 数值结果

按照上述数学建模步骤，Towfighi 等人（2002）使用 Mathematica 编程计算了色散曲线。将以此方式计算的结果与通过不同技术获得的各向异性平板的色散曲线进行了比较，如本章前面章节和其他出版物（Rose，1999）所述。应该注意的是，对于较小的厚度与曲率半径比，弯曲板可以近似为平板。此外，用上述公式计算的结果与已发表的各向同性管道的结果进行了比较（Qu 等人，1996）。在这些比较之后，Towfighi 等人（2002）计算了各向异性管道的色散曲线。

2.8.6.1 与各向同性平板结果的比较

Mal 和 Singh（1991）给出了平板的色散曲线（见图 2-40），尽管用于生成图 2-06 和图 2-40 的材料特性略有不同组该图与图 2-06 非常相似。图 2-41 显示了由上述 FS 扩展法生成的色散曲线，该弯曲板的外半径为 1m，厚度和材料特性与生成图 2-40 所用的相同。图 2-40 和图 2-41 的比较显示,当 FS 扩展中仅使用 20 项时,两者之间的匹配非常好。

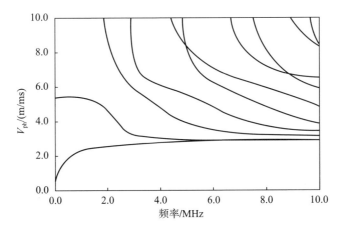

图 2-40　各向同性平板的色散曲线（铝板（参见 Mal 和 Singh, 1991), 板厚 = 1mm, 密度 = 2800kg/m³(2.8gm/cc), 纵波速度 = 6.4km/s, 横波速度 = 3.1km/s)

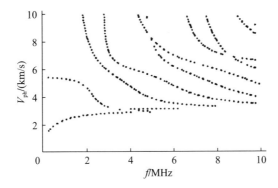

图 2-41　通过第 2.8 节所述方法生成的色散曲线（板厚 = 1mm, 管道外径 = 1.0m, 密度 = 2800kg/m³(2.8gm/cc), 纵波速度 = 6.4km/s, 横波速度 = 3.1km/s (Towfighi 等人, 2002))

2.8.6.2　与各向异性平板结果的比较

计算各向异性平板色散曲线的数学步骤已在本章前面几节讨论过,也可在文献（Karim 等人, 1990; Yang 和 Kundu, 1998; Rose, 1999）中找到。在本节中,用上述方法计算的结果与 Rose（1999）给出的结果进行了比较。

对于波传播方向和纤维方向之间夹角为 0°的单向复合板或管道（见图 2-42),材料和几何对称条件保持不变。因此,平面应变公式仍然有效。

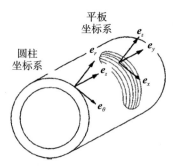

图 2-42 用于平板和管道分析的笛卡儿和圆柱坐标系（Towfighi 等人，2002）

因此，本构矩阵简化为以下形式：

$$\begin{Bmatrix}\sigma_{\theta\theta}\\ \sigma_{zz}\\ \sigma_{rr}\\ \sigma_{r\theta}\end{Bmatrix}=\begin{bmatrix}128.2 & 6.9 & 6.9 & 0\\ 6.9 & 14.95 & 7.33 & 0\\ 6.9 & 7.33 & 14.95 & 0\\ 0 & 0 & 0 & 6.73\end{bmatrix}\begin{Bmatrix}\varepsilon_{\theta\theta}\\ 0\\ \varepsilon_{rr}\\ 2\varepsilon_{r\theta}\end{Bmatrix} \quad (2-120)$$

在式（2-120）中，刚度值以 GPa 表示，平板的结果如图 2-43 所示，弯曲板的结果如图 2-44 和图 2-45 所示。

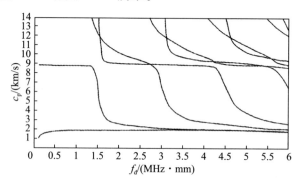

图 2-43 单向复合板中波在纤维方向传播的色散曲线（材料特性在式（2-120）中给出，$\rho=1580 \text{kg/m}^3$（Rose, 1999））

图 2-44 的结果是使用傅里叶级数展开中的 30 项（$m=30$）获得的。为了显示项数（m）对计算结果的影响，我们用 $m=20$ 计算相同的色散曲线，如图 2-45 所示。有趣的是，较小的 m 值会产生不连续线。因此，当频散曲线图中的线被发现不连续时，用户可以很容易地意识到 FS 展开中需要更多的项。图 2-44 也有一些缺失的部分，可以通过增加 m 来进一步改进。然而，当 $m=30$ 时，我们在色散曲线图上得到了足够的点，以便与 Rose（1999）给出的结果进行很好的比较。

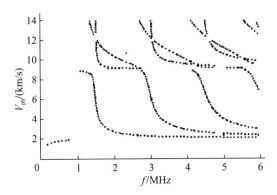

图 2-44 单向纤维增强复合材料制成的大直径管道中周向波传播的色散曲线（纤维的取向是沿圆周方向，式（2-120）给出了材料特性，管壁厚度为 1mm，管道外径为 1000mm，$m=30$（Towfighi 等人，2002））

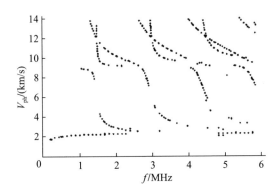

图 2-45 $m=20$ 的各向异性管道的色散曲线（管道尺寸和材料特性与图 2-44 中的相同，唯一的区别在于 m 值（Towfighi 等人，2002））

对于纤维沿管道纵向延伸的相同材料，本构矩阵发生变化，如下式所示：

$$\begin{Bmatrix} \sigma_{\theta\theta} \\ \sigma_{zz} \\ \sigma_{rr} \\ \sigma_{r\theta} \end{Bmatrix} = \begin{bmatrix} 14.95 & 6.9 & 7.33 & 0 \\ 6.9 & 128.2 & 6.9 & 0 \\ 7.33 & 6.9 & 14.95 & 0 \\ 0 & 0 & 0 & 3.81 \end{bmatrix} \begin{Bmatrix} \varepsilon_{\theta\theta} \\ 0 \\ \varepsilon_{rr} \\ 2\varepsilon_{r\theta} \end{Bmatrix} \quad (2-121)$$

这种情况下获得的结果也与 Rose（1999）中给出的相应色散曲线相匹配（见图 2-46 和图 2-47）

对于纤维取向相对于管道轴线呈 45°的情况，平面应变假设不再有效。这种情况下的本构矩阵通过变换坐标系获得，如等式（2-122）所示。图 2-48 和图 2-49 显示了这种情况下的色散曲线，这些曲线也显示出良好的匹配。

$$\begin{Bmatrix} \sigma_{\theta\theta} \\ \sigma_{zz} \\ \sigma_{rr} \\ \sigma_{zr} \\ \sigma_{r\theta} \\ \sigma_{\theta z} \end{Bmatrix} = \begin{bmatrix} 45.9675 & 32.5075 & 7.115 & 0 & 0 & -28.3125 \\ 32.5075 & 45.9675 & 7.115 & 0 & 0 & -28.3125 \\ 7.115 & 7.115 & 14.95 & 0 & 0 & 0.215 \\ 0 & 0 & 0 & 5.27 & -1.46 & 0 \\ 0 & 0 & 0 & -1.46 & 5.27 & 0 \\ -28.3125 & -28.3125 & 0.215 & 0 & 0 & 32.3375 \end{bmatrix} \begin{Bmatrix} \varepsilon_{\theta\theta} \\ \varepsilon_{zz} \\ \varepsilon_{rr} \\ 2\varepsilon_{zr} \\ 2\varepsilon_{r\theta} \\ 2\varepsilon_{\theta z} \end{Bmatrix}$$

(2-122)

图2-46 单向复合板中波垂直于纤维方向传播的色散曲线（纤维取向沿 y 方向，而波沿 x 方向传播，式（2-121）给出了材料特性，板厚为 1mm，ρ = 1580kg/m³（Rose，1999））

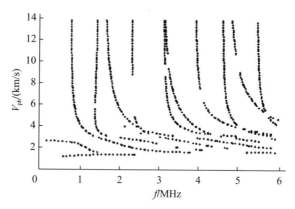

图2-47 当纤维和波传播方向相互垂直时，各向异性大直径管道的计算色散曲线（纤维取向沿纵向，而波沿圆周方向传播，式（2-121）给出了材料特性，管道壁厚=1mm，管道外径=1000mm（Towfighi 等人，2002））

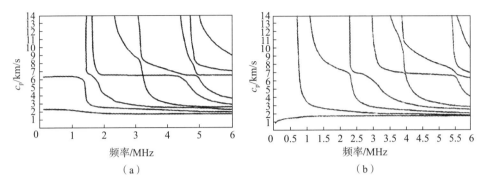

图2-48 当波相对于纤维取向方向以45°角传播时，单向复合板中（a）对称和（b）反对称模式的色散曲线（板厚=1mm，ρ=1580kg/m³（Rose，1999））

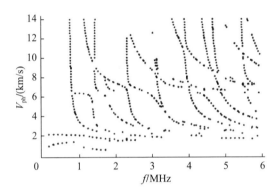

图2-49 单向纤维增强复合材料制成的大直径管的周向波传播频散曲线（纤维与波传播方向成45°角，材料性质如式（2-122）所示，管壁厚度=1mm，管道外半径=1000mm，m=25（Towfighi等人，2002））

弯曲板与平板的情况不同，中性面不是对称平面。因此，在图2-49中，不能将色散曲线分为对称模态和反对称模态。这就是为什么大直径各向异性管道的所有模态在图2-49中一起显示。

2.8.6.3 与各向同性管道结果的比较

Qu等人（1996）推导了各向同性铝管的色散曲线，它们的结果与图2-50很好地匹配，该方法使用无量纲$\bar{k}$和$\bar{\omega}$获得，其中$\bar{k}=k(b-a)$，$\bar{\omega}=\omega(b-a)\sqrt{\rho/\mu}$。

2.8.6.4 小半径各向异性管道

为了显示曲率半径对色散曲线的影响，管道半径从1000mm变化到2.5mm，保持壁厚和材料特性与图2-44和图2-46相同。在r=1000、10、5和2.5mm时，通过30项FS展开获得的色散曲线如图2-51和图2-52所示。图2-51为沿周向纤维的频散曲线，图 2-52 为沿轴向纤维的频散曲线，而两种情况下的波均沿周向传播。

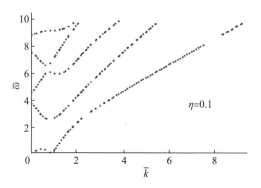

图 2-50 用第 5.8 节讨论的方法得到铝管的色散曲线（η（内外半径比）= 0.1，密度为 2700kg/m³（2.7gm/cc），纵波速度为 6.42km/s，横波速度为 3.02km/s（Towfighi 等人，2002））

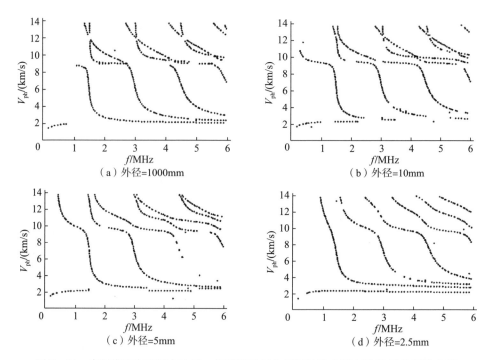

图 2-51 当纤维取向沿周方向时，纤维增强复合材料圆柱中周向波传播的频散曲线（管道的外半径为 (a) 1000mm、(b) 10mm、(c) 5mm、(d) 2.5mm，管壁厚为 1mm，材料性能在式 (2-120) 中给出（Towfighi 等人，2002））

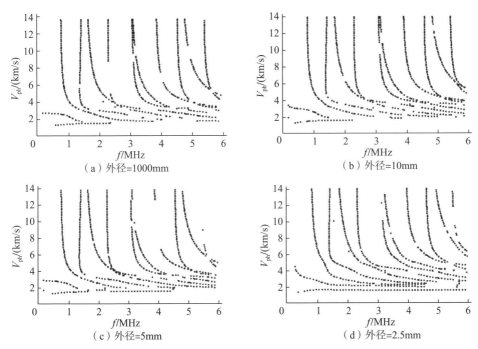

图2-52 当纤维取向为轴向时,纤维增强复合材料管内周向波传播的频散曲线
(管道的外半径为(a) 1000mm、(b) 10mm、(c) 5mm、(d) 2.5mm,
管壁厚为1mm,材料性能在式(2-121)中给出(Towfighi等人,2002))

从图2-51可以看出,对于沿圆周方向取向的纤维,当外半径(r)从1000mm减小到10mm时,色散曲线没有显著变化。然而,当r进一步减小时,色散曲线与大半径情况的偏差不再是可以忽略的。对于轴向取向的纤维(图2-52),色散曲线在$r=1000$mm至2.5mm时几乎保持不变。当$r=2.5$mm时,在振幅函数的FS展开式中得到$m=45$的色散曲线。对于该计算,m增加到45,因为$m=30$的计算在$r=2.5$mm的色散曲线图中给出了太多的虚线。

总之,图2-51和图2-52之间的比较表明,当纤维取向沿圆周方向时,曲率的影响更强。应当注意,如果纤维取向沿沿圆周方向,则纤维也具有曲率。当纤维取向沿轴向时没有曲率,平板近似可以扩展到更小半径的管道。

外径为5mm、纤维方向为45°的管道的色散曲线如图2-53所示。这些曲线是由式(2-122)中给出的材料特性得到的。在此图的右图中,尽管曲线对于大于1MHz的频率看起来很好,但在0~1MHz的频率范围内,由于数字误差,当FS项的数量(m)为25时,会出现许多垂直线。当m增加到35时,这些线消失了。在0~1MHz的频率范围内,$m=35$的结果显示在图2-53的左侧曲线图中。

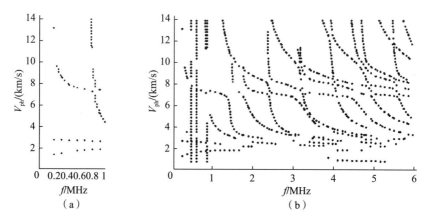

图 2-53 当纤维相对于波传播方向为 45°时，纤维增强复合材料管内周向波传播的频散曲线（材料性质由式（2-122）给出，管径为 5mm，管厚为 1mm，图（a）为 $m=35$，频率范围为 0~1MHz，图（b）为 $m=25$，频率为 0~6MHz（Towfighi 等人，2002））

2.9 导波在管道轴向的传播

虽然杆和空心圆柱具有非零曲率，但波在其中的传播与在平板中的传播相似。板的 SH 模态和对称模态类似于杆的扭转模态和纵向模态。反对称板模态类似于非轴对称弯曲杆模态。时间谐波在无限长的实心圆柱体中的传播最先由 PochHammer（1876）和 Chree（1886）提出。McFadden（1954），Herrmann 和 Mirsky（1956）研究了轴对称情况下空心圆柱中的类似波。Gazis（1959a，b）首先求解了无限长弹性空心圆柱轴向上的非轴对称谐波传播。Greenspon（1960a，b）研究了弹性圆柱壳的色散曲线和位移场。Zemanek（1972）对弹性圆柱中的频率方程进行了数值分析。下面给出了各向同性管道中圆柱导波传播的 Gazis 解。

2.9.1 基本方程

如图 2-54 所示，无限长的均质圆柱体是 Gazis（1959a）考虑的问题几何结构。他求解的基本控制方程是第一章介绍的纳维尔方程。

$$\mu \nabla^2 \boldsymbol{u} + (\lambda + \mu)\underline{\nabla}\underline{\nabla} \cdot \boldsymbol{u} = \rho\left(\frac{\partial^2 \boldsymbol{u}}{\partial t^2}\right)$$

(2-123)

式中：$\boldsymbol{u}$ 为位移向量；ρ 为密度；λ 和

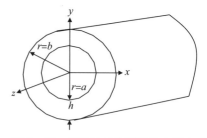

图 2-54 用于轴对称圆柱体中纵向或轴向波传播分析的坐标方向

μ 为 Lamé 常数；∇^2 为三维拉普拉斯算子。

按照第 1 章中讨论的亥姆霍兹分解，向量 u 可以用膨胀标量势 ϕ 和等体积向量势 H 表示。

$$\begin{cases} u = \nabla\phi + \nabla \times H \\ \nabla \cdot H = F(r,t) \end{cases} \quad (2-124)$$

式中：F 为坐标向量 r 和时间 t 的函数。

如果势函数 ϕ 和 H 满足以下波动方程，则满足运动方程：

$$c_P^2 \nabla^2 \phi = \frac{\partial^2 \phi}{\partial t^2} \quad (2-125)$$

$$c_S^2 \nabla^2 H = \frac{\partial^2 H}{\partial t^2} \quad (2-126)$$

式中：c_P 和 c_S 分别为第 1 章中定义的纵波和横波速度。

Gazis（1959a）认为上述方程可以通过以下假设来求解

$$\begin{cases} \phi = f(r)\cos n\theta \cos(\omega t + \xi z) \\ H_r = g_r(r)\sin n\theta \sin(\omega t + \xi z) \\ H_\theta = g_\theta(r)\cos n\theta \sin(\omega t + \xi z) \\ H_z = g_3(r)\sin n\theta \cos(\omega t + \xi z) \end{cases} \quad (2-127)$$

将上述 ϕ 和 H 的表达式分别代入式（2-125）和式（2-126），可得

$$\begin{cases} (\nabla^2 + \omega^2/c_P^2)\phi = 0 \\ (\nabla^2 + \omega^2/c_S^2)H_z = 0 \\ (\nabla^2 - 1/r^2 + \omega^2/c_S^2)H_r - (2/r^2)(\partial H_\theta/\partial \theta) = 0 \\ (\nabla^2 - 1/r^2 + \omega^2/c_S^2)H_\theta + (2/r^2)(\partial H_r/\partial \theta) = 0 \end{cases} \quad (2-128)$$

微分算子 $B_{n,x}$ 的定义形式如下：

$$B_{n,x} = \left[\frac{\partial^2}{\partial x^2} + \frac{1}{x}\frac{\partial}{\partial x} - \left(\frac{n^2}{x^2} - 1\right) \right] \quad (2-129)$$

将式（2-127）代入式（2-128），经过一些操作后得出以下方程式：

$$\begin{cases} B_{n,\alpha r}[f] = 0 \\ B_{n,\beta r}[g_3] = 0 \\ B_{n+1,\beta r}[g_r - g_\theta] = 0 \\ B_{n-1,\beta r}[g_r + g_\theta] = 0 \end{cases} \quad (2-130)$$

式中

$$\alpha^2 = \omega^2/c_P^2 - \xi^2, \quad \beta^2 = \omega^2/c_S^2 - \xi^2 \quad (2-131)$$

式（2-130）的一般解可以根据 n 阶贝塞尔函数 J_n 和 Y_n，或参数 $\alpha_1 r = |\alpha r|$ 和 $\beta_1 r = |\beta r|$ 的修正贝塞尔函数 I_n 和 K_n 给出，这取决于从方程（2-131）获得的 α 和 β 是实数还是虚数。式（2-130）的一般解为

$$\begin{cases} f = A Z_n(\alpha_1 r) + B W_n(\alpha_1 r) \\ g_3 = A_3 Z_n(\beta_1 r) + B_3 W_n(\beta_1 r) \\ 2g_1 = (g_r - g_\theta) = 2A_1 Z_{n+1}(\beta_1 r) + 2B_1 W_{n+1}(\beta_1 r) \\ 2g_2 = (g_r + g_\theta) = 2A_2 Z_{n-1}(\beta_1 r) + 2B_2 W_{n-1}(\beta_1 r) \end{cases} \quad (2-132)$$

式中：Z 用于表示 J 或 I 函数；W 表示 Y 或 K 函数；

表 2-4 显示了在不同频率 ω 间隔内贝塞尔函数的正确选择。

表 2-4 不同频率 ω 间隔下使用的贝塞尔函数类型

$\omega > c_P \xi$	$c_P \xi > \omega > c_S \xi$	$\omega < c_S \xi$
$Z_n(\alpha_1 r) = J_n(\alpha_1 r)$	$Z_n(\alpha_1 r) = I_n(\alpha_1 r)$	$Z_n(\alpha_1 r) = I_n(\alpha_1 r)$
$W_n(\alpha_1 r) = Y_n(\alpha_1 r)$	$W_n(\alpha_1 r) = K_n(\alpha_1 r)$	$W_n(\alpha_1 r) = K_n(\alpha_1 r)$
$Z_n(\beta_1 r) = J_n(\beta_1 r)$	$Z_n(\beta_1 r) = J_n(\beta_1 r)$	$Z_n(\beta_1 r) = I_n(\beta_1 r)$
$W_n(\beta_1 r) = Y_n(\beta_1 r)$	$W_n(\beta_1 r) = Y_n(\beta_1 r)$	$W_n(\beta_1 r) = K_n(\beta_1 r)$

现在可以利用规范不变性（Morse 和 Feshback，1954）的特性来消除两个积分常数。等式（2-123）的三个电势 g_i（$i=1$，2 或 3）中的任何一个都可以设置为等于零，而不损失解的一般性。从物理上讲，这意味着对应于式（2-132）的等体积势 g_i 的位移场也可以通过两个其他等体积势的组合来导出，将其中一个设为零。如果取 $g_2 = 0$，可以得到

$$g_r = -g_\theta = g_1 \quad (2-133)$$

柱面坐标中的位移场可从以下方程（Auld，1973）获得：

$$\begin{aligned} u_r &= \frac{\partial \phi}{\partial r} + \frac{1}{r}\frac{\partial H_z}{\partial \theta} - \frac{\partial H_\theta}{\partial z} \\ u_\theta &= \frac{1}{r}\frac{\partial \phi}{\partial \theta} + \frac{\partial H_r}{\partial z} - \frac{\partial H_z}{\partial r} \\ u_z &= \frac{\partial \phi}{\partial z} + \frac{1}{r}\frac{\partial}{\partial z}(rH_\theta) - \frac{1}{r}\frac{\partial H_r}{\partial \theta} \end{aligned} \quad (2-134)$$

将式（2-134）代入式（2-132），利用式（2-133）可得位移场：

$$\begin{cases} u_r = \left(f' + \xi g_1 + \dfrac{n}{r}g_3\right)\cos(n\theta)\cos(\omega t + \xi z) \\ u_\theta = \left(-\dfrac{n}{r}f - \xi g_1 - g_3'\right)\sin(n\theta)\cos(\omega t + \xi z) \\ u_z = -\left(\xi f + \dfrac{(n+1)}{r}g_1 + g_1'\right)\cos(n\theta)\sin(\omega t + \xi z) \end{cases} \quad (2-135)$$

式中：撇号表示相对于 r 的导数；n 表示模态的周向阶数，其表示围绕管道圆周的波长的整数倍。

第 1 章给出了柱坐标系中的应变 - 位移关系：

$$\begin{cases} \varepsilon_{rr} = \dfrac{\partial u_r}{\partial r} \\ \varepsilon_{rz} = (1/2)\left[\dfrac{\partial u_r}{\partial z} + \dfrac{\partial u_z}{\partial r}\right] \\ \varepsilon_{r\theta} = (1/2)\left[r\dfrac{\partial}{\partial r}\left(\dfrac{u_\theta}{r}\right) + \dfrac{1}{r}\dfrac{\partial u_r}{\partial \theta}\right] \end{cases} \quad (2-136)$$

应力 - 应变关系为

$$\begin{cases} \sigma_{rr} = \lambda(\varepsilon_{rr} + \varepsilon_{\theta\theta} + \varepsilon_{zz}) + 2u\varepsilon_{rr} \\ \sigma_{rz} = 2\mu\varepsilon_{rz} \\ \sigma_{r\theta} = 2\mu\varepsilon_{r\theta} \end{cases} \quad (2-137)$$

注意

$$(\varepsilon_{rr} + \varepsilon_{\theta\theta} + \varepsilon_{zz}) = \nabla^2\phi = -(\alpha^2 + \xi^2)f\cos(n\theta)\cos(\omega t + \xi z) \quad (2-138)$$

使用应力 - 应变和应变 - 位移关系，可以获得位移势形式的应力：

$$\begin{cases} \sigma_{rr} = \left\{-\lambda(\alpha^2+\xi^2)f + 2\mu\left[f'' + \dfrac{n}{r}\left(g_3' - \dfrac{g_3}{r}\right) + \xi g_1'\right]\right\}\cos(n\theta)\cos(\omega t + \xi z) \\ \sigma_{r\theta} = \mu\left\{-\dfrac{2n}{r}\left(f' - \dfrac{f}{r}\right) - (2g_3'' - \beta^2 g_3) - \xi\left(\dfrac{n+1}{r}g_1 - g_1'\right)\right\}\sin(n\theta)\cos(\omega t + \xi z) \\ \sigma_{rz} = \mu\left\{-2\xi f' - \dfrac{n}{r}\left[g_1' + \left(\dfrac{n+1}{r} - \beta^2 + \xi^2\right)g_1\right] - \dfrac{n\xi}{r}g_3\right\}\cos(n\theta)\sin(\omega t + \xi z) \end{cases}$$

$$(2-139)$$

管道内外表面的无牵引力边界条件意味着在 $r=a$ 和 b 时

$$\sigma_{rr} = \sigma_{r\theta} = \sigma_{rz} = 0 \quad (2-140)$$

将式（2-139）代入式（2-140），我们得到如下形式的六个齐次方程组：

$$\boldsymbol{DA} = \{0\} \quad (2-141)$$

式中：$\boldsymbol{D}$ 为 6×6 方阵；$\boldsymbol{A}$ 为一个 6×1 的向量，其元素为式（2-132）中的 a、

B、A_1、B_1、A_3 和 B_3。

对于 a 的非平凡解，矩阵 D 的行列式必须消失。该条件，$\mathrm{Det} D = 0$，给出了各向同性管道轴向导波传播的特征方程或色散方程。Gazis（1959a）给出了 D 矩阵的元素，如下所示：

$$\begin{cases} D_{11} = [2n(n-1)(\beta^2-\xi^2)a^2]Z_n(\alpha_1 a) + 2\lambda_1\alpha_1 a Z_{n+1}(\alpha_1 a) \\ D_{12} = 2\xi\beta_1 a^2 Z_n(\beta_1 a)(\beta_1 a) - 2\xi a(n+1)Z_{n+1}(\beta_1 a) \\ D_{13} = -2n(n-1)Z_n(\beta_1 a) + 2\lambda_2 n\beta_1 a Z_{n+1}(\beta_1 a) \\ D_{14} = [2n(n-1) - (\beta^2-\xi^2)a^2]W_n(\alpha_1 a) + 2\alpha_1 a W_{n+1}(\alpha_1 a) \\ D_{15} = 2\lambda_2\xi\beta_1 a^2 W_n(\beta_1 a) - 2(n+1)\xi a W_{n+1}(\beta_1 a) \\ D_{16} = -2n(n-1)W_n(\beta_1 a) + 2n\beta_1 a W_{n+1}(\beta_1 a) \\ D_{21} = 2n(n-1)Z_n(\alpha_1 a) + 2\lambda_1 n\alpha_1 a Z_{n+1}(\alpha_1 a) \\ D_{22} = \xi\beta_1 a^2 Z_n(\beta_1 a) + 2\xi a(n+1)Z_{n+1}(\beta_1 a) \\ D_{23} = -[2n(n-1)-\beta^2 a^2]Z_n(\beta_1 a) - 2\lambda_2\beta_1 a Z_{n+1}(\beta_1 a) \\ D_{24} = 2n(n-1)W_n(\alpha_1 a) - 2n\alpha_1 a W_{n+1}(\alpha_1 a) \\ D_{25} = -\lambda_2\xi\beta_1 a^2 W_n(\beta_1 a) + 2(n+1)\xi a W_{n+1}(\beta_1 a) \\ D_{26} = -[2n(n-1)-\beta^2 a^2]W_n(\beta_1 a) - 2\beta_1 a W_{n+1}(\beta_1 a) \\ D_{31} = 2n\xi\alpha_1 Z_n(\alpha_1 a) - 2\lambda_1\xi\alpha_1 a^2 Z_{n+1}(\alpha_1 a) \\ D_{32} = n\beta_1 a Z_n(\beta_1 a) - (\beta^2-\xi^2)a^2 Z_{n+1}(\beta_1 a) \\ D_{33} = -n\xi a Z_n(\beta_1 a) \\ D_{34} = 2n\xi a W_n(\alpha_1 a) - 2\xi\alpha_1 a^2 W_{n+1}(\alpha_1 a) \\ D_{35} = \lambda^2 n\beta a W_n(\beta_1 a) - (\beta^2-\xi^2)a^2 W_{n+1}(\beta_1 a) \\ D_{36} = -n\xi a W_n(\beta_1 a) \end{cases} \quad (2-142)$$

通过简单地将 a 替换为 b，从前三行获得剩余的三行。在式（2-142）中，当使用 J 和 Y 函数时，λ_1 和 λ_2 为 1，当使用 I 和 K 函数时为-1。参考表 2-4，了解这些参数值何时应等于 1 或-1。

2.9.2　柱面导波在管壁损伤检测中的应用

过去，导波模式用来检测圆柱形管道中的壁厚减薄（Silk 和 Bainton，1979）。最近，Lowe 等人（1998a，b）、Guo 和 Kundu（20002001）、Cawley 等人（2003）、Alleyne 和 Cawley（2003）、Demma 等人（2004）、Rose 等人（1994a，b，2003）、Hay 和 Rose（2002）以及 Barshinger 等人（2002）成功地

使用了圆柱导波检测管道中的裂缝、孔洞和腐蚀损伤。Hay 和 Rose（2002）使用柔性 PVDF 薄膜开发了梳状换能器，用于在管道中产生导波模态。Guo 和 Kundu（2000，2001）设计了一种新型的换能器支架机构，用于产生用于管道检测的圆柱形导波。Na 和 Kundu（2002a，b）、Na 等人（2002）和 Ahmad 等人（2009）使用这些换能器支架产生了圆柱形导波，用于检测水下和地下空管道、输水管道和混凝土填充管道中的管壁损坏。Vasiljevic 等人（2008）通过使用非接触式 EMAT 换能器生成导波来检测管壁异常。

使用圆柱形导波检测管道缺陷所需的步骤与本章前面讨论的兰姆波检测板中缺陷所需步骤相似。下面简要讨论这些步骤。

步骤 1：生成色散曲线。

按照第 2.9.1 节列出的公式，生成给定管道几何形状和材料特性的色散曲线。铝管（外径 22.23mm，壁厚 1.59mm）的色散曲线如图 2-55 所示（Na 和 Kundu，2002a）。在该图中，按照 Silk 和 Bainton（1979）所讨论的惯例，标记了不同的波模态（Wave mode）。该约定根据它们的类型、圆周顺序和连续顺序来跟踪这些模态。这个标记系统将每种模态分配给三种类型中的一种：

（1）纵向轴对称模态—L$(0, m)$（$m = 1, 2, 3, 4\cdots$）；

（2）扭转轴对称模态—T$(0, m)$（$m = 1, 2, 3, 4\cdots$）；

（3）非轴对称弯曲模态—F(n, m)（$n = 1, 2, 3, 4\cdots m = 1, 2, 3, 4\cdots$）。

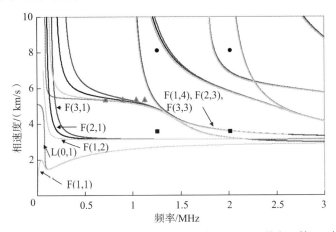

图 2-55　真空中铝管内轴向波传播的相速度色散曲线（显示了纵向、第 1、第 2 和第 3 弯曲模态，实心方块、三角形和圆圈分别对应于实验获得的 51°、31° 和 20° 发射角的 $V(f)$ 曲线的峰值位置（Na 和 Kundu，2002a））

在该惯例中，第一整数 n 反映了管道整体的弯曲模态，而第二整数 m 反映了管道壁内的振动模态。对于第二个索引 m，基本模态设为 1，高阶模态依次编号。用这个约定,例如,第二纵模态为 L(0,2),基本扭转模态为 T(0,1)。在极限情况下,当管道曲率半径趋于无穷大时,扭转模态 T(0,m) 对应板内反平面导波模态(见图 1-27),当 L(0,1) 和 L(0,2) 分别对应 A_0 和 S_0 模态时,纵模态 L(0,m) 接近板内兰姆波模态(Silk and Bainton,1979)。L(0,m) 和 T(0,m) 模态对壁厚的变化很敏感。F(n,m) 模态也是如此,但这些模态对任何影响管道弯曲性能的因素都很敏感。这将包括对管壁损伤检测不直接感兴趣的安装件和约束等因素,因此,谨慎的做法是尽可能将测试限制在 L(0,m) 或 T(0,m) 级。

步骤 2:在管道中生成圆柱形导波。

如图 2-56(a) 所示,通过将发射器与管道直接接触,可以在管道中产生导波。许多研究人员使用这种简单的方法来产生导波。然而,这可能产生多个导波模态。Guo 和 Kundu(2001)建议将发射器放置在相对于管轴的倾斜位置,并在管道和换能器之间的小容器中使用耦合流体(通常是水),如图 2-56(b)、(c) 所示,以使用斯涅尔定律产生特定的导波模式(见式(2-31))。注意,耦合流体中的声波速度 c_f 是已知的,并且从步骤 1 中生成的色散曲线获得管道中所需导波模态的相速度 c_L。圆柱形水池和锥形水池分

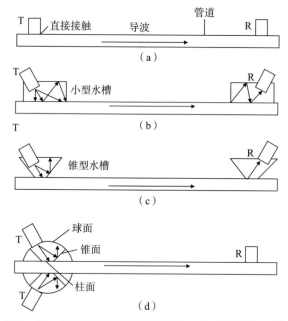

图 2-56 发射器和管道之间可能存在的不同耦合机制

(a) 直接接触;(b) 包含耦合流体的小水池;(c) 包含耦合液体的锥形水池;(d) 具有球形外表面、锥形内表面和紧密配合在管道外表面上的圆柱形表面的环形有机玻璃(Guo 和 Kundu,2001)。

别如图 2-56(b) 和图 2-56(c) 所示。在这两种布置之间，锥形池被发现产生更好的（更一致和更少噪声）波模式。当管道不水平放置时，Guo 和 Kundu（2001）使用了一种由有机玻璃制成的固体耦合器，其内表面为锥形，外表面为球形，变送器可在其上轻松滑动（图 2-56(d)）。锥形水容器和固体耦合器的照片如图 2-57 所示。Hay 和 Rose（2002）使用梳状换能器在管道中产生特定的导波模态，而不是这里讨论的耦合机制。

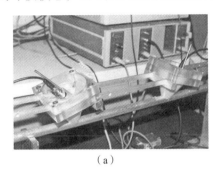 

(a) (b)

图 2-57　顶部和底部的照片对应于发射器和管道之间的两种不同的
　　　　　耦合机制（相应的示意图分别如图 2-56(c)、(d) 所示）

步骤 3：检查导波模态对缺陷的敏感性。

导波由第 2 步中讨论的发射换能器产生，并由位于管道另一位置的接收换能器接收，如图 2-56 所示。尽管发射换能器应该倾斜一个角度（等于由斯涅尔定律确定的临界角度），接收换能器可以直接与管道接触，如图 2-56(d) 所示。预期接收到的信号会被位于传播导波路径上的任何缺陷所改变。不同导波模式在不同频率下对各种类型的管壁缺陷的灵敏度预计是不同的。因此，不同导波模式对各种类型的管壁损伤的敏感性需要进行深入的研究，以设计一种利用导波进行管道检测的有效技术。Guo 和 Kundu（2001）以及 Na 和 Kundu（2002a）观察到并报道了一个有趣的现象：当导波模态在频散曲线的水平渐近线附近生成时（其中正方形和三角形标记如图 2-55 所示），信号对缺陷的敏感性要高于在其他位置（例如图 2-55 中圆形标记所示的位置）。水平曲线表明相速度与频率无关，因此没有或只有很少的色散。因此，色散小的模态对缺陷更加敏感。图 2-58 显示了在 300kHz 到 2600kHz 的频率范围内，当发射换能器被纯音（单频的多个周期）信号激励时，接收信号的强度随频率的变化。每张图中绘制了五条曲线，其中一条对应无缺陷的管道，其余四条对应管壁上的四种不同类型的缺陷（Na 和 Kundu，2002a）。每张图中有两个不同的波峰对应不同的导波模态。这两个峰值对应的频率-相位速度组合用图 2-55 中的两个实心圆和两个实心正方形表示。圆（相速度大于 8km/s）对应

图2-58顶部的两个峰值，正方形（相速度低于4km/s）对应图2-58底部的两个峰值。如前所述，只需改变发射换能器的倾角就可以轻易地改变相速度。由于几种模态的色散曲线位于这些点附近，因此这些模态中的任何一种都可能导致这两个峰值。这些实验点（图2-55中用圆圈和正方形表示）与理论色散曲线不完全一致，这意味着用于生成色散曲线的铝材料性质与实验中使用的铝管性质略有不同。值得注意的是，图2-58中的曲线（尤其是1300kHz频率附近的峰值）对缺陷更敏感。这是因为用于生成这些图的频率-相位速度组合比上图（图2-55中的圆形标记）更接近色散曲线的水平渐近线（图2-55中的方形标记）。

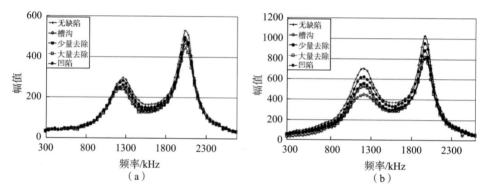

图2-58 在20°（图（a））和51°（图（b））发射器角度下，接收器记录的轴向波在铝管中传播的$V(f)$曲线或电压-频率曲线（其色散曲线如图2-55所示，每个图中的五条曲线对应四个有缺陷的管道和一个无缺陷的管道，用于产生这些曲线的发射器-接收器布置如图2-56(d)所示（Na和Kundu，2002a））

步骤4：使用最敏感的模式进行缺陷检测。

识别出对管壁缺陷最敏感的导波模态后，如果该模态可以沿管道传播足够的距离，则使用该模态进行管壁损伤检测。如果衰减过快，则选择另一种模态，该模式可以沿管道传播足够的距离，并且对缺陷也相当敏感。特定模态的衰减可以通过在管道的一个位置产生特定模态来实验研究，然后研究该模态在失去强度之前可以传播多远。也可以通过分析管道的衰减色散曲线来确定（Rose，1999）。

虽然对于位于发射换能器和接收换能器之间的管壁损伤生成了图2-58所示的曲线，但并不一定要检测到缺陷总是在换能器之间。在管道末端或缺陷处反射后，导波在整个管道长度中传播几次，然后完全失去其强度。因此，如果缺陷不是位于发射换能器和接收换能器之间的管段，它仍然可以被检测到。读者可以参考Vasiljevic等人（2008）和Shelke等人（2012）的成果来更多地研究检测不位于发射换能器和接收换能器之间的管壁缺陷。

2.10 小结

本章的前七节专门对导波在板中的传播进行了详细分析。考虑的情况包括各向同性和各向异性板、均质和多层板、有或无材料衰减的板、自然振动（自由振动）和外部激励（强迫振动）下的板。这七节内容介绍了基本理论及其在设计用于板损伤检测的超声无损评估（NDE）实验中的应用。本章末尾还提供了这些章节中的一些练习。

第2.8节和第2.9节介绍了管道中导波传播的理论和无损检测应用。第2.8节讨论了圆周方向的波传播理论，第2.9节分析了管道轴向的波传播。第2.8节中介绍的求解技术是一种能够处理各向异性管道的更通用的技术，因此比用于研究各向同性管道中波传播的基于斯托克斯-亥姆霍兹（Stokes-Helmholtz）分解的经典方法更强大，给出的结果显示了曲率变化对色散曲线的影响。本节中使用的求解技术是Towfighi（2001）提出的用于求解耦合偏微分方程组的通用求解技术。Towfighi和Kundu（2003）证明了该技术适用于其他问题，如球壳结构中的波传播。这里介绍的均质各向异性管道技术可以很容易地扩展到多层几何结构（Vasudeva等人，2008），本章不予讨论。尽管各向同性管道圆周方向上的波传播是第2.8节中针对各向异性管道给出的一般解的一种特殊情况，但使用斯托克斯-亥姆霍兹分解求解各向同性管道中波传播的技术（Qu和Jacobs，2004）在计算上要简单得多，应适用于各向同性情况。最后，在第2.9节中，介绍了管道轴向上的波传播，将求解技术和无损检测应用仅限于各向同性情况。

习题

第2.1题

给出兰姆波在厚度为 $2h$ 的平板上沿 x_1 方向传播的对称模和反对称模 σ_{11} 的表达式，如图1-29所示。

第2.2题

对于真空中的固体板，其色散方程在式（2-1）中给出，当其浸入流体中时，其色散方程在式（2-21）和式（2-24）中给出。

1. 如果流体中的P波速度是有限的非零值 α_f，且流体密度接近于零，那么式（2-1）是否可以近似给出浸入该流体中的平板的色散方程？证明你回答"是"或"不是"是正确的。

2. 如果流体中的 P 波速度接近于 0，流体密度是一个有限的非零值 ρ_f，那么式（2-1）是否可以近似给出浸入该流体中的平板的频散方程？证明你回答"是"或"不是"是正确的。

第 2.3 题

斯通利-肖尔特波（Stonely-Scholte waves）沿流固界面传播（$x_2 = 0$），在流体（$x_2 > 0$）和固体（$x_2 < 0$）介质中，波振幅呈指数衰减。

1. 得到一个可以计算斯通利-肖尔特波速的方程。
2. 斯通利-肖尔特波是色散的吗？
3. 当 ρ_f 趋于 0 时，在极限情况下专门化色散方程（Specialize the dispersion equation）。

第 2.4 题

当 $x_2 = 0$ 时，斯通利波（Stonely waves）沿两种固体的界面传播，当 $x_2 > 0$ 时，两种固体中的波幅呈指数衰减。获得色散方程，从中可以计算斯通利波速。（注意，当一个固体半空间被一个流体半空间取代时，在流体-固体界面产生的界面波是斯通利波的特例，称为 Stonely Scholte 波或 Scholte 波）。

第 2.5 题

1. 有导反平面波穿过底部表面固定、顶部表面无牵引力的厚度为 $2h$ 的平板（见图 2-59）时的相速度为

$$c_m = \frac{c_S}{\sqrt{1 - f(c_S, m)}}$$

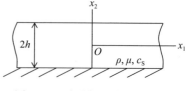

图 2-59 问题 2.5 的问题几何

推导函数 $f(c_S, m)$ 的表达式。

2. 对于具有最低截止频率的模态，将相位速度 c_0 的变化绘制为频率 ω 的函数。该模态表示为基本模态。在图中显示截止频率（如果有）和曲线的渐近值。这种模态是色散的吗？
3. 获得并绘制基本模态的模态形状。
4. 说明在第 3 步中得到的模态振型如何满足边界条件。（译者注：原文中 part c 有误）

第 2.6 题

通过对低频处反对称（或弯曲）模态的兰姆波频散方程展开，证明了基本弯曲模态在低频处的波速近似为

$$c_L = \left(\frac{4\mu(\lambda + \mu)h^2}{3\rho(\lambda + 2\mu)}\right)^{1/4} \omega^{1/2}$$

其中：$2h$ 为板厚；ρ 为密度；ω 为以弧度/秒为单位的波频率；λ 和 μ 分别为

拉梅第一常数和第二常数。

第 2.7 题

式（2-17）和式（2-18）中 ϕ_{f_L} 和 ϕ_{f_U} 的定义不同，而保持 φ 和 ψ 定义不变，如下所示：

对称运动

$$\phi = B\cosh(\eta x_2) e^{ikx_1}$$

$$\psi = C\sinh(\beta x_2) e^{ikx_1}$$

$$\phi_{f_L} = \phi_{f_U} = M\cosh(\eta_f x_2) e^{ikx_1}$$

反对称运动

$$\phi = A\sinh(\eta x_2) e^{ikx_1}$$

$$\psi = D\cosh(\beta x_2) e^{ikx_1}$$

$$\phi_{f_L} = \phi_{f_U} = N\sinh(\eta_f x_2) e^{ikx_1}$$

证明对于上述定义，色散方程采用以下形式：

对于对称运动

$$(2k^2 - k_S^2)^2 \cosh(\eta h)\sinh(\beta h) - 4k^2\eta\beta\sinh(\eta h)\cosh(\beta h) = \frac{\rho_f \eta k_S^4}{\rho \eta_f} \frac{\sinh(\eta h)\sinh(\beta h)}{\tanh(\eta_f h)}$$

对于反对称运动

$$(2k^2 - k_S^2)^2 \sinh(\eta h)\cosh(\beta h) - 4k^2\eta\beta\cosh(\eta h)\sinh(\beta h)$$

$$= \frac{\rho_f \eta k_S^4}{\rho \eta_f} \tanh(\eta_f h)\cosh(\eta h)\cosh(\beta h)$$

注意，上述色散方程不同于式（2-21）和式（2-24）中给出的色散方程。

解释为什么会出现这种差异。换言之，上述 ϕ_{f_L} 和 ϕ_{f_U} 定义的缺点是什么？

第 2.8 题

计算中心频率为 1MHz 和 5MHz 的两个窄带超声换能器在 1mm 厚的铝板中浸没水（波速为 1.48km/s）和丙酮（波速为 1.17km/s）时产生 A_0、S_0、A_1 和 S_1 模的倾角（从垂直于板表面的轴处测量）。可以假设，当板浸入水中或丙酮中时，铝的色散曲线（如图 2-6 所示）不会受到显著影响。

第 2.9 题

1. 如图 2-60 所示，厚度为 $2h$ 的流体层被困在两块巨大岩石之间。流体密度为 ρ_f，流体中的纵波速度为 c_f。获得导波通过被捕获流体层传播的色散方程。在你的推导模型中，岩石是刚性的。

2. 求解色散方程，绘制前三种模态的相位速度随频率 ω 的变化曲线。在图中显示截止频率（如果有），以及每条曲线的渐近值。

3. 获取并绘制所有三种模态的振型（位移和应力变化）。

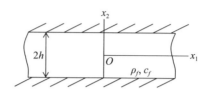

图 2-60　流体层厚度为 $2h$，被捕获在两个岩石半空间之间

参考文献

[1] Ahmad R., Banerjee S., Kundu T. Pipe wall damage detection in buried pipes using guided waves[J]. Journal of pressure vessel technology, 2009, 131(1): 011501-8.

[2] Alleyne D. N., Cawley P. The interaction of Lamb waves with defects[J]. IEEE Transactions on Ultrasonics Ferroelectrics & Frequency Control, 1992, 39(3): 381-397.

[3] Alleyne D. N., Cawley P. Long range propagation of Lamb waves in chemical plant pipe work [J]. Matrials Evaluation, 2003, 55(4): 504-508.

[4] Auld B. A. Acoustic fields and waves in solids: : Volume I [M]. New York: John Wiley & Sons, 1973.

[5] Barshinger J., Rose J. L., Avioli M. J. Guided wave resonance tuning for pipe inspection[J]. Journal of Pressure Vessel Technology, 2002, 124(3): 303-310.

[6] Brehovskikh L. M. Surface waves confined to the curvature of the boundary in solids[J]. Soviet Physics-Acoustics, 1968, 13: 462-472.

[7] Buchwald V. T. Rayleigh waves in transversely isotropic media[J]. The Quarterly Journal of Mechanics and Applied Mathematics, 1961, 14(3): 293-318.

[8] Cawley P., Lowe M., Alleyne D. N., et al. Practical long range guided wave testing: Application to pipes and rail[J]. Materials Evaluation, 2003, 61: 66-74.

[9] Cerv J. Dispersion of elastic waves and Rayleigh-type waves in a thin disc[J]. Acta Technica CSAV, 1988, 89: 89-99.

[10] Chimenti D. E., Martin R. W. Nondestructive evaluation of composite laminates by leaky Lamb waves[J]. Ultrasonics, 1991, 29(1): 13-21.

[11] Chree C. Longitudinal vibrations of a circular bar[J]. Quarterly Journal of Mathematics, 1886, 21: 287-298.

[12] Christensen R. M. Mechanics of composite materials[M]. John Wiley, New York, 1981, Chapter 4.

[13] Demma A., Cawley P., Lowe M., et al. The reflection of guided waves from notches in pipes: a guide for interpreting corrosion measurements[J]. NDT & E International, 2004, 37(3): 167-180.

[14] Ditri J. J., Rose J. L., Chen G. Mode selection criteria for defect detection optimization using Lamb waves[J]. Review of Progress in Quantitative Nondestructive Evaluation. 1992, 11: 2109-2115.

[15] Dunkin G. W. Computation of modal solutions in layered, elastic media at high frequencies [J]. Bulletin of the Seismological Society of America, 1965, 55: 335-358.

[16] Dunkin G. W., Corbin D. G. Deformation of a layered elastic half space by uniformly moving loads[J]. Bulletin of the Seismological Society of America, 1970, 60: 167-191.

[17] Gazis D. C. Three-dimensional investigation of the propagation of waves in hollow circular cylinders. I. Analytical Foundation[J]. The Journal of the Acoustical Society of America, 1959a, 31: 568-573.

[18] Gazis D. C. Three-dimensional investigation of the propagation of waves in hollow circular cylinders. II. Numerical Results[J]. Journal of the Acoustical Society of America Journal, 1959b, 31: 573-578.

[19] Ghosh T., Kundu T. A new transducer holder mechanism for efficient generation and reception of Lamb modes in large plates[J]. The Journal of the Acoustical Society of America, 1998, 104(3): 1498-1502.

[20] Ghosh T., Kundu T., Karpur P. Efficient use of Lamb modes for detecting defects in large plates[J]. Ultrasonics, 1998, 36(7): 791-801.

[21] Grace O. D., Goodman R. R. Circumferential waves on solid cylinders[J]. The Journal of the Acoustical Society of America, 1966, 39(1): 173-174.

[22] Greenspon J. E. Vibrations of a thick-walled cylindrical shell-comparison of the exact theory with approximate theories[J]. The Journal of the Acoustical Society of America, 1960a, 32 (5): 571-578.

[23] Greenspon J. E. Axially symmetric vibrations of a thick cylindrical shell in an acoustic medium[J]. The Journal of the Acoustical Society of America, 1960b, 32(8): 1017-1025.

[24] Guo D., Kundu T. A new sensor for pipe inspection by lamb waves[J]. Materials Evaluation, 2000, 58(8): 991-994.

[25] Guo D., Kundu T. A new transducer holder mechanism for pipe inspection[J]. The Journal of the Acoustical Society of America, 2001, 110(1): 303-309.

[26] Haskell N. A. The dispersion of surface waves on multilayered media[J]. Bulletin of the Seismological Society of America, 1953, 43: 17-34.

[27] Hay T. R., Rose J. L. Flexible PVDF comb transducers for excitation of axisymmetric guided waves in pipe[J]. Sensors & Actuators A: Physical, 2002, 100(1): 18-23.

[28] Herrmann G., Mirsky I. Three-dimensional and shell-theory analysis of axially symmetric mo-

tions of cylinders[J]. Transactions of the ASME Journal of Applied Mechanics, 1956, 78: 563-568.

[29] Huang W., Rokhlin S. I., Wang Y. J. Analysis of different boundary condition models for study of wave scattering from fiber-matrix interphases[J]. The Journal of the Acoustical Society of America, 1997, 101(4): 2031-2042.

[30] Karim M. R., Mal A. K., Bar-Cohen Y. Inversion of leaky Lamb wave data by simplex algorithm[J]. The Journal of the Acoustical Society of America, 1990, 88(1): 482-491.

[31] Kennett B. L. N. Seismic wave propagation in stratified media[M]. Cambridge University Press, London, 1983.

[32] Kinra V. K., Iyer V. R. Ultrasonic measurement of the thickness, phase velocity, density or attenuation of a thin-viscoelastic plate. Part II: the inverse problem[J]. Ultrasonics, 1995, 33(2): 111-122.

[33] Kinra V. K., Wolfenden A. M^3D: Mechanics and Mechanisms of Material Damping[M]. American Society for Testing and Materials, Philadelphia, Relationship Amongst Various Measures of Damping, ASTM International, 1992:3.

[34] Knopoff L. A matrix method for elastic wave problems[J]. Bulletin of the Seismological Society of America, 1964, 54: 431-438.

[35] Kundu T. Inversion of acoustic material signature of layered solids[J]. Journal of the Acoustical Society of America, 1992, 91(2): 591-600.

[36] Kundu T, Mal A. K. Elastic waves in a multilayered solid due to a dislocation source[J]. Wave Motion, 1985, 7(5): 459-471.

[37] Kundu T, Maslov K. Material interface inspection by lamb waves[J]. International Journal of Solids & Structures, 1997, 34(29): 3885-3901.

[38] Kundu T, Maslov K., Karpur P., et al. A Lamb wave scanning approach for the mapping of defects in [0/90] titanium matrix composites[J]. Ultrasonics, 1996, 34(1): 43-49.

[39] Kundu T., Potel C., Belleval J. D. Importance of the near Lamb mode imaging of multilayered composite plates[J]. Ultrasonics, 2001, 39(4): 283-290.

[40] Lamb H. On Waves in an Elastic Plate[J]. Proceedings of The Royal Society A: Mathematical, Physical and Engineering Sciences, 1917, 93(648): 114-128.

[41] Liu G., Qu J. Guided Circumferential Waves in a Circular Annulus[J]. Journal of Applied Mechanics, 1998a, 65(2): 424-430.

[42] Liu G., Qu J. Transient wave propagation in a circular annulus subjected to transient excitation on its outer surface[J]. The Journal of the Acoustical Society of America, 1998b, 103: 1210-1220.

[43] Lowe M. J. S., Alleyne D. N., Cawley P. Defect detection in pipes using guided waves[J]. Ultrasonics, 1998a, 36(1-5): 147-154.

[44] Lowe M. J. S., Alleyne D. N., Cawley P. Mode conversion of a guided wave by apart-circum-

ferential notch in a pipe[J]. Journal of Applied Mechanics, Transactions of the ASME, 1998b, 65: 649 – 656.

[45] Mal A. K. Wave propagation in layered composite laminates under periodic surface loads[J]. Wave Motion, 1988, 10(3): 257 – 266.

[46] Mal A. K., Singh S. J. Deformation of Elastic Solids[M]. Prentice-Hall Inc., Englewood Cliffs, New Jersey, 1991: 313.

[47] Mal A. K., Yin C.-C., Bar-Cohen Y. Ultrasonic nondestructive evaluation of cracked composite laminates[J]. Composites Engineering, 1991, 1(2):85 – 101.

[48] Mal A. K., Bar-Cohen Y., Lih S.-S. Wave attenuation in fiber-reinforced composites[J]. M^3D: Mechanics and Mechanisms of Material Damping, ASTM STP, 1992, 1169: 245 – 261.

[49] Maslov K., Kundu T. Selection of Lamb modes for detecting internal defects in composite laminates[J]. Ultrasonics, 1997, 35(2): 141 – 150.

[50] McFadden J. A. Radial vibrations of thick-walled hollow cylinders[J]. The Journal of the Acoustical Society of America, 1954, 26(5): 714 – 715.

[51] Morse P. M., Feshbach H., Hill E. L. Methods of Theoretical Physics[J]. American Journal of Physics, 1954, 22(6):410 – 413.

[52] Na W. B., Kundu T. Underwater pipeline inspection using guided waves[J]. Journal of Pressure Vessel Technology, 2002a, 124(2): 196 – 200.

[53] Na W. B., Kundu T. EMAT-based inspection of concrete-filled steel pipes for internal voids and inclusions[J]. ASME Journal of Pressure Vessel Technology, 2002b, 124: 265 – 272.

[54] Na W. B., Kundu T., Ehsani M. R. Ultrasonic guided waves for steel bar concrete interface testing[J]. Materials Evaluation, 2002, 60(3): 437 – 444.

[55] Nagy P. B, Adler L., Mih D., et al. "Single mode Lamb wave inspection of composite laminates" in Review of Progress in Quantitative NDE[M]. Plenum Press, New York, 1989, 8: 1535 – 1542.

[56] Nelder J. A., Mead R. A simplex method for function minimization[J]. The computer journal, 1965, 7(4): 308 – 313.

[57] Pochhammer L. Ueber die Fortpflanzungsgeschwindigkeiten kleiner Schwingungen in einem unbegrenzten isotropen Kreiscylinder[J]. Zeitschrift für Mathematik, 1876, 81: 324 – 336.

[58] Qu J., Jacobs L. "Cylindrical Waveguides and Their Applications in Ultrasonic Evaluation" in Ultrasonic Nondestructive Evaluation: Engineering and Biological Material Characterization [M]. CRC Press, Boca Raton, FL, 2004: 311 – 363.

[59] Qu J., Berthelot Y., Li Z. "Dispersion of guided circumferential waves in a circular annulus" in Review of Progress in Quantitative Nondestructive Evaluation[M]. Plenum Press Publishing, New York, 1996, 15: 169 – 176.

[60] Rayleigh L. On waves propagated along the plane surface of an elastic solid[J]. Proceedings of the London mathematical Society, 1885, 17: 4 – 11.

[61] Rose J. L. Ultrasonic waves in solid media[J]. Cambridge University Press, Cambridge, U. K. , 1999.

[62] Rose J. L. , Ditri J. J. , Pilarski A. , et al. A guided wave inspection technique for nuclear steam generator tubing[J]. NDT & E International, 1994a, 27(6): 307-310.

[63] Rose J. L. , Rajana K. M. , Carr F. T. Ultrasonic guided wave inspection concepts for steam generator tubing[J]. Materials Evaluation, 1994b, 52(2): 134-139.

[64] Rose J. L. , Sun Z. , Mudge P. J. , et al. Guided wave flexural mode tuning and focusing for pipe testing[J]. Materials Evaluation, 2003, 61: 162-167.

[65] Scholte J. G. On the Stoneley-wave equation[J]. Proceedings of the Koninklijke Nederlandse Akademie van Wetenschappen, 1942, 45: 159-164.

[66] Schwab F. , Knopoff L. Surface wave dispersion computations[J]. Bulletin of the Ssmological Society of America, 1970, 60: 321-344.

[67] Shelke A. , Vasiljevic M. , Kundu T. , et al. Extracting quantitative information on pipe wall damage in absence of clear signals from defect[J]. ASME Journal of Pressure Vessel Technology, 2012, 134(5).

[68] Silk M. G. , Bainton K. F. The propagation in metal tubing of ultrasonic wave modes equivalent to Lamb waves[J]. Ultrasonics, 1979, 17(1): 11-19.

[69] Stoneley R. Elastic waves at the surface of separation of two solids[J]. Proceedings of the Royal Society A: Mathematical, Physical and Engineering Sciences, 1924, 106(738): 416-428.

[70] Thomson W. T. Transmission of elastic waves through a stratified solid medium[J]. Journal of Applied Physics, 1950, 21(2): 89-93.

[71] Towfighi S. , Kundu T. , Ehsani M. Elastic wave propagation in circumferential direction in anisotropic pipes[D]. University of Arizona, Tucson, AZ, 2001.

[72] Towfighi S. , Kundu T. Elastic wave propagation in anisotropic spherical curved plates[J]. International Journal of Solids & Structures, 2003, 40(20): 5495-5510.

[73] Towfighi S. , Kundu T. , Ehsani M. Elastic wave propagation in circumferential direction in anisotropic cylindrical curved plates[J]. Journal of Applied Mechanics, 2002, 69(3): 283-291.

[74] Valle C. , Qu J. , Jacobs L. J. Guided circumferential waves in layered cylinders[J]. International Journal of Engineering Science, 1999, 37(11): 1369-1387.

[75] Vasiljevic M. , Kundu T. , Grill W. , et al. Pipe wall damage detection by electromagnetic acoustic transducer generated guided waves in absence of defect signals[J]. The Journal of the Acoustical Society of America, 2008, 123(5): 2591-2597.

[76] Vasudeva R. Y. , Sudheer G. , Vema A. R. Dispersion of circumferential waves in cylindrically anisotropic layered pipes in plane strain[J]. The Journal of the Acoustical Society of America, 2008, 123(6): 4147-4151.

[77] Viktorov I. A. Rayleigh type waves on a cylindrical surface[J]. Soviet Physics-Acoustics, 1958, 4:131-136.
[78] Viktorov I. A. Rayleigh and lamb waves-physical theories and applications[M]. Plenum Press, New York, NY, 1967.
[79] Yang R. B., Mal A. K. Elastic waves in a composite containing inhomogeneous fibers[J]. International Journal of Engineering Science, 1996, 34(1): 67-79.
[80] Yang W., Kundu T. Guided waves in multilayered plates for internal defect detection[J]. ASCE Journal of Engineering Mechanics, 1998, 124(3): 311-318.
[81] Zemanek, J. An experimental and theoretical investigation of elastic wavepropagation in a cylinder[J]. The Journal of the Acoustical Society of America, 1972, 51(1B): 265-283.

第3章
分布式点源法（DPSM）模拟弹性波

在第 1 章中，我们已经了解到平面波和球面波是如何在固体或流体介质中传播的。球面波由无限介质中的点源产生，圆柱形波由线源产生，而无限的平面源可以产生平面波，如图 3-1 所示。

谐波是由具有时间相关性 $\mathrm{e}^{-i\omega t}$ 的谐波声源产生的。式（1-223）给出了点源在流体空间中产生球面波的传播方程。式（1-198）和式（1-208）分别给出了流体空间中平面波在压力方面和波势方面的传播方程（专门化式（1-208）用于 x_1 方向波的传播，并在式（1-198）中去掉时间相关性）：

$$G(r) = \frac{\mathrm{e}^{ik_f r}}{4\pi r} \tag{1-223}$$

$$p(x_1) = \mathrm{e}^{ik_f x_1} \tag{1-198}$$

$$\phi(x_1) = \mathrm{e}^{ik_f x_1} \tag{1-208}$$

式（1-223）中，G 可以是压力势或波势，式（1-209）中给出了波势-压力关系；k_f 为流体中的波数，在第 1 章式（1-197）之后进行了定义；r 为球面波前到原点点源的径向距离。在式（1-198）和式（1-208）中，x_1 为平面波前的传播方向。

如果图 3-1 中的波源位于均匀固体中，而不是位于流体介质中，则在固体中只产生压缩波，它们的表达式可以用 k_p 简单地代替 k_f 得到，其中 k_p 为固体中的 P 波波数。在没有任何界面或边界的情况下，不会发生模式转换，横波就不会由压缩波产生。

在许多 NDE（无损检测）应用中，弹性波是由有限尺寸的声源产生的，波前不是球面、圆柱形或平面的。最常用于产生超声波的商用超声换能器的典型尺寸直径从 1/4~1 inch 不等（1 inch = 2.54cm）。当然，在特殊应用中，超声波声源可以小得多（对于声学显微镜中的 1GHz 的高频换能器为微米级）或

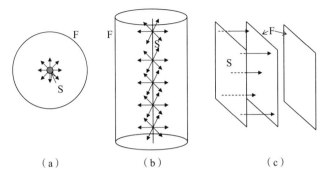

图 3-1　点源（a）、线源（b）和无限平面源（c）分别产生球面、柱面和平面波前（声源用 S 表示，波前用 F 表示）

大得多（用于大型结构检查时约几英寸）。为了正确地计算由有限声源产生的波场（位移、应力或压力），有必要采用一些数值或半解析技术，如本章所述。

3.1　用点源分布模拟有限平面声源

如图 3-2 所示，有限平面声源产生的压力场可以假设是分布在有限声源上的多个点源产生的压力场的总和。例如，有限声源可以是传感器的前表面。

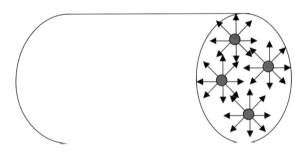

图 3-2　四个点源分布在一个有限源上

这一假设可以通过以下方式来证明：

如图 3-3(a) 所示，交替膨胀和收缩的谐波点源可以用点和球体来表示。点表示收缩的位置，球体（二维图中的圆）表示展开的位置。当大量这样的点源被并排放置在一个平面上时，如图 3-3(b) 所示，点源的同时收缩和膨胀近似地模拟了点源分布的整个平面的收缩和膨胀。

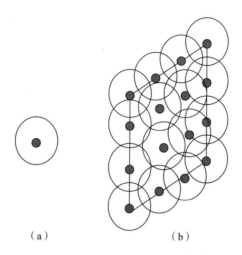

图 3-3 （a）单个点源和（b）放置在一个平面上的点源分布

大量点源分布在平面上的联合效应是由于相邻点源的非法向运动分量相互抵消，粒子在垂直于平面的方向上振动。然而，非法向分量并不会沿着表面的边缘消失。因此，边缘的粒子不仅垂直于表面振动，但也膨胀到半球并收缩回该点。如果这种边缘效应对总运动没有很大的贡献，那么通过用分布在有限平面表面上的大量点源代替有限表面，可以近似地模拟有限平面表面的法向振动。

3.2　流体中的平面活塞换能器

如图 3-4 所示，让我们计算具有限直径的平面活塞换能器在流体介质中的压力场。这个问题可以用解析法、数值法和半解析法来求解（Kundu 等人，2010）。

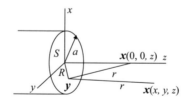

图 3-4　点 *y* 位于平面活塞换能器表面上，点 *x* 位于传感器前面的流体介质中（点 *x* 是计算声场的位置，它可以在中轴上，也可以在远离中轴的位置，点 *x* 和点 *y* 之间的距离用 r 表示（Kundu 等人，2010））

3.2.1　解析解

超声换能器产生的压力由瑞利积分给出，也称为瑞利－索姆菲尔德积分

(见第 1 章):

$$p(\boldsymbol{x},\omega) = \frac{-\mathrm{i}\omega\rho}{2\pi}\int_S v_0(\boldsymbol{y},\omega)\frac{\mathrm{e}^{\mathrm{i}k_f r}}{r}\mathrm{d}S(\boldsymbol{y}) \qquad (3-1)$$

式中:p 为一般位置 $\boldsymbol{x}(x、y、z)$ 处的流体压力(见图 3-4);换能器表面积 S 在密度为 ρ 的理想流体中以频率 ω (rad/s) 振动;$\boldsymbol{y}$ 位置处换能器表面的法向速度分量 (v_z) 为 v_0;点 $\boldsymbol{x}$ 和点 $\boldsymbol{y}$ 之间的距离用 r 表示;波数 $k_f=\omega/c_f$,其中,c_f 为流体中的声速。

对于半径为 a 的圆形换能器,换能器表面以速度 v_0 均匀振动,可以对 z 轴上 $\boldsymbol{x}$ 点 $(0、0、z)$ 处的压力场(见图 3-4)进行解析计算。在这种情况下,式 (3-1) 可进行如下的分析评估 (Kundu 等人,2010):

$$\begin{aligned}p(\boldsymbol{x},\omega) &= \frac{-\mathrm{i}\omega\rho}{2\pi}\int_S v_0(\boldsymbol{y},\omega)\frac{\mathrm{e}^{\mathrm{i}k_f r}}{r}\mathrm{d}s(\boldsymbol{y}) \\ \therefore p(z,\omega) &= \frac{-\mathrm{i}\omega\rho}{2\pi}\int_0^a\int_0^{2\pi} v_0\frac{\mathrm{e}^{\mathrm{i}k_f r}}{r}R\mathrm{d}\theta\mathrm{d}R \\ &= \frac{-\mathrm{i}\omega\rho 2\pi v_0}{2\pi}\int_0^a\frac{\mathrm{e}^{\mathrm{i}k_f r}}{r}R\mathrm{d}R \\ &= -\mathrm{i}\omega\rho v_0\int_0^a\frac{\mathrm{e}^{(\mathrm{i}k_f\sqrt{z^2+R^2})}}{\sqrt{z^2+R^2}}R\mathrm{d}R\end{aligned} \qquad (3-2)$$

替换 $\sqrt{z^2+R^2}=u$,$\mathrm{d}u=R\mathrm{d}R/\sqrt{z^2+R^2}$ 进式 (3-2),可得

$$\begin{aligned}p(z,\omega) &= -\mathrm{i}\omega\rho v_0\int_0^a\frac{\exp^{(\mathrm{i}k_f\sqrt{z^2+R^2})}}{\sqrt{z^2+R^2}}R\mathrm{d}R \\ &=\rho v_0 c_f\{\exp(\mathrm{i}k_f z) - \exp(\mathrm{i}k_f\sqrt{z^2+a^2})\}\end{aligned} \qquad (3-3)$$

然而,如果换能器表面是矩形的,或有其他一些非轴对称几何,则式 (3-1) 即使对于观测点 $\boldsymbol{x}$ 位于 z 轴上的情况,也不能进行解析计算,那么积分必须采用数值计算。当观测点 $\boldsymbol{x}$ 不位于 z 轴上时,则不存在瑞利积分的封闭解析表达式,并且必须对所有换能器几何形状的积分进行数值计算。

3.2.2 数值解

有限元法 (FEM) 是工程和科学中最流行的数值技术。然而在超声波应用中,有限元法的进展相对缓慢,原因有二。在高频时,超声波的波长非常小。为了获得可靠的结果,单个有限元的尺寸只能是波长的一小部分。然而,随着计算能力的提高和更复杂的有限元代码的开发,如 PZFLEX (2001) 和

COMSOL（2008），这些代码旨在更有效地处理超声问题，FEM 在解决超声问题方面变得越来越流行（Hosten 和 Blateau，2008；Hosten 和 Castaings，2005，2006；Moreau 等人，2006）。

有限元分析中的第二个难点是在无限或半无限介质中求解超声波问题时出现的。对于该问题，有限元分析需要有限的几何结构。因此，在无界介质的有限元模型中必须引入人工边界。对于静态问题，离散体积的人工边界被放置在与载荷作用点很大的距离处，从而使应力、应变和位移在人工边界位置处变得可以忽略不计。然而，对于超声波的传播问题，由于超声波可以传播很长的距离，所以很难找到位移几乎消失的边界位置。为了避免人工边界的反射，在边界位置放置了阻尼器。然而，即使在阻尼边界条件下，一些波的能量仍然可以被人工边界反射。研究人员最终可以通过在问题几何体周围引入人工层（而不是简单的边界）来克服这种伪反射问题。该人工层的阻尼系数逐渐变化，从内边界处的一个低值（与问题几何形状的阻尼系数相同）开始，然后在该层的外边界逐渐增加到一个更高的值（Hosten 和 Blateau，2008；Hosten 和 Castaings，2005，2006；Moreau 等人，2006）。引入这种衰减逐渐变化的能量吸收层，可以避免任何人工界面与波反射材料属性出现明显的不匹配。因此，在有限元分析中，唯一的缺点是需要大量的有限元，特别是对于三维（3D）分析，这仍然超出了许多计算机的能力。因此，目前文献中提供的基于有限元的超声波传播分析大多解决了二维问题（Hosten 和 Blateau，2008；Hosten 和 Castaings，2005，2006）。对于平面应力、平面应变和轴对称问题，有限元计算方法非常简单。然而，对于一个真正的三维问题，如方形换能器，或者当散射体不位于圆形换能器的对称轴上时，即使在今天仍很难用 FEM 来解决超声波问题。

3.2.3　半解析的 DPSM 解

正如在第 3.1 节中简要提到的，一个有限尺寸的换能器可以由多个点源来建模。为了避免点源解在 $r=0$ 处的奇异点（见式（1-223）），点源放置在换能器表面稍后的固体传感器内部，如图 3-5 所示。因此，对于在换能器表面前面或甚至在换能器表面上的任何点，r 不会变成零，奇点就完全避免了。图 3-5 显示了位于 M 个半径为 r_s 的球体中心的 M 个点源，球体接触到传感器的正面。因此，点源位于换能器表面后方 r_s 的距离上。下面详细描述了这种放置点源的原因。

第 m 个点源的强度为 A_m，根据式（1-223）可知距其 r_m 处 x 点的流体压力场为

$$p_m(x) = p_m(r_m) = A_m \frac{\exp(ik_f r_m)}{r_m} \tag{3-4}$$

如图 3-5 所示,如果在传感器表面上分布有 M 个点源,则第 x 点的总压力:

$$p(x) = \sum_{m=1}^{M} p_m(r_m) = \sum_{m=1}^{M} A_m \frac{\exp(ik_f r_m)}{r_m} \tag{3-5}$$

式中

$$A_m = \frac{-i\omega\rho v_0 dS_m}{2\pi}$$

应该注意的是,式(3-1)和式(3-5)也是类似的,式(3-5)是式(3-1)的离散形式。

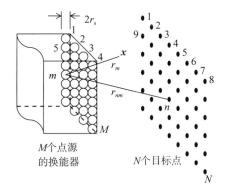

图 3-5 用于 DPSM 分析的点源分配(M 个点源放置在换能器表面后方的直径为 $2r_s$ 的小球体的中心,球体接触换能器表面,因此,点源被放置在换能器前表面后方 r_s 位置处。点源从第 m 个点源到任何一般点 x 的距离用 r_m 表示,第 m 个点源与第 n 个目标点之间的距离用 r_{nm} 表示。目标点是要计算超声波场的 N 个点的集合,n 从 $1 \sim N$(Kundu 等人,2010))

流体中的压力-速度关系见第 1 章:

$$-\frac{\partial p}{\partial n} = \rho \frac{\partial v_n}{\partial t} \tag{3-6}$$

对于谐波($e^{-i\omega t}$ 的时间相关性),速度的导数是通过简单地将 v_n 乘以负的 $i\omega$ 得到的:

$$-\frac{\partial p}{\partial n} = \rho \frac{\partial v_n}{\partial t} = -i\omega\rho v_n \Rightarrow v_n = \frac{1}{i\omega\rho} \frac{\partial p}{\partial n} \tag{3-7}$$

因此,与第 m 个点源相距为 r 处的径向速度由下式给出:

$$v_m(r) = \frac{A_m}{i\omega\rho}\frac{\partial}{\partial r}\left(\frac{\exp(ik_f r)}{r}\right) = \frac{A_m}{i\omega\rho}\left(\frac{ik_f \exp(ik_f r)}{r} - \frac{\exp(ik_f r)}{r^2}\right)$$
$$= \frac{A_m}{i\omega\rho}\frac{\exp(ik_f r)}{r}\left(ik_f - \frac{1}{r}\right) \tag{3-8}$$

速度的 z 分量为

$$v_{zm}(r) = \frac{A_m}{i\omega\rho}\frac{\partial}{\partial z}\left(\frac{\exp(ik_f r)}{r}\right) = \frac{A_m}{i\omega\rho}\frac{z\exp(ik_f r)}{r^2}\left(ik_f - \frac{1}{r}\right) \tag{3-9}$$

当所有 M 点源的作用相加时，得到 x 点 z 方向上的总速度：

$$v_z = \sum_{m=1}^{M} v_{zm}(r_m) = \sum_{m=1}^{M} \frac{A_m}{i\omega\rho}\frac{z_m \exp(ik_f r_m)}{r_m^2}\left(ik_f - \frac{1}{r_m}\right) \tag{3-10}$$

式中：z_m 是从第 m 个点源到测量点 x 在 z 方向（垂直于换能器表面）的距离。

如果换能器表面在 z 方向上的速度用 v_0 表示，那么对于换能器表面上所有 x 的速度都等于 v_0。因此，

$$v_z(x) = \sum_{m=1}^{M} v_{zm}(r_m) = \sum_{m=1}^{M} \frac{A_m}{i\omega\rho}\frac{z_m \exp(ik_f r_m)}{r_m^2}\left(ik_f - \frac{1}{r_m}\right) = v_0 \tag{3-11}$$

通过在换能器表面上取 M 个点（或 M 个不同的 x 坐标，见图 3-5），球体接触换能器表面的位置，可以得到具有 M 个未知量（A_1、A_2、A_3、…、A_M）和 M 个线性方程的方程组。然而，当点源位置和感兴趣点 x（从这里开始称为目标点或观测点）重合时，困难就出现了。因为 r_m 为零，那么 v_{zm} 在式（3-11）中成为无穷大。如果点源和目标点都位于传感器表面上，则 r_m 只能为零。如前所述，为了避免这种可能性，点源位于换能器表面的稍后方，距离 r_s 的位置上，如图 3-5 所示。在这种排列中，r_m 可以拥有的最小值是 r_s。

如果图 3-5 中的 x 点与第 n 个目标点重合，并且需要计算第 n 个目标点或观测点的速度，则由式（3-11）可以写出：

$$v_z(x_n) = \sum_{m=1}^{M} \frac{A_m}{i\omega\rho}\frac{z_m \exp(ik_f r_{nm})}{r_{nm}^2}\left(ik_f - \frac{1}{r_{nm}}\right) \tag{3-12}$$

在式（3-12）中，第一个下标 n（z 和 r 的下标）对应第 n 个目标点，第二个下标 m 表示第 m 个源点；因此，r_{nm} 是第 n 个目标点与第 m 个点源的距离，z_{nm} 是第 n 个目标点与第 m 个源点沿 z 方向的距离。如果 N 个目标点位于传感器表面，M 个点源位于传感器表面的稍后方，然后式（3-12）可以写成矩阵的形式：

$$\boldsymbol{V}_S = \boldsymbol{M}_{SS}\boldsymbol{A}_S \tag{3-13}$$

式中：$\boldsymbol{V}_S$ 为换能器表面上 N 个目标点处的速度分量的（$N\times 1$）向量；$\boldsymbol{A}_S$ 为 M

个点源的强度的（$M×1$）向量；M_{SS} 为与两个向量 V_S 和 A_S 相关的（$N×M$）矩阵。

$$V_S^T = \begin{bmatrix} v_z^1 & v_z^2 & \cdots & v_z^N \end{bmatrix} \quad (3-14)$$

列向量 V_S 的转置是一个维数为（$1×N$）的行向量。元素 v_z^n 的上标 $n(1 \leq n \leq N)$ 对应于第 n 个目标点。如果换能器表面以恒定的速度 v_0 振动，则式（3-14）的所有元素应该具有相同的值 v_0。

点源强度的向量 A_S：

$$A_S^T = \begin{bmatrix} A_1 & A_2 & A_3 & \cdots & A_{M-2} & A_{M-1} & A_M \end{bmatrix} \quad (3-15)$$

矩阵 M_{SS} 由式（3-12）得到：

$$M_{SS} = \begin{bmatrix} f(z_{11}, r_{11}) & f(z_{12}, r_{12}) & \cdots & f(z_{1M}, r_{1M}) \\ f(z_{21}, r_{21}) & f(z_{22}, r_{22}) & \cdots & f(z_{2M}, r_{2M}) \\ \vdots & \vdots & \ddots & \vdots \\ f(z_{N1}, r_{N1}) & f(z_{N2}, r_{N2}) & \cdots & f(z_{NM}, r_{NM}) \end{bmatrix}_{N \times M} \quad (3-16)$$

式中

$$f(z_{nm}, r_{nm}) = \frac{z_m \exp(\mathrm{i}k_f r_{nm})}{\mathrm{i}\omega\rho \cdot r_{nm}^2}\left(\mathrm{i}k_f - \frac{1}{r_{nm}}\right) \quad (3-17)$$

矩阵 M_{SS} 可以取目标点的数量等于点源的数量，均用 M 或 N 的方阵来表示。对于本例，可以对式（3-13）反向求解得到点源的强度向量：

$$A_S = M_{SS}^{-1} V_S \quad (3-18)$$

如果在换能器表面上规定了压力，则需要计算由换能器表面上 M 个点源引起的 N 个目标点上的压力，而不是速度。在 N 个目标点上应用式（3-5），我们可以得到一个类似于式（3-13）的矩阵关系：

$$P_S = Q_{SS} A_S \quad (3-19)$$

在式（3-15）中定义了 A_S，P_S 是换能器表面 N 个目标点处的压力值：

$$P_S^T = \begin{bmatrix} P^1 & P^1 & \cdots & P^N \end{bmatrix} \quad (3-20)$$

Q_{SS} 可由式（3-5）得到：

$$Q_{SS} = \begin{bmatrix} g(r_{11}) & g(r_{12}) & \cdots & g(r_{1M}) \\ g(r_{21}) & g(r_{22}) & \cdots & g(r_{2M}) \\ \vdots & \vdots & \ddots & \vdots \\ g(r_{N1}) & g(r_{N2}) & \cdots & g(r_{NM}) \end{bmatrix}_{N \times M} \quad (3-21)$$

式中

$$g(r_{nm}) = \frac{\exp(\mathrm{i}k_f r_{nm})}{r_{nm}} \quad (3-22)$$

r_{nm} 如图 3-5 所示。

矩阵 Q_{SS} 可以通过令目标点数等于点源数得到一个方阵。然后，通过对式（3-19）求逆得到点源强度向量：

$$A_S = Q_{SS}^{-1} P_S \quad (3-23)$$

在分析了式（3-18）或式（3-23）中的点源强度向量 A_S 后，任何点（传感器表面或远处）的压力 $p(x)$ 或速度向量 $V(x)$ 方程为

$$P_T = Q_{TS} A_S$$
$$V_T = M_{TS} A_S \quad (3-24)$$
$$V_T^* = M_{TS}^* A_S$$

式中：P_T 是一个（$N\times1$）向量，包含 N 个目标点上的压力值；V_T 是一个（$N\times1$）向量，包含 N 个目标点的速度 z 分量；V_T^* 是一个（$3N\times1$）向量，包含在 N 个目标点速度的三个分量。

式（3-24）的 P_T 和 V_T 分别类似于式（3-19）中的 P_S 和式（3-13）中的 V_S；唯一的区别是，现在的目标点被移开了换能器表面。用式（3-24）计算 P_T 和 V_T，不需要矩阵反演，因此矩阵 Q_{TS} 和 M_{TS} 不需要是方阵。因此，对此计算，目标点的数量（N）可以不同于源点的数量（M）。它们的表达式与式（3-21）和（3-16）中给出的相同。

如上所述，向量 V_T^* 包含了目标点上速度向量的所有三个分量，由下式给出：

$$V_T^{*T} = [v_x^1 \quad v_y^1 \quad v_z^1 \quad v_x^2 \quad v_y^2 \quad v_z^2 \quad \cdots \quad v_x^N \quad v_y^N \quad v_z^N] \quad (3-25)$$

矩阵 M_{TS}^* 为

$$M_{TS}^* = \begin{vmatrix} f(x_{11},r_{11}) & f(x_{12},r_{12}) & f(x_{13},r_{13}) & \cdots & f(x_{1M},r_{1M}) \\ f(y_{11},r_{11}) & f(y_{12},r_{12}) & f(y_{13},r_{13}) & \cdots & f(y_{1M},r_{1M}) \\ f(z_{11},r_{11}) & f(z_{12},r_{12}) & f(z_{13},r_{13}) & \cdots & f(z_{1M},r_{1M}) \\ f(x_{21},r_{21}) & f(x_{22},r_{22}) & f(x_{23},r_{23}) & \cdots & f(x_{2M},r_{2M}) \\ f(y_{21},r_{21}) & f(y_{22},r_{22}) & f(y_{23},r_{23}) & \cdots & f(y_{2M},r_{2M}) \\ f(z_{21},r_{21}) & f(z_{22},r_{22}) & f(z_{23},r_{23}) & \cdots & f(z_{2M},r_{2M}) \\ \vdots & \vdots & \vdots & \ddots & \vdots \\ f(x_{N2},r_{N1}) & f(x_{N2},r_{N2}) & f(x_{N3},r_{N3}) & \cdots & f(x_{NM},r_{NM}) \\ f(y_{N1},r_{N1}) & f(y_{N2},r_{N2}) & f(y_{N3},r_{N3}) & \cdots & f(y_{NM},r_{NM}) \\ f(z_{N1},r_{N1}) & f(z_{N2},r_{N2}) & f(z_{N3},r_{N3}) & \cdots & f(z_{NM},r_{NM}) \end{vmatrix}_{3N\times M}$$

$$(3-26)$$

速度的 z 分量（式（3-9）给出）从式（3-8）中获得，速度的 x 分量和 y 分量也可以从式（3-8）中得到（Placko 和 Kundu，2004）：

$$f(w_{nm}, r_{nm}) = \frac{w_m \exp(\mathrm{i}k_f r_{nm})}{\mathrm{i}\omega\rho \cdot r_{nm}^2}\left(\mathrm{i}k_f - \frac{1}{r_{nm}}\right) \quad (3-27)$$

注意，式（3-27）中的 w 表示式（3-26）中的 x、y 或 z。

3.2.4 计算结果

沿中心轴（图3-4中的 z 轴）计算圆形换能器前的超声波压力场，首先使用三种技术——解析法、半解析法的 DPSM 和数值有限元法（FEM），并进行了比较。然后对没有封闭解析解的点聚焦凹面换能器和方形换能器的声场进行了计算。

两个相邻点源的间距不应超过三分之一的波长。参考第3.2.5节中推导出的收敛准则。为满足此收敛准则，首先计算圆形换能器前的压力场，以下为换能器的尺寸和材料参数：

换能器直径 = 2.54mm，水中的声速 = 1.49km/s，水密度 = 1000kg/m³（1gm/cc），信号频率 = 5MHz。

圆形换能器沿中心轴（图3-4中的 z 轴）的压力变化情况如图3-6所示。虚线是理论曲线（式（3-3）），连续线由 DPSM 计算式（3-24）得到。用

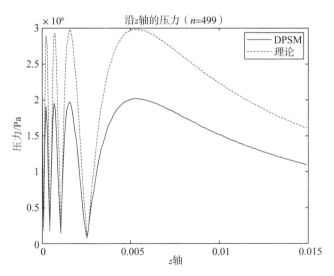

图3-6 通过 DPSM 分析［使用式（3-18），连续线］和解析表达式（使用式（3-3）、虚线）获得的沿圆形换能器中心轴的压力场变化（换能器直径为2.54mm，激励频率为5MHz（Kundu 等人，2010））

500个（准确地说是499个）点源建模换能器表面。虽然在图3-6中这两条曲线的峰值和低谷非常匹配，但它们的大小并不匹配。为了研究这种不匹配的原因，在N个点处计算换能器表面上的速度场，其中N远大于换能器表面的点源数M（在这种情况下是$M=500$）。换能器表面上的速度变化如图3-7所示。其中，在换能器表面上的速度并不均匀。在图3-5中的小球体接触传感器面处，它达到了v_0的峰值，但在这些点之间的区域，它们变得明显更小。

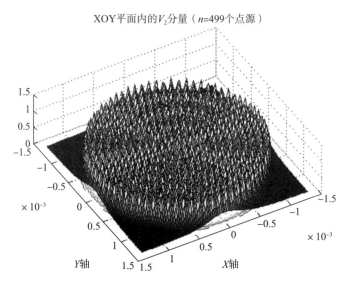

图3-7 通过在图3-5中所示的小球接触换能器表面处的499个点处分配速度值为1，得到换能器表面的法向速度变化，点源强度来自式（3-18）。499个峰对应的速度值等于1，但峰之间的低谷使换能器表面的平均速度小于1。这就是图3-6中所示的两条曲线之间存在差异的原因（Kundu等人，2010）

因此，换能器表面的平均速度小于v_0，这导致采用DPSM分析得到的压力值会更小，如图3-6所示。

由于图3-6的理论曲线是在假设换能器表面速度恒为1的情况下生成的，而DPSM曲线是由换能器表面平均速度小于1的情况下得到的，因此，DPSM计算结果必须通过将计算值除以换能器表面平均速度来归一化。以这种方式得到的理论曲线和归一化的DPSM曲线在图3-8中会匹配得更好，但仍然有一些小的不匹配。如图3-9所示，通过模拟换能器表面499个点源的均匀强度分布，可以进一步改进匹配。点源强度的均匀分布假设避免了通过求解M_{SS}的逆矩阵从式（3-18）计算点源强度的需要。当假设点源强度均匀分布时，由式（3-24）中给出的公式得到DPSM预测的压力场变化，而解析解则由式（3-3）得到。图3-9显示了这两个结果之间非常好的匹配。理论分析和DPSM预测之间的匹配可以通过将点源的数量从499个增加到1200个，从而进一步改进。1200个点源产生的结果在这里没有表示。由于与不假设均匀点源强度的DPSM解决方案（图3-8）相比，均匀源强度（图3-9）的DPSM结果与理论结果非常吻合，当Rayleigh Sommerfeld积分的闭式解析表达式不可用时，例如对于矩形换能器，我们可以将具有均匀点源强度的DPSM解视为换能器几何结构的真实或理想解。

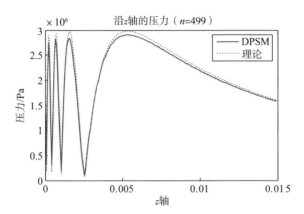

图3-8 499个点源模拟直径为2.54mm、振动频率为5MHz的圆形换能器的中心轴压力场的变化。点源强度是使用式（3-18）获得。这个图与图3-6相同，唯一的区别是这里的DPSM结果（连续线）相对于换能器表面的平均速度被归一化了（Kundu等人，2010）

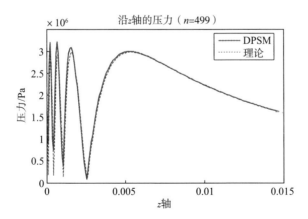

图3-9 与图3-8相同，但这里假定DPSM公式中使用的点源具有均匀的强度，并从式（3-24）获得（Kundu等人，2010）

下一步，将 DPSM 技术得到的半解析结果和 COMSOL（2008）有限元分析得到的数值结果与理论结果进行了比较。图 3-10 与图 3-8 和图 3-9 相似，不同之处在于，在该图中沿圆形换能器中心轴的压力是由所有三种分析——解析解、半解析解和数值解绘制的。用 600 个点源进行的 DPSM 分析得到的结果用连续线表示，点虚线表示理论曲线，有限元的结果用短划线表示。由于这个问题是轴对称的，因此通过对 174927 个三角单元的二维轴对称分析，可以相对容易地得到有限元的结果（Kundu 等人，2010）。在图 3-10 中，我们可以看到 DPSM 和 FEM 结果的误差是相同的，可以通过增加 DPSM 分析中点源的数量或有限元分析中单元的数量来进一步减少误差。

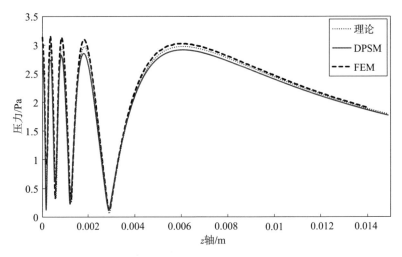

图 3-10　压力场沿平面圆形换能器中心轴的变化——理论曲线（点虚线）、有限元解（短划线）和 DPSM 解（连续线）之间的比较（Kundu 等人，2010）

然后计算了方形换能器前的压力场。图 3-11 显示了一个 0.5mm×0.5mm 方形换能器的压力场。这种换能器几何形状不存在封闭形式的解析解。然而，在图 3-9 中，可以看到具有均匀点源强度的 DPSM 解给出了一个非常接近 RSI 解的答案。由于 DPSM 技术可以应用于任何几何形状的换能器，因此，具有均匀点源强度的 DPSM 解被视为理想解或 RSI 解，该结果如图 3-11 中的虚线所示。连续线显示了通过匹配换能器表面上规定的速度条件得到点源强度时的 DPSM 结果。这一结果是用 1225 个点源对换能器表面进行建模得到的，短划线是由有限元分析得到的。由于这个问题的几何形状不是轴对称的，因此在这里不能使用二维有限元模型。采用具有 146098 个三维四面体单元的三维有限元网格生成数值结果。

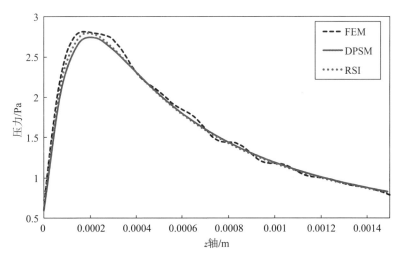

图 3-11 方形换能器中心轴的压力场变化——RSI 解（点虚线）、有限元解（短划线）和 DPSM 解（连续线）的比较（换能器尺寸为 0.5mm×0.5mm，信号频率为 5MHz，其中，DPSM 与 RSI 解决方案更匹配（Kundu 等人，2010））

随着方形传感器尺寸从 0.5mm 边长增加到 1.55mm 边长，有限元法遇到了一些困难，但 DPSM 解没有。1.55mm×1.55mm 方形换能器的结果如图 3-12(a) 所示。DPSM 结果显示为连续线，与 RSI 解的点虚线匹配得很好。然而，如短划线所示，具有 752681 个三维四面体单元的三维有限元网格难以收敛。可以通过二维有限元分析，研究如何能很好地模拟这种换能器。基于这一目标，本节分析了一个具有 234785 个三角形单元的二维平面应变有限元模型。该分析生成了图 3-12(a) 中的虚线。显然，二维近似并不足以模拟这个三维问题。如图 3-12(b) 所示，通过在传感器前离散一个较小的体积，就可以使用三维有限元分析产生压力场。通过将换能器面前尺寸为 $3×3×3mm^3$ 的流体体积离散为 739590 个四面体有限元得到了有限元分析结果。它在 CPU Intel Xeon 2×2.66GHz 双核，内存为 6CB 的电脑上花费了 35h 的计算时间。尽管付出了大量的计算工作，但在距换能器表面大于 2mm 的距离处，有限元解仍开始偏离真实解。

到目前为止，所给出的结果是在换能器表面以均匀的速度振幅振动的假设下产生的。如果假设换能器表面的压力是均匀的，而速度是不均匀的，那么点源的强度应该从式（3-23）得到而不是式（3-18）。对于表面积为 $2.4mm^2$ 的平面圆形换能器，换能器表面在 5MHz 频率下以均匀压力振动时，中心轴上的压力场如图 3-13 所示。其中，传感器表面的均匀压力并不意味着传感器表

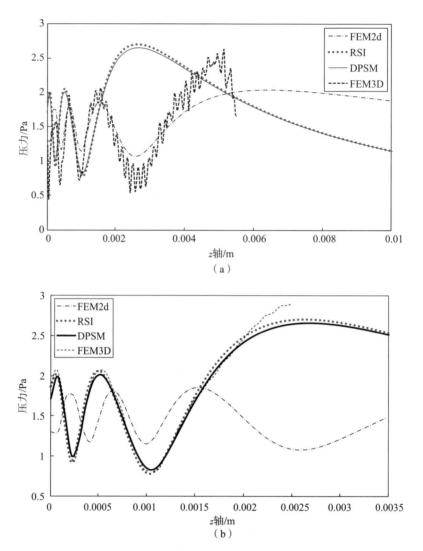

图3-12 （a）沿平面方形换能器中心轴的压力场变化——RSI 解（虚线）、有限元解（短划线）和 DPSM 解（连续线）（换能器尺寸为 1.55mm×1.55mm，信号频率为 5MHz，第四条曲线（点画线）是由一个 1.5mm 宽换能器的二维有限元模型生成的，二维和三维有限元模型都不能产生 RSI 解（Kundu 等人，2010））；（b）沿扁平方形（1.55mm×1.55mm）换能器中心轴的压力场变化（与图 3-12(a) 相同，唯一的区别是，在轴向上，计算只进行了 3.5mm，而不是 10mm，以获得更小尺寸的有限元，与图 3-12(a) 中相比，三维有限元分析与 RSI 和 DPSM 解的匹配效果更好（Kundu 等人，2010））

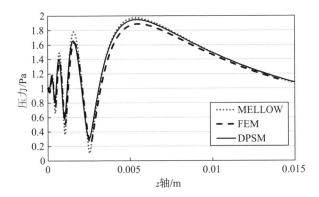

图3-13 表面积为2.4mm², 频率为5MHz, 换能器表面压力分布均匀的平面圆形换能器中心轴线上的压力场变化（Mellow解（点虚线）、有限元解（短划线）和DPSM解（连续线）之间的比较（Kundu等人, 2010））

面的速度场或点源强度是均匀的。I 型 RSI 解对应于均匀压力条件，在声学文献中也称为弹性盘源。对于这个问题，Mellow（2008）提供了中心轴压力变化的简化解析解。这个解为

$$p = p_0 \left[e^{ik_f z} - \frac{z}{\sqrt{z^2+a^2}} e^{ik_f \sqrt{z^2+a^2}} \right] \tag{3-28}$$

式中：p_0 为传感器表面的压力；z 为目标点与传感器面的距离；a 为换能器半径；k_f 为流体中的波数。

该解析解在图3-13中绘制为点虚线，图中还包括DPSM解（连续线）和有限元解（短划线）。DPSM 解由600个点源生成，而有限元解由174927个三角形轴对称单元生成。

注意，在图3-13中，随着观测点远离换能器表面，沿中心轴的振荡压力的振幅在近场区域逐渐增大。需要注意的是，当假设换能器表面的法向速度均匀时，随着观察点远离换能器表面，在近场区域中振荡压力的幅度几乎保持恒定（见图3-8和图3-9）。在图3-13中，远场的DPSM解和有限元解匹配良好，但 Mellow 的解略有偏离。由于 Mellow 的解只是一个近似解（假设偶极源），DPSM（或 FEM）解和 Mellow 解之间的轻微不匹配并不意味着在近场中 DPSM（或 FEM）的解中存在任何计算误差。事实上，DPSM 和有限元解在近场中的良好匹配增强了这两种解的可靠性。

在计算了不同几何形状换能器（图3-8到图3-13）沿中心轴的声场后，通过DPSM生成圆形和正方形换能器前方的完整声场。对于完整的声场计算，DPSM 是明显的选择，因为 FEM 在图3-12（a）和图3-12（b）所示的三维建

模中遇到了困难,并且仅对圆形换能器沿中心轴的声场存在封闭的解析解。最近的一些研究(Kelly 和 McGough,2007;Mast 和 Yu,2005;Mellow,2006,2008)提供了具有优雅数学步骤的 I 型和 II 型瑞利积分的解,但这些解都不能产生完整声场的闭式表达式,因此依赖于 DPSM 等半解析技术是不可避免的。图 3-14(a)、(b) 和 (c) 显示了当以均匀速度振幅振动时,一个圆形(图 3-14(a))和两个方形换能器(图 3-14(b) 和 (c))前的总声场。图 3-14(a) 清楚地显示了沿中心轴的四个凹陷点(黑点)。图 3-14(b) 和图 3-14(c) 分别显示了沿中心轴的 1 次和 2 次凹陷。还应该注意的是,随着换能器表面积从图 3-14(b) 的 $0.25mm^2$ 增加到图 3-14(c) 的 $2.4mm^2$,所产生的声束在图 3-14(c) 中比图 3-14(b) 更加准直。

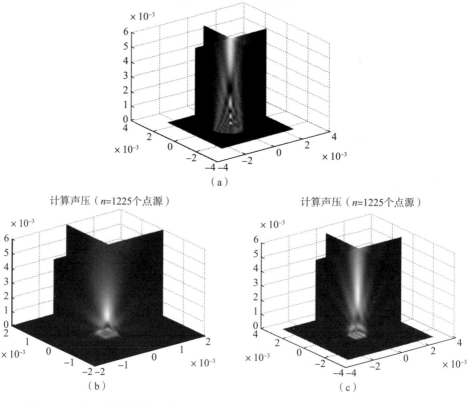

图 3-14 (a) 圆形换能器表面(直径为 2.54mm);(b) 方形换能器表面(0.5mm×0.5mm);(c) 方形换能器面(1.55mm×1.55mm)以 5MHz 频率振动的平面换能器前的压力场变化(Kundu 等人,2010)

3.2.5 相邻点源之间所需间距

如果换能器由 M 个点源构建，并将换能器表面的总表面积 S 离散为半径为 r_S 的 M 个半球，与 M 个点源相关联，则 M 和 S 可以通过以下方式关联：

$$S = 2\pi r_s^2 M \tag{3-29}$$

$$\rightarrow r_s^2 = \frac{S}{2\pi M} \tag{3-30}$$

从图 3-5 中可以明显看出，随着换能器表面点源数量的增加，r_S 应减小。预计随着点源数量的增加，计算时间和精度都会有所提高。然而，出现了以下问题：产生可靠结果的最佳点源数量是多少？为了回答这个问题，我们进行了以下分析。

对于一个非常小的表面积为 dS 的换能器，在 x_3 方向上以振幅 v_0 的速度振动，x 点的压力（与 y 点处的源距离 r）可以从式（3-1）中计算得到：

$$p(x) = -\frac{i\omega\rho v_0}{2\pi}\frac{\exp(ik_f r)}{r}dS \tag{3-31}$$

使用式（3-7），径向速度可以从上述压力场计算：

$$v_r = \frac{1}{i\omega\rho}\frac{\partial p}{\partial r} = \frac{1}{i\omega\rho}\left(\frac{-i\omega\rho v_0}{2\pi}\right)\left(\frac{ik_f \exp(ik_f r)}{r} - \frac{\exp(ik_f r)}{r^2}\right)dS$$

$$= -\frac{v_0(ik_f r - 1)}{2\pi r^2}\exp(ik_f r)dS \tag{3-32}$$

以及在 x_3 方向上的速度：

$$v_3 = \frac{1}{i\omega\rho}\frac{\partial p}{\partial x_3} = \frac{1}{i\omega\rho}\frac{\partial p}{\partial r}\frac{\partial r}{\partial x_3} = -\frac{v_0(ik_f r - 1)}{2\pi r^2}\exp(ik_f r)dS\frac{x_3 - y_3}{r} \tag{3-33}$$

式中：x_3 和 y_3 分别为点 x 和 y 的 x_3 坐标值。

如果点 x 取于半径为 r_S 的球面上，则 $r = r_S = x_3 - y_3$。式（3-33）中 v_3 简化为

$$v_3 = \frac{v_0(ik_f r_S)}{2\pi r_S^2}\exp(ik_f r_S)dS = v_0(ik_f r_S)(1 + ik_f r_S + O(k_f^2 r_S^2))\frac{dS}{2\pi r_S^2}$$

$$\approx v_0(1 + k_f^2 r_S^2)\frac{dS}{2\pi r_S^2} \tag{3-34}$$

式（3-34）的右侧应等于 v_0，因为式（3-31）计算的压力由 x_3 方向的换能器表面速度 v_0 得到的。因此，当 x 在换能器表面时，x 处的速度应该等于 v_0。当 $dS = 2\pi r_S^2$ 和 $k_f^2 r_S^2 \ll 1$ 时式（3-34）的右侧为 v_0。因此，dS 是半径为 r_S 的半球的表面积，第二个条件如下：

$$k_f^2 r_S^2 = \left(\frac{2\pi f}{c_f} r_S\right)^2 \ll 1.$$

$$\Rightarrow r_S \ll \frac{c_f}{2\pi f} \tag{3-35}$$

$$\Rightarrow r_S \ll \frac{\lambda_f}{2\pi}$$

式中：λ_f 为流体中的波长。

式（3-35）用以下方式计算点源的数量：取一个满足式（3-35）中条件的 r_S 值，然后根据传感器表面积 S 计算点源的数量 M：

$$M = \frac{S}{2\pi r_S^2} \tag{3-36}$$

式中：两个相邻点源之间的间距与 r_S 不同。如果点源均匀地排列在边长为 a 的正方形的四个角处，那么每个点源应该与平面传感器面的面积 a^2 相关联。然后将该面积等于每个点源的半球形表面积：

$$a^2 = 2\pi r_S^2$$

$$\Rightarrow a = r_S \sqrt{2\pi} \tag{3-37a}$$

将式（3-35）代入式（3-37（a））中，可以得到

$$a = r_S \sqrt{2\pi} \ll \sqrt{2\pi} \frac{\lambda_f}{2\pi}$$

$$\Rightarrow a \ll \frac{\lambda_f}{\sqrt{2\pi}} \tag{3-37b}$$

通过满足点源与场点之间的距离必须大于瑞利距离的条件，也可以推导出该收敛准则。在这样的距离上，由换能器面的平面面积 a^2 产生的场开始类似于由点源产生的场。由于点源和场点之间的最近距离是 r_S，而表面积 a^2 的平面传感器的瑞利距离可以由 a^2/λ_f 近似给出（Cobbold，2007），r_S 应满足以下条件：

$$r_S \gg \frac{a^2}{\lambda_f} \tag{3-38a}$$

将式（3-37a）中 $r_S = \frac{a}{\sqrt{2\pi}}$ 代入式（3-38a）得到

$$\frac{a}{\sqrt{2\pi}} \gg \frac{a^2}{\lambda_f}$$

$$\therefore a \ll \frac{\lambda_f}{\sqrt{2\pi}} \tag{3-38b}$$

其中，式（3-37b）和式（3-38b）是相同的，但所得结果不同。综上所述，两个相邻点源之间的间距 a 如式（3-38b）所示，或者简单地说应该是小于波长的三分之一。如果它远远小于这个值，那么在小球体接触传感器表面的点（见图3-5）处的计算速度应该是 v_0，否则，它将不同于 v_0。然而，由于 DPSM 的结果总是可以归一化的（见图3-6~图3-9上的讨论），因此没有必要使这个间距显著小于三分之一的波长。

在式（3-37a）中给出的 r_s（点源和传感器面之间的距离）和 a（点源之间的间距）之间的关系并不一定是唯一的。可以将点源放置在离传感器面更远的地方，并将点源与传感器面之间的距离设置在 r_s 和 $2r_s$ 之间的任意值。例如，Cheng 等人（2011）将点源与传感器面之间的距离从 $a/\sqrt{2\pi}$ 改为 $a/2$。增加这个距离的优点是在建模中只需更少的点源。Cheng 等人（2011）在建模中，采用 $a \ll \lambda_f/2$ 来满足收敛准则。但是，建议不要增加这个距离超过 $2r_s$ 或 $a\sqrt{2}/\sqrt{\pi}$。

3.3 均匀流体中的聚焦换能器

对于聚焦换能器，如图3-15所示，可以通过沿弯曲的换能器表面分布点源来模拟流体中的声场。O'Neil（1949）认为，对于具有小曲率的换能器，如果在曲面上进行表面积分，可以用 Rayleigh-Sommerfield 积分表示（公式（3-1））。DPSM 技术也可以用来解决这个问题。唯一的区别是，在这种情况下，点源分布在曲面上，而不是分布在平面上。

聚焦换能器流体中压力场的积分表示应与式（3-1）相同。该积分可以用封闭形式计算换能器中心轴上的压力变化。轴上的压力场（Schmerr，1998）：

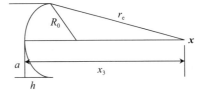

图 3-15 半径为 a、曲率半径为 r_0 的凹形换能器

$$p(x_3) = \frac{\rho c v_0}{q_0}[\exp(ik_f x_3) - \exp(ik_f\sqrt{x_3^2+a^2})]$$
$$= \frac{\rho c v_0}{q_0}[\exp(ik_f x_3) - \exp(ik_f r_e)]$$
(3-39)

式中

$$q_0 = 1 - \frac{x_3}{R_0}$$
(3-40)

式中：R_0 为换能器表面的曲率半径；r_e 为目标点到换能器边缘的距离。

在几何焦点 $x_3 = R_0$ 处，其压力为（Schmerr，1998）

$$p(R_0) = -\mathrm{i}\rho c v_0 k_f h \exp(\mathrm{i}k_f R_0) \qquad (3-41)$$

如果在 $x_3 = z$ 处，轴上压力最大，则 z 应满足（Schmerr，1998）：

$$\cos\left(\frac{k_f \delta}{2}\right) = \frac{2(\delta + z)\sin\left(\dfrac{k_f \delta}{2}\right)}{(\delta + h) q_0 k_f R_0} \qquad (3-42)$$

式中

$$\delta = r_e - z = \left[(z-h)^2 + a^2\right]^{\frac{1}{2}} - z \qquad (3-43)$$

3.3.1 聚焦换能器的计算结果

图 3-16 显示了一个曲率半径为 4mm、透镜角为 40°的圆形凹面透镜沿中心轴的压力变化情况。由于该问题的轴对称性，二维轴对称有限元可以用来模拟由该换能器产生的声场。DPSM 曲线由 600 个点源生成，用 75893 个三角形轴对称有限元生成数值曲线。注意，DPSM 和 FEM 的结果与理论曲线同样吻合。

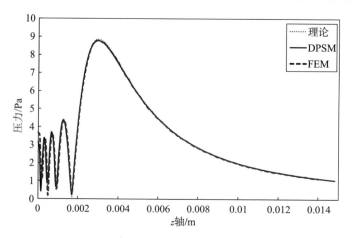

图 3-16 压力场沿凹面点聚焦圆形换能器中心轴的变化——理论曲线（点虚线）、有限元解（短划线）和 DPSM 解（连续线）之间的比较（换能器的曲率半径为 4mm，在曲率中心形成 40°角，三条曲线重合）

3.4 存在界面的非均匀流体中的超声波场

如果换能器前面的流体不均匀，而是由两种流体（流体 1 和流体 2）组成，两者之间有一个界面，然后放置在流体 1 中的换能器产生的超声信号在界面进行反射和透射。在 DPSM 技术中，界面被两层等效点源取代，以模拟流体 1 中的反射场和流体 2 中的透射场，如下所述。

3.4.1　流体 1 中的超声场计算

流体 1 中的声场是通过叠加分别分布在换能器表面和界面上的两层点源的贡献来计算的，如图 3-17 所示。两层点源分别位于距离传感器表面和界面的 r_S 处，这样每个球（半径为 r_S）的顶点接触传感器表面或界面，设 M 为构建传感器表面的点源数，N 为沿界面放置以构建反射场的点源数，如图 3-17 所示。A_S 和 A_I^* 分别是沿换能器表面和界面包含点源强度的两个向量。

让我们取界面上 x_n 处的一个点 P。在图 3-18 中，点 P 非常接近界面。它接收两种类型的超声波信号——来自换能器的直接信号，如图射线 1，以及来自界面的反射信号，如图射线 2。现在将这一点移到界面上，在传感器表面上有 M 个点源（y_m，$m = 1, 2, \cdots M$），在界面上有 N 个点源。在 N 个目标点（x_n，$n = 1, 2, \cdots N$），小球接触界面（见图 3-18），应满足连续性条件。在界面的所有 N 个点上都要满足三个速度分量的连续性条件，总共有 $3N$ 个速度连续性条件。另一方面，对于一个流体-流体界面，只要满足界面上的法向速度分量的连续性条件，则在界面上有 N 个速度连续性条件。

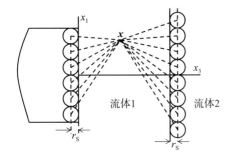
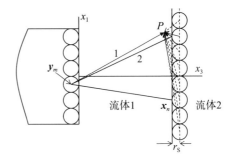

图 3-17　两层点源（在小圆的中心）影响流体 1 中的声场（其中一层模拟了来自换能器的入射场，而第二层表示来自界面的反射场；换能器表面不一定平行于流体-固体界面）

图 3-18　点 P 从换能器面附近的单点源 y_m 接收两条射线——从点源直接发射的射线 1 和被界面反射后的射线 2（换能器表面不一定平行于流体-固体界面）

由这两层点源而引起的 N 个目标点上的法向速度分量：
$$V_T^1 = M_{TS}A_S + M_{TI}^* A_I^* \quad (3-44)$$

其中，V_T^1 为流体 1 中位于界面上的目标点（x_n）处的法向速度分量的（$N \times 1$）向量；A_S 为换能器表面上的点源强度的（$M \times 1$）向量，由于换能器表面的法向速度分量（v_0）已知，因此可以从式（3-18）中得到 A_S；M_{TS} 为（$N \times M$）矩阵，给出了换能器源 A_S 在目标点 x_n 处产生的速度向量；M_{TI}^* 为（$N \times N$）矩阵，它通过界面源 A_I^* 给出了目标点上的速度向量。

这两个矩阵有以下几种形式：

$$M_{TS} = \begin{bmatrix} f(z_{11}, r_{11}) & \cdots & f(z_{1M}, r_{1M}) \\ \vdots & \ddots & \vdots \\ f(z_{N1}, r_{N1}) & \cdots & f(z_{NM}, r_{NM}) \end{bmatrix}_{N \times M} \quad (3-45)$$

$$M_{TI}^* = \begin{bmatrix} f(z_{11}^*, r_{11}^*) & \cdots & f(z_{1N}^*, r_{1N}^*) \\ \vdots & \ddots & \vdots \\ f(z_{N1}^*, r_{N1}^*) & \cdots & f(z_{NN}^*, r_{NN}^*) \end{bmatrix}_{N \times N} \quad (3-46)$$

式中：M_{TS} 和 M_{TI}^* 的元素与式（3-27）中给出的 M_{TS}^* 的元素相似；r_{ij}^* 和 z_{ij}^* 为从界面上的第 j 个点源到第 i 个目标点进行测量。

在式（3-44）中，及后续的等式中，下标有以下含义：

S——超声波源或换能器点；

I——界面点；

T——目标点或观测点（这些点可以放置在任何位置——流体 1 和流体 2 内部，换能器表面上或界面上）。

3.4.2 流体 2 中的超声场计算

流体 2 只获得透射的超声波能量。因此，对于流体 2 中的声场计算，只需要靠近界面的一层点源，如图 3-19 所示。x 处的总声场是所有这些点源产生的声场的叠加，这些点源位于离 x 不同的距离处，如图 3-19 中的虚线所示。设 A_I 表示沿界面放置的点源强度的向量，来模拟透射声场。

在流体 2 中，沿界面放置点源层，放置在界面上的 N 个目标点上的法向速度分量为

$$V_T^2 = M_{TI} A_I \quad (3-47)$$

式中

$$M_{TI}^* = \begin{bmatrix} f_2(z_{11}^*, r_{11}^*) & \cdots & f_2(z_{1N}^*, r_{1N}^*) \\ \vdots & \ddots & \vdots \\ f_2(z_{N1}^*, r_{N1}^*) & \cdots & f_2(z_{NN}^*, r_{NN}^*) \end{bmatrix}_{N \times N} \quad (3-48)$$

式中：M_{TI} 类似于 M_{TI}^*；r_{ij}^* 和 z_{ij}^* 为从界面上的第 j 个点源到第 i 个目标点测量的。其元素的定义方式如下：

$$f_2(z_{ij}^*, r_{ij}^*) = \frac{z_{ij}^* \cdot \exp(\mathrm{i}k_{f_2}r_{ij}^*)}{\mathrm{i}\omega\rho_2 \cdot r_{ij}^{*2}}\left(\mathrm{i}k_{f_2} - \frac{1}{r_{ij}^*}\right) \tag{3-49}$$

式中：ρ_2 和 k_{f_2} 分别对应于流体 2 的密度和波数。

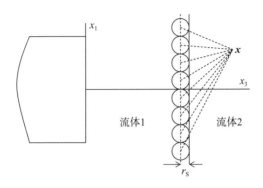

图 3-19 位于两个流体界面附近的一层点源（位于小圆的中心）模拟了流体 2 中透射的声场

3.4.3 连续性条件的满足和未知数的评估

式（3-44）的 V_{T}^1 和式（3-47）的 V_{T}^2 相等，可以得到矩阵方程：

$$M_{\text{TS}}A_{\text{S}} + M_{\text{TI}}^* A_{\text{I}}^* = M_{\text{TI}}A_{\text{I}} \tag{3-50}$$

式（3-50）包含 N 个标量方程和 $2N$ 个未知数——向量 A_{I}^* 和 A_{I} 的元素；A_{S} 根据换能器表面上已知的速度值可知声源强度向量。显然，需要另一组 N 个方程来求解未知数。第二组方程是通过以下方式满足界面间的压力连续性条件得到的：

$$P^1 = Q_{\text{TS}}A_{\text{S}} + Q_{\text{TI}}^* A_{\text{I}}^* = Q_{\text{TI}}A_{\text{I}} = P^2 \tag{3-51}$$

式（3-51）表明，流体 1 中沿界面的目标点的压力值记为 P^1，必须等于流体 2 中相同目标点的压力值 P^2。矩阵 Q_{TS}、Q_{TI} 和 Q_{TI}^* 给出了位于换能器表面和界面两侧的点源所产生的目标点上的压力值。这些矩阵具有以下形式：

$$Q_{\text{TS}} = \begin{bmatrix} g(r_{11}) & g(r_{12}) & \cdots & g(r_{1M}) \\ g(r_{21}) & g(r_{22}) & \cdots & g(r_{2M}) \\ \vdots & \vdots & \ddots & \vdots \\ g(r_{N1}) & g(r_{N2}) & \cdots & g(r_{NM}) \end{bmatrix}_{N \times M} \tag{3-52}$$

$$\boldsymbol{Q}_{\mathrm{TI}}^{*} = \begin{bmatrix} g(r_{11}^*) & g(r_{12}^*) & \cdots & g(r_{1N}^*) \\ g(r_{21}^*) & g(r_{22}^*) & \cdots & g(r_{2N}^*) \\ \vdots & \vdots & \ddots & \vdots \\ g(r_{N1}^*) & g(r_{N2}^*) & \cdots & g(r_{NN}^*) \end{bmatrix}_{N \times N} \quad (3-53)$$

$$\boldsymbol{Q}_{\mathrm{TI}} = \begin{bmatrix} g_2(r_{11}^*) & g_2(r_{12}^*) & \cdots & g_2(r_{1N}^*) \\ g_2(r_{21}^*) & g_2(r_{22}^*) & \cdots & g_2(r_{2N}^*) \\ \vdots & \vdots & \ddots & \vdots \\ g_2(r_{N1}^*) & g_2(r_{N2}^*) & \cdots & g_2(r_{NN}^*) \end{bmatrix}_{N \times N} \quad (3-54)$$

式中

$$g(r_{ij}) = \frac{\exp(\mathrm{i}k_f r_{ij})}{r_{ij}} \quad \text{和} \quad g_2(r_{ij}^*) = \frac{\exp(\mathrm{i}k_{f_2} r_{ij}^*)}{r_{ij}^*} \quad (3-55)$$

如前所述，r_{ij} 表示从换能器表面上的第 j 个点源到第 i 个目标点的径向距离，r_{ij}^* 表示从界面上的第 j 个点源到第 i 个目标点的径向距离；k_f 和 k_{f_2} 分别为流体 1 和 2 中的波数。

3.5 散射体存在时的超声声场

本节研究流体中的空腔或气泡等散射体与点聚焦换能器产生的汇聚超声波束之间的相互作用。之所以选择这个问题，是因为其解析解在文献（Atalar，1978；Lobkis 和 Zinin，1990）中可以找到。将 DPSM 的预测结果与分析结果和使用 COMSOL（2008）得到的有限元解进行比较，Placko 等人（2010）和 Kundu 等人（2010）详细讨论了该问题的解决方法。

3.5.1 DPSM 建模

图 3-20 显示了位于点聚焦超声换能器（也称为声透镜）前方流体中的球形腔或气泡。为了用 DPSM 技术来建立这个问题的几何模型，沿着透镜-流体界面和空腔表面放置了几个点源，这些点源有未知的声源强度。$\boldsymbol{A}_{\mathrm{S}}$ 和 $\boldsymbol{A}_{\mathrm{B}}$ 分别表示沿超声换能器和空腔的未知声源强度向量，一般点 P 处的压力和位移表达式可以用这些未知的声源强度来表示。通过同时满足换能器表面的特定速度边界条件和气泡表面的压力边界条件，可以得到以下形式的矩阵方程：

$$\begin{bmatrix} \boldsymbol{M}_{\mathrm{SS}} & \boldsymbol{M}_{\mathrm{SB}} \\ \boldsymbol{Q}_{\mathrm{BS}} & \boldsymbol{Q}_{\mathrm{BB}} \end{bmatrix} \begin{Bmatrix} \boldsymbol{A}_{\mathrm{S}} \\ \boldsymbol{A}_{\mathrm{B}} \end{Bmatrix} = \begin{Bmatrix} \boldsymbol{V}_{\mathrm{S}} \\ \boldsymbol{P}_{\mathrm{B}} \end{Bmatrix} \quad (3-56)$$

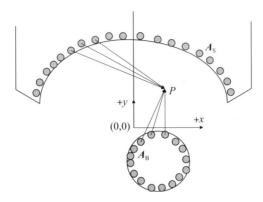

图 3-20　问题几何显示了点源（小圆）沿点聚焦声透镜和
气泡或空腔表面的分布（Placko 等人，2010）

设 M 和 N 分别为换能器表面和空腔表面的点源数。式（3-56）中的 A_S 和 A_B 应分别有 M 个和 N 个元素。根据规定的边界条件，得到了右侧的向量 V_S 和 P_B。例如，假设空腔表面的压力 P_B 为零，换能器表面速度 V_S 是均匀的。V_S 向量包含透镜表面上 M 个点处的指定速度值。这些点是图 3-20 中的小球体与传感器表面的接触点。同样地，向量 P_B 包含空腔表面小球与腔表面的 N 个接触点的压力值。如前几节所述，矩阵 M 和 Q 分别将声源强度与质点速度和压力联系起来。其中，矩阵 M_{SS}、M_{SB}、Q_{BS} 和 Q_{BB} 的维数分别为 $M×M$、$M×N$、$N×M$ 和 $N×N$。为了得到声源的强度，需要求解式（3-56）给出的方程组。对于大量的点源，联立方程的求解需要大量的计算时间，并且在 32 位的 MATLAB 中会造成内存问题。在 64 位 MATLAB 中，避免了内存问题，但求解大型方程组时，计算时间仍然是一个值得关注的问题。下面的公式修改可以分析一个小的空腔，而不需要求解一个大的线性方程组。

对于较小的空腔，模拟空腔表面无应力边界所需的点源数目（N）较少。然而，模拟换能器表面所需的点源数目（M）却很多。因此，式（3-56）左侧方阵的维数（$M+N$）×（$M+N$）仍然很高，需要求解大量的（$M+N$）联立方程。为了避免这种困难，可以先在没有空腔的情况下计算流体中的压力场。由于换能器表面速度是已知的，因此，不需要求解线性方程组来获得换能器表面上的点源强度。利用这种方法，Kundu 等人（2006，2009）计算了声学显微镜镜头前流体中的超声场。首先计算了空腔不存在时入射场在空腔表面 N 个点上产生的压力场；然后在空腔内放置 N 个点源，它们的强度是通过满足以下条件来调整的：由于空腔表面必须是无应力的，因此从 A_B 层的 N 个点源获得的压力场应等于从入射场获得的压力场的负值。在矩阵表示法中，这个条件可

以写为

$$Q_{BB}A_B = -P_{B1} \qquad (3-57)$$

式中

$$P_{B1} = Q_{BS}A_S \qquad (3-58)$$

式中：P_{B1}为包含从入射场得到的空腔表面N个点的压力值的向量；矩阵Q_{BB}的维数为$N \times N$，因此式（3-58）可以快速求解。声源强度A_B由式（3-57）和式（3-58）得到：

$$A_B = -Q_{BB}^{-1}Q_{BS}A_S \qquad (3-59)$$

在得到A_S和A_B后，通过叠加两层声源的贡献，得到流体中的超声场。

上述简化分析方法（式（3-57）~式（3-59））对于分析小空腔是有效的。当空腔半径与焦距相当时，上述解和解析解都不适用。在这种情况下，式（3-56）是待解决的问题。

在 DPSM 公式中，对于不同尺寸的腔体，可以在求解过程中引入不同程度的复杂度。通过从简化的解转移到更严格的解，可以分析较小尺寸到较大尺寸的空腔，如下所述。

3.5.1.1 单点源模拟非常小的空腔

对于一个非常小的空腔，只有一个点源可以用来模拟。在计算了腔表面的压力P_{B1}后，由以下标量方程获得模拟腔体的点源的强度A_B：

$$A_B = -Q_{BB}^{-1}P_{B1} \qquad (3-60)$$

3.5.1.2 多点源模拟小空腔

如果空腔很小，但又太大而不能通过单个点源建模，那么式（3-59）用于获得模拟空腔的多个点源的强度。

3.5.1.3 大型腔体的完全解

对于空腔尺寸与透镜焦距相当的大空腔，不能忽略空腔和声透镜之间的多次波反射。换能器表面的边界条件受到从空腔反射的波的影响，尽管换能器和空腔之间有多次波反射，但必须满足空腔表面的零压力条件。在这种情况下，如果换能器表面的合成速度被定义为V_S，而空腔表面的压力为零，则可以从以下方程组中得到声源强度：

$$\begin{bmatrix} M_{SS} & M_{SB} \\ Q_{BS} & Q_{BB} \end{bmatrix} \begin{Bmatrix} A_S \\ A_B \end{Bmatrix} = \begin{Bmatrix} V_S \\ 0 \end{Bmatrix} \qquad (3-61)$$

注意，式（3-61）与式（3-56）非常相似，唯一的区别是在式（3-61）中空腔表面压力为零。因此，对于具有非零气压的气泡应使用式（3-56），而对于内部压力为零的空腔应使用式（3-61）。

如果指定了换能器表面的压力 P_S 而不是速度，则声源强度由以下方程得到：

$$\begin{bmatrix} Q_{SS} & Q_{SB} \\ Q_{BS} & Q_{BB} \end{bmatrix} \begin{Bmatrix} A_S \\ A_B \end{Bmatrix} = \begin{Bmatrix} P_S \\ 0 \end{Bmatrix} \quad (3-62)$$

式（3-61）和式（3-62）都需要一个大型线性方程组的解。这个解决方案适用于任何大小的空腔。这里需要注意的是，它即使是一个很大的空腔，如果人们只对第一个回波的超声波场感兴趣，而忽略后续回波的影响，也可以使用式（3-59）。

3.5.2 解析解

由 Lobkis、Zinin（1990）和 Atalar（1978）提出的闭式表达式给出了球形质点的反射声学透镜的输出。解析解基于 Fraunhofer 近似，该近似将球体的位置限制在焦点附近的特定范围内（$kZ^2/f \ll 1$，$kR^2/f \ll 1$；k 为波数；Z 为粒子从焦点开始的垂直偏心率；R 为水平偏心；f 为焦距或传感器半径）。对于违反这些假设的问题几何图形，解析表达式无效。例如，对于频率为 1MHz，焦距为 20mm 的换能器，偏心度 Z 必须远小于 $\sqrt{f/k} = 0.0022$m。因此，2.5mm 的偏心度不满足 Fraunhofer 假设。由 Lobkis，Zinin（1990）和 Atalar（1978）提出的另一种关系是基于角谱域，并使用传统的傅里叶光学分析定理。这些工作都考虑了 Atalar（1980）所证明的互易原理，该原理的推导忽略了反射体与换能器之间的多次反射。换句话说，它使用了脉冲回波技术，并且只观察第一次反射。

从半径为 a 的球面空腔沿聚焦换能器轴线移动的反射信号强度由 Lobkis 和 Zinin（1990）给出：

$$V(e) = \frac{2V_0}{1 - \cos\alpha} \sum_{n=0}^{\infty} (-1)^n A_n I_n^2(e) \quad (3-63)$$

式中

$$I_n(e) = \sqrt{(2n+1)/2} \int_0^a \exp(-ike\cos\theta) P_n(\cos\theta) \sin\theta \, d\theta$$

$$V_0 = 2\pi f^2 (1 - \cos\alpha) \left(\frac{v_0}{k}\right) \exp(i(2kf - \pi/2))$$

其中，P_n 为 n 次的 Legendre 多项式；e 为焦点的空腔偏心度；α 为半换能器角或透镜角；f 为传感器半径（焦距）；v_0 为换能器表面的振荡速度；k 为流体介质中的波数。

$$A_n = -\frac{\rho(k_i a) j_n(ka) j'_n(k_i a) - \rho_i(ka) j'_n(ka) j_n(k_i a)}{\rho(k_i a) h_n(ka) j'_n(k_i a) - \rho_i(ka) h'_n(ka) j_n(k_i a)}$$

其中，a 为空腔半径；j_n 为球形贝塞尔函数；h_n 为球形汉克尔函数；ρ_i 为空腔密度（空气密度）；k_i 为空腔波数；ρ 为流体介质密度。

3.5.3　空腔问题的数值解

根据上节给出的公式，在存在空腔的情况下计算声透镜前的声场。将计算出的声场与没有空腔时产生的声场进行比较，观察空腔的影响。

换能器的开口角度（也称为透镜角）和透镜半径分别为 100° 和 20mm，该换能器的激发频率为 1MHz。注意，在 1MHz 频率下模拟这个大透镜相当于模拟一个小得多的透镜，例如，半径为 50μm，开口角为 100°，工作在 400MHz 频率下的透镜。因为，在这两种情况下，透镜半径/波长比是相同的。

透镜表面由 4003 个点源构建，分布在透镜表面的后面，如图 3-20 所示。图 3-21 和图 3-22 中给出的第一组结果是一个非常小的空腔获得的，该空腔由单点源建模，如第 3.5.1.1 节所述。

在没有空腔和有空腔的情况下，流体中计算的压力场分别如图 3-21(a) 和 (b) 所示，空腔被放置在焦点处。值得注意的是，焦点处的高压值（以灰度图像中的白色表示）会受到强烈的影响，远离焦点的散射场也会受到影响。

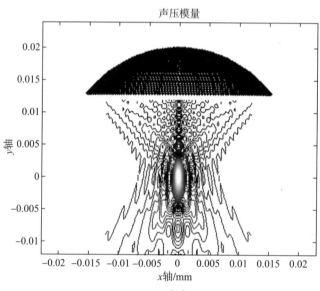

(a)

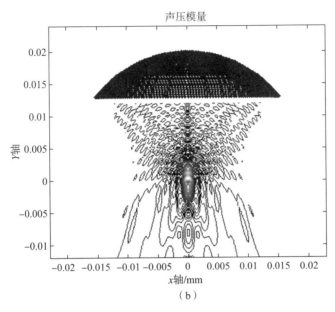

(b)

图 3-21 声透镜前的计算压力场

(a) 没有空腔；(b) 位于焦点的空腔（注意，由于空腔的存在而引起的焦点附近压力场的变化（Placko 等人，2010））。

然后将空腔位置移向透镜（正 y 方向）和远离透镜（负 y 方向）。图 3-22 显示了 +/-2.5mm 的空腔位置。图 3-22(a) 显示了空腔靠近透镜 2.5mm 时的压力场，图 3-22(b) 显示了空腔远离透镜 2.5mm 时的压力场。从这些图中可

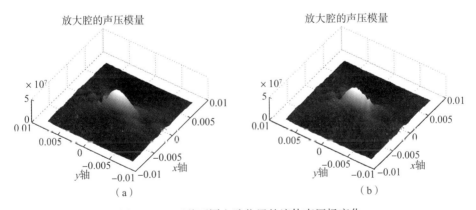

(a)   (b)

图 3-22 两种不同空腔位置的流体声压场变化

(a) $y=2.5$mm；(b) $y=-2.5$mm（其中，在这两种情况下，腔体都距离焦点 2.5mm，在一种情况下，它移动得更接近透镜（a），在另一种情况下，它远离透镜（b），利用空腔的单点源建模进行计算（Placko 等人，2010））。

以清楚地看到，靠近空腔的压力场受到其位置的强烈影响，而远离空腔的压力场没有明显的改变。

然而，这种非常接近空腔的压力值的变化对我们检测空腔没有多大帮助，因为传感元件不一定放置在空腔位置。对于空腔检测，声透镜用于发射超声波束，也接收来自空腔的反射信号。将空腔反射的超声能量产生的压力场在透镜表面进行积分，计算透镜因反射信号与透射力比较而感应到的声力。当空腔位于焦点处时，该比例为 21.29%，但空腔在焦点接近和远离透镜的方向移动 2.5mm 时，分别减少到 4.85% 和 5.43%。

然后，黑色方块区域围绕焦点移动，如图 3-23(a) 所示。由反射能量导致换能器透镜上的声力的变化，如图 3-23(b) 所示。正如预期的那样，当空

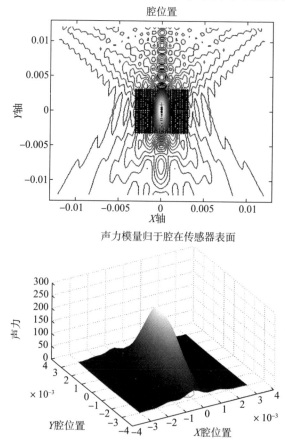

图 3-23　(a) 空腔位置在透镜焦点附近的黑色正方形标记的矩形区域移动；(b) 当空腔在矩形区域内移动时，由于空腔的反射能量透镜所感受到的声力变化（注意力的大小如何在 x 和 y 方向上有不同的衰减（Placko 等人，2010））

腔在焦点处时，可以获得最强的反射，因为在这个位置，空腔表面反射回透镜的能量最大。对于空腔的任何其他位置，它接收到的能量更少，因此，反射的能量强度随着空腔向任何方向远离焦点而衰减。值得注意的是，当腔体垂直方向（图3-20中的y轴）在-3mm和+3mm之间移动时，可以检测到声力（或透镜表面压力的积分）（图3-23(b)中的白色或浅灰色）。如图3-23(b)所示，只有当空腔在水平方向-1mm和+1mm之间移动时，才能检测到空腔反射信号产生的声力，如图3-20所示。空腔尺寸对反射能量强度和散射模式的影响如下。

为了研究单点源对空腔建模的准确性，将单点源模型（第3.5.1.1节）产生的结果与多点源模型（第3.5.1.2节）和完整的DPSM分析（第3.5.1.3节）得到的结果进行了比较。图3-24和图3-25分别显示了直径为0.2mm和1mm的空腔的计算结果，在多点源模型中，100点源用于腔建模。为了进行完整的DPSM分析，传感器表面由2676个点源建模，而腔体由370个点源建模。图3-24和图3-25显示了当空腔中心沿透镜轴（y轴）在$y=-3$mm到+3mm（焦点在$y=0$）之间移动时，空腔在传感器面产生的归一化反射力。在全部DPSM分析中，用单点源（虚线）、100个点源（实线）和370个点源（短划线）建模，得到三条曲线。

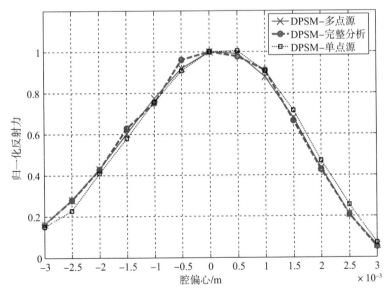

图3-24 当空腔中心沿透镜轴围绕焦点在-3mm（从焦点沿与透镜相反的方向测量）~+3mm（朝向透镜）之间移动时，从0.2mm直径的空腔获得的传感器表面的归一化反射力（通过单点源（点虚线）、100个点源（实线）和全DPSM分析（短划线）建模得到的三条曲线（Placko等人，2010））

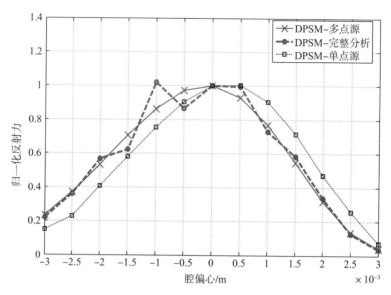

图3-25 当空腔中心沿透镜轴围绕焦点在-3mm（从焦点沿与透镜相反的方向测量）~
+3mm（朝向透镜）之间移动时，从1mm直径的空腔获得的传感器表面的归一化
反射力（通过单点源（点虚线）、100个点源（实线）和全 DPSM 分析（短划线）
建模得到的三条曲线（Placko 等人，2010））

在图3-24中，这三条曲线几乎重合，但在图3-25中，完整的分析曲线（见第3.5.1.3节）显示了小腔的简化多点源模型（第3.5.1.2节）产生的曲线的一些振荡。这些振荡是传感器和空腔之间信号的多次反射的影响，多重反射效应在简化的分析和目前所有可用的理论解决方案中都被忽略了。

在图3-25中可以注意到单点源模型和多点源模型产生的结果之间有大约0.5mm的明显水平位移。在图3-24中可以看到，相同的两条曲线之间的位移要小得多（约0.1mm），这个偏移量可以用以下方式来解释。对于偏心为0时腔体的单点源模型，在焦点处满足零压力条件，而对于偏心为0时的1mm腔体，在+/-0.5mm处满足零压力条件，对于0.2mm腔体，在+/-0.1mm处满足零压力条件。问题几何中的这一微小差异导致了观察到的偏移。

然后，将 DPSM 预测结果与有限元结果和解析解进行了比较。声学透镜感知到的总力与不同方法产生的空腔偏心量的关系如图3-26和图3-27所示。如图3-24和图3-25所示，这里的力也是由空腔反射到透镜上的波产生的。图3-26的空腔直径为0.2mm、图3-27的空腔直径为1mm，图3-26中的三条曲线由有限元分析（带有正方形标记的点虚线）和 DPSM 分析生成。有限元网格采用77891个轴对称三角形单元，DPSM 建模采用4003个点源模拟声透

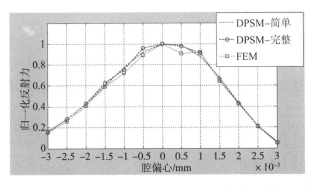

图 3-26　当空腔中心沿透镜轴围绕焦点在-3mm（从焦点沿与透镜相反的方向测量）~+3mm（朝向透镜）之间移动时，从 0.2mm 直径的空腔获得的声透镜（或换能器，如图 3-20 所示）的归一化反射力（通过三种建模方法得到三条曲线：有限元分析（虚线加方形标记）、考虑多重反射效应的完整 DPSM 分析（虚线加圆形标记）和忽略多重反射效应的简单 DPSM 分析（虚线不加任何标记）（Kundu 等人，2010））

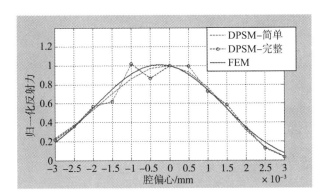

图 3-27　当空腔中心沿透镜轴围绕焦点在-3mm（从焦点沿与透镜相反的方向测量）~+3mm（朝向透镜）之间移动时，从 1mm 直径的空腔获得的声透镜（或换能器，如图 3-20 所示）的归一化反射力（通过三种建模方法得到三条曲线：有限元分析（虚线加方形标记）、考虑多重反射效应的完整 DPSM 分析（虚线加圆形标记）和忽略多重反射效应的简单 DPSM 分析（虚线不加任何标记）（Kundu 等人，2010））

镜，370 个点源模拟空腔。DPSM 结果以两种不同的方式生成：完整的 DPSM 分析（第 3.5.1.3 节）和简单的 DPSM 分析（第 3.5.1.2 节）。注意，在简单的 DPSM 分析中，只考虑了入射场和散射场，忽略了波在空腔和透镜之间的多次反射的影响。在图 3-26 中，三条曲线的匹配度都很好。然而，对于较小的偏心（在-1mm 和+1mm 之间），曲线彼此略有偏差。这是因为当腔体偏心距较小时,冲击腔体的声束强度较高,因此,在低偏心距时,多重反射波的强度更强,在较高的偏心距下,由于多次反射效应可以忽略,忽略多次反射的简单 DPSM 分析与完全 DPSM 分析以及考虑多次反射的有限元分析得到的结果几乎一致。如果腔直径增加到 1mm,多重反射效应增强。因此,对于较大的空腔,简单 DPSM 分析与完整 DPSM 分析的差异增大,如图 3-27 所示。理论曲线(式(3-63))如图 3-27 中的实线所示。注意,理论曲线更接近简单的 DPSM 分析,因为这两种技术都忽略了多重反射效应。此外,这三条曲线在较高的偏心率时非常匹配,因为多重反射效应可以忽略不计。

如果空腔水平移动违反了轴对称条件,有限元解将变得过于昂贵,因为需要进行完整的三维分析。然后采用忽略多重反射效应的解析解或 DPSM 解。如果空腔离中心轴更远,违反了与解析解相关的简化假设,那么 DPSM 是唯一可以解决这个问题的技术。

3.6 多层流体介质中的超声场

图 3-28 所示的多层流体介质在本节中采用 DPSM 建模。让完整的介质由 n 种不同的材料组成,这些材料被 ($n-1$) 个界面隔开。如果要模拟由两个超

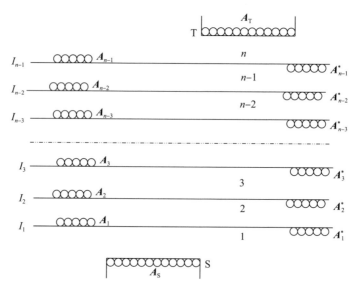

图 3-28 用放置在介质#1 和#n 中的两个换能器 S 和 T 激励由 n 种不同材料和 ($n-1$) 界面组成的非均匀介质(每个换能器由一层点源模拟,而每个界面由两层点源模拟,点源位于图中小圆的中心位置)

声换能器 S 和 T 在这种非均匀介质中产生的超声场,则必须在每个界面的上方和下方放置两层点源,并放置一层点源来模拟每个换能器。在问题几何中,尽管有 $2n$ 个不同的点源层(A_S、A_T、A_1、A_1^*、A_2、A_2^*、$\cdots$、A_{n-1}、A_{n-1}^*),但在任何一点上只有两层声源对场有贡献。例如,第 m 层内某个点的总场是 A_m 层和 A_{m-1}^* 层中所有点源贡献的叠加。对于介质 1 中的点,应该是 A_1 和 A_S 层的总贡献,而介质 n 中的点接收来自 A_T 和 A_{n-1}^* 层的超声波能量。如果介质 1 或 n 中不存在传感器,那么介质中的场仅从放置在界面上的一层声源中获得。关于这个公式的更多讨论,读者请参考 Kundu 和 Placko(2007)与 Banerjee 等人(2006)的文献。

由一个或两个换能器施加超声激励的三层介质的声场如图 3-29 所示。两种不同的流体(水和甘油)构成了三层介质,甘油被放置在两个水的半空间之间。考虑两个换能器具有不同的方向。本研究中考虑的流体的密度和 P 波速度如表 3-1 所示。

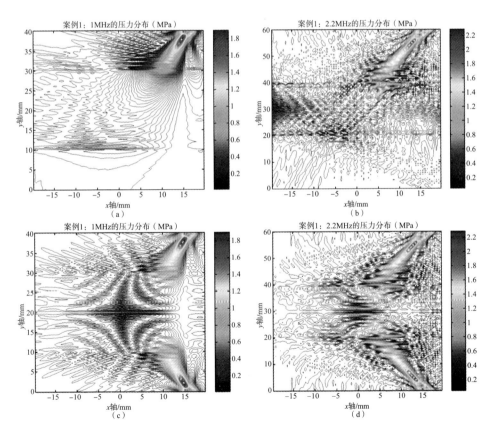

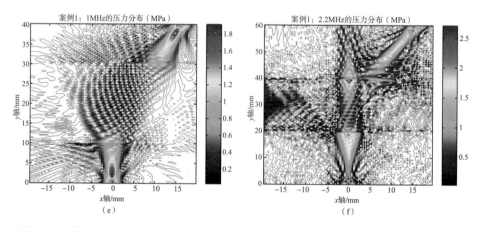

图 3-29 当只有一个换能器在传输超声波能量（顶排）和两个换能器都有效时（下两排），水-甘油-水介质受到 1MHz（a、c、e）和 2MHz（b、d、f）的超声波激励（Banerjee 等人，2006）

表 3-1　流体属性

流体	P 波速/(m/s)	密度/(kg/m³)
水	1.48	1000
甘油	1.92	1260

图 3-29 显示了水-甘油-水结构中不同换能器方向产生的超声场。换能器的直径为 4mm。图 3-29(a)、(c)、(e) 显示了由 1MHz 换能器产生的超声场，图 3-29(b)、(d)、(f) 显示了 2.2MHz 换能器产生的超声场。1MHz 和 2.2MHz 激励下的甘油层厚度均为 20mm。1MHz 换能器与水-甘油界面保持 10mm 的距离，而 2.2MHz 换能器与该界面保持 20mm 的距离。对于 2.2MHz 换能器具有较大的距离是必要的，以确保界面不在换能器的近场区域内。因此，1MHz 换能器的 WGW 结构的总宽度为 40mm，而 2.2MHz 换能器的总宽度为 60mm。众所周知，换能器前方点上的压力场取决于激励频率和该点到换能器表面的距离。随着频率的增加，等压线逐渐远离换能器表面。为了在界面位置产生大致相同的压力值，当换能器频率从 1MHz 变为 2.2MHz 时，需要改变换能器之间的距离 D。

在图 3-29 中，换能器产生的信号以法向入射角撞击界面，或与垂直轴呈 $\theta=30°$ 倾角撞击界面。图 3-29 的顶部一行是在只打开传感器 T 时生成的。中间一行是当换能器 S 和 T 都打开时产生的，并产生以 $\theta=30°$ 倾角撞击界面的超声波束。在中间一行，甘油中的超声场由透射场和反射场的相互作用形成了良好的对称模式。注意，这个模式依赖于信号的频率。然后改变底部换能器的位置，以形成垂直撞击底部界面的声束，而另一声束以一定的角度撞击顶部界面。此布局产生的超声波场显示在图3-29底部一行，频率为1MHz和2.2MHz。

3.7 流体-固体界面存在时的超声场计算

到目前为止，我们只计算了流体介质中的超声场。现在让我们研究如何计算在流-固界面或固-固界面存在时的超声场。

3.7.1 流体-固体界面

在流体-固体界面上（例如在 $z=0$ 上），以下四个量必须是连续的—（1）流体和固体中的法向位移 u_z（或速度 v_z），（2）常压 P（或应力 σ_{zz}），（3和4）界面处的两个剪应力分量（σ_{xz} 和 σ_{yz}）必须为零。因此，在流-固界面的每一点上，必须满足以下四个条件：

$$u_z^f = u_z^s, \quad \sigma_{zz}^f = \sigma_{zz}^s, \quad \sigma_{xz}^s = 0, \quad \sigma_{yz}^s = 0 \tag{3-64}$$

式中：上标 f 和 s 分别表示液体和固体。

流体-固体界面可以用 $2N$ 个点源（流体侧 N 个，固体侧 N 个）进行模拟，如图3-30所示，图中上半部分空间是由流体构成的，下半部分空间是固体。与点源相关联的两层小球体与界面有 N 个接触点。通过在 N 个点满足式（3-64）中给出的所有四个连续性条件，得到 $4N$ 个方程以求解 $4N$ 个未知数。

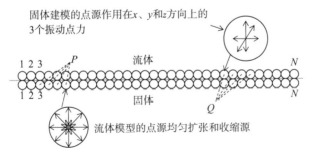

图3-30 位于小圆的中心的 $2N$ 个点源数模拟流-固界面（通过叠加放置在界面固体侧的所有流体点源的贡献，获得流体中一般点 P 处的总声场。以同样的方式，通过叠加位于界面流体侧的所有固体点源的贡献，得到了固体中一般点 Q 处的总声场（Placko 和 Kundu，2007））

对于流体-流体界面，通过满足界面上 N 个点上的压力分量和法向速度分量的连续性，得到了 $2N$ 个方程。这 $2N$ 个方程足以解出 $2N$ 个未知点源强度。然而，对于流体-固体界面，由于有 $4N$ 个方程，那么必然有与 $2N$ 个点源相关的 $4N$ 个未知数。流体的点源均匀地膨胀和收缩，其强度只有一个未知量，而固体的点源有三个未知量。图 3-30 所示，对于每个小球内部的固体点源，有三个点力在 x、y 和 z 方向上振动，所以具有三个独立的强度。因此，用于实体建模的每个点源都由三个点力组成，这些点力以相同的频率振动，但在 x、y 和 z 方向上具有不同的振幅。

3.7.2　固体半空间上的流体楔形——DPSM 公式

根据 Dao（2007）和 Dao 等人（2009）的工作，本节给出了具有自由流体表面和流体-固体界面的流体楔形问题的解决方案。问题的几何形状如图 3-31 所示。均匀固体半空间以一定角度部分浸入均匀流体中，形成流体楔。浸没在流体中的有限尺寸换能器作为超声波能量源。超声波束撞击倾斜的流体-固体界面。需要计算流体楔内部和固体半空间的超声场。

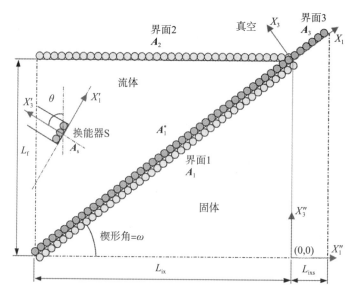

图 3-31　在换能器表面、流-固界面、流体边界和固体边界上的小圆表示点源分布的楔形问题的几何形状（Dao 等人，2009）

根据上述讨论的 DPSM 技术，一层点源分布在换能器表面附近，另外四层点源分布在两个边界和一个界面上。点源被放置在图 3-31 中所示的小圆圈的中心处。为简单起见，边界和界面都被表示为界面。界面 1 为倾斜的流体-固体界面，界面 2 是无牵引力的流体表面，也可以表示为流体-真空界面，而界面 3 是倾斜的固体-真空界面或固体的无牵引力边界。在图 3-31 中，五层点源的强度分别表示为 A_S、A_1、A_1^*、A_2 和 A_3。

流体和固体介质中的超声波场可以写成矩阵形式。如果 T 是流体介质中的一组目标点，则目标点处的速度可以用换能器源 A_S 和界面源 A_1、A_2 表示：

$$V_T = M_{TS}A_S + M_{T1}A_1 + M_{T2}A_2 \quad (3-65)$$

换能器表面的速度为

$$V_S = M_{SS}A_S + M_{S1}A_1 + M_{S2}A_2 \quad (3-66)$$

在式（3-65）和式（3-66）中，向量 V_T 和 V_S 分别是目标点和换能器表面点上的质点速度。当矩阵 M_{IJ} 乘以点源强度向量 $A_J(J=S，1 或 2)$ 得到点 I 处的速度（$I=T$ 为目标点，S 为换能器表面点）。矩阵 M 在前面已经定义。在上面的方程和随后的方程中，唯一的未知数是点源强度向量 A_S、A_1、A_1^*、A_2 和 A_3。根据这些未知的点源强度向量，流体介质中目标点的压力场为

$$P_T = Q_{TS}A_S + Q_{T1}A_1 + Q_{T2}A_2 \quad (3-67)$$

Q_{TS}、Q_{T1} 和 Q_{T2} 分别是将目标点的压力值与点源强度向量 A_S、A_1 和 A_2 联系起来的矩阵。

在目标点处，流体中沿 x_3 方向的位移场为

$$U3_T = DF3_{TS}A_S + DF3_{T1}A_1 + DF3_{T2}A_2 \quad (3-68)$$

图 3-30 所示，为了模拟固体中的超声波场，每个点源应该在三个相互垂直的方向上包含三个不同的点力。由点源产生的界面 1 上 x_3 方向的法向应力为

$$S33_{11^*}A_1^* + S33_{13}A_3 \quad (3-69)$$

同样地，在界面 1 处产生的剪切应力为

$$\begin{cases} S31_{11^*}A_1^* + S31_{13}A_3 \\ S32_{11^*}A_1^* + S32_{13}A_3 \end{cases} \quad (3-70)$$

在界面 3 上，沿 x_3 方向上产生的法向应力为

$$S33_{31^*}A_1^* + S33_{33}A_3 \quad (3-71)$$

而在界面 3 上产生的剪切应力为

$$\begin{cases} S31_{31^*}A_1^* + S31_{33}A_3 \\ S32_{31^*}A_1^* + S32_{33}A_3 \end{cases} \quad (3-72)$$

界面 1 和 3 上固体沿 x_3 方向的位移为

$$\begin{cases} DS3_{11^*}A_1^* + DS3_{13}A_3 \\ DS3_{31^*}A_1^* + DS3_{33}A_3 \end{cases} \quad (3-73)$$

已知换能器表面速度为 V_{S0}。因此，在换能器表面处的边界条件可以写为

$$M_{SS}A_S + M_{S1}A_1 + M_{S2}A_2 = V_{S0} \quad (3-74)$$

穿过流体-固体界面（图 3-31 中的界面 1），固体中的法向应力（$-S33$）和流体中的压力应该是连续的。此外，通过界面 1，垂直于界面的位移分量（图 3-31 中的 x_3 方向）应该是连续的，界面处固体中的剪切应力为零。为了满足这些连续性条件，得到了以下方程式：

$$\begin{cases} Q_{1S}A_S + Q_{11}A_1 + Q_{12}A_2 = -S33_{11*}A_1^* - S33_{13}A_3 \\ DF3_{1S}A_S + DF3_{11}A_1 + DF3_{12}A_2 = S31_{11*}A_1^* + S31_{13}A_3 \\ S31_{11*}A_1^* + S31_{13}A_3 = 0 \\ S32_{11*}A_1^* + S32_{13}A_3 = 0 \end{cases} \quad (3-75)$$

由于界面 2 上的压力必须为零（无牵引力流体表面），因此该界面处的边界条件为

$$Q_{2S}A_S + Q_{21}A_1 + Q_{22}A_2 = 0 \quad (3-76)$$

同样地，界面 3 上的无牵引力边界条件可以写为

$$\begin{cases} S33_{31*}A_1^* + S33_{33}A_3 = 0 \\ S31_{31*}A_1^* + S31_{33}A_3 = 0 \\ S32_{31*}A_1^* + S32_{33}A_3 = 0 \end{cases} \quad (3-77)$$

式（3-74）~式（3-77）合并的以下矩阵形式：

$$\begin{bmatrix} M_{SS} & M_{S1} & M_{S2} & 0 & 0 \\ Q_{1S} & Q_{11} & Q_{12} & S33_{11*} & S33_{13} \\ DF3_{1S} & DF3_{11} & DF3_{12} & -DS3_{11*} & -DS3_{13} \\ 0 & 0 & 0 & S31_{11*} & S31_{13} \\ 0 & 0 & 0 & S32_{11*} & S32_{13} \\ Q_{2S} & Q_{21} & Q_{22} & 0 & 0 \\ 0 & 0 & 0 & S33_{31*} & S33_{33} \\ 0 & 0 & 0 & S31_{31*} & S31_{33} \\ 0 & 0 & 0 & S32_{31*} & S32_{33} \end{bmatrix} \begin{Bmatrix} A_S \\ A_1 \\ A_2 \\ A_1^* \\ A_3 \end{Bmatrix} = \begin{Bmatrix} V_{S0} \\ 0 \\ 0 \\ 0 \\ 0 \\ 0 \\ 0 \end{Bmatrix} \quad (3-78)$$

式（3-78）中，矩阵 M_{IJ} 和 Q_{IJ} 已经被定义。然而，本节首次介绍了 $DF3_{IJ}$、$S31_{IJ}$、$S32_{IJ}$、$S33_{IJ}$ 和 $DS3_{IJ}$。将计算以下参数：

DF3——流体内部位移的 u_3 分量；

DS3——固体内部位移的 u_3 分量；

S31——固体内部的剪切应力分量（σ_{31}）；

S32——固体内部的剪切应力分量（σ_{32}）；

S33——固体内部的法向应力分量（σ_{33}）。

根据式（3-78）可以得到未知的点源强度。Dao（2007）和 Banerjee 和 Kundu（2007）对上述方程和不同矩阵中的元素进行了逐步推导。

由式（3-78）得到了数值结果。结果显示了一个直径为 6.35mm（0.25 inch）的 2.25MHz 换能器产生的超声波束。本次计算中使用的铝和水的材料属性如下：铝中的 P 波速度（c_P）= 6.35km/s，S 波速度（c_S）= 3.04km/s，密度（ρ_S）= 2700kg/m³（2.7gm/cc）；水中 P 波速度（c_f）= 1.48km/s，密度（ρ_f）= 1000kg/m³（1gm/cc）。

如图 3-31 所示，350 个点源分布在圆形换能器表面后方，用于对换能器进行建模，另外的点源沿流-固界面（界面1）、液楔自由表面（界面2）和固体表面（界面3）放置。如图 3-31 所示，在对称平面（或纸面的中心平面）上，在界面 1、2 和 3 附近放置了四条点源线。超声场首先在中心平面上计算，这个平面上的点源由沿着界面 1、2 和 3 的四条线组成。然后在中心平面的两侧再加两个点源平面，用这三个点源平面在中心平面上重新计算声场。继续在中心平面两侧添加两个点源平面，直到中心平面上计算出的场收敛。注意，中心平面两侧增加的点源平面增加了沿界面 1、2 和 3 的点源总数。对于换能器建模，350 个点源从一开始就放置在换能器表面附近且不改变。

在流体-固体界面（界面1）的每一侧，有 135 个点源分布在中心平面上。声源被放置在发射区域，也远远超出了界面的发射区域。因此，要用三个点源平面对问题几何建模，流体-固界面两侧总共需要 405 个点源。将点源数增加到 5 个平面并没有显著改变中心平面的超声场。液楔和固体半空间（界面 2 和 3）的自由表面上的点源总数分别为 405 和 51。

图 3-32 所示的结果显示了在三种不同的撞击角下，液楔内的超声波压力和固体半空间中的法向应力（***S11***）。注意，x_1 轴与界面平行。绘制了与流体-固体界面法向呈 15.42°、30.42° 和 45.42° 撞击角的超声波场。沿 x_1 方向生成投影长度为 60mm 的图。图 3-32 中用侧比例尺表示不同图中超声场的强度。注意，并不是所有图表中的比例尺都是相同的。流体和固体中的信号强度在 30.42° 的入射角下显著增大。这是意料之中的，因为这个角对应于瑞利临界角。

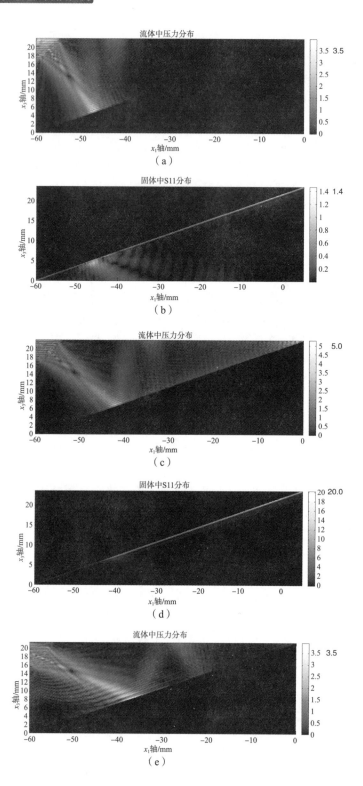

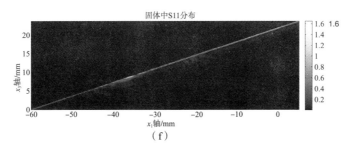

(f)

图 3-32 对于 15.42°（a、b）、30.42°（c、d）和 45.42°（e、f）撞击角的 20°流体楔中的压力（a、c、e）和固体半空间（b、d、f）中的法向应力（**S11**）（30.42°为瑞利临界角（Dao 等人，2009））

注意，对于 15.42°的入射角，部分超声能量被反射回液楔（图 3-32(a)），部分透射到固体（图 3-32(b)）。在图 3-32(b) 中，两束透射声束看起来像 P 波和 S 波束。然而，这两种波束都是由主冲击波束和它的一个侧瓣产生的 s 波波束。主波束和侧瓣以不同角度撞击界面，形成两束倾角不同的透射 S 波。图 3-32(b) 也显示了沿界面传播的一个弱声束。这是由部分发散声束以 P 临界角，arc sin(1.48/6.35)=13.5°，撞击界面所产生的表面掠过 P 波。对于瑞利临界入射角（30.42°），有趣的是，传感器和楔角之间的整个液体楔都被照亮了（图 3-32(c)）；在图 3-32(d) 中也可以清晰地看到在固体中传播的瑞利波。对于 45.42°的撞击角（图 3-32(e)），可以观察到来自流体-固体界面和自由液体表面的强烈反射。如预期的那样，在图 3-32(f) 中观察到固体内部的超声波能量相对较弱。

这里需要提到的是，虽然对于所有三个入射角度，在撞击点以外流体-固体界面附近的固体内部都可以观察到超声能量，但在临界角（30.42°）撞击时超声波能量最强（高一个数量级）。图 3-32(d) 的条形比例尺的最大值为 20，而图 3-32(b) 和 3-32(f) 的最大值分别为 1.4 和 1.6。还应注意液体楔角附近超声能量的放大，特别是在图 3-32(c) 和 (e) 中。

3.7.3 固体-固体界面

在固体-固体界面上，所有三个位移分量和三个应力（一个法向和两个剪切）分量必须是连续的。如果界面的法线在 z 方向，则三个位移分量 u_x、u_y 和 u_z 以及三个应力分量 σ_{zz}、σ_{xz} 和 σ_{yz} 必须是连续的。因此，在固体-固体界面上的每一点都必须满足 6 个条件。

图 3-30 所示，固体-固体界面可用 2N 个点源（界面两侧各 N 个）建模。

由于两个半空间都是实心的,每个点源都有三个未知数——三个点力在三个相互垂直的方向上振动的振幅。因此,在这种情况下,对于一个有 $2N$ 个点源的界面,我们将有 $6N$ 个连续性条件,从而得到 $6N$ 个方程来求解 $6N$ 个未知数。

在 Banerjee 和 Kundu(2007,2008)中可以找到关于固体-固体界面问题开发 DPSM 模型的详细描述和逐步推导。

3.8 瞬态问题的 DPSM 建模

到目前为止,所讨论的 DPSM 公式都是基于稳态格林函数,因此,上述所讨论的所有超声波问题都是稳态问题。虽然稳态解有许多优点,有时是可取的,但它不能提供关于不同超声波到达时间的任何信息。在稳态解中,可能很难识别由裂纹或夹杂物反射的弱缺陷信号,因为这些弱信号对稳态响应没有显著影响。然而,在瞬态响应,由于不同超声信号的到达时间不同,如果弱缺陷信号在时间尺度上与强信号分离,就可以识别出弱缺陷信号。因此,有瞬态解也是很重要的。由于 DPSM 可以有效地给出复杂几何的稳态解,如果它也能解决瞬态问题,它将是一种非常强大的方法。接下来将 DPSM 推广到瞬态超声问题,并给出了一些实例问题的解决方法。

3.8.1 有界声束激发的流体-固体界面——DPSM 公式

如图 3-33 所示,首先求解由放置在流体半空间中的有限尺寸换能器激发的固体半空间的问题几何示意图,换能器采用一层点源建模,流体-固体界面由两层点源建模,A_S 是模拟换能器的点源强度向量,这些点源产生了流体中的超声波场。A_1 是位于流体-固体界面上方并在流体中产生反射超声场的点源强度向量。A_1^* 是分布在流体-固体界面下方,模拟固体中透射声场的点源强度向量。在图 3-33 中,流体和固体介质中分别显示两个点 D 和 E。D 点处的超声场是强度为 A_1 和 A_S 的所有点源的贡献之和。同样地,E 点处的超声场是具有强度 A_1^* 的所有点源的贡献之和。

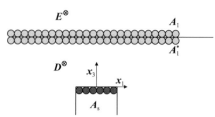

图 3-33 固体半空间与含超声换能器的流体半空间相邻的 DPSM 模型(流体-固体界面由两层点源建模,而换能器由一层点源建模,点 D 和点 E 分别位于流体和固体中,换能器的表面和界面不一定是平行的(Das 等人,2010))

第3章 分布式点源法（DPSM）模拟弹性波

在一组给定的目标点上，流体内部的质点速度和压力或固体内部的位移和应力可以用矩阵形式表示。点源强度可以通过满足边界条件和界面连续性条件得到。如果假设换能器表面的法向速度为 V_{S0}，那么按照上述步骤换能器表面的边界条件可以写成

$$M_{SS}A_S + M_{S1}A_1 = V_{S0} \tag{3-79}$$

式中：A_S 为包含 M 个点源数强度的 ($M\times1$) 向量，对传感器面进行建模。

如果有 N 个点源分布在流体-固体界面的两侧，那么 A_1 就有 N 个元素 ($N\times1$)。M_{SS} 和 M_{S1} 分别是维数为 $M\times M$ 和 $M\times N$ 的矩阵。

如第 3.7.1 节所述，穿过流体-固体界面的法向位移 (u_3) 应是连续的。同样在界面处，流体中的压力和固体中法向应力 ($-\sigma_{33}$) 的负值应该是连续的，并且界面处固体中的剪切应力必须为 0。因此，在界面上

$$Q_{IS}A_S + Q_{I1}A_1 = -S33_{I1^*}A_1^* \tag{3-80}$$

$$DF3_{IS}A_S + DF3_{I1}A_1 = DS3_{I1^*}A_1^* \tag{3-81}$$

$$S33_{I1^*}A_1^* = 0 \tag{3-82}$$

$$S32_{I1^*}A_1^* = 0 \tag{3-83}$$

式 (3-79)~式 (3-83) 中使用的 M 和 Q 已经在前面进行了定义。在式 (3-78) 之后给出了其他矩阵 $S33$、$DF3$、$DS3$、$S31$ 和 $S32$ 的计算。这些矩阵的第一个下标（S 或 I）表示目标点是被放置在传感器表面还是界面上。第二个下标表示用于计算应力、压力、位移或速度场的点源集。第二个下标 S、1 和 1* 分别对应点源 A_S、A_1 和 A_1^*。

还应该记住的是，计算固体中透射场的每个点源在三个相互垂直的方向上都有三个不同的力作为未知数。因此，A_1^* 是一个 ($3N\times1$) 向量，而 A_1 是一个 ($N\times1$) 向量，而 A_S 是一个 ($M\times1$) 向量。$S33$、$DF3$、$DS3$、$S31$、$S32$ 和 $S32$ 矩阵的元素是不同格林函数的函数，由 Banerjee 和 Kundu (2007) 给出。

式 (3-79)~式 (3-83) 的矩阵形式可以写为

$$\begin{bmatrix} M_{SS} & M_{S1} & 0 \\ Q_{IS} & Q_{I1} & S33_{I1^*} \\ DF3_{IS} & DF3_{I1} & -DS3_{I1^*} \\ 0 & 0 & S31_{I1^*} \\ 0 & 0 & S32_{I1^*} \end{bmatrix}_{(M+4N)\times(M+4N)} \begin{Bmatrix} A_S \\ A_1 \\ A_1^* \end{Bmatrix}_{(M+4N)} = \begin{Bmatrix} V_{S0} \\ 0 \\ 0 \end{Bmatrix}_{(M+4N)}$$

$$\tag{3-84}$$

或

$$MTA = V \tag{3-85}$$

注意,式(3-85)通过同时满足问题的所有边界和界面连续性条件得到,其中 M 和 N 是用于模拟换能器和界面的点源数,如图 3-33 所示。点源位于距换能器表面和界面 r_s 处。在小球体接触换能器表面和流体-固体界面的顶点处满足边界和界面条件。边界和界面条件的总数等于未知数的总数。因此在式(3-84)或式(3-85)中给出的方程组有唯一解。超声场计算所需的点源数满足两个相邻点源间距小于 $\lambda/\sqrt{2\pi}$ 的收敛准则(见第 3.2.5 节)。这里的所有结果都是在两个相邻点源间距小于或等于 λ/π 的情况下给出的。

求解式(3-85),得到了完整问题几何的点源强度向量:

$$A = MT^{-1}V \tag{3-86}$$

矩阵 MT 是一个条件良好的矩阵,而且它很容易求逆。

3.8.1.1 瞬态分析

由于稳态边界条件问题的解已知,且问题是线性的,如 Das 等人(2010)所述,可以采用傅里叶变换技术得到瞬态解。规定稳态外部激励的谐波时间相关性由 $e^{-i\omega t}$ 给出,该问题的稳态解由 $r(\boldsymbol{x}, \omega) e^{-i\omega t}$ 给出。注意,$r(\boldsymbol{x}, \omega)$ 是观测点的位置向量($\boldsymbol{x}$)和激发的频率(ω)的函数,而不是时间的函数。如果 $f(t)$ 是规定的时间相关性激励,$f(\omega)$ 是它的傅里叶变换,那么对于给定的 ω 值,$f(\omega) r(\boldsymbol{x}, \omega) e^{-i\omega t}$ 将是规定激励 $F(\omega) e^{-i\omega t}$ 的稳态解。因此,对于 $f(t) = \dfrac{1}{2\pi} \int_{-\infty}^{\infty} F(\omega) e^{-i\omega t} d\omega$ 的外部激励,瞬态解为

$$R(\boldsymbol{x}, t) = \frac{1}{2\pi} \int_{-\infty}^{\infty} F(\omega) r(x, \omega) e^{-i\omega t} d\omega \tag{3-87}$$

式中:$R(\boldsymbol{x}, t)$ 为任何场响应-位移、速度、压力或应力。

DPSM 可以用来获得上述讨论的稳态解($r(\boldsymbol{x}, \omega) e^{-i\omega t}$)。对于给定的 $f(t)$,可以解析得到 $F(\omega)$,也可以使用快速傅里叶变换(FFT)技术得到(Cooley 和 Tukey,1965)。然后将 DPSM 解乘以 $F(\omega)$,并对乘积进行快速傅里叶逆变换(IFFT)得到瞬态解。

如果在 FFT 中使用了 N 个采样值,并且 Δt 是采样时间间隔,则总时间周期为 $T = N\Delta t$。频率采样间隔为 $\Delta f = 1/T$,采样频率为 $f_s = 1/\Delta t$。根据香农采样定理,采样频率应该至少是被采样信号中所包含的最大有效频率的两倍。因此,只有小于或等于奈奎斯特频率(采样频率的一半)的频率值被用于瞬态分析。

3.8.1.2 计算结果

根据上述公式生成瞬态结果。一个有限尺寸的换能器（直径为 4mm）被放置在流体-固体界面附近的无界流体介质（波速为 1.48km/s 的水）中。对于均匀固体半空间，采用铝作为固体材料（见图 3-34）。据铝的密度、纵向波速和横向波速分别为 2700kg/m³（2.7gm/cc）、6.25km/s 和 3.04km/s。对于该问题，加载函数 $f(t)$ 为

$$f(t) = e^{-2(t-t_0)^2/2} \sin(2\pi f_c t) \quad (3-88)$$

式中：f_c 为该信号的中心频率；t_0 为时间延迟。

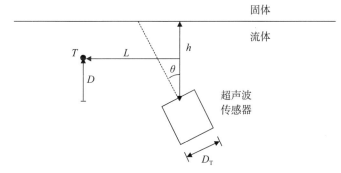

图 3-34 问题几何显示了流体-固体界面、换能器在流体半空间中的直径和位置，以及计算压力的目标点（T）（Das 等人，2010）

取 f_c =1MHz 和 t_0 =3μs，在时间历程曲线中用于构造信号的数据点数量为 1024 个，采样时间间隔（Δt）为 0.25μs。图 3-34 中的 T 是计算超声场（在本例中是流体压力）的目标点，L 是目标点与穿过换能器表面中心的垂直线的水平距离，D 为目标点到换能器表面中心的垂直距离。θ 为换能器相对于垂直轴的倾角，h 为换能器表面中心与流体-固体界面的距离。

值得一提的是，这里解决了一个三维问题。界面在面内和面外方向的长度远远大于换能器直径。在对称平面（中心垂直面）上，点源沿着流体-固体界面附近的两条直线放置，如图 3-33 所示。在面外方向有三个或五个平面的点源时，给出了下列结果。因此，总共有 6~10 条直线声源，其中一半在界面上方，一半在界面下方，用于模拟流体-固体界面。换能器由 100~150 个点源构建。在中心平面上，界面两侧均沿直线分布着 95~130 个点源，分布长度为 30mm。较低的电源数量模拟换能器（100 个点源）和 570(95×2×3) 个点源模拟界面产生了可接受的结果。然而，为了更高的精度，有些图是用更多的点源生成的。

图 3-35 给出了超声波束在流体-固体界面上垂直和倾斜入射时的结果。

如图 3-35(a) 所示，对于垂直入射，传感器的信号在换能器和流体-固体界面之间经过多次反射后，可以多次到达 T 点。在该图中，路径 1 对应于从换能器直接传播到观察点或目标点 T 的信号，目标点 T 在图中的位置由虚线示出。路径 2、3 和 4 对应于在经过界面和换能器表面处的一次或多次反射之后到达同一点的信号。在信号消失之前可以发生多少次这样的反射取决于换能器的大小、信号的强度等。要回答这个问题，就必须得到瞬态解。

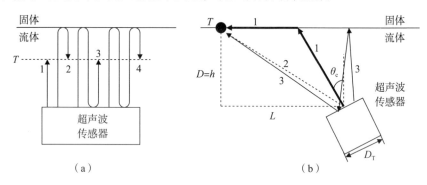

图 3-35　(a) 垂直入射的几何问题，显示了流体-固体界面和换能器表面之间的超声波束的多次反射；(b) 倾斜入射的问题几何显示从超声换能器发出的不同射线（Das 等人，2010）。

对于倾斜入射，如图 3-35(b) 所示，如果撞击角与瑞利临界角相匹配，则在流体-固体界面处产生瑞利波，T 点被泄漏的瑞利波击中，如图中的射线 1 所示。然而，由换能器产生的整个超声波能量并不会以相同的角度传播；一些超声波能量具有较高的倾角，并直接从换能器到达点 T，如射线 2 所示。部分信号以低于瑞利角的倾角传播，在被界面和换能器表面反射后也可以到达点 T，如图 3-35(b) 中的射线 3 所示。

图 3-36 显示了超声波束垂直入射时水中超声压力场和铝中法向应力（σ_{33}）的稳态解。信号频率为 1MHz。该图是用五层平面外方向的点源对界面建模生成的。虽然这张图清楚地显示了换能器和界面之间的干涉模式，但没有提供关于图 3-35(a) 所示的信号 1、2、3 和 4 到达时间的任何信息，它也不提供任何关于信号消失后的反射次数信息。图 3-37 显示了当中心频率为 1MHz（见式 (3-88)）的超声波束撞击界面时，目标点 T ($L=0$mm、$D=6$mm、$h=10$mm 和 $\theta=0°$，见图 3-34）的时域压力值。使用相同的问题几何结构得到了图 3-36 中给出的稳态解，四幅图对应于同一问题的四个不同模型。对于左上角图（图 3-37(a)），570 个点源对界面建模；在面外方向的三个平面中，在界面的每一侧放置 285 个点源；100 个点源对换能器进行建模。左下角的图

(图3-37(b)) 是用1100个点源对界面进行建模和100个点源对换能器建模生成的；在这个图中，在五个平行平面的界面两侧各放置550个点源。右上角的图 (图3-37(c)) 是由相同数量的点源对界面和换能器建模生成的，如图3-37(b) 所示。图3-37(b) 和 (c) 之间的唯一区别是图3-37(b) 的点源与换能器表面（和界面）之间的距离是 r_s（见式（3-30）），而图3-37(c) 是 $2r_s$。对于右下图（图3-37(d)），1300个点源模拟界面，在五个平面的界面两侧各放置650个源，150个点源模拟换能器。在这个图中，点源也被放置在距离换能器表面和界面为 $2r_s$ 的距离上。注意，尽管这四幅图中最强的信号几乎相同，但随着点源数量的增加，后面的信号会变得稍强一些。然而，随着点源分布的变化，四次脉冲的到达时间没有出现任何变化。

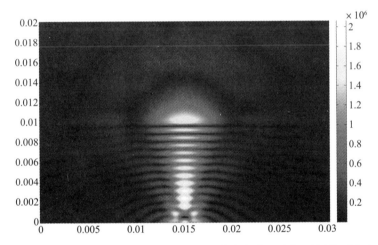

图3-36 超声波束垂直入射时，水中的稳态超声压力场（图像下半空间）和铝中的法向应力（σ_{33}）（图像中的上半空间）。

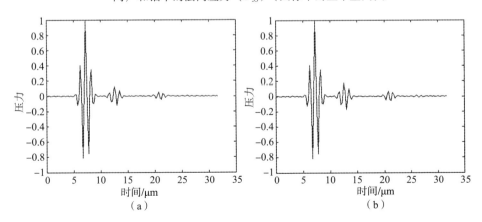

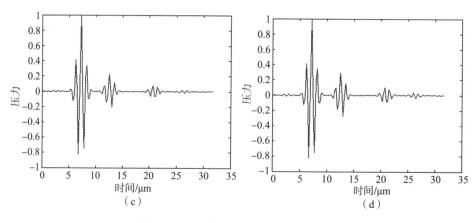

图 3-37 观察点 T 的时域超声波压力

在 $10\mu s$ 之前到达的第一个强信号是从换能器传到点 T 的直接信号，图 3-35(a) 中的射线 1。图 3-37 中的第二、第三和第四个信号分别对应于图 3-35(a) 中的射线 2、3、4。然后将这四个信号的到达时间与理论期望值进行比较。由于水中的波速为 1.48km/s，因此，从点 T 到界面，然后从界面返回到点 T 的传输时间为 $(4\times2)/1.48=5.41\mu s$。从图 3-37 可以看出前两个主要信号之间的时间差为 $5.30\mu s$（第一个信号对应于直接信号（图 3-35(a) 中的射线 1），第二个信号对应于来自界面的第一个反射信号（图 3-35(a) 中的射线 2））。这两个值之间的差异只有 2%。同样，其他的传输时间也可以用理论值进行检验，在所有情况下，差异都小于 3%。

然后对倾斜声束的入射情况进行了模拟，将入射角设置为瑞利临界角，将在固体中产生瑞利波。固体中的瑞利波速由下式（见第 1 章）得出

$$c_R = \frac{0.862+1.14\upsilon}{1+\upsilon}c_s \quad (3-89)$$

式中：υ 为固体材料的泊松比；c_S 为固体中的横波速度。

对于铝的波速和密度（前面已给出），泊松比为 0.35，瑞利波速为 2.84km/s。因此，为了在流体-固体界面产生瑞利波，换能器的倾斜角应该等于 $\arcsin(1.48/2.84)=31.41°$。当 $\theta=31.41°$、$L=24mm$、$D=4mm$（见图 3-35(b) 或图 3-34）、界面长度 = 50mm 时，计算 $f_c=1MHz$ 时水中点 T 的压力值。稳态结果如图 3-38 所示，瞬态结果如图 3-39 所示。

在图 3-38 中，x_1 从 $-25\sim+25mm$ 变化，而 x_3 从 $0\sim 8mm$ 变化。注意，在水平方向和垂直方向上的尺度是不同的，因此撞击角看起来比 31.4°小得多。如图 3-38(a) 所示，部分能量穿透固体，部分能量沿流固界面产生泄

漏的瑞利波，如图3-35(b)中的射线路径1所示。图3-38(a)还显示了由于声束没有很好地准直而以更高的撞击角度传播的一些能量。传播路径如图3-35(b)中的虚线2所示。仔细观察图3-38(a)中的撞击声束的右侧部分，也可以发现图3-35(b)中射线路径3的存在。然而，在该图中，所有的超声波能量似乎在观测点 T ($x_1 = -24\text{mm}$, $x_2 = 4\text{mm}$) 处逐渐减弱。这是因为该点的能级比换能器的辐射能量要小得多。然而，如图3-38(b)所示，当 x_1 从 $-25 \sim -6\text{mm}$ 的压力和应力场绘制比例不同时，与射线1和2相关的到达观测点T的超声能量变得更加显著。图3-35(b)中的射线1、2、3的到达时间可以从图3-39所示的时间历程图中获得。在这个图中可以看出，第一个明显信号到达的时间等于 $10.75\mu s$。瑞利波到达点T所需的理论时间为

$$\left[\frac{4}{\cos(31.41°)}\right] \times \frac{1}{1.48} + \frac{24 - 4 \times \tan(31.41°)}{2.84} = 10.76\mu s$$

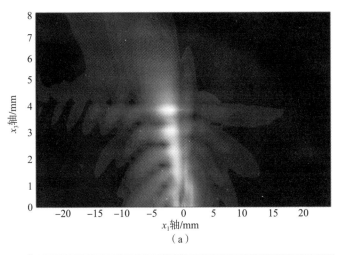

(a)

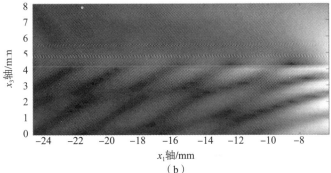

(b)

图3-38 当 x_1(a) 从 $-25 \sim +25\text{mm}$，(b) 从 $-25 \sim -6\text{mm}$ 变化时，入射角 $\theta = 31.41°$ 时，水中的稳态超声压力场和铝中的法向应力（$\sigma 33$）（Das 等人，2010）

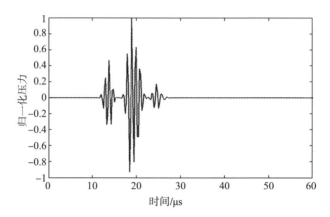

图 3-39 观测点 T 处的时域超声压力（见图 3-35(b) L = 24mm, D = 4mm 和 θ_c = 31.4°）。相同问题几何结构的稳态结果如图 3-38 所示（Das 等人，2010）。

这两个值匹配得非常好。在图 3-39 中第二个到达的更强信号是到达点 T 的直接信号，该信号记为射线 2，如图 3-35(b) 中的虚线所示。在图 3-39 中这个信号在 16μs 到达。直接信号到达时间的理论值为 $\sqrt{4^2+24^2}/1.48$ = 16.43μs。这两个到达时间之间的匹配也非常好。22μs 后到达的最小信号对应于图 3-35(b) 中的射线 3。到达点 T 时需要更长的时间，因为它在到达点 T 之前被流-固界面和换能器表面反射后经历了更长的路径。

3.9 各向异性介质的 DPSM 建模

DPSM 的实现需要在多对点源和目标点之间对格林函数进行评估。对于均匀各向同性介质，格林函数可作为一个闭式解析表达式。对于各向异性固体，格林函数的计算比较复杂，需要进行数值计算。然而，诸如复合材料中的缺陷检测等重要应用需要各向异性分析。Fooladi 和 Kundu（2017）将 DPSM 用于各向异性材料中的超声场建模。本节主要摘自 Fooladi 的理学硕士论文和博士论文（Fooladi，2016，2018）。

考虑到格林函数对于大量点的数值计算所需时间过长，Fooladi 和 Kundu（2017）使用了一种称为"加窗"的技术，该技术采用 DPSM 中点的重复模式，以大幅减少格林函数的计算次数。此外，他们使用不同分辨率的数值积分来计算不同距离对应的格林函数，以达到时间和精度之间的良好平衡。他们利用开窗技术建立了各向异性的 DPSM 模型，并将多分辨率数值积分应用于浸入流体中的各向异性板的超声场建模问题。传感器被放置在平板两侧的液体中。

他们首先考虑了一个各向同性板来进行验证和数值积分的粗略校准，然后考虑了一个各向异性复合板来模拟各向异性板内的超声场。

Wang 和 Achenbach（1994，1995）利用 Radon 变换构建了各向异性固体的弹性动力学时间调和格林函数。他们将 Radon 变换应用于空间变量，以便将控制方程从耦合偏微分方程组（PDEs）转换为耦合常微分方程组（ODEs）。然后，通过将坐标转换为一组新的基来解耦耦合的 ODEs。接下来，求解未耦合的 ODEs，并将解转换回原始坐标系。然后，利用 Radon 逆变换得到格林函数。这个结果由两个积分组成，一个包含单数项，另一个包含非单数项或正则项。奇异项的形式是单位球面上倾斜圆上的积分。正则项在半球表面上以积分的形式存在，并占用计算各向异性格林函数的大部分计算时间。

奇异项在形式上与弹性静力格林函数相似。利用残差演算，可以将其简化为代数项的和。这种方法被 Dederichs 和 Liebfried（1969）使用，后来被 Sales 和 Gray（1998）重新使用，他们成功地使用这种方法计算了格林函数及其一阶和二阶导数。这种方法假定根是不同的，当一个点出现重复根时，需要特别注意这种方法。在重复根的情况下，Sales 和 Gray（1998）建议在不同方向上对点进行少量扰动，然后使用平均值作为近似。

Fooladi 和 Kundu（2017）采用了 Wang 和 Achenbach（1995）提出的各向异性介质中弹性动力学时间调和格林函数的解决方法。基于 Sales 和 Gray（1998）的工作，利用残差演算对表示奇异项的积分进行了分析求解。表示正则项的积分采用数值计算。如前所述，正则项占用与弹性动力学格林函数求解相关的大部分计算时间。对于横向各向同性材料，解的正则部分的积分域可以从半球简化到四分之一球，正如 Fooladi（2018）所做的那样。这一改进非常有效地减少了计算时间，并用于计算横向各向同性材料的格林函数。然后将格林函数解作为 DPSM 模型的构建块，模拟超声波在各向异性材料中的传播。

3.9.1 浸没在流体中固体板的 DPSM 建模

本章前面已经讨论了浸没在流体中的固体板的 DPSM 建模的点源分布。本节使用 Fooladi 和 Kundu（2017）使用的表示法对其进行简要回顾，以帮助读者理解使用相同表示法的后续推导。

图 3-40 显示了底面与液体 1 接触，而顶面与液体 2 接触的固体板。在流体 1 和 2 中，固体板的下方和上方，分别放置两个方形的换能器。一组点源分布在换能器表面和流体-固体界面的位置。在图 3-40 中，为了清晰起见，只显示了沿中心垂直平面的点源。在这个图中，用不同的符号来表示不同的点源集合。为每个点源集合分配一个源强度向量，如表 3-2 所列。

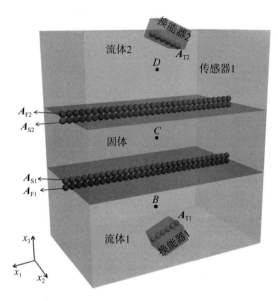

图 3-40 点源的问题描述和分布（Fooladi 和 Kundu，2017）

表 3-2 源强度向量列表

源强度向量	对应点源位置
A_{T1}	换能器 1 内部和靠近其表面
A_{T2}	换能器 1 内部和靠近其表面
A_{F1}	流体 1 内部，在其与固体界面附近
A_{F2}	流体 2 内部，在其与固体界面附近
A_{S1}	固体内部，在其与流体 1 的界面附近
A_{S2}	固体内部，在其与流体 2 的界面附近

对流体中的场进行建模的每个点源都具有与该点处的压力相对应的源强度标量值。对实体中的场进行建模的每个点源都有三个源强度值，对应于三维空间中三个不同方向上的力。利用分布在换能器表面和固体—液体界面附近的点源计算流体中目标点处的解。根据图 3-40 中所示的问题描述，确定了三种不同类型的目标点。让我们考虑放置在固体板下方的流体 1 中的目标点 B。在这一点上的解是由位于换能器 1 内的点源强度 A_{T1}，以及位于固体内部且在流体 1-固体界面附近的点源强度 A_{S1} 决定的。此时的标量 q_B，可以写为：

$$q_B = M_{B,T1}^q A_{T1} + M_{B,S1}^q A_{S1} \qquad (3-90)$$

式中：数组 $M_{T,S}^q$（T 为点 B、S 为点 T1 或点 S1）是由点源 S 在目标点 T 处的格

林函数构造出来的；标量 q 可以是位移、速度、应力或压力。

放置在固体板内的目标点 C 处，标量 q_C 可以写为

$$q_C = M_{C,F1}^q A_{F1} + M_{C,F2}^q A_{F2} \tag{3-91}$$

放置在固体板上方的流体 2 中的目标点 D 处，标量 q_D 可以写为

$$q_D = M_{D,T2}^q A_{T2} + M_{D,S2}^q A_{S2} \tag{3-92}$$

在式（3-90）~式（3-92）中，如果将该点放置在流体中，则相应的标量 q 可以是位移向量分量、速度向量分量或压力。如果将点放置在固体中，则考虑应力张量的分量，而不是压力。

然后应用边界和界面条件，得到表 3-2 中列出的声源强度向量值。第一个条件适用于垂直于换能器表面的速度向量分量。将一组目标点放置在换能器 1 的表面上，并将它们表示为 J1，第一个条件可以表示为（使用式（3-90））

$$V_{J1} = M_{J1,T1}^{V_3} A_{T1} + M_{J1,S1}^{V_3} A_{S1} \tag{3-93}$$

放置在换能器 2 表面上的目标点的集合，也可以得到类似的表达式。将它们表示为 J2，并利用式（3-92）得到

$$V_{J2} = M_{J2,T2}^{V_3} A_{T2} + M_{J2,S2}^{V_3} A_{S2} \tag{3-94}$$

在两个流体-固体界面上，法向位移和法向应力都是连续的，而非黏性流体的剪应力为零。将目标点集合放置在下界面上，用 I1 表示，界面条件可以用式（3-90）和式（3-91）得到

$$M_{I1,T1}^{U_3} A_{T1} + M_{I1,S1}^{U_3} A_{S1} = M_{I1,F1}^{U_3} A_{F1} + M_{I1,F2}^{U_3} A_{F2} \tag{3-95a}$$

$$M_{I1,T1}^{P} A_{T1} + M_{I1,S1}^{P} A_{S1} = -M_{I1,F1}^{S_{33}} A_{F1} - M_{I1,F2}^{S_{33}} A_{F2} \tag{3-95b}$$

$$M_{I1,F1}^{S_{31}} A_{F1} + M_{I1,F2}^{S_{31}} A_{F2} = 0 \tag{3-95c}$$

$$M_{I1,F1}^{S_{32}} A_{F1} + M_{I1,F2}^{S_{32}} A_{F2} = 0 \tag{3-95d}$$

式中：U_i 为位移向量的第 i 个分量；P 为压力；S_{ij} 为应力张量的 (i, j) 分量。

同样地，将目标点集合放在上流体-固体界面上，并将其表示为 I2，可以用式（3-91）和式（3-92）得到界面条件

$$M_{I2,T2}^{U_3} A_{T2} + M_{I2,S2}^{U_3} A_{S2} = M_{I2,F1}^{U_3} A_{F1} + M_{I2,F2}^{U_3} A_{F2} \tag{3-96a}$$

$$M_{I2,T2}^{P} A_{T2} + M_{I2,S2}^{P} A_{S2} = -M_{I2,F1}^{S_{33}} A_{F1} + M_{I2,F2}^{S_{33}} A_{F2} \tag{3-96b}$$

$$M_{I2,F1}^{S_{31}} A_{F1} + M_{I2,F2}^{S_{31}} A_{F2} = 0 \tag{3-96c}$$

$$M_{I2,F1}^{S_{32}} A_{F1} + M_{I2,F2}^{S_{32}} A_{F2} = 0 \tag{3-96d}$$

式（3-93）~式（3-96）的联立解给出了表 3-2 中列出的所有源强度向量的值。在求出源强度后，可以通过应用式（3-90）~式（3-92）求出流体或固体内部任意目标点的解。

3.9.2 加窗技术

第3.9.1节中给出的数组 M 的计算需要计算许多对点之间的格林函数。让我们考虑图3-41(a)所示的配置,其中位于上平面的点源集合会影响位于下平面上的目标点集合。然后,为了建立DPSM模型,需要求解每对点源和目标点之间的格林函数。如果对于图3-41(a)所示的每个平面,沿着两侧或两边的点数分别为 n_1 和 n_2,那么每个平面上点的总数为 n_1n_2,需要求解 $(n_1n_2)^2$ 个的格林函数,以考虑点源和目标点的所有可能组合。

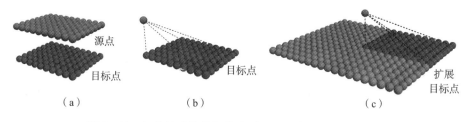

图3-41 加窗技术的几何描述(Fooladi 和 Kundu,2017)

对于各向同性材料,格林函数的闭式表达式是可用的,但对于各向异性固体,格林函数应进行数值计算。这使得各向异性的DPSM在计算上更具挑战性。这里描述的"加窗"技术可以减少计算时间。加窗技术背后的主要思想是通过使用目标点和点源的相对位置的重复模式来减少对格林函数的求解次数。

让点源位于图3-41(a)中平面的一个角上。以这种方式选择的点源如图3-41(b)所示。"加窗"技术的目标是将 $(n_1n_2)^2$ 个点源/目标点集合中的每一个的组合与该特定点源和不同目标点相关的格林函数相关联。为此,首先扩展目标点的集合,如图3-41(c)所示,其中四组初始目标点彼此相邻,以沿着平面的两个边构建具有 $(2n_1-1)$ 和 $(2n_2-1)$ 点的更大的点源集合。现在,在图3-41(a)所示的初始配置中,点源和目标点之间的格林函数初始等效于图3-41(c)所示的选定点源和目标点扩展集合之间的格林函数之一。例如,考虑图3-42(a)中所示的点源,它是图3-41(a)中的 n_1n_2 个源点之一。注意,图3-42(a)中的目标点是图3-42(b)中的目标点的一个子集。然后,可以假设点源通过窗口查看目标点的集合。现在,通过将该点源放在图3-41(c)所示的点源位置,相应的窗口成为目标点扩展平面的子集,如图3-42(b)所示。因此,图3-42(b)中的格林函数的信息可以用于获得图3-42(a)中的格林函数。

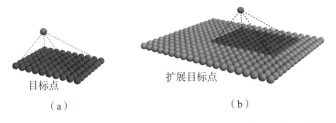

图 3-42 加窗技术中的一个样本源点（Fooladi 和 Kundu，2017）

让我们定义图 3-41（a）～（c）中一个点的坐标（i_1，i_2），其中，i_1 和 i_2 是从所选择的角沿平面边缘测量的点数。然后，图 3-41（a）中坐标为（i_1，i_2）点源和坐标为（j_1，j_2）的目标点之间的格林函数相当于图 3-41（c）中坐标为（$n_1+j_1-i_1$，$n_2+j_2-i_2$）的所选点源和目标点之间的格林函数。因此，格林函数的求解次数从图 3-41（a）中的 $(n_1 n_2)^2$ 减少到图 3-41（c）中的 $(2n_1-1)(2n_2-1)$ 次。例如，对于 $n_1=n_2=20$，求解的次数从 160000 次减少到 361 次。

3.9.3 弹性动力学格林函数

3.9.3.1 一般各向异性材料

本节简要回顾了由 Wang 和 Achenbach（1995）提出的各向异性材料的弹性动力学格林函数的推导。在各向异性均匀介质中，小变形的运动方程可以写为

$$C_{ijkl}\frac{\partial^2 u_k}{\partial x_j \partial x_i}+f_i=\rho\frac{\partial^2 u_i}{\partial t^2} \tag{3-97}$$

式中：C_{ijkl} 是刚度张量的分量；u_i 是位移分量；f_i 是体力密度向量的分量；ρ 为质量密度。

弹性动力学格林函数 $G_{ij}(\boldsymbol{x}, \boldsymbol{x}_0)$ 给出了当在 j 方向的点 $\boldsymbol{x}_0$ 处施加一个点力时，方向 i 上点 $\boldsymbol{x}$ 处的位移。时间谐波力和位移可以写为

$$f_i(\boldsymbol{x},t)=\delta_{ip}\delta(\boldsymbol{x}-\boldsymbol{x}_0)\mathrm{e}^{-\mathrm{i}\omega t} \tag{3-98}$$

$$u_i(\boldsymbol{x},t)=G_{ip}(\boldsymbol{x},\boldsymbol{x}_0)\mathrm{e}^{-\mathrm{i}\omega t} \tag{3-99}$$

将式（3-98）和式（3-99）代入式（3-97）得到：

$$C_{ijkl}\frac{\partial^2 G_{kp}(\boldsymbol{x},\boldsymbol{x}_0)}{\partial x_j \partial x_i}+\rho\omega^2 G_{ip}(\boldsymbol{x},\boldsymbol{x}_0)=-\delta_{ip}\delta(\boldsymbol{x}-\boldsymbol{x}_0) \tag{3-100}$$

Wang 和 Achenbach（1995）使用 Radon 变换完成了上述方程求解。设 $f(\boldsymbol{x})$ 是三维空间中的任意函数，这个函数的 Radon 变换 $\Re[f(\boldsymbol{x})]$ 可以表

示为

$$\hat{f}(s,\boldsymbol{n}) = \Re[f(\boldsymbol{x})] = \int f(\boldsymbol{x})\delta(s-(\boldsymbol{n},\boldsymbol{x}))\mathrm{d}\boldsymbol{x} \qquad (3-101)$$

式中：$\boldsymbol{n}$ 为一个单位向量。

Radon 逆变换为

$$f(\boldsymbol{x}) = \Re^{-1}[f(\boldsymbol{x})] = -\frac{1}{8\pi^2}\int_{|\boldsymbol{n}|=1}\frac{\partial^2 \hat{f}(s,\boldsymbol{n})}{\partial s^2}\mathrm{d}S(\boldsymbol{n}) \qquad (3-102)$$

从式（3-102）中可以看出，Radon 逆变换涉及一个单位球面上的积分。二阶导数的 Radon 变换可以写为

$$\Re\left(\frac{\partial^2 f(\boldsymbol{x})}{\partial x_j \partial x_i}\right) = n_i n_j \frac{\partial^2 \hat{f}(s,\boldsymbol{n})}{\partial s^2} \qquad (3-103)$$

这用于将 PDE 转换为 ODE。

在式（3-100）中应用 Radon 变换得到

$$\left(K_{ik}(\boldsymbol{n})\frac{\partial^2}{\partial s^2} + \rho\omega^2 \delta_{ik}\right)\hat{G}_{kp} = -\delta_{ip}\delta(s) \qquad (3-104)$$

式中

$$K_{ik}(\boldsymbol{n}) = C_{ijkl} n_i n_j \qquad (3-105)$$

耦合方程组（3-104）可以通过将坐标转换为由 $K_{ik}(\boldsymbol{n})$ 的特征向量形成的一组新的基来解耦。$K_{ik}(\boldsymbol{n})$ 的特征值问题可以写成：

$$K_{ik}E_{km} = \lambda_m E_{im}, \quad m=1,2,3 \qquad (3-106)$$

式中：$\lambda_m (m=1、2、3)$ 是 K 的特征值；E 是一个矩阵，其列表示 K 的特征向量。在式（3-106）和本节的其余部分中，当指数 m 表示特征值或特征向量或由它们推导出的参数的个数时，求和约定不再适用。

通过变换到由 K 的特征空间构成的新的基集，$\hat{G}$ 转换为 $\hat{G}^*$，式（3-106）将变为

$$\left(K_{ik}(\boldsymbol{n})E_{kl}E_{pn}\frac{\partial^2}{\partial s^2} + \rho\omega^2 \delta_{ik}E_{kl}E_{pn}\right)\hat{G}^*_{1n} = -\delta_{ip}\delta(s) \qquad (3-107)$$

通过将式（3-107）预乘以 E^{T}，再乘以 E，式（3-107）可解耦为

$$\left(\lambda_m \frac{\partial^2}{\partial s^2} + \rho\omega^2\right)\hat{G}^*_{mq} = -\delta_{mq}\delta(s), \quad m=1,2,3 \qquad (3-108)$$

对于每个 m 和 q，上述方程的解为

$$\hat{G}^*_{mq} = \frac{\mathrm{i}\delta_{mq}}{2\rho c_m^2 \alpha_m}\mathrm{e}^{\alpha_m |s|} \qquad (3-109)$$

式中：$c_m = \sqrt{\lambda_m/\rho}$ 为相速度；$\alpha_m = \omega/c_m$ 为与特征值 λ_m 相关的波数，i 为虚部。

通过变换回原始的基集，得到 $\hat{G}$ 为

$$\hat{G}_{kp} = \sum_{m=1}^{3} \frac{\mathrm{i} \boldsymbol{E}_{km} \delta_{mq} \boldsymbol{E}_{pq}}{2\rho c_m^2 \alpha_m} \mathrm{e}^{\mathrm{i}\alpha_m |s|} = \sum_{m=1}^{3} \frac{\mathrm{i} \boldsymbol{E}_{km} \boldsymbol{E}_{pm}}{2\rho c_m^2 \alpha_m} \mathrm{e}^{\mathrm{i}\alpha_m |s|} \quad (3-110)$$

对上述表达式应用 Radon 逆变换得到的 $G_{kp}(\boldsymbol{x}, \boldsymbol{x}_0)$ 是两部分的和： $G_{kp}^S(\boldsymbol{x}, \boldsymbol{x}_0)$ 表示奇异部分， $G_{kp}^R(\boldsymbol{x}, \boldsymbol{x}_0)$ 表示正则部分。经代数运算后，奇异部分可以写成

$$G_{kp}^s(x, x_0) = \frac{1}{8\pi^2 r} \oint_s K_{kp}^{-1}(\xi) \mathrm{d}S(\xi) \quad (3-111)$$

式中： $\boldsymbol{K}_{ik}(\xi) = \boldsymbol{C}_{ijkl} \xi_l \xi_j$ ； S 为三维应用中倾斜圆形路径，由下式定义

$$S = \{\xi \in \mathbf{R}^3 \mid \|\xi\| = 1, \xi \cdot (\boldsymbol{x} - \boldsymbol{x}_0) = 0\} \quad (3-112)$$

正则部分可以写成单位球面上的积分

$$G_{kp}^R(\boldsymbol{x}, \boldsymbol{x}_0) = \frac{\mathrm{i}}{16\pi^2} \int_{|n|=1} \sum_{m=1}^{3} \frac{\alpha_m \boldsymbol{E}_{km} \boldsymbol{E}_{pm}}{\rho c_m^2} \mathrm{e}^{\mathrm{i}\alpha_m |\boldsymbol{n} \cdot (\boldsymbol{x} - \boldsymbol{x}_0)|} \mathrm{d}S(\boldsymbol{n}) \quad (3-113)$$

利用对称性，上述积分可以在单位半球上写成

$$G_{kp}^R(\boldsymbol{x}, \boldsymbol{x}_0) = \frac{\mathrm{i}}{8\pi^2} \int_{\text{Hemi-sphere}} \sum_{m=1}^{3} \frac{\alpha_m \boldsymbol{E}_{km} \boldsymbol{E}_{pm}}{\rho c_m^2} \mathrm{e}^{\mathrm{i}\alpha_m |\boldsymbol{n} \cdot (\boldsymbol{x} - \boldsymbol{x}_0)|} \mathrm{d}S(\boldsymbol{n}) \quad (3-114)$$

3.9.3.2 残差方法

Sales 和 Gray（1998）使用残差定理来计算式（3-111）中所示解的奇异部分的积分。为此，他们使用了变量 $Z = \tan\phi$ 的变化，其中， ϕ 是在积分的圆形路径上固定射线的角度。在更换变量之后，他们将式（3-111）写为

$$G_{ij}^s(\theta, \psi) = \frac{1}{4\pi^2 r} \int_{-\infty}^{\infty} \frac{P_{ij}(Z)}{Q(Z)} \mathrm{d}Z \quad (3-115)$$

式中： $P(Z)$ 和 $Q(Z)$ 分别为矩阵 $\boldsymbol{K}$ 的辅助因子和行列式。

这个积分可以用残差定理计算为

$$G_{ij}^s(\theta, \psi) = \frac{\mathrm{i}}{2\pi r} \sum_{n=1}^{3} \text{Residue}\left(\frac{P_{ij}(Z)}{Q(Z)}\right)\bigg|_{z=\lambda_n} = \frac{\mathrm{i}}{2\pi r} \sum_{n=1}^{3} \frac{P(\lambda_n)}{Q_n(\lambda_n)} \quad (3-116)$$

式中： λ_n ， $n = 1$ 、2、3 为 $Q(Z)$ 在上半平面的三个根，且

$$Q_n(Z) = \frac{Q(Z)}{\lambda - Z_n} \quad (3-117)$$

残差定理的应用意味着根是不同的。对于重复的根，这种算法并不适用，但正如 Salles 和 Gray（1998）所提到的，这似乎不是一个重要的问题，因为该算法在距重根非常小的距离上表现得非常好。因此，我们可以在不同方向上稍微扰动重根对应的点的坐标，然后取解的平均值。对于各向异性材料，重根只

出现在几个孤立的点上。对于各向同性材料的特殊情况,所有的点都有重根,扰动不适用。在这种情况下,式(3-111)中所示的奇异部分的积分需要直接使用数值积分进行计算。

计算位移格林函数的导数需要计算应变张量和应力张量。解的奇异部分的导数可以通过首先对球坐标求导,然后将结果转换回笛卡儿坐标系来获得。

式(3-116)对径向坐标 r 的导数为

$$G_{ij,r}^s = -\frac{1}{8\pi^2 r^2}\widetilde{G}_{ij}^s = \frac{i}{2\pi r^2}\sum_{n=1}^{3}\frac{P(\lambda_n)}{Q_n(\lambda_n)} \qquad (3-118)$$

式(3-116)对极角 θ 的导数为

$$G_{ij,\theta}^s = \frac{d}{d\theta}\left(\frac{1}{4\pi^2 r}\int_{-\infty}^{\infty}\frac{P_{ij}(Z)}{Q(Z)}dZ\right) = \frac{1}{4\pi^2 r}\int_{-\infty}^{\infty}\frac{P_{ij,\theta}(Z)Q(Z)-P_{ij}(Z)Q_\theta(Z)}{(Q(Z))^2}dZ \qquad (3-119)$$

残差定理给出

$$G_{ij,\theta}^S = \frac{i}{2\pi r}\sum_{n=1}^{3}\frac{d}{dZ}\left(\frac{P_{ij,\theta}(Z)Q(Z)-P_{ij}(Z)Q_{,\theta}(Z)}{(Q_n(Z))^2}\right)\bigg|_{Z=\lambda_n} \qquad (3-120)$$

将 $Z=\lambda n$ 代入,考虑到 $Q(\lambda n)=0$,式(3-120)简化为

$$G_{ij,\theta}^S = \frac{i}{2\pi r}\sum_{n=1}^{3}\left(\begin{array}{c}\left(\dfrac{2Q_{n,Z}(\lambda_n)Q_{,\theta}(\lambda_n)-Q_n(\lambda_n)Q_{,\theta Z}(\lambda_n)}{(Q_n(\lambda_n))^3}\right)P_{jk}(\lambda_n)+\\ \dfrac{Q_{,Z}(\lambda_n)}{(Q_n(\lambda_n))^2}P_{jk,\theta}(\lambda_n)-\dfrac{Q_{,\theta}(\lambda_n)}{(Q_n(\lambda_n))^2}P_{jk,Z}(\lambda_n)\end{array}\right)$$

$$(3-121)$$

对方位角 Ψ 求导得到的结果与上面的表达式相同,只是 θ 替换成了 Ψ。Salles 和 Gray(1998)论文中的式(3-20)中有一个错误被 Fooladi 和 Kundu(2017)修正,这个修正后的版本见式(3-121)。

3.9.3.3 横观各向同性材料积分域的简化

如前所述,数值计算解的正则部分的积分占用了计算弹性动力学格林函数的大部分计算成本。正则部分是单位球面上的积分形式(式(3-113))。利用对称性,它可以简化为一个单位半球,如式(3-114)所示。对于一般的各向异性材料,似乎不可能再简化了。然而,对于横观各向同性的材料,该积分域可以从半球进一步简化为四分之一球(Fooladi,2016;Fooladi 和 Kundu,2017)。这种改进是非常显著的,因为它减少了近 50% 的计算时间。在这里简要回顾了将积分域简化为四分之一球的公式。

第3章 分布式点源法（DPSM）模拟弹性波

首先，将原始坐标系 $x_1 x_2 x_3$ 通过变换矩阵 $\boldsymbol{Q}$ 旋转到一个新的坐标系 $x_1' x_2' x_3'$，这样 x_3' 是横观各向同性材料的主方向，向量 $\boldsymbol{x}-\boldsymbol{x}_0$ 在 $x_1' x_2'$ 平面上的投影沿 x_1' 轴。旋转坐标系中向量 $\boldsymbol{x}-\boldsymbol{x}_0$ 的分量可以写成

$$(\boldsymbol{x}' - \boldsymbol{x}_0') = \boldsymbol{Q}(\boldsymbol{x}-\boldsymbol{x}_0) \tag{3-122}$$

弹性动力学格林函数的正则部分可以写成旋转坐标系中四分之一球上的积分

$$G_{ij}^{'R}(\boldsymbol{x}_0 - \boldsymbol{x}_0') = \frac{\mathrm{i}}{8\pi^2} \int_0^{\pi/2} \int_0^{\pi} \frac{\alpha_m}{\rho c_m^2} \sum_{ij}^m (\theta,\phi) \mathrm{e}^{\mathrm{i}\alpha_m |\boldsymbol{n}' \cdot (\boldsymbol{x}'-\boldsymbol{x}_0')|} \sin\phi \mathrm{d}\theta \mathrm{d}\phi \tag{3-123}$$

式中：θ 和 φ 分别为极角和方位角，以及

$$\sum_{ij}^m (\theta,\phi) = 2 \begin{bmatrix} (E_{1m}')^2(\theta,\phi) & 0 & (E_{1m}')(E_{3m}')(\theta,\phi) \\ 0 & (E_{2m}')^2(\theta,\phi) & 0 \\ (E_{1m}')(E_{3m}')(\theta,\phi) & 0 & (E_{3m}')^2(\theta,\phi) \end{bmatrix} \tag{3-124}$$

同样，解的正则部分的导数可以在旋转坐标系中写为

$$\frac{\partial G_{ij}^{'R}(\boldsymbol{x}-\boldsymbol{x}_0')}{\partial x_k'} = -\frac{1}{8\pi^2} \int_0^{\pi/2} \int_0^{\pi} \frac{\boldsymbol{n}_q' \alpha_m^2}{\rho c_m^2} \Lambda_{ij}^m(\theta,\phi) \tag{3-125}$$

$$\mathrm{sign}(\boldsymbol{n}' \cdot (\boldsymbol{x}-\boldsymbol{x}_0')) \mathrm{e}^{\mathrm{i}\alpha_m |\boldsymbol{n}' \cdot (\boldsymbol{x}-\boldsymbol{x}')|} \sin\phi \mathrm{d}\theta \mathrm{d}\phi$$

式中

$$\Lambda_{ij}^m = \begin{cases} \sum_{ij}^m & k = 1、3 \\ \prod_{ij}^m & k = 2 \end{cases} \tag{3-126}$$

和

$$\prod_{ij}^m (\theta,\phi) = 2 \begin{bmatrix} 0 & (E_{1m}' E_{2m}')(\theta,\phi) & 0 \\ (E_{1m}' E_{2m}')(\theta,\phi) & 0 & (E_{2m}' E_{3m}')(\theta,\phi) \\ 0 & (E_{2m}' E_{3m}')(\theta,\phi) & 0 \end{bmatrix} \tag{3-127}$$

正则部分及其导数从旋转坐标系到原始坐标系的逆变换可以写为

$$G_{ij}^R = Q_{im} Q_{jn} G_{mn}^{'R} \tag{3-128}$$

和

$$\frac{\partial G_{ij}^R}{\partial x_k} = Q_{kl} Q_{im} Q_{jn} \frac{\partial G_{mn}^R}{\partial x_l'} \tag{3-129}$$

一旦在旋转坐标系的四分之一球上计算出正则部分及其导数，它们可以使用式（3-128）和式（3-129）转换回原始的坐标系。

3.9.4 数值算例

3.9.4.1 各向同性板

在第一个例子中，考虑了一个各向同性板，其中格林函数有可用的封闭解。这个例子用基于上述公式开发的各向异性 DPSM 代码求解一次，用各向同性 DPSM 代码求解一次。如前所述，格林函数的数值计算使各向异性 DPSM 模拟比各向同性 DPSM 模拟要慢得多。使用更多的积分点来评估每对点之间的格林函数可以提高精度，但是计算时间可能变得令人望而却步。另外，当点对之间的距离增加时，相应的格林函数通常需要更多的积分点来保持相同的精度水平。为了在计算时间和精度之间取得良好的平衡，可以为不同的距离分配不同数量的积分点。Fooladi 和 Kundu（2017）根据点对之间的距离提出了四种积分点的解决方案；然后将该多分辨率集成方案与第 3.9.2.2 节中所述的加窗技术相结合，以减少计算时间。

问题的几何形状如图 3-40 所示，实心板的厚度为 3mm。所分析的板的长度在 x_1 方向上为 20mm，沿 x_1 方向放置的目标点和点源数量为 53 个，点源分布满足两相邻点之间的距离小于流体中波长除以 π 的收敛准则（Placko 和 Kundu，2007）。通过进一步将分辨率提高到 53 个点以上，结果上的差异并不明显。在 x_2 方向上，放置 9 个点源和目标点，使 x_1 和 x_2 方向上两个相邻点之间的距离相等。通过在 x_2 方向上增加板的长度，在中心 $x_1 x_3$ 平面上没有观察到明显的差异。

换能器呈正方形，边缘长度为 2mm，并且被定向成轴 x_3 垂直于其表面。为了对每个换能器进行建模，共分布了 81 个点源。假设两个换能器的速度振幅均为 $V = 1 \text{m/s}$，频率均为 $f = 1 \text{MHz}$。假设上下流体均为水，密度为 $\rho = 1000 \text{kg/m}^3$，P 波速 $C_p = 1480 \text{m/s}$。假设固体板的密度为 $\rho = 1600 \text{kg/m}^3$，其刚度特性由 Lame 常数 $\lambda = 9.7 \text{GPa}$ 和 $\mu = 5 \text{GPa}$ 定义。各向同性固体的材料特性被选择为在其横向方向上接近石墨-环氧树脂复合材料。对于各向同性材料，可用的封闭解允许在评估格林函数的数值积分分辨率方面，对所开发的各向异性模型进行粗略的校准。然后用选定的分辨率计算各向异性石墨-环氧树脂复合材料的超声场，这将在 3.9.4.2 节中介绍。

考虑穿过 $x_2 = L_2 / 2$ 的 $x_1 x_3$ 平面，该平面上的应力分布结果如图 3-43 所示。图3-43(a)和3-43(b)由各向同性DPSM代码得到,该代码使用格林函数的封闭解;图3-43(c)和3-43(d)是由各向异性DPSM代码数值计算得到的。两种代码产生的结果具有很好的一致性。

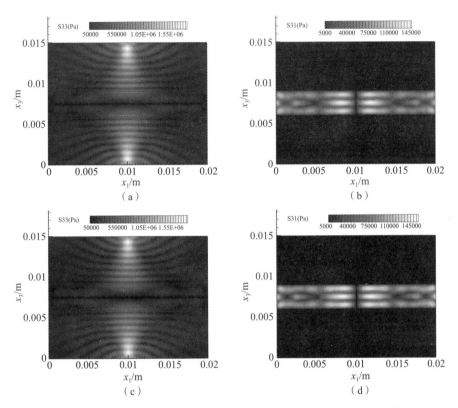

图3-43 各向同性板:由各向同性DPSM代码(a、b)和各向异性DPSM代码(c、d)得到的中心$x_1 x_3$平面上的结果(Fooladi和Kundu,2017)

3.9.4.2 横观各向同性板

在第二个例子中,考虑了横观各向同性板,并使用了各向异性材料的DPSM模型。与前面的例子类似,我们使用不同数量的积分点来评估不同距离上的格林函数。该多分辨率集成方案与加窗技术相结合,减少了计算时间。

该问题的几何形状与图3-40中所示的问题相同,各向异性固体板的厚度为3mm。换能器呈正方形,边缘长度为2mm,与平板平行放置,使轴x_3垂直于换能器表面。假设两个换能器的速度振幅$V=1m/s$和频率$f=1MHz$。上下流体均为密度为$\rho=1000kg/m^3$和P波速为$C_p=1480m/s$的水。固体板为一种石墨-环氧复合材料,密度为$\rho=1600kg/m^3$,刚度张量取自Wang和Achenbach

（1995），采用 $C_{44}=5\text{GPa}$。

$$C = \begin{bmatrix} 22.73 & 0.9178 & 0.9178 & & & \\ 0.9178 & 1.97 & 0.97 & & & \\ 0.9178 & 0.97 & 1.97 & & & \\ & & & 0.5 & & \\ & & & & 1 & \\ & & & & & 1 \end{bmatrix} \times C_{44} \quad (3-130)$$

在经过 $x_2 = L_2/2$ 的 $x_1 x_3$ 平面上计算场值，该平面上的应力分布结果如图 3-44 所示。在分析中考虑了 x_1 方向上的板长为 20mm。根据 x_1 方向上的长度和点源间距，定义了 x_2 方向上的长度，使两个方向上相邻点源之间的间距保持不变。在 x_2 方向上的长度约为 3.4mm，在 x_2 方向上的长度相当小的原因是为了减少计算时间。我们观察到，通过增加这个长度，在中心 $x_1 x_3$ 平面上的解没有明显的变化。在各向同性和各向异性板模型中，点源和目标点沿 x_1 和 x_2 方向的数量和分布相同。

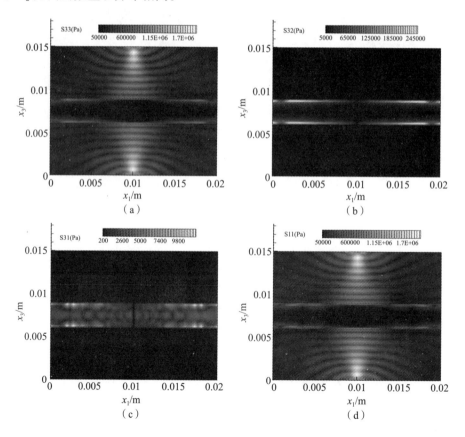

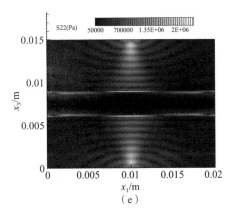

(e)

图 3-44 各向异性板：中心 x_1x_3 平面上的应力分布（Fooladi 和 Kundu，2017）

接下来，考虑经过 $x_1 = L_1/2$ 的 x_2x_3 平面，该平面上的应力分布结果如图 3-45 所示。为了获得上一图（图 3-44）所示的 x_1x_3 平面上的结果，问题

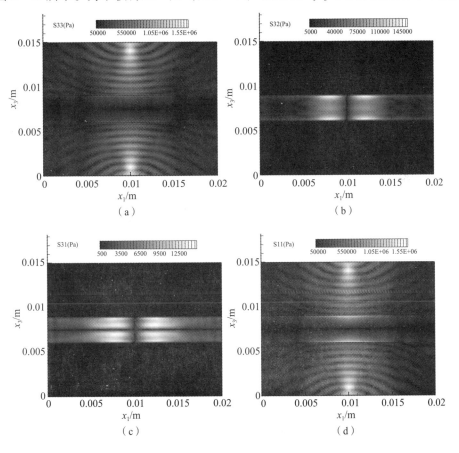

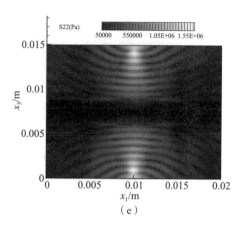

图 3-45　各向异性板：中心 x_2x_3 平面上的应力分布（Fooladi 和 Kundu，2017）

的尺寸在 x_1 方向较大，在 x_2 方向较小。然后，为了在 x_2x_3 平面上显示结果，选择 x_2 方向上的长度较大（20mm），x_1 方向上的长度较小（约 3.4mm）。如前所述，选择这种长度的原因是为了降低计算时间。通过增加该平面或法平面的尺寸，在绘制的平面上没有观察到明显的变化。

当我们将图 3-44 所示的 x_1x_3 平面上的结果与图 3-45 所示的 x_2x_3 平面上的结果进行比较时，板的各向异性行为是明显的。图 3-44 中的应力分量 S_{33}、S_{32}、S_{31}、S_{11} 和 S_{22} 应该分别与图 3-45 中的应力分量 S_{33}、S_{31}、S_{32}、S_{22} 和 S_{11} 进行比较。如果材料是各向同性的，那么图 3-44 和图 3-45 中的这些应力分量应该是相等的。

3.10　小结

分布式点源方法（DPSM）是 Placko 和 Kundu（2004，2007）为解决与静电、电磁和超声场建模有关的工程问题而首次提出的，是一种通用的建模工具，能够使用格林函数或无限空间中的点源解作为基本构建块来解决任何科学或工程问题。如果格林函数是可用的，那么具有复杂几何和边界条件的问题可以通过这种技术来解决，如本章和其他出版物所示。到目前为止，使用 DPSM 已经解决了大量的静电、电磁和超声波问题。DPSM 也用于解决其他工程问题。例如，Wada 等人（2014）使用 DPSM 模拟了两个振动盘之间的黏性流体层运动。

本章介绍了模拟超声波问题所需的 DPSM 理论，并给出了一些涉及各向同性流体和固体，以及各向异性固体的例子，同时也给出了频域解和时域解。虽然本章介绍了作者和其研究小组已经解决的超声波问题,但值得注意的是,其他研究人员也使用 DPSM 来解决各种其他的工程问题。例如,Jarvis 和 Cegla(2012,2014)和 Benstock 等人(2014)使用 DPSM 和 FEM 来模拟来自粗糙表面的超声波反射,并得出结论:"FEM 比在同一台机器上的等效 DPSM 模拟慢两个数量级"。他们感兴趣的是测量表面粗糙的板的厚度。对于表面裂纹检测检测,Kiyasatfar 等人(2011)使用 DPSM 模拟了磁通量泄漏。Wada 等人(2016)结合了 DPSM 和 MPS(Moving Particle Semi-implicit,移动粒子半隐式)方法,模拟了具有自由表面边界的悬浮液滴的旋转。他们基于有效法向粒子速度通过边界层的思想使用 DPSM 计算雷诺应力牵引力,并将其作为 MPS 表面粒子的输入。该液滴由来自超声波驱动器的平面驻波垂直支撑,并在侧壁上受到两个不同相位的声源激发的旋转声场。他们成功地用数值方法再现了液滴的旋转和加速度,并将其结果与文献中现有的结果进行了比较。显然,DPSM 已经被许多研究人员用来解决广泛的科学问题,而在本章中仅讨论了几个超声波问题。

参考文献

[1] Atalar, A. An angular-spectrum approach to contrast in reflection acoustic microscopy[J]. Journal of Applied Physics, 1978, 49(10):5130-5139.

[2] Atalar, A. A backscattering formula for acoustic transducers[J]. Journal of Applied Physics, 1980, 51(6):3093-3098.

[3] Banerjee S., Kundu T. Advanced applications of distributed point source method-ultrasonic field modeling in solid media[M]. John Wiley & Sons, Ltd, 2007.

[4] Banerjee S., Kundu T. Elastic wave field computation in multilayered nonplanar solid structures: A mesh-free semi-analytical approach[J]. Journal of the Acoustical Society of America, 2008, 123(3):1371.

[5] Banerjee S, Kundu T, Placko D. Ultrasonic field modeling in multilayered fluid structures using the distributed point source method technique[J]. 2006, 73(4):598-609.

[6] Benstock D., Cegla F., Stone M. The influence of surface roughness on ultrasonic thickness measurements[J]. Journal of the Acoustical Society of America, 2014, 136(6):3028-3039.

[7] Cheng J., Wei L., Qin Y. X. Extension of the distributed point source method for ultrasonic field modeling[J]. Ultrasonics, 2011, 51(5):571-580.

[8] Cobbold R. S. C. Foundations of Biomedical Ultrasound[M], Oxford University Press, Oxford, New York, 2007.

[9] COMSOL AB. COMSOL Multiphysics: User's Guide[M]. Version 3.5a. 2008.

[10] Cooley J. W., Tukey J. W. An algorithm for the machine calculation of complex Fourier series [J]. Mathematics of Computation, 1965, 19(90):297-301.

[11] Dao C. M. Ultrasonic wave propagation on an inclined solid half-space partially immersed in a liquid[D]. Tucson, University of Arizona, 2007.

[12] Dao C. M., Das S., Banerjee S., et al. Wave propagation in a fluid wedge over a solid half-space-mesh-free analysis with experimental verification[J]. International Journal of Solids and Structures, 2009, 46(11-12):2486-2492.

[13] Das S., Banerjee S., Kundu T. Modeling of transient ultrasonic wave field modeling in an elastic half-space using distributed point source method[J]. Health Monitoring of Structural and Biological Systems 2010, SPIE's 17th Annual International Symposium on Smart Structures and Materials & Nondestructive Evaluation and Health Monitoring, San Diego, California, 2010, 7650.

[14] Dederichs P., Leibfried G. Elastic Green's function for anisotropic cubic crystals[J]. 1969, 188(3): 1175-1183.

[15] Fooladi S. Numerical Implementation of elastodynamic Green's function for anisotropic media [D]. Tucson, University of Arizona, 2016.

[16] Fooladi S. Distributed Point Source Method for Modeling Wave Propagation in Anisotropic Media[D]. Tucson, University of Arizona, 2018.

[17] Fooladi S., Kundu T. Ultrasonic field modeling in anisotropic materials by distributed point source method[J]. Ultrasonics, 2017, 78:115-124.

[18] Hosten B., Biateau C. Finite element simulation of the generation and detection by air-coupled transducers of guided waves in viscoelastic and anisotropic materials[J]. Journal of the Acoustical Society of America, 2008, 123(4):1963-71.

[19] Hosten B., Castaings M. Finite elements methods for modeling the guided waves propagation in structures with weak interfaces[J]. Journal of the Acoustical Society of America, 2005, 117(3):1108-1113.

[20] Hosten B., Castaings M. FE modeling of Lamb mode diffraction by defects in anisotropic viscoelastic plates[J]. Ndt & E International, 2006, 39(3): 195-204.

[21] Jarvis A., Cegla F. B. Application of the distributed point source method to rough surface scattering and ultrasonic wall thickness measurement[J]. Journal of the Acoustical Society of America, 2012, 132(3):1325-1335.

[22] Jarvis A. J. C., Cegla F. B. Scattering of near normal incidence SH waves by sinusoidal and rough surfaces in 3-D: Comparison to the scalar wave approximation[J]. IEEE Transactions on Ultrasonics Ferroelectrics & Frequency Control, 2014, 61(7):1179-1190.

[23] Kelly J. F., Mcgough R. J. An annular superposition integral for axisymmetric radiators[J]. Journal of the Acoustical Society of America, 2007, 121(2):759.

[24] Kiyasatfar M., Golzan M., Pourmahmoud N., et al. Distributed Point Source Technique in

Modeling Surface-Breaking Crack in a MFL Test[J]. Sensors & Transducers, 2011, 133(10):108.

[25] Kundu T., Placko D. Chapter 2, "Advanced theory of DPSM-modeling multi-layered medium and inclusions of arbitrary shape" in DPSM for Modeling Engineering, Pub, Problems [M]. John Wiley & Sons, 2007:59-96.

[26] Kundu, T., Placko, D., Rahani, E. K., et al. Ultrasonic field modeling: a comparison of analytical, semi-analytical, and numerical techniques[J]. IEEE Transactions on Ultrasonics Ferroelectrics & Frequency Control, 2010, 57(12):2795-2807.

[27] Kundu T, Placko D, Yanagita T, et al. Micro interferometric acoustic lens: Mesh-free modeling with experimental verification[J]. Proceedings of SPIE-The International Society for Optical Engineering, 2009, 7295.

[28] Kundu T, Lee J. P, Blase C, et al. Acoustic microscope lens modeling and its application in determining biological cell properties from single- and multi-layered cell models[J]. Journal of the Acoustical Society of America, 2006, 120(3):1646.

[29] Lobkis O. I., Zinin P. V. Acoustic microscopy of spherical objects theoretical approach[J]. Acoustics letters, 1990, 14:168-172.

[30] Mast T. D., Yu F. Simplified expansions for radiation from a baffled circular piston[J]. Journal of the Acoustical Society of America, 2005, 118(6):3457-3464.

[31] Mellow, T. J. On the sound field of a resilient disk in an infinite baffle[J]. Journal of the Acoustical Society of America, 2006, 120(1):90-101.

[32] Mellow, T. J. On the sound field of a resilient disk in free space[J]. Journal of the Acoustical Society of America, 2008, 123(4):1880-91.

[33] Moreau L., Castaings M., Hosten B., et al. An orthogonality relation-based technique for post-processing finite element predictions of waves scattering in solid waveguides[J]. The Journal of the Acoustical Society of America, 2006(2):611-620.

[34] O'Neil H. T. Theory of focusing radiators[J]. Acoustical Society of America Journal, 1949, 21(5):516-526.

[35] Placko D., Kundu T. DPSM for modeling engineering problems[J]. Fordham University Press, 2007, 10. 1002/9780470142400:143-229.

[36] Placko D., Yanagita T., Rahani E. K., et al. Mesh-free modeling of the interaction between a point-focused acoustic lens and a cavity[J]. Ultrasonics Ferroelectrics & Frequency Control IEEE Transactions on, 2010, 57(6):1396-1404.

[37] Sales M. A., Gray L. J. Evaluation of the anisotropic Green's function and its derivatives[J]. Computers & Structures, 1998, 69(2):247-254.

[38] Schmerr, L. W. Fundamentals of ultrasonic nondestructive evaluation-a modeling approach [M] Plenum Press, New York, 1998.

[39] Wada Y., Yuge K., Tanaka H., et al. Analysis of ultrasonically rotating droplet using mov-

ing particle semi-implicit and distributed point source methods[J]. Japanese Journal of Applied Physics, 2016, 55(7S1):07KE06-1 to 9.

[40] Wada, Y., Kundu T., and Nakamura K. Mesh-free distributed point source method for modeling viscous fluid motion between disks vibrating at ultrasonic frequency[J]. The Journal of the Acoustical Society of America, 2014, 136(2): 466-474.

[41] Wang C.-Y., Achenbach J. D. Elastodynamic fundamental solutions for anisotropic solids[J]. Geophysical Journal International, 1994, 118(2): 384-392.

[42] Wang, C.-Y, Achenbach, J. D. Three-dimensional time-harmonic elastodynamic green's functions for anisotropic solids[J]. Proceedings of the Royal Society A: Mathematical, Physical and Engineering Sciences, 1995, 449(1937): 441-458.

第4章
非线性超声无损检测技术

4.1 引言

"非线性超声无损检测技术"是指利用适当的超声波对损伤引起的材料非线性进行感知和记录。超声波通常在材料中产生小振幅的应力,这种由超声波引起的微小的、几乎可以忽略不计的非线性是传统材料力学方法难以检测的。为了研究材料的行为是线性的还是非线性的,在传统的材料力学方法中对材料加载以检查应力-应变关系是线性的还是非线性的。

许多材料,例如金属,在低应力水平下呈线性行为,在高应力水平时则观察到非线性行为。有人可能会争辩说,金属在被低振幅超声波加载时应该只表现出线性响应,因为低振幅超声波引起的应力非常小。因此,认为无需讨论低振幅超声波的非线性超声技术似乎是合乎逻辑的。然而,应注意,看似线性的应力-应变曲线可能不是线性的。图4-1显示了三条应力-应变曲线:一条完全线性(曲线A),一条看起来几乎线性的中等非线性(曲线B)和一条高度非线性(曲线C)。中等非线性的曲线B具有非常大的曲率半径。这种非线性很难从其应力-应变图中检测出来,因为对于较小的应力或应变增量,该曲线看起来像一条完美的直线。

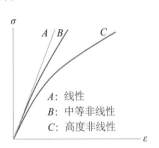

图4-1 材料的应力-应变关系(曲线 A 为理想线性、曲线 B 为中等非线性、曲线 C 为高度非线性)

一种明显的线弹性材料,如低于其屈服点的钢,如果该材料包含分布的微损伤,则在其屈服点以下也可以表现出中等的非线性(图4-1中的曲线 B 所示)。

在这样的材料中，即使是一个振幅很小的波也能引起非常小的非线性响应。这种非线性可以通过各种非线性超声方法来检测，如高次谐波（HH）技术、调频（FM）技术、非线性冲击共振声谱（NIRAS）技术和边带峰值计数（SPC）技术。这些技术和许多其他技术已在一本关于非线性超声和振动声学无损检测技术的书中进行了详细讨论（Kundu（2019））。读者可以参考这本书来获得各种非线性技术的详细描述。本章以实例介绍了非线性超声技术的基本概念及其在材料无损检测中的一些应用。

在前面的章节中，已经讨论过如何通过分析散射的超声波场来检测相对较大的缺陷——尺寸约为或大于入射波长的缺陷。缺陷对超声场的散射可以通过线性分析来模拟——假设应力-应变关系是线性的，如前三章所述。尺寸为超声信号波长或更大的大型损伤会影响线性超声参数——反射和透射系数、波速和衰减，因此可以通过监测这些参数来检测。然而，尺寸远小于波长的非常小的缺陷和位错不会显著影响这些线性参数。本章表明，非线性声学参数受到非常小的缺陷的显著影响，例如在晶界处产生疲劳位错，以及远小于入射超声波波长的微裂纹。由于与线性参数相比，非线性参数对此类小缺陷更为敏感，因此非线性参数用于监测材料中难以通过线性超声技术检测的位错、微裂纹和其他变化。

非线性超声分析假设非线性应力-应变关系，而线性分析考虑线性应力-应变关系。应力-应变关系中的非线性可能由于各种影响而出现，一种普遍的看法是，当波通过受损材料传播时，裂纹尖端附近的裂纹表面会张开或闭合，从而导致该区域材料的刚度和温度发生变化。刚度和温度的这种变化引起了非线性材料响应。

当两种不同频率的波通过线性材料时，它们的频率不会改变。它们独立传播，彼此之间没有任何相互作用。在4.2节中，如果材料是非线性的，那么这两个频率的波，f_1和f_2，之间的相互作用会产生其他几个频率（$mf_1 \pm nf_2$）的波，其中m和n是整数值。可以分析具有这些新频率的波以检测非常小的缺陷。这种技术称为非线性波调制光谱（Nonlinear Wave Modulation Spectroscopy，NWMS）技术。

当频率为f_1的单频波通过非线性材料传播时，材料中会产生新的频率为mf_1的波，其中m是整数，这些波称为高次谐波。高次谐波和波调制光谱可以有效地用于检测由微损伤产生的材料中非常小的非线性度。

现在公认的是，线性超声参数对影响材料完整性的微观降解不够敏感。另一方面，微小的缺陷虽然太小而不能被线性超声波技术检测到，但可以显著地改变材料的非线性声学参数。线性超声无损检测和非线性超声无损检测的一个有趣的区别是，在非线性超声无损检测中，缺陷是通过分析频率与输入信号不同的声信号来表征的，而在线性超声技术中，不存在频率与输入信号频率不同的信号。

在4.2节中，使用简单的一维模型介绍了材料非线性超声响应的力学基础。最后给出了几个非线性超声无损检测的实例。

4.2 非线性材料中波传播的一维分析

4.2.1 线性和非线性材料的应力-应变关系

线弹性材料的一维应力-应变关系由胡克定律给出

$$\sigma = E\varepsilon = E_0\varepsilon \tag{4-1}$$

式中：$E=E_0$ 为杨氏模数，这是一个材料常数，与第1章中讨论的外加应力（或应变）无关。

对于经典的非线性材料，应力-应变关系可表示为

$$\begin{aligned}\sigma = E\varepsilon &= E_0(1-\beta\varepsilon-\gamma\varepsilon^2-\delta\varepsilon^3-\eta\varepsilon^4-\cdots)\varepsilon \\ &= E_0\varepsilon - E_1\varepsilon^2 - E_2\varepsilon^3 - E_3\varepsilon^4 - E_4\varepsilon^5 + \cdots\end{aligned} \tag{4-2}$$

式（4-2）表明，对于非线性材料，应力-应变关系可以建模为线性、二阶、三阶、四阶、五阶甚至更高阶项的叠加。高阶非线性行为可以通过在方程的右侧取更多项来简单地建模。

在图4-1中，曲线 A 由式（4-1）建模，而曲线 B 和曲线 C 均可以用式（4-2）来建模，右侧的项数取决于曲线 B 和 C 是二阶、三阶甚至更高阶多项式。材料的非线性行为可以用两个术语来定义——非线性程度和非线性阶数。非线性程度（应力-应变曲线的曲率有多大）取决于非线性材料常数的值——式（4-2）中的 β、γ、δ、η…或 E_1、E_2、E_3、E_4…等。非线性的阶数定义了式（4-2）中多项式项的最高阶数。当一种材料具有较大的 β 值，但 $\gamma=\delta=\eta=0$ 时，它可以具有低阶但高度的非线性。另外，还有一种材料可以具有较高阶的非线性，但程度较低。对于这种材料，非线性常数 β、γ、δ、η 为非零值，但应具有非常小的值。

如图4-1所示，曲线 C 的非线性程度高于曲线 B。曲线 B 或 C 是否具有更高阶的非线性（二阶、三阶、……）单看这两条曲线很难判断。尽管曲线 C 的非线性程度比曲线 B 高，但这两条曲线可以具有相同的非线性阶，或者任何一条曲线的非线性阶都可以高于另一条曲线。表现出更高非线性度的材料通常也具有更高或相同的非线性阶。在下面的内容中，我们将讨论这些非线性材料在单频和多频波激励下的响应。

4.2.2 单频波激励下的非线性材料

考虑一种非线性材料,它由沿 x 方向传播的频率为 f_1 的谐波激励。该波在材料中产生下列位移场 u

$$u(x,t) = Ae^{i(kx-\omega_2 t)} = A\cos(kx-\omega_1 t) + iA\sin(kx-\omega_1 t)$$
$$= A_1(x)\sin(\omega_1 t) + B_1(x)\cos(\omega_1 t) \qquad (4-3)$$

式中:角频率 $\omega_1 = 2\pi f_1$。

函数 $A_1(x)$ 和 $B_1(x)$ 经过三角运算后可以用 $\sin(kx)$、$\cos(kx)$ 和常数 A 来表示。

对于一维问题,该输入位移的应变场由下式给出

$$\varepsilon(x,t) = \frac{\partial u(x,t)}{\partial x} = A_1'(x)\sin(\omega_1 t) + B_1'(x)\cos(\omega_1 t) \qquad (4-4)$$

式中:函数 $A_1'(x)$ 和 $B_1'(x)$ 分别为函数 $A_1(x)$ 和 $B_1(x)$ 的一阶导数。

经典非线性二次应力-应变关系为

$$\sigma(x,t) = E\varepsilon(x,t) = [E_0 - E_1(\varepsilon)]\varepsilon(x,t) = E_0\varepsilon(x,t) - E_1\varepsilon^2(x,t) \qquad (4-5)$$

在这种非线性材料中,由式(4-3)的输入位移场产生的谐波应力场由下式给出:

$$\begin{aligned}
\sigma(x,t) &= E_0\varepsilon(x,t) - E_1\varepsilon^2(x,t) \\
&= E_0[A_1'(x)\sin(\omega_1 t) + B_1'(x)\cos(\omega_1 t)] - \\
&\quad E_1\left\{\begin{array}{l}[A_1'(x)]^2\sin^2(\omega_1 t) + [B_1'(x)]^2\cos^2(\omega_1 t) + \\ 2A_1'(x)B_1'(x)\sin(\omega_1 t)\cos(\omega_1 t)\end{array}\right\} \\
&= E_0 a(x)\sin(\omega t) - E_1 a^2(x)\frac{\{1-\cos(2\omega t)\}}{2} - \\
&\quad E_2 a^3(x)\frac{\{3\sin(\omega t) - \sin(3\omega t)\}}{4}
\end{aligned} \qquad (4-6)$$

或

$$\begin{aligned}
\sigma(x,t) &= E_0[A_1'(x)\sin(\omega_1 t) + B_1'(x)\cos(\omega_1 t)] - \\
&\quad E_1\left\{\frac{[A_1'(x)]^2[1-\cos(2\omega_1 t)]}{2} + \frac{[A_1'(x)]^2[1-\cos(2\omega_1 t)]}{2} + \right. \\
&\quad \left. A_1'(x)B_1'(x)\sin(2\omega_1 t)\right\}
\end{aligned} \qquad (4-7)$$

在式(4-7)中可以清楚地看到,乘以 E_0 的线性项仅包含角频率 ω_1 的波,而乘以 E_1 的非线性项包含频率为 $2\omega_1$ 的波(高次谐波)。

第4章 非线性超声无损检测技术

接下来让我们假设刚度模量 E 是应变的二次函数。那么应力-应变关系变为三次

$$E = E_0 - E_1\varepsilon = E_2\varepsilon^2 \tag{4-8}$$

$$E = E_0 - E_1\varepsilon = E_2\varepsilon^2 \tag{4-9}$$

对于这种材料的谐波激励，输入位移场可以假设为

$$u(x,t) = A(x)\sin(\omega t) \tag{4-10}$$

为了便于分析，在上面的表达式中不考虑余弦项，但在必要时可以很容易地考虑，如在前面的推导中所做的那样（式（4-3）~式（4-7））。

由一维应变-位移关系得到上述位移场的应变场为

$$\varepsilon(x,t) = \frac{\partial u(x,t)}{\partial x} = A'(x)\sin(\omega t) = a(x)\sin(\omega t) \tag{4-11}$$

式中：$a(x) = A'(x)$。

因此，该材料的应力场为

$$\begin{aligned}\sigma(x,t) &= E_0\varepsilon(x,t) - E_1\varepsilon^2(x,t) - E_2\varepsilon^3(x,t)\\ &= E_0 a(x)\sin(\omega t) - E_1 a^2(x)\sin^2(\omega t) - E_2 a^3(x)\sin^3(\omega t)\\ &= E_0 a(x)\sin(\omega t) - E_1 a^2(x)\frac{\{1-\cos(2\omega t)\}}{2} - E_2 a^3(x)\frac{\{3\sin(\omega t)-\sin(3\omega t)\}}{4}\end{aligned} \tag{4-12}$$

由式（4-12）可以清楚地看出，如果该材料被频率为 ω 的信号激发，则会产生频率为 ω、2ω 和 3ω 的应力场。同理，当应力-应变关系包含四阶和五阶项时，当采用频率 ω 激励时，非线性材料响应也应包含频率为 4ω 和 5ω（原文有错误——译者注）的波。

上面的分析可以这样概括：当非线性材料被频率为 ω 的波激发时，材料响应会产生频率为 ω 的波，以及频率为 2ω、3ω、4ω、5ω 等的高次谐波，具体取决于材料的非线性阶数，这些高次谐波不会在线性材料中产生。式（4-12）还表明，与基频 ω 和高次谐波频率 2ω 和 3ω 相关的波幅分别为 $E_0 a(x)$、$E_0 a^2(x)$ 和 $E_0 a^3(x)$。当刚度模量被表示为

$$E = E_0 - E_1\varepsilon - E_2\varepsilon^2 = E_0(1-\beta\varepsilon-\gamma\varepsilon^2) \tag{4-13}$$

那么，基频（ω）和两个高次谐波（2ω 和 3ω）的振幅 A_1、A_2 和 A_3 由下式给出

$$\begin{cases}A_1 = E_0 a(x)\\ A_2 = E_1 a^2(x) = E_0\beta a^2(x)\\ A_3 = E_2 a^3(x) = E_0\gamma a^3(x)\end{cases} \tag{4-14}$$

根据式（4-14）得

$$\frac{A_2}{A_1^2} = \frac{\beta}{E_0} \tag{4-15}$$

$$\frac{A_3}{A_1^3} = \frac{\gamma}{E_0^2} \tag{4-16}$$

由于 E_0 是一个常数，由式（4-15）和式（4-16）可得

$$\beta \propto \frac{A_2}{A_1^2} \tag{4-17}$$

$$\gamma \propto \frac{A_3}{A_1^3} \tag{4-18}$$

类似地，如果应力-应变关系中保留更多的高阶项，如式（4-2）所示：

$$\sigma = E\varepsilon = E_0(1 - \beta\varepsilon - \gamma\varepsilon^2 - \delta\varepsilon^3 - \eta\varepsilon^4)\varepsilon \tag{4-2}$$

则会产生更多频率为 2ω、3ω、4ω 和 5ω 的高次谐波，这些高次材料常数与基波振幅和高次谐波振幅的关系如下：

$$\delta \propto \frac{A_4}{A_1^4} \tag{4-19}$$

$$\eta \propto \frac{A_5}{A_1^5} \tag{4-20}$$

图4-2阐明了高次谐波的产生。图4-2(a)显示了三种应力-应变关系：线性（曲线 A）、二次（曲线 B）和三次（曲线 C）。如图4-2(b)所示，当频率为 ω 的单色波穿过这些材料时，材料 A 的输出信号仅包含频率为 ω 的波，材料 B 包含频率为 ω 和 2ω 的波，材料 C 包含频率为 ω、2ω 和 3ω 的波。由于对于大多数材料而言，非线性材料常数 β 和 γ 非常小，因此从式（4-15）和式（4-16）可以很容易地看出，高次谐波的幅值 A_2 和 A_3 一定远小于基波幅值 A_1。

4.2.3　两种不同频率的波激励下的非线性材料

假设两个不同频率的波同时激励非线性材料——一个高幅值的低频波和一个低幅值的高频波一起作用，这两个波称为泵浦波（高振幅低频波）和探测波（低振幅高频波）。频率为 f_1 的泵浦波产生的谐波位移表示为

$$u_1(x,t) = A_1(x)\sin(\omega_1 t) \tag{4-21}$$

式中：角频率 $\omega_1 = 2\pi f_1$。

为了保持表达简单，只考虑正弦项。同样地，频率为 f_2 的探测波给出了

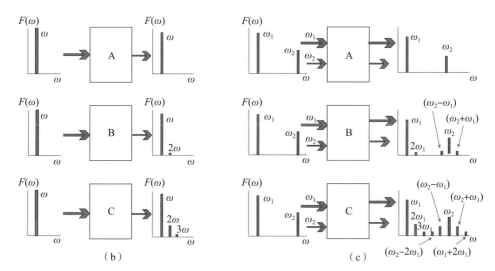

图 4-2 （a）同图 4-1，线性和非线性材料的应力-应变关系；（b）单色波激励下线性和非线性材料的输入和输出光谱——线性材料不产生高次谐波（顶行），非线性二次材料在频率 2ω 处产生一个高次谐波（中行），三次体材料在频率 2ω 和 3ω 处产生两个高次谐波（底行）；（c）线性和非线性材料受到两个不同频率的波 ω_1 和 ω_2 激励时的输入和输出光谱——线性材料没有调制，也没有更高的谐波产生（顶行），而非线性二次型材料在频率 $2\omega_1$ 处产生一个高次谐波，并在频率（$\omega_2+\omega_1$）和（$\omega_2-\omega_1$）处显示调制波（中行），三次材料在 $2\omega_1$ 和 $3\omega_1$ 处产生两个更高的谐波，并显示更多的调制波（底行）。

一个位移场。

$$u_2(x,t) = A_2(x)\sin(\omega_2 t) \tag{4-22}$$

那么，总的位移场为

$$u(x,t) = u_1(x,t) + u_2(x,t) = A_1(x)\sin(\omega_2 t) + A_2(x)\sin(\omega_2 t) \tag{4-23}$$

一维问题的应变场由下式给出

$$\varepsilon(x,t) = \frac{\partial u(x,t)}{\partial x} = A_1'(x)\sin(\omega_2 t) + A_2'(x)\sin(\omega_2 t) \tag{4-24}$$

或

$$\varepsilon(x,t) = a_1(x)\sin(\omega_2 t) + a_2(x)\sin(\omega_2 t) \qquad (4-25)$$

式中：$a_i(x) = A_i'(x)$ 表示 $A_i(x)$ 的一阶导数，$i=1$ 和 2。

对于经典的非线性二次应力-应变关系，总应力可以表示为

$$\sigma(x,t) = E_0\varepsilon(x,t) - E_1\varepsilon^2(x,t) = E_0[a_1(x)\sin(\omega_1 t) + a_2(x)\sin(\omega_2 t)] -$$
$$E_1[a_1^2(x)\sin^2(\omega_1 t) - a_2^2(x)\sin^2(\omega_1 t) + 2a_1(x)a_2(x)\sin(\omega_1 t)\sin(\omega_2 t)]$$
$$(4-26)$$

或

$$\sigma(x,t) = E_0[a_1\sin(\omega_1 t) + a_2\sin(\omega_2 t)] -$$
$$E_1\left[\begin{array}{l}\dfrac{a_1^2}{2}\{1-\cos(2\omega_1 t)\} + \dfrac{a_1^2}{2}\{1-\cos(2\omega_1 t)\} \\ + a_1 a_2(\cos\{(\omega_1-\omega_2)t\} - \cos\{(\omega_1+\omega_2)t\})\end{array}\right] \qquad (4-27)$$

在式（4-27）中可以清楚地看到，与 E_0 相乘的线性项仅包含角频率为 ω_1 和 ω_2 的波，而非线性项产生频率为 $2\omega_1$ 和 $2\omega_2$ 的波（高次谐波）以及 $\omega_1 \pm \omega_2$ 的波（调制波）。频率为 $\omega_1 \pm \omega_2$ 的小峰称为调制波峰，或简称为边带峰或边带。如果三次项也保持在应力-应变关系中，那么遵循类似的推导可以证明，除了频率为 $2\omega_1$、$2\omega_2$ 和 $\omega_1 \pm \omega_2$ 的波之外，频率为 $3\omega_1$、$3\omega_2$、$\omega_1 \pm 2\omega_2$ 和 $2\omega_1 \pm \omega_2$ 也应该产生。因此，与具有二次应力-应变关系的材料相比，具有三次应力-应变关系的材料产生了更高的谐波峰和边带。图 4-2(c) 说明了当非线性材料同时被两种不同频率的波激发时产生的边带和高次谐波。

4.2.4 一维波在非线性杆中传播的详细分析

让我们取一根杆，其二次应力-应变关系由下式给出：

$$\sigma = E\varepsilon = (E_0 - E_1\varepsilon)\varepsilon = E_0(1-\beta\varepsilon)\varepsilon \qquad (4-28)$$

在这个一维问题中，假设位移 u 和波传播方向都在 x 方向，对于这个问题，位移、应变和应力场只是时间 t 和位置 x 的函数。

没有体力时的一维控制方程为

$$\sigma_{,x} = \rho u_{,tt} \qquad (4-29)$$

将式（4-28）代入式（4-29）得

$$\sigma_{,x} = [E_0(1-\beta\varepsilon)\varepsilon]_{,x} = E_0\varepsilon_{,x} - E_0\beta\varepsilon\varepsilon_{,x} - E_0\beta\varepsilon_{,x}\varepsilon = E_0\varepsilon_{,x} - 2E_0\beta\varepsilon\varepsilon_{,x}$$
$$= E_0 u_{,xx} - 2E_0\beta u_{,x} u_{,xx} = \rho u_{,tt}$$
$$(4-30)$$

或

$$u_{,tt}=\frac{E_0}{\rho}(u_{,xx}-2\beta u_{,x}u_{,xx})=c^2(u_{,xx}-2\beta u_{,x}u_{,xx}) \tag{4-31}$$

式中

$$c=\sqrt{\frac{E_0}{\rho}} \tag{4-32}$$

由于二次谐波的幅值远小于一次波的幅值，因此，可以用摄动法求解非线性控制方程（4-31）。在摄动法中，位移场 u 表示为两个分量 u_1 和 u_2 的总和，它们可以标记为线性和非线性分量

$$u=u_1+u_2 \tag{4-33}$$

非线性波动方程（式（4-31））可以分解为两个波动方程：

$$u_{1,tt}=c^2 u_{1,xx} \tag{4-34}$$

$$u_{2,tt}=c^2 u_{2,xx}-2\beta c^2 u_{1,x}u_{1,xx} \tag{4-35}$$

式中：u_1 为具有基频的初级波；u_2 为具有双倍频率的二次谐波。

式（4-34）中 u_1 的通解由下式给出

$$u_1=A_1\sin(kx-\omega t) \tag{4-36}$$

式中：A_1 为实数或复数常数。因此，式（4-35）可以写成

$$\begin{aligned}u_{2,tt}&=c^2 u_{2,xx}-2\beta c^2[kA_1\cos(kx-\omega t)][-k^2A_1\sin(kx-\omega t)]\\&=c^2 u_{2,xx}+2\beta c^2 k^3 A_1^2\sin(kx-\omega t)\cos(kx-\omega t)\\&=c^2 u_{2,xx}+\beta c^2 k^3 A_1^2\sin\{2(kx-\omega t)\}\end{aligned} \tag{4-37}$$

求解上述微分方程，假设

$$u_2=xf\left(\frac{x}{c}-t\right) \tag{4-38}$$

那么

$$\begin{aligned}u_{2,x}&=f\left(\frac{x}{c}-t\right)+\frac{x}{c}f'\left(\frac{x}{c}-t\right)\\u_{2,xx}&=\frac{2}{c}f'\left(\frac{x}{c}-t\right)+\frac{x}{c^2}f''\left(\frac{x}{c}-t\right)\\u_{2,tt}&=xf''\left(\frac{x}{c}-t\right)\end{aligned} \tag{4-39}$$

将式（4-38）和式（4-39）代入式（4-37）可得

$$xf''\left(\frac{x}{c}-t\right)=c^2\left[\frac{2}{c}f'\left(\frac{x}{c}-t\right)+\frac{x}{c^2}f''\left(\frac{x}{c}-t\right)\right]+\beta c^2 k^3 A_1^2\sin\{2(kx-\omega t)\} \tag{4-40}$$

$$f'\left(\frac{x}{c}-t\right)=-\frac{1}{2c}\beta c^2 k^3 A_1^2 \sin\{2(kx-\omega t)\}=-\frac{1}{2c}\beta c k^3 A_1^2 \sin\left\{2\omega\left(\frac{x}{c}-t\right)\right\}$$
(4-41)

如果假设

$$f\left(\frac{x}{c}-t\right)=a_2\cos\left\{2\omega\left(\frac{x}{c}-t\right)\right\} \tag{4-42}$$

然后将式（4-42）代入式（4-41）可得

$$f'\left(\frac{x}{c}-t\right)=-2\omega a_2 \sin\left\{2\omega\left(\frac{x}{c}-t\right)\right\}=-\frac{1}{2c}\beta c k^3 A_1^2 \sin\left\{2\omega\left(\frac{x}{c}-t\right)\right\} \tag{4-43}$$

因此

$$a_2=\frac{c\beta k^3 A_1^2}{k4\omega}=\frac{\omega\beta c k^3 A_1^2}{k4\omega}=\frac{\beta c k^2 A_1^2}{4} \tag{4-44}$$

根据式（4-38）、式（4-42）和式（4-44）可以得到

$$u_2=xf\left(\frac{x}{c}-t\right)=xa_2\cos\left\{2\omega\left(\frac{x}{c}-t\right)\right\}$$
$$=\frac{x}{4}A_1^2 k^2 \beta \cos\{2(kx-\omega t)\}=A_2\cos\{2(kx-\omega t)\} \tag{4-45}$$

显然，传播的二次谐波的频率是基波频率的两倍，其幅值由下式给出

$$A_2=\frac{x}{4}A_1^2 k^2 \beta \tag{4-46}$$

式中：A_1 为基波的幅值；A_2 为二次谐波的幅值；k 为波数。

材料的非线性可以用非线性参数 β 来量化，它与二次谐波的幅值和基波幅值的平方有关，如式（4-46）所示，此式可重写为以下形式：

$$\beta=\frac{4A_2}{A_1^2 k^2 x} \tag{4-47}$$

因此，可以通过测量超声检测中产生的基波和二次谐波的幅值来评估材料的非线性参数 β。

如果用半空间代替杆，并考虑沿 x 方向的一维波在这个非线性半空间中的传播，那么唯一的变化将是应力-应变关系。式（4-28）的一维应力-应变关系 $\sigma=E\varepsilon$ 将被应力-应变关系 $\sigma=(\lambda-\mu)\varepsilon$ 所取代。当只有一个法向应变分量非零，而其他所有应变分量均为零时，该应力-应变关系适用于半空间。在这个关系式中，对于线性材料，Lamé 常数 λ 和 μ 与应变无关，而对于非线性材料，λ 和 μ 与应变有关。对于纵波在块体材料中传播的分析给出了类似于式（4-46）和式（4-47）给出的关系（详见 Kundu 等人（2019）的详细推导）。

从式（4-46）中可以明显看出纵波在块状材料（半空间或全空间）或杆中传播的二次谐波的一个有趣的性质。式（4-46）清楚地表明，二次谐波幅度随 x 呈线性增加，称为二次谐波的累积或累积效应。这一性质可以简单地通过让波传播更长的距离来提高二次谐波的信噪比，如式（4-46）所示。根据式（4-46）和式（4-47）可以得到

$$\frac{A_2}{A_1^2} \propto \beta x \qquad (4-48)$$

因此，可以通过测量二次谐波幅值与基波幅值的平方之比作为发射器和接收器之间距离的函数来评估材料的非线性，如图 4-3 所示。

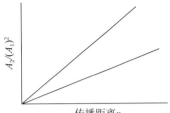

图 4-3 $A_2/(A_1)^2$ 随传播距离的变化（A_2 为二次谐波的幅值，A_1 为基波的幅值，两条线对应于两种非线性材料，直线的斜率越大，意味着非线性程度越高）

4.2.5 其他类型波的高次谐波产生

4.2.5.1 横波在非线性块体材料中的传播

当横向体波在非线性材料中传播时，会产生高阶纵波，但不会产生任何高阶横波。Kundu 等人（2019 年）给出了高次简谐纵波的位移场

$$u_2 = \frac{-\beta_t k_s^3 A_1^2}{2(k_s^2 - k_P^2)} \sin[(k_s - k_P)x] \exp[i(k_P + k_s)x - 2i\omega t] \qquad (4-49)$$

因此，二次谐波的幅值为

$$A_2 = \frac{-\beta_t k_s^3 A_1^2}{2(k_s^2 - k_P^2)} \sin[(k_s - k_P)x] \qquad (4-50)$$

根据式（4-56）材料非线性参数 β_t 可以表示为

$$\beta_t = \frac{A_2}{A_1^2} \frac{-2(k_s^2 - k_P^2)}{k_s^3 \sin\{(k_s - k_P)x\}} \qquad (4-51)$$

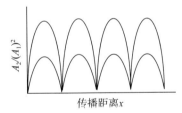

图 4-4 初始横波产生高次谐波纵波时，A_2/A_1 随传播距离的变化（A_2 为高次谐波纵波的幅值，A_1 为初始横波的幅值，两条线表示两种非线性材料，具有较高峰值的曲线对应于具有较高非线性的材料）

如图 4-4 所示，入射横波产生的二次谐波纵波的幅值在一定传播距离处变为零。由于在这种情况下二次谐波幅值不随传播距离增加，可以说由一次横波产生的二次纵波分量不具有累积效应。

因此，它对于无损检测不是很有用，因为它的信噪比不能通过简单地让二次谐波传播更长的距离来提高。

4.2.5.2 导波在非线性波导中的传播

由于其色散特性和多模式传播特性，导波的二次谐波产生更加困难。导波的多模式特性使得很难产生实验上的单一纯模式。Kundu 等人（2019）已详细讨论了半空间、各向同性板和管道中导波的二次谐波产生。有兴趣的读者可以参考该书了解各种方程的详细推导。以下小节仅介绍未经任何推导的最终结果。

4.2.5.2.1 表面波传播的声学非线性参数

表面波传播的非线性参数可以表示为（(Herrmann 等，2006；Li 和 Cho，2016；Kundu 等，2019)）

$$\beta = \frac{A_2}{A_1^2} \frac{8\mathrm{i}p}{k_R k_P^2 x} \left(1 - \frac{2k_R^2}{k_R^2 + q^2}\right) D_\alpha \qquad (4-52)$$

式中：A_1 和 A_2 为基波和二次谐波的位移幅度，分别在垂直于传播表面的方向上测量；k_R 为瑞利波数（$k_R = \omega/c_R$）；k_P 为 P 波数（$k_P = \omega/c_P$），$p = \sqrt{k_R^2 + k_P^2}$，$q = \sqrt{k_R^2 - k_S^2}$。

衰减校正因子 D_α 由下式给出：

$$D_\alpha = \left(\frac{m}{1 - \mathrm{e}^{-m}}\right), \quad m = (\alpha_2 - 2\alpha_1)x \qquad (4-53)$$

式中：α_1 和 α_2 分别为基波和二次谐波的衰减系数。

在式（4-52）中可以清楚地看到。二次谐波幅值 A_2 具有累积效应，即在其他参数（基波幅度、P 波数、瑞利波数和衰减系数）保持不变的情况下，它随传播距离 x 线性增加。

4.2.5.2.2 兰姆波传播的声学非线性参数

如前所述，用于表征材料非线性的二次谐波幅值的测量通常旨在确定非线性参数 β 的值，非线性参数与二次谐波和基波的幅值有关。兰姆波传播的非线性参数可以写成（Kundu 等人（2019））

$$\beta = \frac{8}{k^2 x} \frac{A_2}{A_1^2} F \qquad (4-54)$$

式中：A_1 和 A_2 分别为基波和二次谐波的幅值；k 为与传播波模式相关的波数（$k = \omega/c$）；x 为波的传播距离；F 为导波非线性参数的特征函数。F 定义为波导的频率、模式类型、材料特性和尺寸的函数。如果波模式、频率和尺寸（例如波导的厚度）不变，则 F 为常数。如果一个相对非线性参数 β 被定义为 $\beta = A_2/A_1^2$，那么根据式（4-54）得到

$$\beta \propto \bar{\beta}/x \tag{4-55}$$

对于板中的兰姆波和管道中的圆柱导波,由于累积效应,二次谐波与基波的幅值之比随着传播距离的增加而增加。幅度增长到一定距离后,材料衰减效应占主导地位并开始衰减。由材料非线性引起的高次谐波的幅值是波传播距离的函数,如式(4-55)所示,但仪器非线性引起的谐波不是。因此,如果保持实验设置和条件不变,随着导波传播距离的增加,由于累积效应,试样非线性产生的二次谐波强度增加。然而,由实验装置中的非线性或环境噪声产生的二次谐波不会随着传播距离的增加而增加。证明这种累积效应是必要的,以确保从试样中获得的测量结果确实是由损伤引起的非线性,而不是测量系统中的非线性。

4.3 非线性体波在无损检测中的应用

由传播的纵波产生的二次谐波已广泛用于评估材料非线性。在本节中,Li 等人(2013)给出了一个例子,该例子表明非线性纵向超声波可用于监测热处理后材料的微观结构变化。

4.3.1 非线性声学参数的测量

将式(4-47)中的杆波或棒波的波数 k 替换为 P 波数 k_P,即可得到纵波在块体材料中传播的非线性参数 β:

$$\beta = \frac{4A_2}{A_1^2 k_P^2 x} \tag{4-56}$$

式中:A_1 和 A_2 分别为基波和二次谐波的幅值;x 为波的传播距离。

在该实验研究期间,β 参数指的是表达式 A_2/A_1^2,并且表示为 $\bar{\beta} = A_2/A_1^2$。需要注意的是,

$$\bar{\beta} = \frac{A_2}{A_1^2} \propto \beta x \tag{4-57}$$

式中:比例常数为 $k_P^2/4$。或者,当比例常数为 $xk_P^2/4$ 时,也可以将式(4-57)写成 $\bar{\beta} \propto \beta$。式(4-56)有时可以写成

$$\beta = \frac{4\bar{\beta}}{k_P^2 x} \tag{4-58}$$

β 参数 $\bar{\beta}$ 通过实验确定的比值 A_2/A_1^2 获得。

4.3.2 实验结果

Li 等人（2013 年）研究了由 Inconel X-750 制成的四个尺寸为 200mm×30mm×5mm 的矩形板试样。一个试样在室温下未经处理，另三个试样在不同的热处理条件下进行处理。

向试件内部发送一个 5MHz 的信号。图 4-5 显示了超声波信号通过试样传播后的典型时间历程及其 FFT 图。

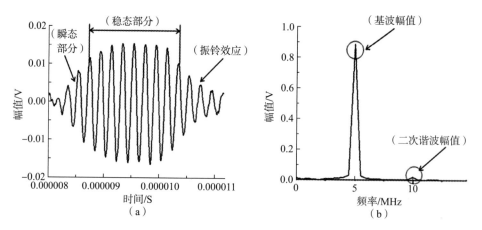

图 4-5 时域信号和信号的频谱（Li 等人，2013）
（a）时域信号；（b）信号的频谱（FFT）。

如式（4-56）和式（4-57）所示，对于固定的波数和传播距离，超声纵波的非线性参数可以表示为二次谐波幅度（A_2）与主波幅度（A_1^2）的平方之比的函数。该值有助于我们将声学非线性参数 $\bar{\beta}$ 与不同热处理条件下试件的材料非线性参数 β 进行关联。测量的参数相对于它们的初始值被归一化以显示相对变化。

不同热处理条件下试件的非线性声学参数的变化如图 4-6 所示。与未经过任何热处理的原始试样相比，所有三个热处理试样均显示出明显较低的非线性声学参数值。随着热处理条件从 A 到 C 的改变，声学非线性单调减小。查阅 Li 等人（2013）的研究了解有关热处理条件的详细信息。

图 4-7 显示了不同线性和非线性声学参数对热处理条件的敏感性。热处理试样中的所有声学参数已相对于原始材料的初始值进行归一化，以显示每个参数的相对变化。该图显示，热处理 C 后，波速增加 0.8%，衰减降低 16%。然而，声非线性参数变化最为明显，热处理 A 后下降 40%，热处理 B 后下降超过 60%，热处理 C 后下降超过 70%（Li 等人（2013））。

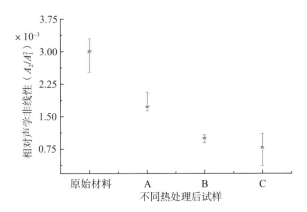

图4-6 不同热处理后试样的声学非线性参数 β 的变化（Li 等人，2013）

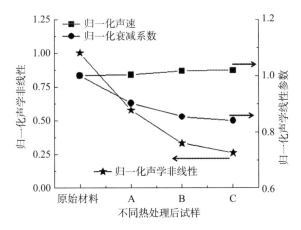

图4-7 声学线性和非线性参数对热处理的敏感性比较；线性参数（声波速度和衰减系数）和声学非线性参数相对于原始状态下的值进行了归一化（Li 等人，2013）。

显然，与线性参数相比，非线性超声参数对不同热处理条件引起的材料机械性能的微小变化更为敏感。

4.4 非线性兰姆波在无损检测中的应用

4.4.1 非线性兰姆波实验中的相位匹配

波导中的单个初始模式可以产生多个二次模式，我们关注的是具有相同相位和群速度的兰姆模式。这是因为只有与初始模式具有适当的相位匹配和群速度匹配的波模式在传播到一定距离后才仍然存在,而所有其他模式会由于彼此相消干涉而衰变。累积效应使相位匹配的高次谐波增长到某一点,然后由于材料的衰减而开始衰减。一些满足相位匹配条件的初始和二次兰姆波模式如图4-8所示。图4-8中用圆形和星形标记标记的两组模式满足相位匹配条件,并有可能产生累积的高次谐波。例如,在2.8km/s的相速度下,S_0模式具有接近2MHz的频率,而对于A_1、S_1和A_2模式,这些频率分别接近4MHz、6MHz和8MHz。类似地,在4.4km/s的相速度下,S_1模式具有接近3MHz的频率,而对于S_2和S_3模式,这些频率分别接近6MHz和9MHz。因此,如果使用A_1作为初始波,那么将产生的二次谐波作为A_2波模。请注意,A_1和A_2模式在标记位置处的相速度色散曲线的斜率也必须相同,才能具有相同的初始和二次波的群速度,并使产生的二次谐波具有累积特性。类似地,当在S_2和S_3模式中观察到可测量的高次谐波时,具有4.4km/s相速度的S_1模式可以用作主模式,前提是这三种模式在标记位置具有相同的群速度。

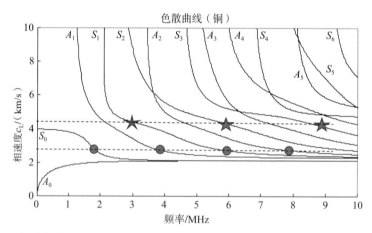

图4-8 色散曲线上的圆形标记和星形标记表示了一些相位匹配的导波模式,它们可以作为铜板上的初始和高次谐波模式(标记位置处的色散曲线的斜率必须相同,才能具有匹配的群速度,以便这些波一起传播并利用累积效应产生可测量的高次谐波幅值)

4.4.2 实验结果

Li等人(2012)研究了热疲劳对具有堆叠顺序的单向和对称准各向同性碳/环氧树脂层压板的影响$[0]_6$。试样的厚度为1mm。其他两个尺寸为400mm×400mm。试样经受70~55°C之间的热疲劳载荷,恒定的冷却和加热时间为15min,以引起热降解。测试样品经受100次、200次和1000次热循环。

频率为2.25MHz的S_1模式和频率为4.5MHz的S_2模式具有相同的相位和群速度（9.6km/s），并被用作初级模式和高次谐波模式。在图4-9中，二次谐波振幅与一次波幅值的平方之比（A_2/A_1^2）被绘制成波传播距离x的函数。由于累积效应，归一化的二次谐波幅值随着传播距离的增加而增大。

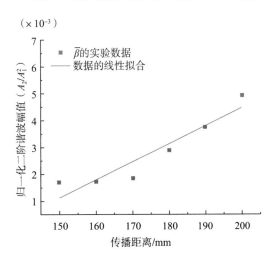

图4-9 归一化二次谐波幅值随兰姆波传播距离的变化

非线性参数$\hat{\beta}$是从图4-9中所示线的斜率获得的（另请参见式（4-57））

$$\hat{\beta}=\frac{\overline{\beta}_2-\overline{\beta}_1}{x_2-x_2} \qquad (4-59)$$

当使用声学非线性与波传播距离的斜率来表示相对声学非线性参数时，它可以最大限度地减少由耦合剂和仪器引起的其他非线性的影响。图4-10显示了热疲劳循环次数与相对非线性参数的关系。随着热循环次数的增加，声学非线性值会显著变化。

线性和非线性声学参数对热循环的敏感性如图4-11所示。所有测量的参数都根据它们在原始条件下的值进行归一化，以仅显示相对变化。请注意，随着热循环次数的增加，波速略有下降，而衰减和非线性参数增加。线性参数值的变化不如非线性参数值的变化显著。例如，经过一百次热疲劳循环后，试件中累积的微损伤在线性参数（速度和衰减）上显示出微小的变化，但在非线性参数上却有明显的变化（超过50%）。这些结果表明，与线性参数相比，非线性超声参数对损伤的早期阶段具有更高的灵敏度。

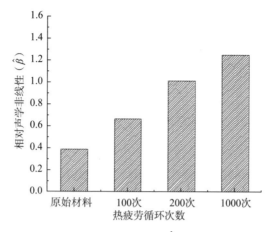

图 4-10　热循环次数的函数——相对声学非线性（$\hat{\beta}$，见式（4-59））（Li 等人，2013）

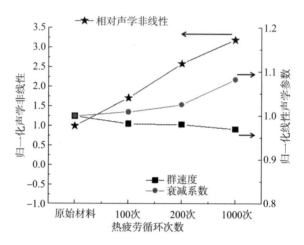

图 4-11　声学线性和非线性超声参数对复合材料试件热疲劳损伤敏感性的比较；声学线性参数（群速度和衰减系数）和非线性参数相对于它们在原始或未损坏条件下的值进行归一化（Li 等人，2013）

4.5　非线性共振技术

对于非线性材料，共振频率和衰减取决于激发幅值，而线性材料得这两个参数与激发幅值无关。在非线性共振技术中，共振频移和衰减随激励振幅的增加而变化。在非线性共振技术中，监测到了共振频移和衰减随激励幅值的增加而变化。在非线性材料中观察到随着激励幅值的增加，共振峰向下移动，衰减增加。试件的共振频率可以通过用冲击器（例如，一个仪表锤）撞击试件来确定。在连续打击中连续增加激励幅值,记录多个共振谱,这种技术称为非线性冲击共振声学频谱,或 NIRAS(Van Den Abeele 等人,2000)。

Eiras 等人(2013)利用该技术监测了加速老化过程中随机分布的纤维增强砂浆试件。纤维使复合砂浆试件具有较高的断裂韧性,并在响应中引入了一些非线性,这可能与纤维与砂浆基体之间的额外界面有关。加速老化后,许多纤维受损变弱,有的甚至消失,使复合材料试件韧性下降,但由于纤维与砂浆基体界面面积减小,界面被空洞有效替代,其响应变得更线性。图4-12显示的五种不同的振动模式——FLEX1、TOR1、FLEX2、TOR2 和 TOR3,这是用仪表锤撞击砂浆复合材料板试件时产生的。FLEX 和 TOR 分别表示弯曲模式和扭转模式,数字1、2 和 3 分别表示第一、第二和第三阶振动模式。图4-13显示了原始或未老化样品(实线)和在热浴中浸泡150h 老化后(虚线)记录的共振峰。在图中可以看到的五个峰值对应于图4-12所示的五种振动模式。由于试样被仪表锤击打多次,且强度逐渐增大,因此,在该图中可以看到每个振动模式的多条曲线的峰值都在增大。注意,对于原始试件(连续线),共振频率随着激励幅值的增大而显著下降,而对于老化试件,共振频率仅略微下降。图4-14显示了第一个弯曲模式的共振频率随激励幅值的变化。在热浴中浸泡0h、40h、80h、120h 和 150h 后,绘制老化时间的实验点和最佳拟合直线。在该图中,可以清楚地看到,随着纤维增强砂浆复合材料试件的老化,其响应变得更加线性。

图4-12 当板试件被仪表锤撞击时,板试件中产生五种不同的振型(振型从左到右依次为 FLEX1、TOR1、FLEX2、TOR2 和 TOR3,FLEX 和 TOR 分别对应于弯曲和扭转模式)(Eiras 等人,2013)

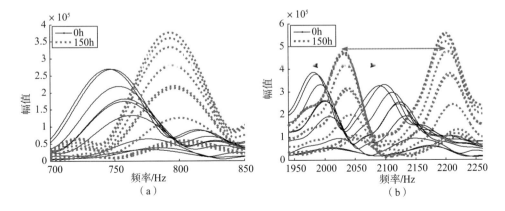

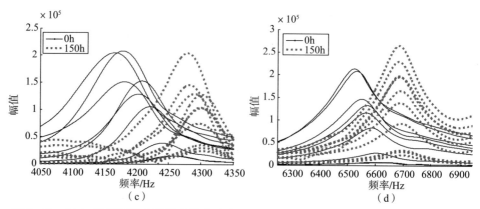

图 4-13 图 4-12 所示的 5 种振动模式（a）FLEX1、（b）TOR1 和 FLEX2、（c）TOR2 和（d）TOR3 在原始条件下和加速老化 150h 后的板试件共振峰（Eiras 等人，2013）

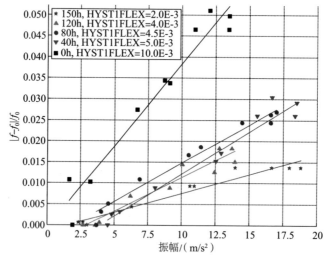

图 4-14 第一弯曲模式（FLEX1）的共振频移作为不同老化时间冲击能量水平的函数（Eiras 等人，2013）

Eiras 等人（2014）简化了 NIRAS 技术，方法是仅击打试件一次，并随着振动幅值随时间的衰减收集和分析来自时间历程图不同区域的数据。由于振动强度随时间自然下降，因此，不需要多次冲击来记录不同强度激励下的材料响应。人们可以将这种技术称为单次撞击 NIRAS 或 SI-NIRAS。图 4-15 说明了 SI-NIRAS 技术。此图的左栏显示了在波特兰水泥砂浆试件处于原始状态（顶排）以及经过 10 次冻融循环（中排）和 15 次循环（底排）后产生的振动信号。所有时间信号都显示出随时间下降的固有振动幅值。对虚线窗口内显示的信号部分进行傅里叶变换，并绘制在中间列中。然后将窗口从左向右逐渐滑动,并对窗口每个位置内的信号进行傅里叶变换,并绘制在中间一栏。这一过程一直持续到窗口内记录的信号变得可以忽略不计。窗口的最终位置和计算停止的位置显示在右侧窗口的左栏中(用实线绘制)。当窗口从左向右滑动过程中停留 50 个位置时,从每个振动信号的 50 个片段中提取 50 个傅里叶频谱。所有 50 个窗口位置的 FFT 频谱显示在中间列中。右栏显示了峰值频率随窗口位置变化的曲线图。由于窗口 1~窗口 50 的 50 个位置对应于增加的时间,因此,沿第三栏的横轴绘制的时间窗口位置也可以简单地视为时间轴。中间栏和右栏表明,原始试件的共振频率几乎随时间保持不变,但对于受损试件,共振频率随着振动强度的下降而随时间增加。与经受 10 次冻融循环的试件相比,经受 15 次循环的试件显示出更多的非线性响应。

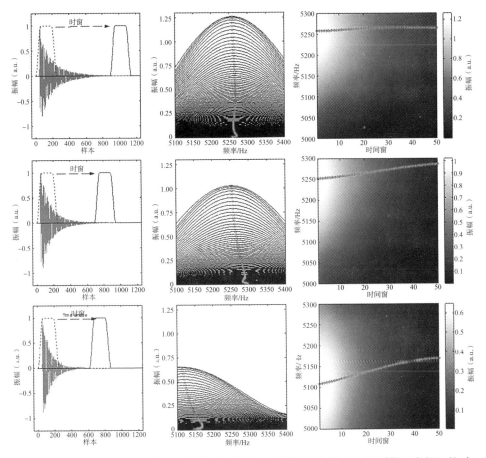

图 4-15　SI-NIRAS 技术说明(0 周期(顶行)、10 周期(中行)和 15 周期(底行)的时间信号(左列)、提取的加窗频谱(中列)和作为窗口位置函数的叠加频谱(右列),右列上的点表示对应于峰值幅度位置的频率)(Eiras 等人,2013)

第 4.5 节中给出的两个示例表明，在第一种情况下，原始样品具有较高的非线性响应，在第二种情况下与受损样品相比，其具有较低的非线性响应。因此，根据正在研究的试件及其受损方式，原始试件与受损试件相比可能会显示出更高或更低的非线性水平。

4.6 基于泵浦波和探测波的技术

材料非线性也可以通过两种不同频率的声波同时激励试件来监测——泵浦频率和探测频率。Kundu 等人（2019）对该技术的不同的变体进行了讨论。最流行的版本称为非线性波调制频谱学（NWMS）。该技术使用高频低幅探测波（频率为 f_{probe}）和低频高幅泵浦波（频率为 f_{pump}）来激励样本。泵浦波通常是以一种共振模式振动试件来产生的。泵浦振动在试件中引起应力，而探测波感应由泵浦振动产生的弹性模量的变化。对于线性材料，探测波的频率在通过振动材料传播时保持不变。然而，在非线性材料中，探测波的频率是由泵浦波激励调制的。频率为 f_{probe} 和 f_{pump} 的两种波的相互作用会在接收信号的频谱中产生边带，如第 4.2.3 节所述。

与高次谐波产生技术相比，调制技术具有一些优势（Donskoy 和 Sutin，1998）。首先，高次谐波的产生需要发射器和接收器之间的均匀路径，以利用累积效应。在存在反射边界和其他结构不均匀性的情况下，可能难以满足这一要求。其次，需要高电压来产生高振幅的初始模式和可检测的高次谐波模式。高压激励会增加一些非线性背景信号，这可能会影响高次谐波技术的灵敏度。

4.7 边带峰值计数（SPC）技术

在 SPC 技术中，不是通过泵浦波和探测波之间的非线性相互作用产生边带，而是使用以不同频率传播的多个波之间的相互作用来产生多个边带，然后监测这些边带的峰值。这些多重波可以是体波或以不同频率传播的导波。在板中，如果兰姆波是由宽带激发产生的（例如激光束撞击板，图 4-16），那么板中会在很宽的频率范围内产生多个兰姆波模式。在非线性板中，各种兰姆波模式之间的相互作用可以

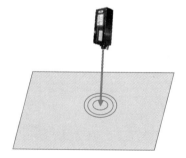

图 4-16 激光枪激励一个板，通过这种宽带激发在板中产生多个兰姆模式

产生多个边带。在 SPC 技术中，不是测量这些边带的幅度，而是计算高于阈值水平的边带频率峰值的数量。Eiras 等人（2013）最早介绍了 SPC 技术。

图 4-17 说明了这种技术。如果多个频率的波通过线性材料，则其频率值不变。图 4-17(a) 显示了三个不同的峰值，对应于输入信号的三个不同频率。输入信号可以是块状材料中三种不同频率的体波或具有三种不同频率的三种不同导波模式。在线性材料中，输出信号频谱图上的峰值与输入信号频谱上的峰值出现的频率相同，但峰值幅度因材料衰减和散射而变化，如图 4-17(b) 所示。然而，在非线性材料中，由于频率调制效应，这些不同频率的波之间的相互作用会产生额外的峰值，如图 4-17(c) 所示。通常，由频率调制效应产生的附加峰值的幅度远小于主峰值，通常小于最高峰值的 1%~2%。SPC 图是通过移动阈值线生成的，如图 4-17(c) 中的水平虚线所示。阈值线在两个预设值之间垂直移动，例如，在最高峰值的 0% 和 2% 之间，所有高于此阈值线但低于 2% 线的峰值都将被计数并针对移动阈值绘制。此 SPC 图（峰数是阈值的函数）表示材料非线性程度。与线性材料相比，非线性材料应提供更高的 SPC 值。

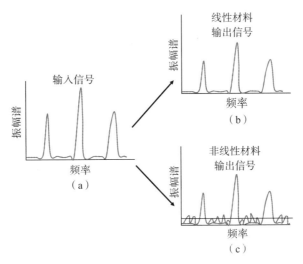

图 4-17 （a）输入信号的典型频谱图；（b）线弹性材料的输出信号的典型频谱图（当材料为线性时，输入和输出信号的频谱图均显示相同频率的峰值，尽管峰值位置不会改变，但由于波在材料中传播时波的衰减和散射，它们的振幅可能会发生变化）；（c）在非线性材料的输出信号频谱图中出现的额外小峰值（称为边带峰值），（在 SPC 技术中，出现在阈值线（右下图中的水平虚线）之上的峰值被计数）

Hafezi 等人（2017）使用环绕超声建模技术在理论上生成了 SPC 图，该技术基于应用于超声问题的环绕动力学建模原理。他们发现，当弹性波在有裂纹和无裂纹的结构中传播时，含有薄裂纹结构的 SPC 值大于含有厚裂纹或无裂纹的结构的 SPC 值，如图 4-18 所示。这是因为与厚裂纹相比，当弹性波穿过裂纹时，薄裂纹的相对表面会有更多区域进入接触状态。对于厚裂纹，可能只有裂纹尖端附近的区域接触，并在波穿过它时产生材料的轻微非线性响应，但对于薄裂纹，靠近裂纹尖端以及远离裂纹尖端的相对裂纹表面可以接触，从而产生非线性响应。没有裂纹的线弹性材料不应表现出非线性行为，理想情况下，无裂纹线弹性材料生成的 SPC 值应为零。

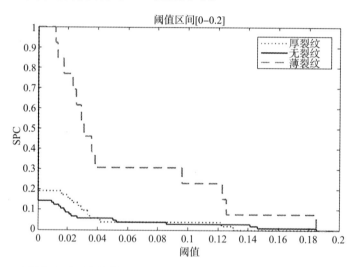

图 4-18　有裂纹和无裂纹结构的 SPC 图（包含薄裂纹的结构显示出最高的 SPC 值，表明最大的非线性。该图显示了包含薄裂纹结构的 SPC 曲线，其远大于包含厚裂纹或无裂纹结构的 SPC 曲线）（Hafezi 等人，2017）

4.7.1　SPC 测量材料非线性的实验证明

Eiras 等人（2013 年）首次成功地将 SPC 技术用于监测玻璃纤维增强水泥（GRC）复合材料试件在加速老化过程中的材料非线性变化。Liu 等人（2014）后来将该技术应用于监测具有复杂几何形状的铝板和飞机接头凸耳的疲劳裂纹。为了对板中损伤引起的非线性进行非接触式监测，将脉冲激光束射在目标结构上以产生超声波，并通过激光多普勒振动计（LDV）测量响应（Liu 等人，2014）。当脉冲激光束照射到样品的一小块区域时，表面的局部加热会引起材料的热弹性膨胀并产生超声波（Scruby 和 Drain，1990）。

SPC 技术需要对结构进行宽带激励。宽带激励可以在板中产生多个兰姆模式，这些模式之间的相互作用可以在非线性材料中产生多个边带。随着材料非线性的增加，高于阈值的可测量边带峰值的数量也会增加。因此，根据边带峰值计数可以定性地估计材料非线性程度。

如图 4-17 所示，记录的时间历史的频谱图显示了多个峰值。这些峰对应于在板中传播的不同兰姆模式。由于内部损伤而引起非线性的板中，会产生多个边带，如图 4-17(c) 所示。如果计算高于阈值的峰值数量，则对于非线性材料，只要阈值小到足以计算边带峰值，该数字就应该比线性材料高。当 SPC 值作为阈值的函数绘制时，它们会不断减小，如图 4-18（理论图）和 4-19（实验图）所示。图 4-19 显示了三种不同的 GRC 复合材料板材试件在老化前后 SPC 如何随着阈值的增加而减小。这些试件通过在热水中浸泡几个小时来人工老化（Eiras 等人，2013）。尽管三个试样的实验结果存在显著差异，但随着三个试样的老化，SPC 值明显下降。机械破坏试验和 NIRAS 试验（在 4.6 节中讨论）证实，随着试件老化，这些试件变得更脆弱，但它们的应力-应变行为变得更加线性。图 4-19 的实验结果与图 4-18 的理论曲线在性质上是相似的。

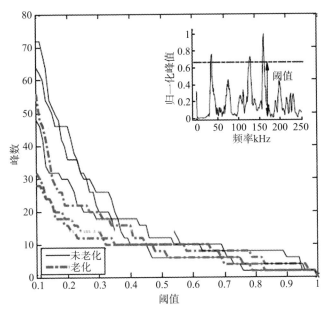

图 4-19 SPC 技术应用于玻璃纤维增强水泥（GRC）复合材料试件（对于特定阈值，未老化材料的峰值计数较高，表明未老化材料比老化材料更具非线性，其他非破坏性和破坏性试验证实了这一观察结果，从三个不同的试件中获得了老化和未老化试件的三条曲线）（Eiras 等人，2013）

Liu 等人（2014）将归一化的 SPC 定义为高于移动阈值（th）的峰数（N_{peak}）与峰总数（N_{total}）的比率，而不是简单地计算高于阈值的边带峰数。在计算峰数时，他们没有区分大小峰，认为大多数峰都是小边带峰，如图 4-17(c) 所示。因此，与主波型相对应的少数大峰不会显著改变峰总数。因此，Liu 等人（2014）将阈值以上的归一化 SPC 计数定义为

$$SPC = \frac{N_{\text{peak}}(th)}{N_{\text{total}}} \tag{4-60}$$

如图 4-20(a) 所示，所有峰值——主要峰值以及高于阈值电平的边带峰值都计算在内。注意，归一化 SPC 的新定义与 SPC 之前的定义不同。为了突出这一差异，归一化 SPC 用斜体书写为 "SPC"。在这个定义中，当阈值等于 0 时，SPC 的值应该是 1，因为峰值的总数 [N_{total}] 和超过阈值的峰值数量 [$N_{\text{peak}}(th)$] 应该是相同的。当材料退化或损坏时，它通常变得更加非线性，因此如果缺陷尺寸很小，则在频谱图中观察到更多的边带峰值。图 4-18 显示了小缺陷如何增加非线性程度，但大缺陷（如大的开口裂缝和空洞）不会。因此，当阈值较小但不为零时，一般情况下，破损试样的 SPC 值应大于完整试样的 SPC 值。对于等于 0 的阈值，损坏和未损坏样本的 SPC 均为 1。另一方面，对于较大的阈值，对于损伤和未损伤的试件，SPC 值都应该非常小，接近于 0。对于中间阈值位置，SPC 值应介于 0 和 1 之间，通常受损试样的这些值应高于原始试件。因此，如果绘制受损和未受损试件的 SPC 差值，那么归一化阈值等于 0 和 1 时，它应该显示 0（阈值相对于峰值频谱值归一化）。在这

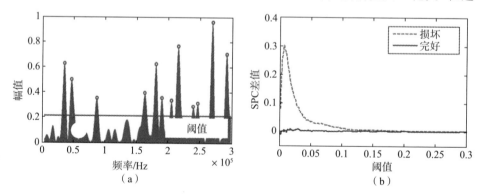

图 4-20 归一化 SPC 和 SPC 差值示意图（当阈值相对较低时，它清楚地显示了受损材料的明显凸起，表明受损试件的记录信号频谱图中存在更多的小峰值）

(a) 归一化 SPC 定义为高于移动阈值的频率峰值数量与频谱图中峰值总数的比值；(b) SPC 差值图，其定义为在不同阈值范围内，从当前损坏阶段和初始完好阶段获得的 SPC 值之间的差。（Liu 等人，2014）。

两个极值（0 和 1）之间，SPC 差异图应该显示一个凸起。凸起越大，试件的非线性程度越高。

图 4-20(b) 显示了通过实验获得的完整和疲劳试件的典型 SPC 差值曲线图。在这张图中可以看到，对于受损材料，SPC 差值为正，当归一化阈值约为频谱图中最大峰值的 1.5% 时，出现最大 SPC 差值。

4.8 小结

如前所述，肉眼看起来呈线性的应力-应变曲线可能不是线性的。当非线性曲线的一小部分被绘制出来时，曲率半径很大的非线性曲线看起来是线性的。在这种材料中，即使振幅很小的波也会引起材料非常小的非线性响应。其挑战在于如何检测材料中如此微小的非线性响应。本章讨论的各种非线性声学/超声技术（高次谐波产生、频率调制、边带峰值计数和共振声学频谱等）可以检测材料中微小的非线性响应。SPC 技术相对较新且易于使用。

检测材料响应中的非线性是有意义的，因为以这种方式可以检测材料退化的早期阶段，即当裂纹和位错开始形成并在材料行为中引入非线性的时候。非线性超声技术在裂纹已经充分发展后几乎没有用处。对于完全发展的宏观裂纹，裂纹表面通常分离良好，并且当波通过材料传播时保持分离。应该注意的是，仅仅存在裂纹并不会使材料非线性。正是拍击效应（裂纹的相对表面相互接触，然后随着波的传播而分离）和其他非线性效应，如裂纹表面相互摩擦产生的热，使材料变得非线性，并产生非线性超声响应。弹性波通过宏观裂纹时，裂纹尖端的闭合和打开也会在材料中产生非线性响应，但这种响应不如分布有微裂纹时强烈。

参考文献

[1] Donskoy D M, Sutin A M. Vibro-acoustic modulation nondestructive evaluation technique [C], Journal of Intelligent Material Systems and Structures. 1998, 9(9): 765-771.

[2] Eiras J. N., J. Monzó, J. Payá, et al. Non-classical nonlinear feature extraction from standard resonance vibration data for damage detection[J]. The Journal of the Acoustical Society of America, 2014, 135(2): EL82-ELEL87.

[3] Eiras J. N., Kundu T., Bonilla M., et al. Nondestructive monitoring of ageing of alkali resistant glass fiber reinforced cement (GRC)[J]. Journal of Nondestructive Evaluation, 2013, 32(3): 300-314.

[4] Hafezi M. H., Alebrahim R., Kundu T. Peri-ultrasound for modeling linear and nonlinear ultrasonic response[J]. Ultrasonics, 2017, 80: 47-57.

[5] Herrmann J., Kim J. Y., Jacobs L. J., et al. Assessment of material damage in a nickel-base superalloy using nonlinear rayleigh surface waves[J]. Journal of Applied Physics, 2006, 99(12):124913.

[6] Kundu T. Nonlinear ultrasonic and vibro-acoustical techniques for nondestructive evaluation [M]. Springer, 2019.

[7] Kundu T., Eiras J. N., Li W., et al. Nonlinear ultrasonic and vibro-acoustical techniques for nondestructive evaluation[M]. Chapter 1, ASA Press, Springer Nature, Switzerland, 2019.

[8] Li W., Cho Y. Combination of nonlinear ultrasonics and guided wave tomography for imaging the micro-defects[J]. Ultrasonics, 2016, 65:87-95.

[9] Li W., Cho Y., Achenbach J D. Detection of thermal fatigue in composites by second harmonic lamb waves[J]. Smart Materials and Structures, 2012, 21(8): 085019.

[10] Li W., Cho Y., Achenbach J. D., et al. Assessment of heat treated Inconel X-750 alloy by nonlinear ultrasonics[J]. Experimental Mechanics, 2013, 53(5): 775-781.

[11] Liu P., Sohn H., Kundu T., et al. Noncontact detection of fatigue cracks by laser nonlinear wave modulation spectroscopy (LNWMS)[J]. NDT & E International, 2014, 66: 106-116.

[12] Scruby C. B., Drain L. E. Laser ultrasonics: techniques and applications. Taylor and Francis, London, UK, 1990.

[13] Van Den Abeele K. E.-A., Carmeliet J., Ten Cate J. A., et al. Nonlinear Elastic Wave Spectroscopy (NEWS) techniques to discern material damage, Part II: single-mode nonlinear resonance acoustic spectroscopy[J]. Research in Nondestructive Evaluation, 2000, 12(1): 31-42.

第5章
声源定位

5.1 引言

声源定位是确定结构中裂纹萌生区域或确定结构可能被异物撞击的点所必需的。裂纹的形成和物体的撞击都会产生声波，声波以体波和导波的形式在结构中以不同的方向传播。通过各种声源定位（ASL）技术记录和分析这些传播波，以识别传播波的来源。因此，ASL对于任何用于结构健康监测的自治系统都是非常重要的。开发更有效的ASL技术是一个不断发展的热点研究课题。本章讨论了过去几十年发展起来的不同的ASL技术。

为了定位声源，需要记录弹性波在传感器位置的到达时间（TOA），并计算各种传感器之间的到达时间差（TDOA）。下面讨论用于定位声源的不同技术，以及它们的优点和局限性。本章是根据作者之前发表的一篇评论文章（Kundu，2014）编写的。自该文章发表以来的最新进展也包括在此章节中。

文献中已经提出了不同的ASL技术。有些技术仅限于各向同性材料，有些技术可以应用于各向同性和各向异性材料。一些技术需要精确了解各向异性物体中与方向相关的速度分布，而其他技术则不需要这些信息。有些方法需要声波在接收位置的准确TOA值，而其他技术可以在没有该信息的情况下发挥作用。大多数介绍新ASL技术的已发表论文都强调了引入技术的优点，但几乎没有提及新技术的局限性。出于这个原因，Kundu（2014）在他的评论文章中对可用技术进行了全面的回顾和比较。

人们可能会遇到不同类型的声源。声源类型取决于声波是如何产生的。例如，声波可以由以下情况产生：（1）外来物体的冲击，（2）裂纹形成，例如复合材料中的基体开裂和分层，（3）结构元件故障，例如桥梁中的电缆故障产生、钢筋预应力混凝土结构中的钢筋失效复合材料中的纤维断裂。通过记录和分析传播的声信号来定位所产生的声源的过程通常被称为声源定位技术，这是结构健康监测（SHM）的一个重要步骤，因为它可以准确地确定结构中应该仔细检查的区域，以确定该位置是否存在任何可能的损伤萌生或扩展。

SHM 的两个组成部分受到了研究界的极大关注，即诊断和预后。诊断是对损伤的表征——测量其大小、位置和方向。清楚地了解损坏的严重程度是有必要的。无损检测和评估（NDT&E）用于损伤诊断。预后估计结构的剩余寿命，断裂力学和疲劳裂纹扩展的知识对于预测结构在某些载荷条件下的剩余寿命是必要的，这称为预后。

对于大型结构，既不可能也没有必要以同样的关注程度检查结构的每个区域，因此，人们需要关注某些更容易引起损伤的区域，这些区域通常称为热点（hot spots）。承受相对高水平应力的区域构成热点区域，然而，有时无法预先确定大板或壳型结构中的热点区域。例如，如果飞机的机翼和机身或航天飞机的外表面受到外来物体的撞击，如碎片撞击在太空中飞行的航天飞机、飞鸟撞击飞机机身，或在定期维护和修理期间掉落在飞机机翼上的工具。在任何此类撞击后，应对撞击区域附近的结构进行检查。因此，该区域必须通过 ASL 技术来识别。然后可以对该区域进行更仔细的检查，以确定那里是否发生了任何重大损坏。

复合材料制成的关键结构需要连续监测，不仅要检测异物的冲击点，还要监测基体开裂、纤维断裂和层间分层。超声波传感器就是用于此目的。超声波传感器可以在两种模式下工作：主动（书中缺失——译者注）和被动（Jata 等人，2007）。对于主动模式检测，声学换能器产生超声波信号，然后由超声波传感器记录（Giurgiutiu，2003）。然而，在被动模式检测中，异物撞击、光纤断裂或裂纹的形成和传播充当声源（Mal 等人，2003a、b）。超声波传感器放置在结构上或内部，以有效地接收来自声源的超声波信号并监测其状况（Wang 和 Chang，2000；Kessler 等，2002；Park 和 Chang，2003；Manson 等，2003；Köhler 等人，2004；Mal 等人，2005）。

本章讨论了被动监测技术。Tobias（1976）对各向同性结构、Sachse 和 Sancar（1987）对各向异性结构进行了早期的声源定位工作。早期在各向异性板中定位声发射源需要测量波形中的两个主要脉冲，其传播速度 c_1 和 c_2 已知，并且接收传感器将作为传感器阵列放置在圆的外围或两条正交线上（Sachse 和 Sancar，1987）。这些早期分析的其他限制有（Castagnede 等人，1989）：①固体的弹性对称阶数是正交的或更高的；②固体的主轴应事先已知，并且沿试件的坐标轴定向；③构成接收阵列的传感器必须放置在材料的主平面上。尽管对于大多数工程材料来说，第一个约束条件大致满足，但在某些情况下可能不成立。即使是广泛使用的工程材料，如纤维增强复合固体，也可能违反这一条件。注意，尽管通常假定纤维增强复合固体是正交各向异性或横向各向同性材料，但纤维的不均匀分布可能不会使 xz、yz 或 xy 平面成为对称平面。

自这些早期工作以来，已经提出了许多用于声源定位的技术。本章对这些新方法进行了回顾——从简单的各向同性结构开始，到具有复杂几何结构的高度各向异性结构结束。

5.2 各向同性板中的声源定位

5.2.1 波速已知各向同性板的三角测量技术

三角测量技术（Tobias，1976）是各向同性和均匀结构中最流行的声源定位技术。图 5-1 对该技术进行了说明。三个传感器（图 5-1 中用 1、2 和 3 表示）连接到一个板上。如果平板在 P 点处有声源，则声源产生的波通过平板传播，并在不同时间撞击传感器。

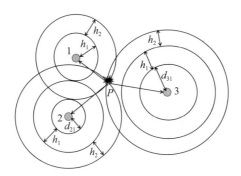

图 5-1 三角测量技术（放置在位置 1、2 和 3 的三个传感器接收 P 点处声源产生的声波，每个圆的半径对应于波从声源到传感器的距离）（Kundu，2014）

对于板型结构，产生的波是兰姆波。我们将声波到达传感器 1、2 和 3 的传播时间分别表示为 t_1、t_2 和 t_3。由于产生声波的声波事件（撞击或裂纹形成）的确切时钟时间（T_0）未知，因此不可能从记录的到达时间或三个传感器到达声波的检测时间（时钟时间）T_1、T_2 和 T_3 得到传播时间 t_1、t_2 和 t_3。然而，很容易看出

$$t_{ij} = t_i - t_j = (T_i - T_0) - (T_j - T_0) = T_{ij} \tag{5-1}$$

因此，尽管时钟时间 T_i 和 T_j 不等于传播时间 t_i 或 t_j，但它们的差值 T_{ij} 和

t_{ij} 是相同的。如果板中的波速用 c 表示，则声波到达第 i 个传感器的传播距离（d_i）由下式给出：

$$d_i = c \times t_i \tag{5-2}$$

由于 t_i 未知，因此无法从式（5-2）中获得 d_i。然而，声波从源点到传感器 i 和 j 的传播距离 d_i 和 d_j 之间的差值可以计算为

$$d_{ij} = c \times t_{ij} \tag{5-3}$$

如果传感器 1 的检测时间 T_1 小于 T_2 和 T_3，那么可以说，与到达传感器 1 的路径相比，波到达传感器 2 和传感器 3 的额外距离分别由 d_{21} 和 d_{31} 给出。这些值可根据式（5-3）计算得到。

为了获得声源位置 P，首先绘制两个半径为 d_{21} 和 d_{31} 的圆，其中心分别与传感器 2 和传感器 3 重合（图 5-1 中的虚线所示）。然后，将这两个圆的半径增加 h_1，并围绕传感器 1 绘制半径为 h_1 的第三个圆，这三个圆如图 5-1 中的虚线所示。如果三个圆不在公共点相交，则其半径将连续增加相同的量，直到所有三个圆在公共点处相交，如图 5-1 所示，增加三个实心圆。这三个圆的半径等于声波从声源传播到传感器所经过的距离（d_i）。

这里需要注意的是，如果板中的波速从 c 增加到 $2c$，则 d_{21} 和 d_{31} 将增加 2 倍，如图 5-2 所示，并且按照与上述相同的过程，预测的声源将从图 5-1 中的 P 点移动到图 5-2 中的 Q 点。显然，在这种方法中，需要准确地知道板中的波速才能正确定位来自三个传感器的声源。波速估计的微小变化会显著改变预测的声源位置。通过增加接收传感器的数量，可以减少声源位置预测中的这种模糊性。

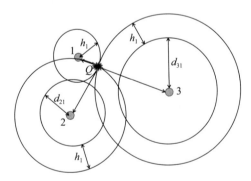

图 5-2 三角测量技术（类似于图 5-1，但在这张图中，平板中的波速是图 5-1 的两倍，导致三个接收传感器在传播时间差相同的情况下，声源的位置不同）（Kundu，2014）

5.2.2 波速未知各向同性板的三角测量技术

当各向同性板中的波速（c）未知时，三角测量技术也有效；但是，必须求解以下非线性方程组来定位声源。

$$\begin{cases} c \times t_{12} = d_1 - d_2 \\ c \times t_{23} = d_2 - d_3 \\ d_1 \sin\theta_1 = d_2 \sin\theta_2 \\ d_1 \sin\theta_1 + d_2 \sin\theta_2 = \sqrt{(x_1-x_2)^2+(y_1-y_2)^2} = D_{12} \end{cases} \quad (5-4)$$

从 P 点处的声源到接收传感器 S_1、S_2 和 S_3 的距离分别为 d_1、d_2 和 d_3，以及角度 θ_1 和 θ_2 如图 5-3 所示。D_{12} 是传感器 1 和传感器 2 之间的距离。t_{12} 和 t_{23} 在式（5-1）中定义。在上述方程组中，虽然出现了许多未知数——c、d_1、d_2、d_3、θ_1 和 θ_2，但只有三个独立的未知数：波速 c 和声源坐标 x_0、y_0。这是因为未知数 d_1、d_2、d_3、θ_1 和 θ_2 可以用 x_0、y_0 和接收传感器 x_i、y_i（$i=1$、2、3）的已知坐标表示。这种技术称为三角测量技术，因为三个传感器形成一个三角形，如图 5-3 所示。

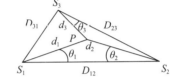

图 5-3 位于 S_1、S_2 和 S_3 位置的三个传感器形成一个三角形，三角测量技术一词由此而来（Kundu，2014）

5.2.3 波速未知各向同性板的优化技术

5.2.1 节中讨论的三角测量技术适用于具有已知波速的板。如果波速也是未知的，则需要求解非线性方程组来定位声源，如第 5.2.2 节所述。这使得三角测量技术不那么有吸引力。Kundu 等人（2008）提出了另一种公式，它对各向同性和各向异性板同样有效，因此似乎比三角测量技术更有吸引力。下面给出的公式是通过专门化 Kundu 等人（2008）给出的各向异性板中声源定位的一般公式得到的，以用于各向同性的情况。

如果第 i 个接收传感器 S_i 的坐标为 (x_i, y_i) 并且声源的坐标是 (x_0, y_0)，则第 i 个传感器与撞击点的距离由下式给出

$$d_i = \sqrt{(x_i-x_0)^2+(y_i-y_0)^2} \quad (5-5)$$

产生的波从声源到第 i 个传感器的传播时间 t_i 与式（5-5）的距离 d_i 的关系如下：

$$d_i = \sqrt{(x_i-x_0)^2+(y_i-y_0)^2} = ct_i \quad (5-6)$$

式中：c 为未知波速。

由式（5-6）消去波速 c，得到

$$\begin{cases} \dfrac{d_2}{d_1} = \dfrac{t_2}{t_1} = \dfrac{\sqrt{(x_2-x_0)^2+(y_2-y_0)^2}}{\sqrt{(x_1-x_0)^2+(y_1-y_0)^2}} = r_{21} \\ \dfrac{d_3}{d_1} = \dfrac{t_3}{t_1} = \dfrac{\sqrt{(x_3-x_0)^2+(y_3-y_0)^2}}{\sqrt{(x_1-x_0)^2+(y_1-y_0)^2}} = r_{31} \end{cases} \quad (5-7)$$

因此

$$\left(\dfrac{d_2}{d_1}\right)^2 + \left(\dfrac{d_3}{d_1}\right)^2 = \left(\dfrac{t_2}{t_1}\right)^2 + \left(\dfrac{t_3}{t_1}\right)^2 = \dfrac{(x_2-x_0)^2+(y_2-y_0)^2}{(x_1-x_0)^2+(y_1-y_0)^2} + \dfrac{(x_3-x_0)^2+(y_3-y_0)^2}{(x_1-x_0)^2+(y_1-y_0)^2}$$

$$\Rightarrow r_{21}^2 + r_{31}^2 = \dfrac{(x_2-x_0)^2+(y_2-y_0)^2+(x_3-x_0)^2+(y_3-y_0)^2}{(x_1-x_0)^2+(y_1-y_0)^2}$$

$$\Rightarrow r_{21}^2 + r_{31}^2 = \dfrac{2(x_0^2+y_0^2-x_0x_2-x_0x_3-y_0y_2-y_0y_3)+x_2^2+x_3^2+y_2^2+y_3^2}{x_0^2+y_0^2-2(x_0x_2+y_0y_1)+x_1^2+y_1^2}$$

$$(5-8)$$

由式（5-8）可以定义一个误差函数 $E(x_0, y_0)$，也就是优化文献中的目标函数，定义方式如下：

$$E(x_0,y_0) = \left[\dfrac{2(x_0^2+y_0^2-x_0x_2-x_0x_3-y_0y_2-y_0y_3)+x_2^2+x_3^2+y_2^2+y_3^2}{(r_{21}^2+r_{31}^2)(x_0^2+y_0^2-2(x_0x_2+y_0y_1)+x_1^2+y_1^2)}\right]^2 \quad (5-9)$$

这里需要注意的是，在式（5-9）中，只有声源源点的坐标 (x_0, y_0) 是未知的。如果假设的坐标值 (x_0, y_0) 与真实坐标值不同，那么式（5-9）给出的误差函数 $E(x_0, y_0)$ 就会得到一个正值。然而，如果这个假设是正确的，那么误差函数应该给出一个零值。因此，可以通过最小化式（5-9）给出的误差函数得到 (x_0, y_0)。式（5-9）给出的表达式中有 r_{21} 和 r_{31} 项，需要知道声波从声源到第 i 个传感器的传播时间 $t_i = T_i - T_0$（见式（5-1）和式（5-7））。然而，由于声学事件的时钟时间（T_0）是未知的，所以这个值是不知道的。基于这一原因，最好用式（5-1）中定义的相对到达时间来表示目标函数。

从式（5-1）和式（5-7）可以得到相对的到达时间和它们的比值：

$$\dfrac{t_{21}}{t_{31}} = \dfrac{\{\sqrt{(x_2-x_0)^2+(y_2-y_0)^2} - \sqrt{(x_1-x_0)^2+(y_1-y_0)^2}\}}{\{\sqrt{(x_3-x_0)^2+(y_3-y_0)^2} - \sqrt{(x_1-x_0)^2+(y_1-y_0)^2}\}} \quad (5-10)$$

那么目标函数 $E(x_0, y_0)$ 可以定义为

$$E(x_0,y_0) = \left(\dfrac{\{\sqrt{(x_2-x_0)^2+(y_2-y_0)^2} - \sqrt{(x_1-x_0)^2+(y_1-y_0)^2}\}}{\{\sqrt{(x_3-x_0)^2+(y_3-y_0)^2} - \sqrt{(x_1-x_0)^2+(y_1-y_0)^2}\}} - \dfrac{t_{21}}{t_{31}}\right)^2$$

$$(5-11)$$

理想情况下，对于 (x_0, y_0) 的正确值，目标函数应该给出一个零值，而对于 (x_0, y_0) 的错误值，目标函数应该给出一个正值。因此，我们需要最小化这个目标函数的值。注意，在上述目标函数的定义中，时间 t_1 在计算 t_{21} 和 t_{31} 时使用了两次，而 t_2 和 t_3 只使用了一次。为了在三个传感器位置给予三个测量到达时间同等的重要性或偏差，误差函数可以用如下所示的不同方式定义。

$$E(x_0,y_0) = \left(\frac{\{\sqrt{(x_1-x_0)^2+(y_1-y_0)^2} - \sqrt{(x_2-x_0)^2+(y_2-y_0)^2}\}}{\{\sqrt{(x_2-x_0)^2+(y_2-y_0)^2} - \sqrt{(x_3-x_0)^2+(y_3-y_0)^2}\}} - \frac{t_{12}}{t_{23}} \right)^2 +$$

$$\left(\frac{\{\sqrt{(x_2-x_0)^2+(y_2-y_0)^2} - \sqrt{(x_3-x_0)^2+(y_3-y_0)^2}\}}{\{\sqrt{(x_3-x_0)^2+(y_3-y_0)^2} - \sqrt{(x_1-x_0)^2+(y_1-y_0)^2}\}} - \frac{t_{23}}{t_{31}} \right)^2 +$$

$$\left(\frac{\{\sqrt{(x_3-x_0)^2+(y_3-y_0)^2} - \sqrt{(x_1-x_0)^2+(y_1-y_0)^2}\}}{\{\sqrt{(x_1-x_0)^2+(y_1-y_0)^2} - \sqrt{(x_2-x_0)^2+(y_2-y_0)^2}\}} - \frac{t_{31}}{t_{12}} \right)^2$$

(5-12)

利用一些优化方案（如单纯形算法，Nelder 和 Mead，1965；或遗传算法，Barricelli，1957，Fraser and Burnell，1970）可以通过最小化上述目标函数来定位声源点 (x_0, y_0)。

式（5-12）的一个缺点是，对于 (x_0, y_0) 的某些未知值，分母 $\sqrt{(x_j-x_0)^2+(y_j-y_0)^2} - \sqrt{(x_i-x_0)^2+(y_i-y_0)^2}$ 可以消失。对于这些 (x_0, y_0) 的值，目标函数变为无穷大，在计算目标函数时必须特别注意避免这些奇异点。通过修改误差函数的定义，可以很容易地避免这个问题，如下所示：

$$E(x_0,y_0) = \left(\begin{array}{l} t_{23}\{\sqrt{(x_1-x_0)^2+(y_1-y_0)^2} - \sqrt{(x_2-x_0)^2+(y_2-y_0)^2}\} \\ -t_{12}\{\sqrt{(x_2-x_0)^2+(y_2-y_0)^2} - \sqrt{(x_3-x_0)^2+(y_3-y_0)^2}\} \end{array} \right)^2 +$$

$$\left(\begin{array}{l} t_{31}\{\sqrt{(x_2-x_0)^2+(y_2-y_0)^2} - \sqrt{(x_3-x_0)^2+(y_3-y_0)^2}\} \\ -t_{23}\{\sqrt{(x_3-x_0)^2+(y_3-y_0)^2} - \sqrt{(x_1-x_0)^2+(y_1-y_0)^2}\} \end{array} \right)^2 +$$

$$\left(\begin{array}{l} t_{12}\{\sqrt{(x_3-x_0)^2+(y_3-y_0)^2} - \sqrt{(x_1-x_0)^2+(y_1-y_0)^2}\} \\ -t_{31}\{\sqrt{(x_1-x_0)^2+(y_1-y_0)^2} - \sqrt{(x_2-x_0)^2+(y_2-y_0)^2}\} \end{array} \right)^2$$

(5-13)

或

$$E(x_0,y_0) = (t_{23}\{d_1-d_2\} - t_{12}\{d_2-d_1\})^2 + (t_{31}\{d_2-d_3\} - t_{23}\{d_3-d_1\})^2 +$$
$$(t_{12}\{d_3-d_1\} - t_{31}\{d_1-d_2\})^2$$

(5-14)

通过在结构上放置更多接收传感器，可以进一步改善预测结果。对于 n 个传感器，有 $n(n-1)/2$ 个独立的传感器对。为了做到无偏，误差函数需要包括来自每个独立的传感器对的信息，可以用以下方式构建。

考虑到所有可能的传感器对组合，具有 n 个接收传感器的平板监测系统的目标函数如下所示：

$$E(x_0,y_0) = \sum_{i=1}^{n=1} \sum_{j=i+1}^{n} \sum_{k=1}^{n=1} \sum_{l=k+1}^{n} \left[t_{ij}(d_k - d_l) - t_{kl}(d_i - d_j) \right]^2 \quad (5-15)$$

5.2.4　各向同性板的波束成形技术

McLaskey 等人（2010）介绍了 ASL 的波束形成技术，它需要 4~8 个传感器组成的小阵列。He 等人（2012）采用波束形成技术在薄钢板中进行声源定位。由 McLaskey 等人（2010）提出并由 He 等人（2012）使用的原始波束形成方法假设所有方向的波速恒定，因此仅适用于各向同性介质。波束形成技术的基本原理基于延迟-求和算法，如图 5-4 所示。这张图显示了 4 个传感器接收由一个声学事件（如撞击）产生的声学信号。对 M 个接收器（图 5-4 中 $M=4$）记录的 M 个信号施加时间延迟 $\Delta_m(r)$ 并与权重系数 w_m 相乘后即可得到数组 $b(r,t)$，如下所示

$$b(r,t) = \frac{1}{M} \sum_{m=1}^{M} w_m x_m(t - \Delta_m(r)) \quad (5-16)$$

$$\Delta_m(r) = \frac{|r| - |r - r_m|}{c} \quad (5-17)$$

这里 r 表示参考点（也称为焦点）到第一个传感器的距离，在图 5-4 中表示为 S_1。$x_m(t)$ 变量表示由第 m 个传感器 S_m 获取的信号。$\Delta_m(r)$ 是第 m 个传感器的单个时间延迟，c 是声波的传播速度。对于不同的参考点（或焦点），时间延迟 $\Delta_m(r)$ 是不同的。当参考点与声源点重合时，式（5-16）的延迟-求和算法给出最大值 b，因为此时记录的信号是相加的。所有权重因子 w_m 均可取 1，或将 w_m 等同于归一化因子，使每个传感器记录的峰值均为 1。波束形成技术的优点在于，它不需要特定波模式的准确到达时间，因此如果噪声是高斯白噪声，则可以处理噪声信号。

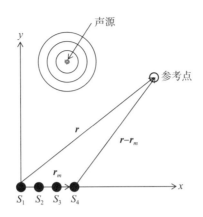

图 5-4 位置 S_1、S_2、S_3 和 S_4 处的四个传感器用于波束形成技术（当参考点与声源点重合时，式（5-16）中给出的参数 b 达到最大值）（Kundu，2014）。

5.2.5 未知波速各向同性板的应变 Rossette 技术

Matt 和 Lanza di Scalea（2007）以及 Salamone 等人（2010，2011）将 MFC（微纤维复合材料）传感器的方向性特性用于 ASL。使用三个这样的传感器排列成花形，获得了主应变方向。Betz 等人（2007）还从光纤布拉格光栅（FBG）传感器构建的应变花中获得了主应变方向。当波的传播方向与主应变方向一致时，就可以从这种应变花排列中预测波的传播方向，与各向同性板的情况一样。各向同性板中的声源可以从两个波传播方向的交点进行定位，该交点由总共六个 MFC 传感器组成的两个应变花获得。由于不需要波的到达时间，因此，该技术不受通过结构传播的波的噪声和色散的影响。然而，由于该技术要求主应变方向必须与通过直线连接声源和接收器获得的群速度（或能量速度）方向一致，因此不适用于各向异性板。

5.2.6 基于模态声发射的声源定位

弹性波在各向同性薄板中传播的模态分析给出了传播模式的色散特性。根据群速度色散曲线可以计算出声源和接收器之间一定距离内，拉伸和弯曲板波模式在传感器位置的到达时间之间的时间差（Jiao 等人，2004）。因此，在薄板中，可以根据一维波传播问题的单个接收传感器（Surgeon 和 Wevers，1999；Jiao 等人，2004）或板中二维波传播问题的两个传感器（Toyama 等人，2001）记录的这两个波模式到达时间之间的时间差来定位声源。在这种技术中，由于从理论上获得了声源产生的波形，因此除了其位置之外，还可以获得关于声源的一些信息。Gorman（1991）已经证明，在 0°、30°、60°和 90°的板表面上，铅笔芯断裂会产生具有不同平面内和平面外运动分量的波形。这种技术的优点是可以用较少的传感器定位声源，并且除了声源定位之外，还可以预测声源的一些特性。这种方法的局限性在于，必须事先知道板的特性及其厚度，以便进行理论分析。对于各向同性板，这可能不是问题，然而，对于各向异性板来说，精确地获得所有材料的特性是非常困难的。这种技术的另一个限制是必须首先求解满足适当控制方程和边界条件的板中波传播的力学问题。对于第 5.2.1 节至 5.2.5 节中描述的其他技术，不需要解决此力学问题。

5.3 各向异性板中的声源定位

5.3.1 各向异性结构波束成形技术

Nakatani 等人（2012a，b）将波束形成技术扩展到各向异性结构。对于各向异性板（或壳），式（5-17）有如下形式：

$$\Delta_m(\boldsymbol{r}) = \frac{|\boldsymbol{r}|}{c(\theta_1)} - \frac{|\boldsymbol{r}-\boldsymbol{r}_m|}{c(\theta_m)} \tag{5-18}$$

式中：θ_1 和 θ_m 分别对应从第一个传感器（S_1）和第 m 个传感器（S_m）到参考点的传播方向。

显然，这项技术需要与方向相关的速度分布的先验知识。通过调整时延 $\Delta_m(\boldsymbol{r})$，记录的信号可以在相加之前在时间上校准。当参考点与声源重合时，所有经过式（5-16）进行延迟-求和运算记录信号都是同相位的，因此 b 的值变为最大值。

如果参考点的坐标是（x_0, y_0），接收传感器 S_m 的坐标是（x_m, y_m），那么第 m 个传感器离参考点的距离 d_m 为

$$d_m = |\boldsymbol{r}-\boldsymbol{r}_m| = \sqrt{(x_m-x_0)^2+(y_m-y_0)^2} \quad m=1、2、3、4 \tag{5-19}$$

根据式（5-18）和式（5-19）可得

$$\Delta_m(x_0,y_0) = \frac{\sqrt{(x_1-x_0)^2+(y_1-y_0)^2}}{c(\theta_1)} - \frac{\sqrt{(x_m-x_0)^2+(y_m-y_0)^2}}{c(\theta_m)} \tag{5-20}$$

将式（5-20）代入式（5-16）可得

$$b(x_0,y_0) = \frac{1}{M}\sum_{m=1}^{M} w_m x_m \left[t - \frac{\sqrt{(x_1-x_0)^2+(y_1-y_0)^2}}{c(\theta_1)} + \frac{\sqrt{(x_m-x_0)^2+(y_m-y_0)^2}}{c(\theta_m)} \right] \tag{5-21}$$

使 b 达到最大值的 (x_0, y_0) 就是声源的坐标。因此，问题被简化为寻找 (x_0, y_0) 值以使 b 值最大化的优化问题。

5.3.2 各向异性板声源定位优化技术

在各向异性板中基于优化的声源定位技术的各种版本可在文献中找到（Kundu 等人，2007，2009；Kundu 等人，2008；Hajzargerbashi 等人，2011；Koabaz 等人，2012）。这里给出的推导是基于 Kundu 等人（2007，2008）的工作，这是 5.2.3 节中给出的公式的广义版本。对于各向同性和各向异性板，5.2.3 节的式（5-5）不变。然而，当波速 c 与方向有关时，式（5-6）发生变化。

$$d_i = \sqrt{(x_i-x_0)^2+(y_i-y_0)^2} = c(\theta_i)t_i \tag{5-22}$$

根据式（5-22）得到

$$\begin{cases} \dfrac{d_2}{d_1} = \dfrac{c(\theta_2)t_2}{c(\theta_1)t_1} = \dfrac{\sqrt{(x_2-x_0)^2+(y_2-y_0)^2}}{\sqrt{(x_1-x_0)^2+(y_1-y_0)^2}} = r_{21} \\ \dfrac{d_3}{d_1} = \dfrac{c(\theta_3)t_3}{c(\theta_1)t_1} = \dfrac{\sqrt{(x_3-x_0)^2+(y_3-y_0)^2}}{\sqrt{(x_1-x_0)^2+(y_1-y_0)^2}} = r_{31} \end{cases} \tag{5-23}$$

因此

$$\left(\frac{d_2}{d_1}\right)^2 + \left(\frac{d_3}{d_1}\right)^2 = \left(\frac{c(\theta_2)t_2}{c(\theta_1)t_1}\right)^2 + \left(\frac{c(\theta_3)t_3}{c(\theta_1)t_1}\right)^2$$

$$= \frac{(x_2-x_0)^2+(y_2-y_0)^2}{(x_1-x_0)^2+(y_1-y_0)^2} + \frac{(x_3-x_0)^2+(y_3-y_0)^2}{(x_1-x_0)^2+(y_1-y_0)^2}$$

$$\Rightarrow r_{21}^2 + r_{31}^2 = \frac{(x_2-x_0)^2+(y_2-y_0)^2+(x_3-x_0)^2+(y_3-y_0)^2}{(x_1-x_0)^2+(y_1-y_0)^2}$$

$$\Rightarrow r_{21}^2 + r_{31}^2 = \frac{2(x_0^2+y_0^2-x_0x_2-x_0x_3-y_0y_2-y_0y_3)+x_2^2+x_3^2+y_2^2+y_3^2}{x_0^2+y_0^2-2(x_0x_1+y_0y_1)+x_1^2+y_1^2}$$

$$\tag{5-24}$$

注意，式（5-24）与式（5-8）非常相似，两者之间的唯一区别是，r_{21} 和 r_{31} 现在是与方向相关的波速的函数。目标函数 $E(x_0, y_0)$ 可由式（5-24）构建，其方式与式（5-9）由式（5-8）构建相同。构造的各向异性板目标函数与式（5-9）的形式相同。声源的坐标 (x_0, y_0) 通过最小化该目标函数获得。

如果波速为 $c(\theta)$，则相对到达时间（或两个到达时间之差）及其比值可定义为

$$t_{21}=\frac{d_2}{c(\theta_2)}-\frac{d_1}{c(\theta_1)}=\frac{c(\theta_1)d_2-c(\theta_2)d_1}{c(\theta_2)c(\theta_1)}=\frac{1}{c(\theta_2)c(\theta_1)}\left\{\begin{array}{l}c(\theta_1)\sqrt{(x_2-x_0)^2+(y_2-y_0)^2}\\-c(\theta_2)\sqrt{(x_1-x_0)^2+(y_1-y_0)^2}\end{array}\right\}$$

$$t_{31}=\frac{c(\theta_1)d_3-c(\theta_3)d_1}{c(\theta_3)c(\theta_1)}=\frac{1}{c(\theta_3)c(\theta_1)}\left\{\begin{array}{l}c(\theta_1)\sqrt{(x_3-x_0)^2+(y_3-y_0)^2}\\-c(\theta_3)\sqrt{(x_1-x_0)^2+(y_1-y_0)^2}\end{array}\right\}$$

$$\Rightarrow \frac{t_{21}}{t_{31}}=\frac{c(\theta_3)}{c(\theta_2)}\left\{\frac{c(\theta_1)\sqrt{(x_2-x_0)^2+(y_2-y_0)^2}-c(\theta_2)\sqrt{(x_1-x_0)^2+(y_1-y_0)^2}}{c(\theta_1)\sqrt{(x_3-x_0)^2+(y_3-y_0)^2}-c(\theta_3)\sqrt{(x_1-x_0)^2+(y_1-y_0)^2}}\right\}$$

(5-25)

那么，目标函数 $E(x_0, y_0)$ 可以定义为

$$E(x_0,y_0)=\left(\frac{c(\theta_3)}{c(\theta_2)}\left\{\frac{c(\theta_1)\sqrt{(x_2-x_0)^2+(y_2-y_0)^2}-c(\theta_2)\sqrt{(x_1-x_0)^2+(y_1-y_0)^2}}{c(\theta_1)\sqrt{(x_3-x_0)^2+(y_3-y_0)^2}-c(\theta_3)\sqrt{(x_1-x_0)^2+(y_1-y_0)^2}}\right\}-\frac{t_{21}}{t_{31}}\right)^2$$

(5-26)

理想情况下，对于 (x_0, y_0) 的正确值，目标函数应该给出一个零值，而对于 (x_0, y_0) 错误值，它应该具有一个正值。因此，这个目标函数需要最小化。注意，在上述目标函数定义中，时间 t_1 在计算 t_{21} 和 t_{31} 时使用了两次，而 t_2 和 t_3 仅使用了一次。与第 5.2.3 节类似，为了在三个传感器位置给予三个测量到达时间同等的重要性或偏差，目标函数可以以不同的方式定义，如下所示。通过目标函数的这种定义，消除了所有偏差，因此，在任何一次到达时间测量中，声源预测不会受到实验误差的强烈影响。

$$E(x_0,y_0)=\left(\frac{c(\theta_3)}{c(\theta_1)}\left\{\frac{c(\theta_2)\sqrt{(x_1-x_0)^2+(y_1-y_0)^2}-c(\theta_1)\sqrt{(x_2-x_0)^2+(y_2-y_0)^2}}{c(\theta_3)\sqrt{(x_2-x_0)^2+(y_2-y_0)^2}-c(\theta_2)\sqrt{(x_3-x_0)^2+(y_3-y_0)^2}}\right\}-\frac{t_{12}}{t_{23}}\right)^2+$$

$$\left(\frac{c(\theta_1)}{c(\theta_2)}\left\{\frac{c(\theta_3)\sqrt{(x_2-x_0)^2+(y_2-y_0)^2}-c(\theta_2)\sqrt{(x_3-x_0)^2+(y_3-y_0)^2}}{c(\theta_1)\sqrt{(x_3-x_0)^2+(y_3-y_0)^2}-c(\theta_3)\sqrt{(x_1-x_0)^2+(y_1-y_0)^2}}\right\}-\frac{t_{23}}{t_{31}}\right)^2+$$

$$\left(\frac{c(\theta_2)}{c(\theta_3)}\left\{\frac{c(\theta_1)\sqrt{(x_3-x_0)^2+(y_3-y_0)^2}-c(\theta_3)\sqrt{(x_1-x_0)^2+(y_1-y_0)^2}}{c(\theta_2)\sqrt{(x_1-x_0)^2+(y_1-y_0)^2}-c(\theta_1)\sqrt{(x_2-x_0)^2+(y_2-y_0)^2}}\right\}-\frac{t_{31}}{t_{12}}\right)^2$$

(5-27)

如前所述，采用某种优化方案（单纯形算法或遗传算法），对上述目标函数求最小值即可得到冲击点 (x_0, y_0)。

式（5-27）的一个缺点是，对于 (x_0, y_0) 的某些未知值，分母 $c(\theta_i)\sqrt{(x_i-x_0)^2+(y_i-y_0)^2}-c(\theta_j)\sqrt{(x_j-x_0)^2+(y_j-y_0)^2}$ 会消失。对于 (x_0, y_0)

的这些值，目标函数变为无穷大，在计算目标函数时必须特别注意避免这些奇异点。但是，通过修改目标函数的定义，可以很容易地避免这个问题，如下所示

$$E(x_0,y_0) = \begin{pmatrix} t_{23}c(\theta_3)\{c(\theta_2)\sqrt{(x_1-x_0)^2+(y_1-y_0)^2} - c(\theta_1)\sqrt{(x_2-x_0)^2+(y_2-y_0)^2}\} \\ -t_{12}c(\theta_1)\{c(\theta_3)\sqrt{(x_2-x_0)^2+(y_2-y_0)^2} - c(\theta_2)\sqrt{(x_3-x_0)^2+(y_3-y_0)^2}\} \end{pmatrix}^2 +$$

$$\begin{pmatrix} t_{31}c(\theta_1)\{c(\theta_3)\sqrt{(x_2-x_0)^2+(y_2-y_0)^2} - c(\theta_3)\sqrt{(x_3-x_0)^2+(y_3-y_0)^2}\} \\ -t_{23}c(\theta_2)\{c(\theta_1)\sqrt{(x_3-x_0)^2+(y_3-y_0)^2} - c(\theta_3)\sqrt{(x_1-x_0)^2+(y_1-y_0)^2}\} \end{pmatrix}^2 +$$

$$\begin{pmatrix} t_{12}c(\theta_2)\{c(\theta_1)\sqrt{(x_3-x_0)^2+(y_3-y_0)^2} - c(\theta_3)\sqrt{(x_1-x_0)^2+(y_1-y_0)^2}\} \\ -t_{31}c(\theta_3)\{c(\theta_2)\sqrt{(x_1-x_0)^2+(y_1-y_0)^2} - c(\theta_1)\sqrt{(x_2-x_0)^2+(y_2-y_0)^2}\} \end{pmatrix}^2$$

(5-28)

或

$$E(x_0,y_0) = (t_{23}c(\theta_3)\{c(\theta_2)d_1 - c(\theta_1)d_2\} - t_{12}c(\theta_1)\{c(\theta_3)d_2 - c(\theta_2)d_1\})^2 +$$
$$(t_{31}c(\theta_1)\{c(\theta_3)d_2 - c(\theta_2)d_3\} - t_{23}c(\theta_2)\{c(\theta_1)d_3 - c(\theta_3)d_1\})^2 +$$
$$(t_{12}c(\theta_2)\{c(\theta_1)d_3 - c(\theta_3)d_1\} - t_{31}c(\theta_3)\{c(\theta_2)d_1 - c(\theta_1)d_2\})^2$$

(5-29)

式中：d_j 为冲击点 (x_0, y_0) 与第 j 个接收传感器位置 (x_j, y_j) 之间的距离，即

$$d_j = \sqrt{(x_j-x_0)^2 + (y_j-y_0)^2} \quad (5-30)$$

在结构上放置更多的接收传感器可以进一步提高预测精度。对于 n 个传感器，有 $n(n-1)/2$ 个独立的传感器对。为了做到无偏，误差函数需要包括来自每个独立的传感器对的信息，可以用以下方式构建。

由式（5-25）可以得到传感器对 i-j 和 k-l 的下列方程

$$t_{ij} = \frac{d_i}{c(\theta_i)} - \frac{d_j}{c(\theta_j)} = \frac{c(\theta_j)d_i - c(\theta_i)d_j}{c(\theta_i)c(\theta_j)}$$

$$t_{kl} = \frac{d_k}{c(\theta_k)} - \frac{d_l}{c(\theta_l)} = \frac{c(\theta_l)d_k - c(\theta_k)d_l}{c(\theta_k)c(\theta_l)}$$

$$\Rightarrow \frac{t_{ij}}{t_{kl}} = \frac{c(\theta_k)c(\theta_l)}{c(\theta_i)c(\theta_j)} \left\{ \frac{c(\theta_j)d_i - c(\theta_i)d_j}{c(\theta_l)d_k - c(\theta_k)d_l} \right\}$$

$$\Rightarrow \frac{t_{ij}}{t_{kl}} - \frac{c(\theta_k)c(\theta_l)}{c(\theta_i)c(\theta_j)} \left\{ \frac{c(\theta_j)d_i - c(\theta_i)d_j}{c(\theta_l)d_k - c(\theta_k)d_l} \right\} = 0$$

$$\Rightarrow t_{ij}c(\theta_i)c(\theta_j)\{c(\theta_l)d_k - c(\theta_k)d_l\} - t_{kl}c(\theta_k)c(\theta_l)\{c(\theta_j)d_i - c(\theta_i)d_j\} = 0$$

(5-31)

考虑所有可能的传感器对组合,得到具有 n 个接收传感器的平板监测系统的目标函数为

$$E(x_0,y_0)=\sum_{i=1}^{n-1}\sum_{j=i+1}^{n}\sum_{k=1}^{n-1}\sum_{l=k+1}^{n}[t_{ij}c(\theta_i)c(\theta_j)(c(\theta_l)d_k-c(\theta_k)d_l)\\-t_{kl}c(\theta_k)c(\theta_l)(c(\theta_j)d_i-c(\theta_i)d_j)]^2 \quad (5-32)$$

注意,波从源 (x_0, y_0) 到站 (x_j, y_j) 的传播方向角 θ_i 是从水平轴上测量的,可由下式得到:

$$\theta_i = \arctan\left(\frac{y_i-y_0}{x_i-x_0}\right) \quad (5-33)$$

以上公式适用于 (x_0, y_0) 到站 (x_j, y_j) 的所有可能的组合,其计算 θ_i 值应在 $-\pi/2$ 和 $+\pi/2$ 之间变化。由于 θ_i 和 $(\theta_i+\pi)$ 方向上的波速应该是相同的,因此在计算 $-\pi/2$ 和 $+3\pi/2$ 之间所有可能方向上的波速时,不需要考虑 $\theta=-\pi/2$ 和 $+\pi/2$ 边界以外的任何角度。

Hajzargerbashi 等人(2011)引入了另一个用于声源定位的目标函数,如下所示:

$$E(x_0,y_0)=(c(\theta_1)c(\theta_2)t_{12}-\sqrt{(x_1-x_0)^2+(y_1-y_0)^2}c(\theta_2)+c(\theta_1)\sqrt{(x_2-x_0)^2+(y_2-y_0)^2})^2+\\(c(\theta_1)c(\theta_3)t_{13}-\sqrt{(x_1-x_0)^2+(y_1-y_0)^2}c(\theta_3)+c(\theta_1)\sqrt{(x_3-x_0)^2+(y_3-y_0)^2})^2+\\(c(\theta_2)c(\theta_3)t_{23}-\sqrt{(x_2-x_0)^2+(y_2-y_0)^2}c(\theta_3)+c(\theta_2)\sqrt{(x_3-x_0)^2+(y_3-y_0)^2})^2$$

$$(5-34)$$

如果使用四个接收传感器,那么 Hajzargerbashi 等人(2011)提出的目标函数表达式为

$$E(x_0,y_0)=(c(\theta_1)c(\theta_2)t_{12}-\sqrt{(x_1-x_0)^2+(y_1-y_0)^2}c(\theta_2)+c(\theta_1)\sqrt{(x_2-x_0)^2+(y_2-y_0)^2})^2+\\(c(\theta_1)c(\theta_3)t_{13}-\sqrt{(x_1-x_0)^2+(y_1-y_0)^2}c(\theta_3)+c(\theta_1)\sqrt{(x_3-x_0)^2+(y_3-y_0)^2})^2+\\(c(\theta_1)c(\theta_4)t_{14}-\sqrt{(x_1-x_0)^2+(y_1-y_0)^2}c(\theta_4)+c(\theta_1)\sqrt{(x_4-x_0)^2+(y_4-y_0)^2})^2+\\(c(\theta_2)c(\theta_3)t_{23}-\sqrt{(x_2-x_0)^2+(y_2-y_0)^2}c(\theta_3)+c(\theta_2)\sqrt{(x_3-x_0)^2+(y_3-y_0)^2})^2+\\(c(\theta_2)c(\theta_4)t_{24}-\sqrt{(x_2-x_0)^2+(y_2-y_0)^2}c(\theta_4)+c(\theta_2)\sqrt{(x_4-x_0)^2+(y_4-y_0)^2})^2+\\(c(\theta_3)c(\theta_4)t_{34}-\sqrt{(x_3-x_0)^2+(y_2-y_0)^2}c(\theta_4)+c(\theta_3)\sqrt{(x_4-x_0)^2+(y_4-y_0)^2})^2$$

$$(5-35)$$

在结构上放置更多的接收传感器可以进一步改进预测结果。为了做到无偏,目标函数需要包含来自每一个可能的传感器对的相同次数的信息。传感器数量的增加会导致目标函数中项数数量的增加和计算机代码运行时间的增加。

在三个传感器的情况下,目标函数中的项数为三个;通过将传感器的数量更改为四个,项的数量增加到六个。对于 n 个传感器,该目标函数的一般形式由下式给出:

$$E(x_0,y_0) = \sum_{i=1}^{n-1}\sum_{j=i+1}^{n}\left[\begin{array}{l}c(\theta_i)c(\theta_j)t_{ij} - \sqrt{(x_i-x_0)^2+(y_i-y_0)^2}\,c(\theta_j) \\ + c(\theta_i)\sqrt{(x_j-x_0)^2+(y_j-y_0)^2}\end{array}\right]^2$$

(5-36)

注意,对于 n 个传感器,有 $n(n-1)/2$ 个独立的传感器对,因此式(5-36)中有 $n(n-1)/2$ 项。然而,在式(5-15)和式(5-32)求和数列中的项数为

$$\sum_{m=1}^{\left[\frac{n(n-1)}{2}-1\right]} m$$

注意,对于三个、四个和五个接收传感器的情况,式(5-36)中的项数应分别为 3、6 和 10,而式(5-15)和(5-32)中的项数分别为 3、15 和 45。显然,对于超过三个接收传感器的情况,当采用式(5-34)~式(5-36)给出的目标函数代替前面的式(5-15)和式(5-32)时,计算效率会显著提高。

5.3.3 材料属性未知各向异性板中的声源定位

在 5.3.1 节和 5.3.2 节中描述的两种技术需要了解各向异性平板中与方向相关的速度剖面来进行声源定位。只有对于各向同性板,才能在不知道板内波速的情况下定位声源,如第 5.2.2 节至 5.2.5 节所述。Kundu 等人(2012)提出了一种在各向异性板上进行声源定位的技术,只需要借助六个接收传感器,而不需要知道板中与方向相关的速度分布,也不需要求解非线性方程组。Kundu 等人(2012)随后对各向同性材料(需要四个传感器)和各向异性材料(需要六个传感器)制成的板进行了实验验证。值得注意的是,Ciampa 和 Meo(2010)和 Ciampa 等人(2012)也提出了一种在不知道各向异性板性质的情况下进行声源定位的技术。然而,他们的技术需要解一个非线性方程组,因此在计算上要求更高。下面简要介绍由 Kundu(2012)提出并经 Kundu 等人(2012)实验验证的技术。

如图 5-5 所示,板上安装有三个接收传感器 S_1、S_2 和 S_3。如果三个接收传感器 S_1、S_2 和 S_3 的坐标分别为 (x_1,y_1)、(x_2,y_2) 和 (x_3,y_3),那么从图 5-5 可以清楚地看出,$x_2=x_1+d$,$x_3=x_1$,$y_2=y_1$,$y_3=y_1+d$。声源(A)的坐标为 (x_A,y_A)。传感器之间的距离 d 远远小于声源 A 到第 i 个传感器 S_i 之间的距离 d。因此,可以假设 AS_1、AS_2 和 AS_3(图 5-5)的倾斜角 θ 近似相

等。由于这个假设,在这三个传感器处接收到的信号应该几乎相同,但有轻微的时移,从声源 A 出发在传感器 S_1、S_2 和 S_3 方向的波速应该几乎相同,即使对于各向异性板也是如此。角度 θ 可以表示为

$$\theta = \arctan\left(\frac{y_1 - y_A}{x_1 - x_A}\right) \approx \arctan\left(\frac{y_2 - y_A}{x_2 - x_A}\right) \approx \arctan\left(\frac{y_3 - y_A}{x_3 - x_A}\right) \quad (5-37)$$

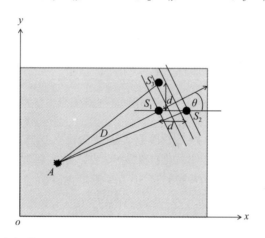

图 5-5 根据第 5.3.3 节描述的方法(Kundu 等人,2012)(需要在 S_1、S_2 和 S_3 位置安装三个传感器,以获取声源方向)

在到达传感器 S_1 之后,波前到达传感器 S_2 和 S_3 所用的时间可以分别表示为 $t_{21} = t_2 - t_1$ 和 $t_{31} = t_3 - t_1$。这两个时间延迟由下式给出

$$t_{21} = \frac{d\cos\theta}{c(\theta)} \quad (5-38)$$

$$t_{31} = \frac{d\sin\theta}{c(\theta)} \quad (5-39)$$

式中:$c(\theta)$ 为 θ 方向的波速。

根据式(5-38)和式(5-39)很容易得到

$$\theta = \arctan\left(\frac{t_{31}}{t_{21}}\right) \quad (5-40)$$

根据式(5-38)

$$c(\theta) = \frac{d \times \cos\theta}{t_{21}} = \frac{d \times t_{21}}{t_{21}\sqrt{t_{21}^2 + t_{31}^2}} = \frac{d}{\sqrt{t_{21}^2 + t_{31}^2}} \quad (5-41)$$

式中:$\cos\theta = t_{21}/\sqrt{t_{21}^2 + t_{31}^2}$ 是基于下面的考虑得到的。从图 5-5 可以清楚地看出,$(AS_2 - AS_1) = c(\theta)t_{21}$ 和 $(AS_3 - AS_1) = c(\theta)t_{31}$。假设三条线 AS_1、AS_2 和 AS_3

平行，这应该是声源远离传感器时的情况。注意，当 AS_1、AS_2 和 AS_3 平行时，两个三角形 S_1S_2P 和 S_1S_3Q 是相似的三角形。直线 AS_2 和 AS_3 分别在 P 点和 Q 点与穿过传感器 S_1 的波前相交。因此，

$$\cos\theta = \frac{PS_2}{S_1S_2} = \frac{PS_2}{\sqrt{PS_2^2 + PS_1^2}} = \frac{PS_2}{\sqrt{PS_2^2 + QS_3^2}} = \frac{c(\theta)t_{21}}{\sqrt{c(\theta)^2 t_{21}^2 + c(\theta)^2 t_{31}^2}} = \frac{t_{21}}{\sqrt{t_{21}^2 + t_{31}^2}} \quad (5-42)$$

根据式（5-40）和式（5-41），利用实验测量值 t_{21} 和 t_{31} 获得波传播方向和该方向上的波速。如果如图 5-6 所示，在板的另一个角附近安装另外三个传感器 S_4、S_5 和 S_6，则声波从声源到传感器 S_4 的传播方向 θ_4 和该方向的波速 $c(\theta_4)$ 可以用同样的方式由下面的公式中的 t_{54} 和 t_{64} 得到：

$$\theta_4 = \arctan\left(\frac{t_{64}}{t_{54}}\right) \quad (5-43)$$

$$c(\theta_4) = \frac{d}{\sqrt{t_{54}^2 + t_{64}^2}} \quad (5-44)$$

根据 S_1、S_2、S_3 传感器系统的式（5-37）和式（5-40），以及 S_4、S_5、S_6 传感器系统的两个类似方程，可以得到

$$\tan\theta = \frac{y_1 - y_A}{x_1 - x_A} = \frac{t_{31}}{t_{21}} \quad (5-45)$$

$$\tan\theta_4 = \frac{y_4 - y_A}{x_4 - x_A} = \frac{t_{64}}{t_{54}} \quad (5-46)$$

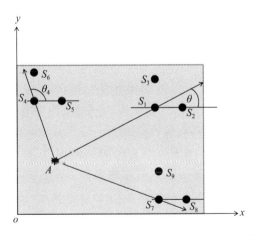

图 5-6　声源可以从两组传感器产生的两条方向线的交点定位（第三个传感器簇可用于调查第三条方向线是否也穿过其他两条线的交点，以再次确认预测结果）（Kundu 等人，2012）

式（5-45）和式（5-46）给出了一个具有两个未知量 x_A 和 y_A 的线性方程组，它们具有唯一解。换言之，穿过传感器 S_1 和 S_4 的两条倾角为 θ 和 θ_4 的直线相交于一点，该点应为声源点，如图5-6所示。

5.3.3.1 t_{ij} 的确定

应注意的是，所有导出值——声波传播方向（图5-6中的 θ 和 θ_4）、声源位置（图5-5和图5-6中 A）和方向相关波速 $c(\theta)$——均由 t_{ij} 获得。因此，有必要精确测量 t_{ij}。由于传感器之间的距离 d 很小，因此由放置得很近的第 i 和第 j 个传感器记录的两个信号之间的时间差 t_{ij} 预计将很小。然而，这一微小的时间差仍然可以通过以下方式精确测量。

设第 i 和第 j 个传感器记录的瞬时信号表示为两个数组 $I(t)=[I_1, I_2, I_3, \cdots, I_n]$ 和 $J(t)=[J_1, J_2, J_3, \cdots, J_n]$，其中，$I_n$ 和 J_n 表示时间 t_n 时的信号值。注意，瞬时信号中两个连续点之间的时间增量 δt 由 $\delta t = T/N-1$ 给出，其中，T 是记录的总时间，N 是瞬时信号中的总点数。这两个数组可以在其中一个数组中给出一个小的时延后相加或相乘，如下所示。

$$U(\Delta t) = \sum_{n=1}^{N-m}[\,|I_n + J_{n+m}|\,] \tag{5-47}$$

$$V(\Delta t) = \sum_{n=1}^{N-m}[\,|I_n \times J_{n+m}|\,] \tag{5-48}$$

式中

$$\Delta t = m \times \delta t \tag{5-49}$$

如果绘制 $U(\Delta t)$ 和 $V(\Delta t)$，那么它们应该在 $\Delta t = t_{ji}$ 处达到最大值，因为这时这两个数组是同相的。如果将两个同相的数组相加，并按式（5-47）所示取其大小，使相加后的负项均为正，则该值应大于相同的两个不同相的数组相加得到的值。当两个数组按式（5-48）相乘时，也可以得出同样的结论。用这种方法可以非常精确地测量 t_{ji}，其精度等于 δt，即记录的瞬时信号的时间增量。

5.3.3.2 预测精度的改进和检查

如图5-6所示，通过在板的另一个位置引入由另外3个接收传感器（S_7、S_8 和 S_9）组成的第三个传感器簇，可以检查和提高预测的准确性。如果该传感器簇生成的第三条线经过传感器簇（S_1、S_2、S_3）和（S_4、S_5、S_6）生成的前两条线的交点，则可以得出预测准确可靠的结论（图5-6）。否则，如果三条线形成一个三角形，而不是在一点上重合，那么这个预测结果就有一些不确定性。在这种情况下，两条较长的线（连接声源和传感器群）的交点应被视为声源点，而最短的线应被忽略。这是因为最靠近声源的传感器簇预计具有最大误差，因为传感器簇和声源之间的短距离违背了连接声源点和三个传感器的线几乎平行的假设。

5.3.3.3 实验验证

Kundu 等人（2012）提供了第 5.3.3 节所述方法的实验验证。他们在由纤维增强复合材料制成的非均匀厚度的各向异性弯曲板或壳上进行了实验，如图 5-7 所示。复合材料板展开尺寸为 1000mm×1240mm。如图 5-7 所示，两个传感器簇（S1、S2、S3）和（S4、S5、S6）安装在靠近弯曲板两角的凹侧。每个簇的三个传感器分别放置在边长为 15mm、15mm 和 $15\sqrt{2} = 21.21$mm 的等腰直角三角形的三个顶点上。两个簇之间的距离为 900mm。然后根据 5.3.3 节和 5.3.3.1 节中描述的公式预测声源（铅笔芯断裂位置）。声波从声源到板左下角和右下角附近传感器簇的传播方向预测如图 5-8 中的直线所示，在此图中，可以看到每个簇发出 10 条不同的线（5 条虚线和 5 条实线）。由于有些线条重合，看不出有十条不同的线条。理想情况下，所有这些线应该重合，因为尽管它们是在五个不同的时间从五个不同实验中获得的，但铅笔芯裂纹在同一位置断裂。这些线的方向从式（5-45）和式（5-46）中得到，而这些方程中的 Δt_{ij} 是从给出虚线的式（5-47）或给出实线的式（5-48）中得到的。从两个簇发出的这两组线的交点就是预测的声源位置。实际的声源位置也由图 5-8 中的实心菱形标记显示。

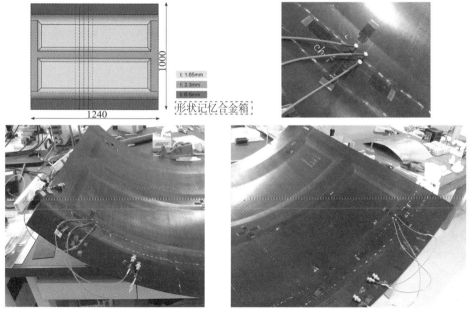

图 5-7　采用 5.3.3 节所述方法（Kundu 等人，2012）对不同厚度的弯曲复合材料板或壳试件进行声源定位实验

虽然在本实验中，图 5-8 中的预测点与真实声源位置接近，但在其他一些实验中，预测点与真实声源位置不一致，并且与声源的真实位置相差甚远，如图 5-9(a) 所示，该图由 Nakatani 等人（2014）为平板复合材料板试件生成的。他们研究了产生这种差异的原因，发现尽管人们预测集群中的三个传感器记录的信号应该有轻微的时移，但在其他方面几乎相同，但实际上并不是这样。记录信号后期部分的差异比初始部分更明显。他们的建议是只使用记录信

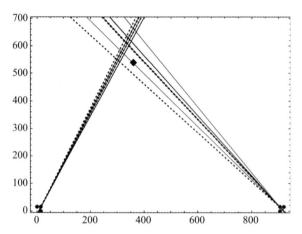

图 5-8 对于图 5-7 所示的复合试件，预测的声源位置由放置在试件左下角和右下角附近的两组传感器簇（用实心圆表示）绘制的两组直线的交点获得（实际的声源位置由菱形标记显示）（Kundu 等人，2012）。

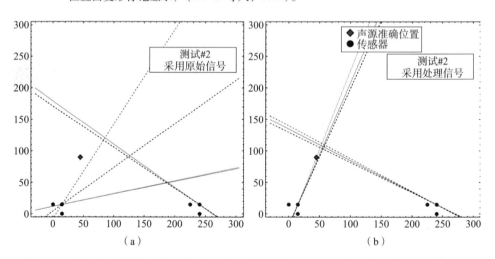

图 5-9 复合板中预测的声源位置是由两个传感器簇（用实心圆表示）绘制的直线的交点（真正的声源位置由菱形标记表示）（Nakatani 等人，2014）（a）考虑完整信号得到的；（b）根据记录信号的初始部分得到的。

号的初始部分（直到第一个倾角和峰值）。式（5-47）及式（5-48）中这个信号的初始部分应该被替换掉，以避免预测不一致。如图5-9所示，这一修改显著改善了预测结果，其中图5-9(a) 显示了未进行此修改的预测结果，图5-9(b) 显示了修改后的预测结果。考虑到整个信号，分析实验数据可以得到三个不同的预测结果，如图5-9(a) 所示。仅考虑信号的初始部分来生成预测声源位置的正确图。显然，图5-9(b) 能提供更准确的源位置。

Yin 等人（2018）提出了另一种改进。他们提出使用由四个传感器组成的 Z 形传感器簇，而不是由三个传感器组成的 L 形传感器簇，并证明由八个传感器组成的两个这样的 Z 形传感器簇可以准确预测声源位置。

需要指出的是，L 型和 Z 型传感器簇技术对弱各向异性板具有良好的应用效果。然而，对于高度各向异性的板，这些技术是无效的，应该使用第 5.8 节讨论的基于波前形状的技术。

5.3.4　平板材料属性未知时基于坡印亭向量技术的声源定位及其强度评估

Guyomar 等人（2011）提出了一种基于坡印亭向量（Poynting vector）分析的技术，通过该技术可以预测声源是在特定区域内部还是外部，并可以估计声源的强度。这种技术对于监测关键区域很有用，可以预测该区域是否被外来物体撞击，或者该区域是否已经形成裂纹。这种技术的工作原理借助于图 5-10 来说明。设一个大板块中的临界区（有时称为"热点"）在一个矩形区域 PQRS 内。为了自动监测该区域（以预测声源是否在该区域内），沿着该矩形区域 PQRS 的边界将压电传感器连接到板上。在每次声学事件发生后，利用波印亭向量得到离开监测区域的净声能。这是通过从离开监测区域的总能量中减去进入监测区域的能量来完成的。如果冲击点 A 在该区域内，则离开该区域的净能量应为正，但如果冲击点 B 在该区域外，则其应为零（如果板材料具有零衰减且在监测区域内没有能量损失）或负（如果由于材料衰减而在监测区域中吸收了一些能量）。通过这种方式，在不知道板材料弹性特性的情况下，可以预测声源位置——无论是在监测区域外部还是内部。然而，该技术无法预测声源的准确位置。如果声源在监测区域内，则可以通过计算离开监测区域的能量来预测声源的严重性。声源越强，离开监测区域的能量就越多。在第 5.3.2 节和第 5.3.3 节所述的其他技术中，可以根据接收传感器记录的信号强度间接估计声源的强度，因为声源越强产生的声信号越强。应注意的是，Nehorai 和 Paldi（1994）也将坡印亭向量技术用于电磁源定位。

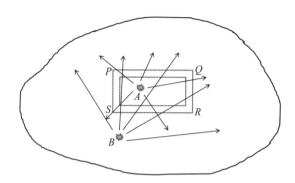

图 5-10 传感器沿预先定义的边界 PQRS 放置，通过坡印亭向量技术进行声源检测（Kundu，2014）

5.4　复杂结构中的声源定位

对于简单的三维固体介质或二维板状结构，其中声波沿着从声源到接收传感器的直线传播，上述技术工作良好。这些方法也适用于壳型结构，其简化假设是，当壳被展开以形成平板时，声波沿着展开的平板中的直线从声源传播到接收器。然而，在复杂的三维或二维结构中，如图 5-11 所示，由于存在内腔或其他不均匀性，产生的波不可能从声源直线传播到接收传感器。结构的复杂边界几何形状也可能限制上述技术定位声源的能力。在这些情况下，必须采用替代的声源定位技术。在图 5-11 所示的两个几何图形中，我们可以看到，从声源点 A 产生的波可以沿直线传播到其中一个传感器（S_1），但不能传播到所有传感器（例如 S_2 和 S_3），这是因为其路径上的内腔或不均匀性（图 5-11(a)）或复杂的边界几何（图 5-11(b)）阻碍了产生的波的直线传播。

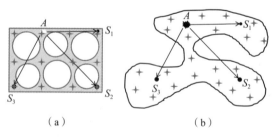

图 5-11　弹性波不能沿直线从声源传播到传感器的两种复杂结构的几何形状（Kundu，2014）

对于这些复杂结构中的声源定位，人们有两种选择：①采用劳动密集型和计算要求更高的人工神经网络（ANN）或基于脉冲响应函数（IRF）的时间反转技术；②在结构上放置密集分布的声学传感器。下面几节将讨论这两种技术。

5.4.1 基于时间反演和人工神经网络技术的复杂结构中的声源定位

Ing 等（2005）和 Ribay 等（2007）通过时间反转技术提出了 ASL。该方法需要三个步骤：

（1）通过机械冲击结构的多个点来收集训练数据集，并通过一个或多个表面安装的传感器测量相应的 IRF；

（2）记录传感器上的实际冲击事件信号；

（3）识别训练数据集中的 IRF，使其与实际冲击事件产生的 IRF 的相关性最大，从而确定相应的机械冲击点。

Grabec 和 Sachse（1989）、Sribar 和 Sachse（1993）和 Kosel 等人（2000）等人提出了一种类似的方法，通过反演冲击响应函数和避免波动力学分析来进行声源定位，他们使用 ANN 和模式识别技术来解决这个逆向问题。这些技术的优点是，它们不需要了解波速或结构几何形状，除了位置之外，还可以估计声源的强度，是一种劳动密集和计算要求高的技术，需要重复训练，这可能需要很长时间才能覆盖一个大的区域，并且需要通过人工冲击或采用机器人设备来进行

Park 等人（2012）通过使用扫描激光多普勒振动计（SLDV）自动加速了训练，该振动计可以基于多普勒效应测量平面外速度（Staszewski 等人，2004；Scruby 和 Drain，1990 年）。他们通过激励表面安装的 PZT 传感器产生 IRF，并基于这些 IRF 之间的相互作用通过 SLDV 感测信号。原则上，这种技术可以应用于任何复杂结构中的声源定位，然而，迄今为止所研究的结构的复杂程度相当有限。例如，Park 等人（2012）研究了飞机机翼和铝制机身，其中声波可以直接从声源传播到传感器，而不会在其路径上遇到任何障碍，因此，第 5.3.2 节和第 5.3.3 节中描述的一些不需要波速信息的技术也适用于这些结构中的声源定位。

Baxter 等人（2007）和 Hensman 等人（2010）已经考虑了在声源和传感器之间的路径上具有圆形孔的更复杂的结构。这里简要描述了他们的方法。对于从声源沿无障碍路径传播到两个传感器 i 和 j 的波，到达两个传感器的时间之间的理想时间差可以写为

$$\Delta t_{ij} = \frac{|E-S_i| - |E-S_j|}{c} \quad (5-50)$$

式中：$|E-S_i|$ 为声源位置和第 i 个传感器之间的欧几里得距离。然而，在如

图 5-11 所示的障碍物存在的情况下，实验记录的时差 ΔT_{ij} 预计与 Δt_{ij} 不同。因此，最小化以下目标函数可以在波传播不受阻碍的结构中定位声源。

$$Z = \sum_{i,j}\left[\Delta t_{ij} - \frac{|E-S_i|-|E-S_j|}{c}\right] = \sum_{i,j}\left[\Delta T_{ij}\Delta t_{ij}\right] \quad (5-51)$$

这种最小化不能定位复杂结构中的声源，如图 5-11 所示。对于这种复杂结构中的声源定位，Baxter 等人（2007 年）提出了"Delta T"法，用于根据一组人工训练数据来定位 AE 事件，这些数据是由铅笔芯断裂产生的（Hsu，1977 年）。这种 Delta T 方法在他们考虑的问题中的每个网格点产生了十个人工声源。它包括取每个传感器的十个到达时间的平均值，并使用网格点之间的线性插值，在整个结构中的每对传感器之间构建预期 ΔT 信息的映射。然后，该映射替换了上述目标函数中的 Δt_{ij} 表达式，以便测试事件能够与训练数据匹配。Hensman 等人（2010）改进了这一技术。他们引入了概率解释，因此需要较少的训练数据。

5.4.2 基于密集分布传感器的声源定位

在复杂结构中进行声源定位的第二种方法是在结构上放置多个传感器，如图 5-11 中的叉号所示。如果声源 A 恰好非常接近一个这样的传感器，如图 5-11(a) 所示，那么该传感器记录的应变将是最高的，因此，可以肯定地说，声源的位置非常接近传感器。如果声源靠近几个传感器，如图 5-11(b) 所示，那么几个传感器测得的应变都会很高。在这种情况下，我们只能说撞击点位于这些传感器附近。

对于复合材料板的检测，薄压电材料可以沉积在被称为 SMARTTM 层的柔性层上，在柔性表面上制造多个传感器（Tracy 和 Chang，1996；Lin，1998；Lin 和 Chang，1998；Seydel 和 Chang，1999；Wang，999；Wang 和 Chang，2000；Park 和 Chang，2003）。然后将这一柔性层放置在复合材料板内部，以保护传感器免受不利环境和冲击物体的直接撞击。该 SMART™ 层还可以附着在复杂结构的表面进行监控。

除了压电传感器，还在结构表面安装了多个光纤布拉格光栅（FBG）传感器，当撞击点靠近多个传感器但不一定击中传感器时，通过估计冲击产生的应变应该最大的位置来预测撞击点（Hiche 等人，2011）。尽管基于分布式传感器的技术原则上适用于图 5-11 所示的复杂结构，但文献中报道的大多数研究都局限于平板或弯曲复合材料板，在这些情况下，5.3 节报道的技术也适用，而且需要较少的传感器。

5.5 三维结构中的声源定位

需要注意的是，式（5-51）是一个通用目标函数，可以通过最小化在一、二或三维结构中进行声源定位。Ting 等（2012）用这种方法对圆柱形煤样中的声源进行定位。Dong 和 Li（2012）通过将传感器放置在立方体的选定角点上，然后推导出源定位的解析表达式，简化了三维物体中的源定位。

5.6 到达时间的自动确定

在 5.2.1~5.2.3 节、5.2.6 节和 5.3.2 节中讨论的许多声源定位技术，如三角测量技术、模态声发射和基于优化的技术，都需要准确确定声信号到达的确切时间。对于自动声源定位（无需人工干预），通过对记录的声学信号进行适当的信号处理来准确确定这个参数是非常重要的。除了标准阈值交叉技术外，已经提出了几种方法来确定声波信号的确切到达时间，如小波变换、LTA/STA（长时间平均/短时间平均）分析、高阶统计量（HOS）（Lokajicek 和 Klima，2006）、基于 Akaike 信息准则的特殊特征函数（AIC）（Sedlak 等，2009）和 Maeda 方程（Sedlak 等，2013）。然而，对于大量的声源定位技术，如第 5.2.4 和第 5.3.3 节所述的需要两个不同传感器的声学信号到达时间差的技术，前面讨论的互相关技术就足够了。

5.7 声源预测中的不确定性

由于常用的飞行时间、应变值等参数的实验测量存在不可避免的误差，所有实验技术的预测都存在一定的不确定性。Niri 等人（2012）以及 Niri 和 Salamone（2012）提出了一种针对 ASL 的概率方法。他们考虑了由于海森堡测不准原理（Heisenberg uncertainty principle）在飞行时间测量中的系统误差，然后使用扩展卡尔曼滤波器迭代估计各向同性板中的声源位置和波速。他们考虑了波速和飞行时间测量的不确定性，并通过融合多传感器数据，使用扩展卡尔曼滤波器过滤掉不确定性。

5.8 基于波前分析的各向异性板中的声源定位

如 5.3.3 节所述，在不知道各向异性板的性质的情况下，在各向异性板的

ASL 技术仅适用于弱各向异性材料。这是因为在这一节中讨论的所有技术都假设波能沿一条直线从声源传播到接收器。然而，对于各向异性板，这是不正确的。对于高度各向异性的平板，波的路径明显偏离直线。因此，沿直线延伸接收器位置处的波传播方向并假设声源位于该直线上是不正确的，尤其是对于高度各向异性的板。

任何可靠的方法都应假定各向异性板中的波沿曲线传播并形成非圆形波前。因此，对于高度各向异性的固体，假设波能量从声源到接收器直线传播的 ASL 技术必然会产生一些误差。

Park 等人（2017）提出了一种在各向异性平板中考虑非圆波前形状的 ASL 新技术。在一个高度各向异性板中，他们考虑了两种常见的波前形状——菱形和椭圆形，这是正交异性板中的典型情况，展示了如何在不了解各向异性板的所有材料特性的情况下成功定位声源。以下是 Park 等人（2017）对该技术的逐步详细描述。数值和实验结果验证了他们的技术（Park，2016）。

5.8.1　基于传感器簇的波传播方向向量测量

首先，测量簇位置处的波传播方向。Park 等人（2017）采用了 Kundu（2012）介绍的技术，将一个由三个传感器组成的 L 型传感器簇连接到板上。P_1 和 P_2 的两个角传感器被放置在簇的末端，与中间的传感器 O 距离为 d，如图 5-12 所示。传感器簇安装在平板表面，同步记录入射波信号。图 5-13(a) 显示了放置在 O 和 P_1 处的传感器记录的信号，这些信号是由远离传感器簇的声源产生的。由于声源位于远离传感器簇的位置，因此，可以假定通过传感器

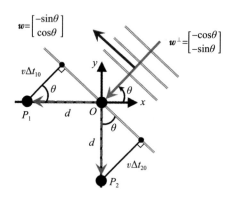

图 5-12　在传感器簇位置的平面波前，传感器 P_1 和 P_2 位于距传感器 O 为 d 的位置（方向向量（$w^\perp$）和平行向量（w）是通过测量两对传感器（P_1O 和 P_2O）之间的 TDOA（到达时间差），然后计算它们的比值 $\tan\theta = \Delta t_{20}/\Delta t_{10}$ 而获得的）。

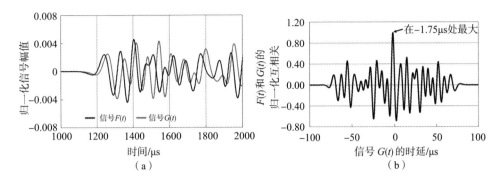

图 5-13 （a）在传感器 O 处测得信号 $F(t)$，在传感器 P_1 处测得信号 $G(t)$（传感器位置见图 5-12，注意，信号模式在 1100~1500μs 的时间范围内非常相似；（b）计算并显示两个信号在时间范围（1100~1500μs）内的互相关，最大相关性出现在 -1.75μs，对应于两个信号之间的时延（Park 等人，2017）。

簇的波前为平面波前，如图 5-12 所示。注意，图 5-13（a）中每个信号的前一个或两个峰值在形状上显示出良好的一致性，但它们的形状在后面的部分有明显的偏差。通过两个信号的前一个或两个峰值的相互关系，可以准确地计算出两个信号的到达时间差（TDOA）。

从局部 x-y 坐标的第一象限朝向点 O 的方向向量（$\boldsymbol{w}^\perp$）和平行向量（$\boldsymbol{w}$），可以描述为

$$[\boldsymbol{w}^\perp \quad \boldsymbol{w}] = \begin{bmatrix} -\cos\theta & -\sin\theta \\ -\sin\theta & \cos\theta \end{bmatrix} \quad (5-52)$$

式中：θ 遵循符号约定：逆时针方向为正，通过两个 TDOA 的四象限反正切获得

$$\tan\theta = \frac{\sin\theta}{\cos\theta} = \frac{v\Delta t_{20}/d}{v\Delta t_{10}/d} = \frac{\Delta t_{20}}{\Delta t_{10}} = \frac{t_2 - t_0}{t_1 - t_0} \quad (5-53)$$

$$\theta = \arctan\left(\frac{t_2 - t_0}{t_1 - t_0}\right) \quad (5-54)$$

利用平面波前近似，可以假设三个传感器在第一个接收信号附近具有相同的信号模式，然后信号被分散。TDOA 为两个接收信号之间的时延，是通过互相关技术计算的，当一个信号的时延连续变化时，通过绘制两个信号的乘积来计算的。两个传感器记录的两个信号一起显示在图 5-13（a）中。在 1100~1500μs 范围内发现了具有小时延的相似信号。用互相关技术可以很容易地发现它们之间的时延。该方法通过下列计算检验两个给定信号之间的相似性：

$$[F(t)*G(t)](\tau) = \int F(t)G(t+\tau)\mathrm{d}t \qquad (5-55)$$

互相关图的最大值对应于时延，如图 5-13(b) 所示。

5.8.2 各向异性板中波传播的数值模拟

采用 cuLISA3D 软件对 500mm×500mm×2mm 各向异性薄板进行建模，并进行正交各向异性板材料特性的数值模拟，如表 5-1 所列（Park 等，2017）。模型中，在板厚方向采用了八个单元，即 $\Delta z = 0.25$mm，平面内单元尺寸 $\Delta x = \Delta y = 0.5$mm。模型中的单元总数为 800 万。为保证显式时间积分方案的稳定性，取时间步长 Δt 为 0.025μs。

表 5-1 数值模拟中使用的正交异性材料特性

正交异性材料特性		数值
质量密度		1.5×10^{-9}t/mm^3 = 1500kg/m^3
弹性模量	E_1	66400MPa
	E_2 和 E_3	6000MPa
泊松比	v_{12}	0.2
	v_{32} 和 v_{31}	0.25
剪切模量	G_{12}	1400MPa
	G_{23} 和 G_{31}	2100MPa

声源位于平板（250，250）的中心，由高斯窗调制的双周期正弦信号激励。该模型采用自由边界条件，既避免了仿真模型在模型大小方面的计算复杂度，又保证了大规模并行计算的高精度。图 5-14(a) 显示了数值模拟在 $t = 100$ms 时的合成波前。不同的传感器簇被放置在不同的位置，如图 5-14(b) 所示。每个簇的传感器在水平和垂直方向上的距离都是 15mm。传感器记录的时间历程从数值模拟数据中得到，如图 5-13 和图 5-15 所示。

所有 18 个传感器都记录了输入信号并将其存储，直到模拟结束。其中一个接收信号（深黑实线）如图 5-15 所示。当取信号的绝对值并以对数标度绘制时，三个不同的幅值级别就会清晰地显示出来。最低级别表示数值误差。第一个波群以相对较小的能量撞击传感器，但传播速度更快，而第二个波群则以较高的能量到达传感器（图 5-15 中的灰色实线）。

第 5.8.1 节中描述的所有 $w^\perp$ 通过测量第一波群和第二波群在每个簇上的 TDOA 来计算。图 5-16 绘制出了沿每个 $w^\perp$ 的直线。如前所述，如果波前是圆形的，这些线应该穿过声源。然而，对于这里考虑的各向异性板，直线不经过一个公共点。在图 5-16(a) 中，在声源位置的两侧几乎观察到两组平行线。在图 5-16(b) 中，可以观察到不同位置的多个交叉点。该图强调了在不了解板的材料特性的情况下，需要更精确的声源定位技术。下面将介绍 Park 等人（2017）开发的新技术。

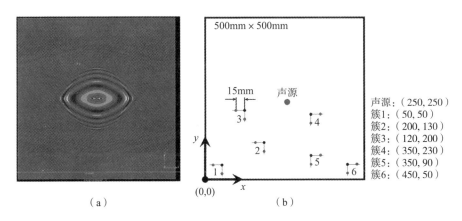

图 5-14　(a) 数值模拟弹性波在各向异性平板中的传播（该图像是在 $t=100\mu s$ 时获得的）；(b) 在不同位置的六个传感器簇记录波信号（每个簇中的传感器在水平和垂直方向上都相隔 15mm，例如，簇 1 的三个传感器分别位于（35，50）、（50，50）和（50，35））(Park 等人，2017)。

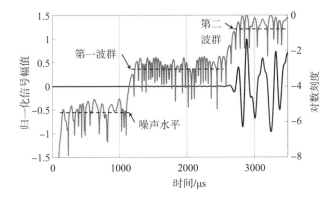

图 5-15　一个传感器记录的信号被绘制在黑色的实线上（当信号的绝对值以对数刻度绘制，如灰色实线所示时，可以注意到三个显著不同的信号能量级别，代表白噪声或数值误差，第一波群和第二波群）(Park 等人，2017)

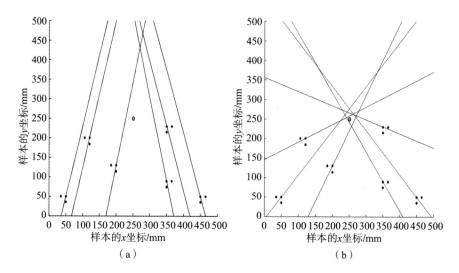

图 5-16 显示了平行于每个 $w^{\perp}$ 的线（见图 5-12）（其中 $w^{\perp}$ 是使用式（5-54）根据每个簇测得的 TDOA 获得的，预测来自（a）具有菱形波阵面的第一波群和（b）具有非圆形（近似椭圆形）波阵面的第二波群，注意，预测声源位置的交点与中间坐标（250，250）处的单个点表示的实际声源位置相差甚远，图 5-16(a) 中预测误差较大）（Park 等人，2017）。

5.8.3 基于波前的声源定位技术

在 5.3.3 节中描述的早期技术假设波能沿一条直线从源传播到接收器。然而，对于各向异性板，这个假设是不成立的。Park 等人（2017）提出从传播波前的形状来定位声源，而不是试图追踪波的能量路径。他们考虑了两种波前形状：菱形和椭圆。

5.8.3.1 菱形波前

在各向异性板中，传播波形成非圆形波前，通常接近菱形或椭圆。当菱形波阵面形成时，无论两个相邻簇的位置如何，所测得的波传播方向向量（$w^{\perp}$）都变得平行，如图 5-16(a) 所示。在这个例子中，菱形波阵面比其他波阵面传播得更快，因此传感器首先探测到它，而不受来自边界的反射波的干扰。

对于 ASL，分析了图 5-17 所示的同心菱形波面。利用同心菱形的几何特性来确定声源位置。所有同心菱形都共享一条垂直对角线和一条水平对角线，这两条对角线的交点应该是如图 5-17 所示的声源位置。需要注意的是，形状速度或菱形波前的速度是恒定的。两个传感器簇 S_r 和 S_1 沿波传播方向的距离用 d_{r1} 表示。这两个传感器簇之间的 TDOA 为 (t_r-t_1)。那么，形状速度为 $\mu=d_{r1}/(t_r-t_1)$。

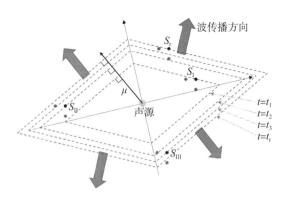

图 5-17 菱形波前由声源产生，并以形状速度（或波前速度）μ 扩展（当 $t=t_1$ 时，传感器簇 S_I 首先捕获波前，然后，簇 S_{II}、S_{III} 和 S_r 分别在 t_2、t_3 和 t_r 处先后接收信号，利用所有簇和 TDOA 的方向向量进行简单的向量分析，可以形成同心菱形的对角线，两条对角线的交点给出了最终声源位置）（Park 等人，2017）

为了计算形状速度，Park 等人（2017）将两个簇 S_r 和 S_I 放在同一象限。根据他们的理论，在产生菱形波前的各向异性板中定位声源所需的最小传感器簇数为四个。然而，所需簇的数量可以进一步减少到三个，因为也可以从单个簇（S_r 和 S_I）计算波前形状速度。在获得通过该簇的波传播方向之后，可以使用式（5-41）来计算通过簇的波前速度，并避免在同一象限中使用两个簇。

利用方向向量和簇 S_I 和 S_{II} 之间的 TDOA(t_2-t_1)，通过简单的向量分析可以得到菱形的一条对角线。同样，菱形的第二个对角线可以由簇 S_I 和 S_{III} 之间的方向向量和 TDOA(t_3-t_1) 得到。这两条对角线分别表示为垂直对角线和水平对角线。具体推导如下。从同心菱形得到两条对角线后，从两条对角线的交点处确定声源位置。因此，在不知道各向异性平板的任何材料属性和方向相关速度剖面的情况下，仅需要菱形形状的几何性质和三个簇位置处的方向向量测量结果来预测准确的声源位置。

第 5.8.1 节描述了传感器簇的方向向量和平行向量。前面已经讨论了如何通过对任意两个传感器处的接收信号应用互相关技术来获得这两个传感器之间的 TDOA。下面介绍用于定位声源的向量分析。我们把 S_r 和 S_I 处的方向向量表示为 $\boldsymbol{u}^\perp$，在 S_I 处的平行向量为 $\boldsymbol{u}$。若波前 L_I 与波前 L_r 之间的距离为 d_{1r}，则形状速度或波前速度可通过以下方式得到：

$$\mu = \frac{d_{1r}}{t_r-t_1} = \frac{\|\operatorname{proj}_{\overrightarrow{\boldsymbol{u}^\perp}}(\boldsymbol{S}_R-\boldsymbol{S}_I)\|}{t_r-t_1} = \left\| \frac{(\boldsymbol{S}_R-\boldsymbol{S}_I)\cdot \boldsymbol{u}^\perp}{\boldsymbol{u}^\perp \cdot \boldsymbol{u}^\perp}\boldsymbol{u}^\perp \right\| \Big/ (t_r-t_1) \quad (5-56)$$

式中：$\operatorname{proj}_b \boldsymbol{a}$ 表示向量 $\boldsymbol{a}$ 在 $\boldsymbol{b}$ 上的投影。

S_{II} 处的另一个方向向量和平行向量分别表示为 $v^\perp$ 和 v。接下来，将直线 L_1 在二维平面上的参数表示（κ_1：实空间中的某个数）介绍如下：

$$L_1 = \{S_1 + \kappa_1 u \mid \kappa_1 \in \mathbb{R}\} \quad (5-57)$$

式中：$\mathbb{R}$ 为实数空间，所有的向量都有两个坐标分量，$(x, y)^T$。如果 S_1 和 S_{II} 之间的时差为零，则图 5-18(a) 中的平分线 V_{bi} 直接成为菱形的垂直对角线。否则，线 L_1 应偏移 d_{12}，使菱形在 $t = t_2$ 处对齐，以便找到真正的垂直平分线 V_{tr}。使用给定的形状速度，便宜量可以简单表示为

$$d_{12} = \mu(t_2 - t_1) \quad (5-58)$$

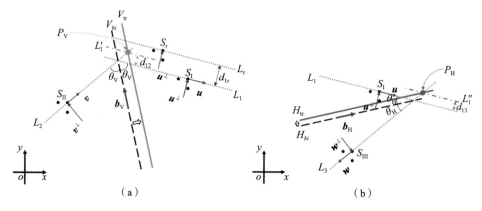

图 5-18 （a）V_{tr} 和（b）H_{tr} 由四个簇的方向向量和 TDOA 得到（Park 等人，2017）

偏移直线（L_1'）可以由以下涉及偏移的参数（κ_1'：实空间中的某个数）推导得到

$$L_1' = \left\{S_1 + d_{12} \frac{u^\perp}{\|u^\perp\|} + \kappa_1' u \,\middle|\, \kappa' \in \mathbb{R}\right\} \quad (5-59)$$

而通过 S_{II} 的线（L_2）可以以相同的方式给出：

$$L_2 = \{S_{II} + \kappa_2 v \mid \kappa_2 \in \mathbb{R}\} \quad (5-60)$$

然后，求解 $L_1' = L_2$ 找到 L_1' 和 L_2 的交点（P_V），表示为

$$S_1 + d_{12} \frac{u^\perp}{\|u^\perp\|} + \kappa_1' u = S_{II} + \kappa_2 v \quad (5-61)$$

将式（5-61）重新整理如下，可以求解两个未知数 k_1 和 k_2 的联立方程：

$$\begin{bmatrix} \kappa_1' \\ \kappa_2 \end{bmatrix} = [\underline{u} \quad -\underline{v}]^{-1} \left(\underline{S_{II}} - \underline{S_1} - d_{12} \frac{u^\perp}{\|u^\perp\|}\right) \quad (5-62)$$

P_V 的计算方法是将 κ_1' 代入式（5-59）或将 κ_2 代入真等分线 V_{tr}（图 5-18(a) 中的实线）的参数表达式（5-60）。

$$V_{tr} = \{P_V + \kappa_V b_V \mid \kappa_V \in \mathbb{R}\} \tag{5-63}$$

式中：b_V 平行于平分线，由两个单位向量相加得到

$$b_V = \frac{u^\perp}{\|u^\perp\|} + \frac{v^\perp}{\|v^\perp\|} \tag{5-64}$$

为了得到菱形波阵面的真实水平对角线（H_{tr}），可以按照式（5-58）~式（5-64）中描述的步骤进行。根据 S_I 和 S_{III} 之间的 TDOA 计算新的偏移量（d_{13}）和新的偏移线（L_1），如图 5-18(b) 所示。

$$d_{13} = \mu(t_3 - t_1) \tag{5-65}$$

和

$$L_1'' = \left\{ S_1 + d_{13} \frac{u^\perp}{\|u^\perp\|} + \kappa_1'' u \mid \kappa'' \in \mathbb{R} \right\} \tag{5-66}$$

另一条通过 S_{III} 的直线用方向向量（w）表示为

$$L_3 = \{S_{III} + \kappa_3 w \mid \kappa_3 \in \mathbb{R}\} \tag{5-67}$$

为了得到交点 P_H，需要求解下式

$$L_1'' = L_3 \tag{5-68}$$

式（5-68）表示为

$$S_1 + d_{13} \frac{u^\perp}{\|u^\perp\|} + \kappa_1'' u = S_{III} + \kappa_3'' w \tag{5-69}$$

通过重新排列式（5-69），可以得到以下联立方程组，从中可以求解两个未知数 κ_1'' 和 κ_3：

$$\begin{bmatrix} \kappa_1'' \\ \kappa_3 \end{bmatrix} = [\underline{u} \quad -\underline{w}]^{-1} \left(\underline{S_{III}} - \underline{S_I} - d_{13} \frac{u^\perp}{\|u^\perp\|} \right) \tag{5-70}$$

P_H 的计算方法是将 κ_1'' 代入式（5-66）或将 κ_3 代入式（5-67），并用于等分线 H_{tr} 的参数表达式中（图 5-18(b) 中的实线）

$$H_{tr} = \{P_H + \kappa_H b_H \mid \kappa_H \in \mathbb{R}\} \tag{5-71}$$

式中：b_H 平行于平分线：

$$b_H = \frac{u^\perp}{\|u^\perp\|} + \frac{w^\perp}{\|w^\perp\|} \tag{5-72}$$

由于两个真等分线是菱形波前的对角线，我们可以得出结论，V_{tr} 和 H_{tr} 的最终交点一定是声源位置。预测声源位置（P_S）的最后一步是求解以下关系：

$$V_{tr} = H_{tr} \tag{5-73}$$

将式（5-63）和式（5-71）代入式（5-73）得到

$$P_V + \kappa_V b_V = P_H + \kappa_H b_H \tag{5-74}$$

经过一些代数运算后，

$$\begin{bmatrix} \kappa_V \\ \kappa_H \end{bmatrix} = [\underline{b}_V \quad -\underline{b}_H]^{-1}(\underline{P}_H - \underline{P}_V) \tag{5-75}$$

图 5-19 所示的估计的声源位置（P_S^*）最终通过将 κ_V 代入方程（5-63）或将 κ_H 代入方程中（5-71）来确定。

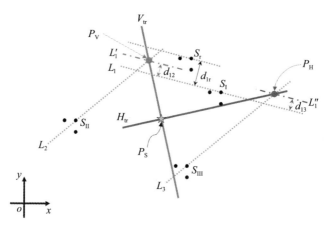

图 5-19　两个计算得到的平分线（V_{tr} 和 H_{tr}）被绘制在一起（两条线的交点用星号标记，表示经过一系列向量分析（包括方向向量和 TDOA）后得到的最终声源位置）（Park 等人，2017）

5.8.3.2　椭圆波前

对于各向异性板，另一种常见的非圆波前为椭圆或近似椭圆，如图 5-14(a) 所示。图 5-16 显示了当实际波前接近菱形（图 5-16(a)）或椭圆形（图 5-16(b)）时，假设圆波前的源定位技术在各向异性板上是如何失败的。在这里考虑的例子中，椭圆波前在菱形波前的后面传播（图 5-14(a)），但椭圆波前的传播能量要高得多，因此在该波前的记录信号中给出了更高的信噪比。下面给出的椭圆波前和近椭圆波前的分析均基于 Sen 和 Kundu（2018）的工作。

图 5-20 所示的椭圆波前方程由下式给出

$$\frac{(x-C_x)^2}{a^2} + \frac{(y-C_y)^2}{b^2} = 1 \tag{5-76}$$

式中：(x, y) 为椭圆上一点的坐标；(C_x, C_y) 为声源的坐标；a 和 b 分别为长半轴和短半轴的长度。

式（5-76）对 x 求导得到

$$\frac{dy}{dx} = -\frac{b^2}{a^2}\frac{x-C_x}{y-C_y} \tag{5-77}$$

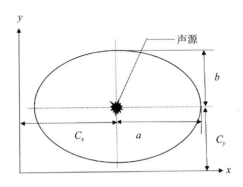

图 5-20 椭圆波前示意图（Sen 和 Kundu，2018）

声学事件产生本质上同心的波前。因此，比率 b^2/a^2 可以用单个（正的）未知参数 λ 来代替。因此，式（5-77）可以改写为

$$\lambda(x-C_x) + m(y-C_y) = 0 \qquad (5-78)$$

式中：$m = dy/dx$。

由于波前穿过传感器簇，对于第 i 个传感器簇，式（5-78）给出

$$\lambda(x_i - C_x) + m_i(y_i - C_y) = 0 \qquad (5-79)$$

式中：(x_i, y_i) 为第 i 个传感器簇的坐标；m_i 为在该组测量的斜率 m。可以注意到，m_i 在物理上代表波前切线在 (x_i, y_i) 处的斜率，即

$$m_i = \tan\psi_i \qquad (5-80)$$

式中：ψ_i 是第 i 个传感器簇的角度 ψ（图 5-21）。

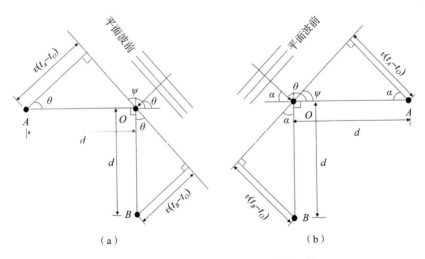

图 5-21 a 型传感器簇和 b 型传感器簇

需要注意的是，Park 等人（2017）考虑了图 5-21(a) 和 5-21(b) 所示的 L 形传感器簇的两种不同方向，分别表示为 a 型和 b 型传感器簇。这两个方向之间的关键区别在于三个传感器 A、O 和 B 在簇中的相对位置。从图 5-21 中可以看出，a 型传感器簇接收的入射波角是锐角，b 型传感器簇接收的入射波角是钝角。可以证明，这两种类型的传感器簇之间的基本差异导致入射波角的切线由相同测量量的相反符号给出。这两种类型的传感器簇都安装在一个板上，这样直线 AO 和 OB 分别平行于假定坐标系的 x 轴和 y 轴。

角 θ 为平面波前撞击传感器簇的入射角。波前首先到达传感器 O，然后击中传感器 A 或 B。如果 t_O、t_A 和 t_B 分别表示信号从声源到传感器 O、A 和 B 的到达时间（TOA），那么对于 a 型传感器簇（见图 5-21a），$\tan\theta$ 可以表示为

$$\tan\theta = \frac{\sin\theta}{\cos\theta} = \frac{v(t_B - t_O)/d}{v(t_A - t_O)/d} = \frac{\Delta t_{20}}{\Delta t_{10}} = \frac{t_B - t_O}{t_A - t_O} \tag{5-81}$$

同样地，对于 b 型传感器簇（见图 5-21(b)）有

$$\tan\theta = -\tan\alpha = -\frac{\sin\alpha}{\cos\alpha} = -\frac{v(t_B - t_O)/d}{v(t_A - t_O)/d} = \frac{\Delta t_{20}}{\Delta t_{10}} = -\frac{t_B - t_O}{t_A - t_O} \tag{5-82}$$

在式（5-81）和式（5-82）中，v 为波的速度。为了获得足够准确的 $\tan\theta$ 估计，需要尽可能准确地测量 TOA（即 t_O、t_A 和 t_B）或 TDOA（即 $t_B - t_O$ 和 $t_A - t_O$）。这可以通过对两个信号应用互相关技术（见式（5-55））或使用 Akaike 信息准则（AIC）来实现（Park，2016；Ebrahimkhanlou 和 Salamone，2017）。

$$AIC(k) = k\ln[\text{var}\{U(1:k)\}] + (K - k - 1)\ln[\text{var}\{U(k+1:K)\}] \tag{5-83}$$

式中：k 为记录信号中 t 时刻对应的样本数；K 为记录的样本总数；U 为记录的信号幅值，并且 $\text{var}\{U(r:s)\}$ 表示在第 r 个和 s 个样本之间（和包括）所有信号幅值的方差。

如果 AIC 与 k 作图，则观察到两个不同的波谷。第一个谷代表第一波群的到达，而第二个谷代表了第二波群的到达（Park，2016）。第一个和第二个波谷对应的 t 值分别是第一波群和第二波群在传感器处所需的 TOA。第二波群近似形成椭圆波前，而第一波群形成菱形波前。

从图 5-21 可以看出，对于 a 型传感器和 b 型传感器簇，ψ_i 分别等于 $\theta_i + \pi/2$ 和 $\theta_i - \pi/2$。因此，式（5-80）可以改写为

$$m_i = -\frac{1}{\tan\theta_i} \tag{5-84}$$

式中：对于第 i 个传感器簇，可以使用式（5-81）或式（5-82）获得 $\tan\theta$。因此，式（5-79）由三个未知数组成：λ、C_x 和 C_y。如果使用 n 个传感器簇，则式（5-79）会得到 n 个联立非线性方程。这些方程可以用 Levenberg-Marquardt 算法求解，该算法使下面的目标函数最小化

$$\phi = \sum_{i=1}^{n} \left[\lambda (x_i - C_x) + m_i (y_i - C_y) \right]^2 \qquad (5-85)$$

应当指出，要获得未知数 λ、C_x 和 C_y，至少需要三个传感器簇。因此，n 的最小值应该是 3。通过最小化 ϕ 来求解三个未知数的 Levenberg-Marquardt 算法（LMA）描述如下：

使 $\boldsymbol{\beta} = \begin{bmatrix} \lambda & C_x & C_y \end{bmatrix}^T$，$f(\boldsymbol{\beta})_i = \lambda (x_i - C_i) + m_i (y_i - C_y)$ 和 $\boldsymbol{f}(\boldsymbol{\beta}) = \begin{bmatrix} f_1 & f_2 & \cdots & f_n \end{bmatrix}^T$。要启动 Levenberg-Marquardt 算法，需要初始猜测 $\boldsymbol{\beta} = \boldsymbol{\beta}_0$。然后，执行以下步骤来迭代求解 $\boldsymbol{\beta}$：

(1) 步骤 1：计算雅可比矩阵 $\boldsymbol{J}$

$$\boldsymbol{J} = \begin{bmatrix} \dfrac{\partial f_1}{\partial \lambda} & \dfrac{\partial f_1}{\partial C_x} & \dfrac{\partial f_1}{\partial C_y} \\ \dfrac{\partial f_2}{\partial \lambda} & \dfrac{\partial f_2}{\partial C_x} & \dfrac{\partial f_2}{\partial C_y} \\ \vdots & \vdots & \vdots \\ \dfrac{\partial f_n}{\partial \lambda} & \dfrac{\partial f_n}{\partial C_x} & \dfrac{\partial f_n}{\partial C_y} \end{bmatrix} = \begin{bmatrix} x_1 - C_x & -\lambda & -m_1 \\ x_2 - C_x & -\lambda & -m_2 \\ \vdots & \vdots & \vdots \\ x_n - C_x & -\lambda & -m_n \end{bmatrix} \qquad (5-86)$$

(2) 步骤 2：评估 $\boldsymbol{f}(\boldsymbol{\beta})$。

(3) 步骤 3：求出 $\boldsymbol{\beta}$ 的增量

$$\Delta \boldsymbol{\beta} = -[\boldsymbol{J}^T \boldsymbol{J}]^{-1} \boldsymbol{J}^T \boldsymbol{f} \qquad (5-87)$$

(4) 步骤 4：通过将 $\Delta \boldsymbol{\beta}$ 加到当前 $\boldsymbol{\beta}$ 上来计算新的 $\boldsymbol{\beta}$。

(5) 步骤 5：计算 $\Delta \boldsymbol{\beta}$ 的欧氏范数。如果结果大于预定义的公差值，则返回步骤 1。否则，退出算法，报告最新的 $\boldsymbol{\beta}$ 作为最终解。因此，可以系统地获得 λ、C_x 和 C_y，并且声源的预测位置由 (C_x, C_y) 给出。

5.8.3.3 菱形波前的数值验证

LISA 数值模拟产生的波前（Packo 等人，2015）用于验证基于波前的声源定位技术。如图 5-15 所示，所有传感器簇的记录信号都有两个不同的到达点，因此，先采用适合于菱形波前的方法，再采用适合于椭圆波前的方法。通过对时间信号的不同部分进行分析，得到菱形波前第一次到达和椭圆波前第二次到达的结果。在图 5-22 中，用菱形波前估计的声源位置 P_S^* 由实心圆和相关直线表示，这些直线是由式（5-6）~式（5-75）中给出的向量分析得到的。三个传感器簇（S_I、S_{II}、S_{III}）被放置在三个不同的象限中，参考传感器簇 S_r 被放置在具有 S_I 的第三象限。从 3 个传感器簇位置处的三个方向向量

$u^\perp$、$v^\perp$、$w^\perp$的计算开始分析。菱形波前速度或形状速度（μ）由$u^\perp$和S_r与S_I之间的TDOA值t_{r1}确定。或者，也可以从同一传感器簇（S_r或S_I）中的两个传感器之间的信号到达的时间差中获得。TDOA值t_{21}和$u^\perp$允许我们得到第一个移位的直线（L'_1），然后得到P_V，它是直线L'_1和L_2的交点。菱形波前的垂直对角线（图5-22中的垂直实线V_{tr}）也可以通过画一条平行于平分向量b_v且通过点P_V的直线来获得。以类似的方式，使用两个传感器S_I和S_{III}，可以绘制水平对角线（图5-22中的实线H_{tr}）。最后，两条对角线的交点是估计的声源位置。表5-2列出了所有计算出的向量以及数值模拟和向量分析得到的点。注意，预测误差（或预测点（P_S^*）到实际声源位置（P_S）的距离）只有2.68mm，而声源与四个传感器簇之间的距离从130~283mm不等。

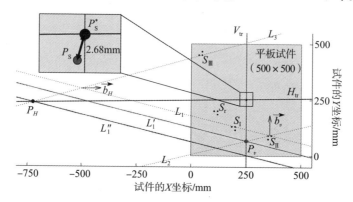

图5-22 利用数值模拟的结果对菱形波面进行向量分析，计算得到直线、向量和点。声源（P_s^*）的估计位置（250.714，252.581）距离真实声源位置（P_s）仅2.68mm。灰色正方形表示500mm×500mm板（Park等人，2017）。

表5-2 来自数值模拟和向量分析的计算向量和点

	坐标（mm）	计算向量		计算向量或点
S_I	(200, 130)	$\overrightarrow{u^\perp}=(-1,-4.1429)^T$	$\overrightarrow{b_v}$	$(0,-1.9442)^T$
S_{II}	(350, 90)	$\overrightarrow{v^\perp}=(1,-4.1429)^T$	$\overrightarrow{b_H}$	$(-0.5006,-1.9442)^T$
S_{III}	(50, 450)	$\overrightarrow{w^\perp}=(-1,3.6250)^T$	P_v	(250.714, 66.034)
S_r	(120, 200)	$\overrightarrow{u^\perp}=(-1,-4.1429)^T$	P_H	(-722.667, -1.9442)
菱形的形状速度			μ	2.0112km/s
声源的实际位置			P_S	(250.00, 250.00)
声源的最终估计位置			P_S^*	(250.71, 252.58)

注：给出的向量不是归一化的

根据椭圆形波前假设获得的声源定位不是很准确（Park 等人，2017）。椭圆波前的这种不准确性是由于模拟的波前实际上不是完全椭圆的。Sen 和 Kundu（2018）通过考虑如下所述的非椭圆波阵面来解决这一问题。第 5.8.3.4 和 5.8.3.5 节摘自他们的工作。

5.8.3.4 非椭圆参数曲线模拟的波前

如上面的例子所示，各向异性板中的波前通常偏离精确的椭圆形状。因此，Sen 和 Kundu（2018）提出需要一种比椭圆更能代表一般形状的曲线。他们对式（5-76）进行了修改，获得了参数曲线的一般表达式，如下：

$$\gamma \frac{|x-C_x|^{p+1}}{p+1} + \frac{|y-C_y|^{q+1}}{q+1} = c \tag{5-88}$$

式中：γ、p 和 q 是三个未知的正数，c 是任意常数。式（5-88）对 x 求导得到

$$m = (-1)^{\text{quad}} \gamma \frac{|x-C_x|^p}{|y-C_y|^q} \tag{5-89}$$

式中：quad 表示点 (x, y) 相对于直线 $x=C_x$ 和 $y=C_y$ 的象限号。因此

$$\begin{aligned}
\text{quad} &= 1 \quad x > C_x \quad \text{且} \quad y \geq C_y \\
&= 2 \quad x \leq C_x \quad \text{且} \quad y > C_y \\
&= 3 \quad x < C_x \quad \text{且} \quad y \leq C_y \\
&= 4 \quad x \geq C_x \quad \text{且} \quad y < C_y
\end{aligned} \tag{5-90}$$

注意，式（5-88）的参数曲线相对于直线 $x=C_x$ 和 $y=C_y$ 对称。此外，根据式（5-89）和式（5-90），这两条线上的四个点（沿着 $x=C_x$ 的两点和沿着 $y=C_y$ 的两点）处的曲线的导数与对应点处的椭圆的导数相同。式（5-88）表明，当 p 和 q 都等于 1 时，参数曲线成为椭圆。因此，椭圆是由式（5-88）表示的曲线族的一种特殊情况。通过假设 (C_x, C_y) 为 $(0, 0)$，以及 γ 为 1.0 和 1.5，p 和 q 为 0.6，1.1 和 1.6，以及 c 为 10，15 和 20 的不同组合，可以从式（5-88）生成多种曲线，如图 5-23 所示。图 5-23 的 18 幅图中的每一幅都考虑了一组恒定的 p、q 和 γ 的值，并显示了对应于 c 的三个不同值的三条同心曲线，但对于其他参数 p、q 和 γ 的值相同。

为了证明式（5-88）对真实波前建模的通用性，图 5-14(a) 中数值生成的波前是由该公式建模的。通过试错调整式（5-88）的参数，使所生成的曲线与波前形状非常接近，这种匹配如图 5-24 所示，图中显示了数值生成的波前上的最佳拟合椭圆和最佳拟合参数曲线。为生成图 5-24，式（5-88）的参数曲线选取的参数为：$(C_x, C_y) = (250, 250)$、$p = 0.6$、$q = 0.6$、$\gamma = 0.46$ 和 $c = 550$；对于椭圆曲线，所选参数为 $(C_x, C_y) = (250, 250)$、$p = 1.0$、$q = 1.0$、$\gamma = 0.4$ 和 $c = 2200$。虽然这两条曲线在图 5-24 中看起来几乎相同，但仔

细观察这两条曲线会发现一些差异。例如，与椭圆相比，参数曲线沿着长轴和短轴扩展更多。Sen 和 Kundu（2018）表明，即使是这种微小的差异也能在源定位方面产生明显的改善。

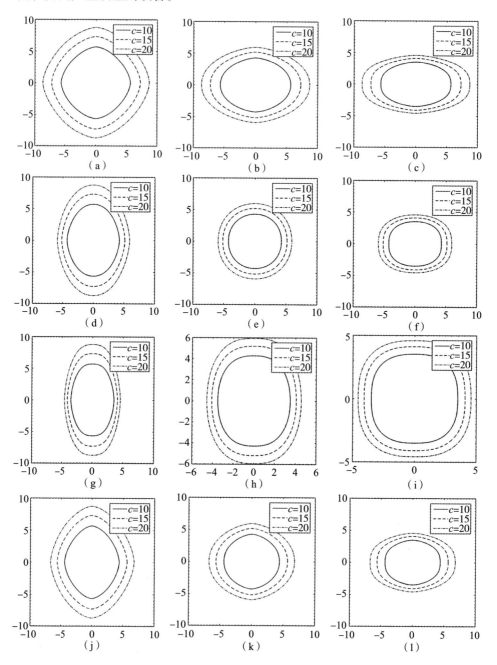

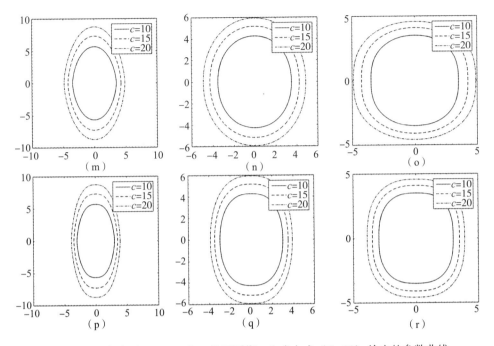

图 5-23 考虑到 c, p, q 和 γ 的不同值,生成由式(5-88)给出的参数曲线

(a) $p=0.6$、$q=0.6$、$\gamma=1.0$;(b) $p=0.6$、$q=1.1$、$\gamma=1.0$;(c) $p=0.6$、$q=1.6$、$\gamma=1.0$;(d) $p=1.1$、$q=0.6$、$\gamma=1.0$;(e) $p=1.1$、$q=1.1$、$\gamma=1.0$;(f) $p=1.1$、$q=1.6$、$\gamma=1.0$;(g) $p=1.6$、$q=0.6$、$\gamma=1.0$;(h) $p=1.6$、$q=1.1$、$\gamma=1.0$;(i) $p=1.6$、$q=1.6$、$\gamma=1.0$;(j) $p=0.6$、$q=0.6$、$\gamma=1.5$;(k) $p=0.6$、$q=1.1$、$\gamma=1.5$;(l) $p=0.6$、$q=1.6$、$\gamma=1.5$;(m) $p=1.1$、$q=0.6$、$\gamma=1.5$;(n) $p=1.1$、$q=1.1$、$\gamma=1.5$;(o) $p=1.1$、$q=1.6$、$\gamma=1.5$;(p) $p=1.6$、$q=0.6$、$\gamma=1.5$;(q) $p=1.6$、$q=1.1$、$\gamma=1.5$;(r) $p=1.6$、$q=1.6$、$\gamma=1.5$(Sen 和 Kundu,2018)。

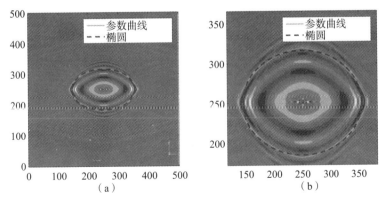

图 5-24 (a) 数值生成的波前与由参数曲线(细连续线)和椭圆(粗虚线)模拟的波前之间的比较;(b) 放大视图(需要注意的是,与椭圆相比,参数曲线在长轴和短轴上都延伸得更多)(Sen 和 Kundu,2018)。

和椭圆波前的情况一样，可以考虑采用 n 个传感器簇来求解未知数。对于第 i 个传感器簇，式（5-89）可以改写为

$$(-1)^{\text{quad}}\gamma|x_i-C_x|^p-m_i|y_i-C_y|^q=0 \tag{5-91}$$

式中：quad_i 表示第 i 个传感器簇的 quad 值（1、2、3 或 4，如式（5-90）所定义）。式（5-91）由五个未知数组成：p、q、γ、C_x 和 C_y。因此，由式（5-91）可得到 n 个非线性方程组。下面的目标函数 S 可以最小化来求解未知数。

$$S=\sum_{i=1}^{n}\left[(-1)^{\text{quad}}\gamma|x_i-C_x|^p-m_i|y_i-C_y|^q\right]^2 \tag{5-92}$$

观察发现，如果指数 p 和 q 都认为是未知变量，最小化过程往往不收敛。为了避免这种情况，p 被视为未知参数，而 q 被设置为已知常数值。考虑 q 的不同常数值，以达到参数曲线和数值波前之间的最佳拟合。单纯形算法（Nelder 和 Mead，1965）可以用来最小化 S。在本例中用于最小化该目标函数的单纯形算法的具体版本由 Lagarias 等人（1998）给出，并在下文中描述。

令 $\boldsymbol{x}=[p,\gamma\quad C_x\quad C_y]^\text{T}$。考虑了 $\boldsymbol{x}$ 的五个初始顶点（即，对 $\boldsymbol{x}$ 的五个不同的初始猜测），并使用式（5-92）计算所有五个顶点的 S。然后执行以下步骤迭代求解未知数。

（1）步骤 1：对五个顶点进行排序，使 $S(\boldsymbol{x}_1)\leqslant S(\boldsymbol{x}_2)\leqslant S(\boldsymbol{x}_3)\leqslant S(\boldsymbol{x}_4)\leqslant S(\boldsymbol{x}_5)$。

（2）步骤 2：利用下式计算反射点 $\boldsymbol{x}_r$

$$\boldsymbol{x}_r=\bar{\boldsymbol{x}}+\rho(\bar{\boldsymbol{x}}-\boldsymbol{x}_5) \tag{5-93}$$

式中：$\bar{\boldsymbol{x}}$ 为 4 个最佳点（即除 $\boldsymbol{x}_5$ 外的所有顶点）的质心，$\bar{\boldsymbol{x}}=\sum_{i=1}^{4}\boldsymbol{x}_i/4$；$\rho$ 为反射系数，取值为 1。计算 $S(\boldsymbol{x}_r)$。如果 $S(\boldsymbol{x}_1)\leqslant S(\boldsymbol{x}_r)<S(\boldsymbol{x}_4)$，将 $\boldsymbol{x}_5$ 替换为 $\boldsymbol{x}_r$，执行步骤 1。否则，执行步骤 3。

（3）步骤 3：如果 $S(\boldsymbol{x}_r)<S(\boldsymbol{x}_1)$，按照下式计算扩展点 $\boldsymbol{x}_e$。否则，执行步骤 4。

$$\boldsymbol{x}_e=\bar{\boldsymbol{x}}+\chi(\boldsymbol{x}_r-\bar{\boldsymbol{x}}) \tag{5-94}$$

式中：χ 为膨胀系数，取 2。评估 $S(\boldsymbol{x}_e)$。如果 $S(\boldsymbol{x}_e)<S(\boldsymbol{x}_r)$，将 $\boldsymbol{x}_5$ 替换为 $\boldsymbol{x}_e$，执行步骤 1。否则，对于 $S(\boldsymbol{x}_e)>S(\boldsymbol{x}_r)$，将 $\boldsymbol{x}_5$ 替换为 $\boldsymbol{x}_r$，执行步骤 1。

（4）步骤 4：如果 $S(\boldsymbol{x}_r)>S(\boldsymbol{x}_4)$，执行步骤 4a。

步骤 4(a)：如果 $S(\boldsymbol{x}_4)\leqslant S(\boldsymbol{x}_r)<S(\boldsymbol{x}_5)$，通过计算 $\boldsymbol{x}_c$ 来执行外部收缩，如式（5-95）所示。否则，如果 $S(\boldsymbol{x}_r)\geqslant S(\boldsymbol{x}_5)$，执行步骤 4b。

$$\boldsymbol{x}_c=\bar{\boldsymbol{x}}+\eta(\boldsymbol{x}_r-\bar{\boldsymbol{x}}) \tag{5-95}$$

式中：η 为收缩系数，取值为 1/2。评估 $S(\boldsymbol{x}_c)$。如果 $S(\boldsymbol{x}_c)<S(\boldsymbol{x}_r)$，将 $\boldsymbol{x}_5$ 替换为 $\boldsymbol{x}_c$，执行步骤 1。否则，执行步骤 5。

步骤 4(b)：通过计算 $\boldsymbol{x}_{cc}$ 进行内部收缩，如下所示

$$\boldsymbol{x}_{cc}=\bar{\boldsymbol{x}}-\eta(\bar{\boldsymbol{x}}-\boldsymbol{x}_5) \tag{5-96}$$

评估 $S(\boldsymbol{x}_{cc})$。如果 $S(\boldsymbol{x}_{cc})<S(\boldsymbol{x}_5)$，将 $\boldsymbol{x}_5$ 替换为 $\boldsymbol{x}_{cc}$，执行步骤 1。否则，执行步骤 5。

(5) 步骤 5：通过将除 $\boldsymbol{x}_1$ 之外的所有点替换为 $\boldsymbol{x}_i=\boldsymbol{x}_1+\sigma(\boldsymbol{x}_i-\boldsymbol{x}_1)$，$i=2$、3、4 和 5，来执行收缩。$\sigma$ 是收缩系数，取值为 1/2。

可以执行上述步骤，直到当前顶点处的 S 的计算值的标准偏差变得小于预定义的容差水平。在该阶段，该算法被终止，并且最新的 $\boldsymbol{x}_1$ 被报告为未知向量 $\boldsymbol{x}$ 的最终解。然后，声源的预测位置由 (C_x, C_y) 给出。

5.8.3.5 非椭圆波阵面的数值验证

为了说明所提出的声源定位方法的有效性，对假设为椭圆和非椭圆波前形状的 ASL 进行了相同的数值分析，如图 5-24 所示。图 5-14 显示了板的示意图以及声源和六个传感器簇的位置。板的左下角是坐标系的原点 (0.0, 0.0)。可以观察到传感器簇 1、2 和 3 为 a 型，传感器簇 4、5 和 6 为 b 型（图 5-21）。如前所述，使用 AIC 在所有传感器簇处估计第二波前的 TOA（见式 (5-83)），然后根据式 (5-81) 和式 (5-82)，在这些传感器簇位置估计 $\tan\theta$。然后根据式 (5-84) 计算 $i=1$、2、$\cdots$ 和 6 时的 m_i。传感器簇 1~6 的计算值分别是 -1.5、-0.47、-4.00、2.88、0.60 和 1.50。然后根据提出的椭圆波前方程 (5-76) 和由参数曲线表示的非椭圆波前方程 (5-88) 得到的参数曲线进行声源估计。对于波前的参数曲线表示，在对参数 q 尝试几个正常数值后，观察到 $q=1.0$ 导致波前与参数曲线之间足够接近的匹配，从而准确估计声源位置，而不会导致求解算法的收敛问题。

如果只使用三个传感器簇（即，$n=3$）来预测声源，则从图 5-14 所示的六个簇中，总共可能有 20 个三个传感器簇的组合。使用椭圆和非椭圆两种波前模型对所有这些组合的声源位置进行了预测。不考虑些不切实际的预测 (Sen 和 Kundu，2018)，预测结果如图 5-25 所示。两个模型预测的声源坐标的平均值如图 5-26 所示。可以看出，基于参数曲线的方法预测的声源平均位置更接近实际声源位置。

类似地，也可以考虑四个传感器簇（$n=4$）来预测声源，从而产生 15 个可能的传感器群组合。计算得到的声源平均坐标如图 5-27 所示。该图表明，对于 $n=4$，基于参数曲线的方法比基于椭圆的方法性能更好。

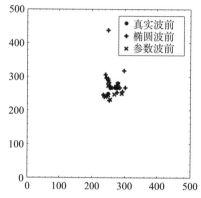

图 5-25 当波前被假定为椭圆形（由"+"标记表示）和当 $n=3$ 时的非椭圆参数曲线（由"×"标记表示）时，真实声源点的坐标（由实心圆表示）和从各种传感器群预测的声源位置（Sen 和 Kundu，2018）。

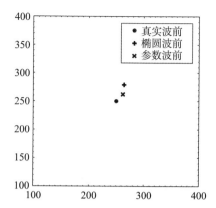

图 5-26 真实声源位置的坐标（由实心圆圈表示）和当假设波前为椭圆形（由"+"标记表示），以及非椭圆参数曲线（由"×"标记表示）时预测的平均声源位置，$n=3$（Sen 和 Kundu，2018）。

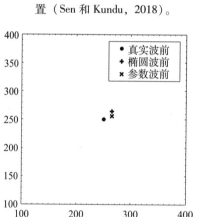

图 5-27 真实声源位置的坐标（实心圆圈表示）和当假设波前为椭圆形（由"+"标记表示），以及非椭圆参数曲线（由"×"标记表示）时预测的平均声源位置，$n=4$（Sen 和 Kundu，2018）。

考虑五个传感器簇（$n=5$）进行声源预测时，可能有六种不同的传感器簇组合。对于所有这些组合，使用这两个模型来定位声源。计算得到的声源平均坐标如图 5-28 所示。

最后，当同时考虑所有六个传感器簇（$n=6$）时，只有一个传感器簇的组合是可能的，其包括所有簇 1~6。在这种情况下，基于椭圆技术预测的声源坐标为（265.80mm，262.24mm），误差为 19.98mm；基于参数曲线的方法预测的坐标为（260.39mm，251.70mm），误差为 10.53mm。因此，两种模型都给出了令人满意的结果，但基于参数曲线的模型比椭圆波前模型更准确地定位声源，这些结果如图5-29所示。

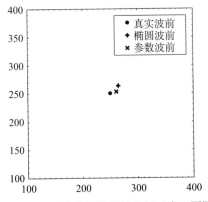

图5-28 真实声源位置的坐标（实心圆圈表示）和当假设波前为椭圆形（由"+"标记表示），以及非椭圆参数曲线（由"×"标记表示）时预测的平均声源位置，$n=5$（Sen和Kundu，2018）。

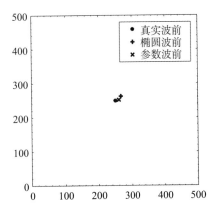

图5-29 真实声源位置的坐标（实心圆圈表示）和当假设波前为椭圆形（由"+"标记表示），以及非椭圆参数曲线（由"×"标记表示）时预测的平均声源位置，$n=6$（Sen和Kundu，2018）。

为了以图形方式显示误差的平均值和标准偏差如何随用于这些预测的传感器簇数而变化，在图5-30和图5-31中分别绘制了这些值与传感器簇数的关

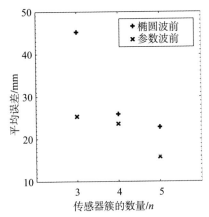

图5-30 椭圆波前（用"+"标记表示）和基于参数曲线的非椭圆波前（用"×"标记表示）的预测声源坐标平均误差，$n=3$、4和5（Sen和Kundu，2018）

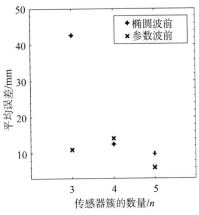

图5-31 椭圆波前（用"+"标记表示）和基于参数曲线的非椭圆波前（用"×"标记表示）的预测声源坐标标准偏差，$n=3$、4和5（Sen和Kundu，2018）。

系图。可以看出，对于椭圆波前和非椭圆波前，随着簇数的增加，声源定位的平均误差都会减小。此外，请注意，基于参数曲线的非椭圆波前的平均误差低于椭圆波前。当考虑三个簇和五个簇时，非椭圆波前的误差标准差也比椭圆波前的低，而四个簇的误差标准差略高。

5.9 小结

近50年来，各向同性和各向异性结构中的 ASL 技术一直是研究的热点。已经提出了许多声源定位技术。虽然提出者经常强调一种新技术的优点，但它的局限性往往没有被提及。在描述各种声源定位技术的同时，本章讨论了这些技术的优缺点。

许多 ASL 技术对各向同性板都很有效，其中一些技术也适用于各向异性板。大多数技术要求已知板的材料属性及其尺寸，特别是当板是各向异性时。只有少数技术可用于在不知道板的材料属性的情况下，在几个接收传感器的帮助下预测各向异性板中的声源位置。对于具有弱各向异性的板，使用 L 型和 Z 型传感器簇（在5.3.3节中讨论）可能是 ASL 中最有效的技术，因为完全不需要关于板的材料及其尺寸的信息。然而，对于高度各向异性的板，在不知道板的确切材料特性的情况下，用少量传感器预测声源位置的唯一方法是获得板中的波前形状的近似概念（波前形状应该是菱形、椭圆形或近似椭圆形），然后根据该形状定位声源，如5.8节所述。

在更复杂的三维结构中进行声源定位需要更多的研究和开发，特别是在不知道结构的材料属性并在一些传感器的帮助下做到这一点，就像对平板所做的那样。在开发出这种先进的新技术之前，我们唯一可用的选择是在整个结构上放置大量传感器，然后通过识别哪个传感器首先接收到声学事件产生的信号来定位声源。这样就可以得出结论，声源一定靠近那个传感器，因为它首先记录了信号。因此，为了高精度地预测声源，需要在整个结构上放置大量的传感器。也可以采用劳动强度更大、计算要求更高的人工神经网络或基于脉冲响应函数的时间反转技术，本章也已讨论过。

参考文献

[1] Barricelli NA. Symbiogenetic evolution processes realized by artificial methods[J]. Methodos, 1957: 143-182. https://books.google.com/books? id=FVZxGwAACA AJ&dq=inauthor:%22Nils + Aall + Barricelli%22&hl = en&sa = X&ved = 0ahUKEwiw0c3W7 _ fdAhVFwMQH-

HevoANc Q6AEINTAD.

[2] Baxter M. G., Pullin R., Holford K. M., et al. Delta T source location for acoustic emission [J]. Mechanical Systems and Signal Processing, 2007, 21(3): 1512-1520.

[3] Betz D. C., Thursby G., Culshaw B., et al. Structural Damage Location with Fiber Bragg Grating Rosettes and Lamb Waves[J]. Structural Health Monitoring, 2007, 6(4): 299-308.

[4] Castagnede B., Sachse W., Kim K. Y. Location of point like acoustic emission sources in anisotropic plates[J]. The Journal of the Acoustical Society of America, 1989, 86(3): 1161-1171.

[5] Ciampa F., Meo M. A new algorithm for acoustic emission localization and flexural group velocity determination in anisotropic structures[J]. Composites Part A: Applied Science & Manufacturing, 2010, 41(12): 1777-1786.

[6] Ciampa F., Meo M., Barbieri E. Impact localization in composite structures of arbitrary cross section[J]. Structural Health Monitoring, 2012, 11(6):643-655.

[7] Dong L., Li X. Three-dimensional analytical solution of acoustic emission or microseismic source location under cube monitoring network[J]. Transactions of Nonferrous Metals Society of China, 2012, 22(12): 3087-3094.

[8] Ebrahimkhanlou A., Salamone S. Acoustic emission source localization in thin metallic plates: A single-sensor approach based on multimodal edge reflections[J]. Ultrasonics, 2017, 78: 134-145.

[9] Fraser A., Burnell D. G. Computer models in genetics[J]. McGraw-Hill, New York, 1970.

[10] Giurgiutiu V. Lamb wave generation with piezoelectric wafer active sensors for structural health monitoring[J]. Proceedings of SPIE, 2003, 5056:111-122.

[11] Gorman M. R. AE source orientation by plate wave analysis[J]. Journal of acoustic emission, 1991, 9(4): 283-288.

[12] Grabec I., Sachse W. Application of an intelligent signal processing system to acoustic emission analysis[J]. The Journal of the Acoustical Society of America, 1989, 85(3): 1226-1235.

[13] Guyomar D., Lallart M., Petit L., et al. Impact localization and energy quantification based on the power flow: A low-power requirement approach[J]. Journal of Sound & Vibration, 2011, 330(13): 3270-3283.

[14] Hajzargerbashi T., Kundu T., Bland S. An improved algorithm for detecting point of impact in anisotropic inhomogeneous plates[J]. Ultrasonics, 2011, 51(3):317-324.

[15] He T., Pan Q., Liu Y., et al. Near-field beamforming analysis for acoustic emission source localization[J]. Ultrasonics, 2012, 52(5): 587-592.

[16] Hensman J., Mills R., Pierce S. G., et al. Locating acoustic emission sources in complex structures using Gaussian processes[J]. Mechanical Systems and Signal Processing, 2010, 24(1): 211-223.

[17] Hiche C., Coelho C. K., Chattopadhyay A. A strain amplitude-based algorithm for impact localization on composite laminates[J]. Journal of Intelligent Material Systems and Structures,

2011, 22(17): 2061-2067.

[18] Hsu, N. N., Acoustic Emissions Simulator: US Patent 4018084[P], 1977.

[19] Ing R. K., Quieffin N., Catheline S., et al. In solid localization of finger impacts using acoustic time-reversal process[J]. Applied Physics Letters, 2005, 87(20): 2004104.

[20] Jata K. V., Kundu T., Parthasarathy T. A. Advanced Ultrasonic Methods for Material and Structure Inspection[M]. Chapter 1, ISTE Ltd., London, UK, and Newport Beach, 2007: 1-42.

[21] Jiao J., He C., Wu B., et al. Application of wavelet transform on modal acoustic emission source location in thin plates with one sensor[J]. International Journal of Pressure Vessels & Piping, 2004, 81(5):427-431.

[22] Kessler S. S., Spearing S. M., Soutis C. Damage detection in composite materials using Lamb wave methods[J]. Smart materials and structures, 2002, 11: 759-803.

[23] Koabaz M., Hajzargarbashi T., Kundu T., et al. Locating the acoustic source in an anisotropic plate[J]. Structural Health Monitoring, 2012, 11(3): 315-323.

[24] Köhler B., Schubert F., Frankenstein B. Numerical and experimental investigation of Lamb wave excitation, propagation and detection for SHM[C]. Proceedings of the second European Workshop on Structural Health Monitoring. 2004: 993-1000. 15.

[25] Kosel T., Grabec I., Muzic P. Location of acoustic emission sources generated by air flow [J]. Ultrasonics, 2000, 38(1-8): 824-826.

[26] Kundu T. A new technique for acoustic source localization in an anisotropic plate without knowing its material properties[C]. Proceedings of the 6th European Workshop on Structural Health Monitoring, Dresden, Germany. 2012: 3-6.

[27] Kundu T. Acoustic source localization[J]. Ultrasonics, 2014, 54(1): 25-38.

[28] Kundu T., Nakatani H., Takeda N. Acoustic source localization in anisotropic plates[J]. Ultrasonics, 2012, 52(6): 740-746.

[29] Kundu T., Das S., Martin S. A., et al. Locating point of impact in anisotropic fiber reinforced composite plates[J]. Ultrasonics, 2008, 48(3): 193-201.

[30] Kundu T., Das S., Jata K. V. Point of impact prediction in isotropic and anisotropic plates from the acoustic emission data[J]. Journal of the Acoustical Society of America, 2007, 122 (4): 2057-2066.

[31] Kundu T., Das S., Jata K. V. Impact point detection in stiffened plates by acoustic emission technique[J]. Smart Materials & Structures, 2009, 18: 035006.

[32] Lagarias J. C., Reeds J. A., Wright M. H., et al. Convergence Properties of the Nelder-Mead Simplex Algorithm in Low Dimensions[J]. SIAM Journal on Optimization, 1998, 9(1): 112-147.

[33] Liang D., Yuan S., Liu M. Distributed coordination algorithm for impact location of preciseness and real-time on composite structures[J]. Measurement, 2013, 46(1): 527-536.

[34] Lin M. Manufacturing of composite structures with a built-in network of piezoceramics[D]. Stanford University, US, 1998.

[35] Lin M., Chang F. K. Development of SMART layer for built-in diagnostics for composite structures[C]. The 13th Annual ASC Technical Conference on Composite Materials, Baltimore, MD, September, 1998: 1998.

[36] Lokajicek T., Klima K. A first arrival identification system of acoustic emission (AE) signals by means of a high-order statistics approach[J]. Measurement Science & Technology, 2006, 17(9): 2461-2466.

[37] Mal A. K., Ricci F., Banerjee S. A Conceptual Structural Health Monitoring System based on wave propagation and modal data[J]. Structural Health Monitoring, 2005, 4(3): 283-293.

[38] Mal A. K, Ricci F., Gibson S., et al. Damage detection in structures from vibration and wave propagation data[C]. Proceedings of SPIE, 2003a, 5047: 202-210.

[39] Mal A. K., Shih F., Banerjee S. Acoustic emission waveforms in composite laminates under low velocity impact[C]. Proceedings of SPIE, 2003b, 5047: 1-12.

[40] Manson G., Worden K., Allman D. Experimental validation of a structural health monitoring methodology. Part II. Novelty detection on a Gnat aircraft[J]. Journal of Sound and Vibration, 2003, 259: 345-363.

[41] Matt H. M., Lanza di Scalea F. Macro-fiber composite piezoelectric rosettes for acoustic source location in complex structures[J]. Smart Materials and Structures, 2007, 16: 1489-1499.

[42] McLaskey G. C., Glaser S. D., Grosse C. U. Beamforming array techniques for acoustic emission monitoring of large concrete structures[J]. Journal of Sound and Vibration, 2010, 329(12): 2384-2394.

[43] Nakatani H., Hajzargarbashi T., Ito K., et al. Impact localization on a cylindrical plate by near-field beamforming analysis[C]. Sensors and Smart Structures Technologies for Civil, Mechanical, and Aerospace Systems 2012. SPIE, 2012a, 8345.

[44] Nakatani H., Hajzargarbashi T., Ito K., et al. Locating point of impact on an anisotropic cylindrical surface using acoustic beamforming technique[C]. Key Engineering Materials. 4th Asia-Pacific Workshop on Structural Health Monitoring, 2012b, 558: 331-340.

[45] Nakatani H., Kundu T., Takeda N. Improving accuracy of acoustic source localization in anisotropic plates[J]. Ultrasonics, 2014, 54(7): 1776-1788.

[46] Nehorai A., Paldi E. Method for eletromagnetic source localization: US, US5315308 A[P]. May 24, 1994.

[47] Nelder J. A., Mead R. A simplex method for function minimization[J]. The computer journal, 1965, 7(4): 308-313.

[48] Niri E. D., Salamone S. A probabilistic framework for acoustic emission source localization in

plate-like structures[J]. Smart materials and structures, 2012, 21: 035009-1:16.

[49] Niri E. D., Salamone S., Singla P. Acoustic emission (AE) source localization using extended Kalman filter (EKF)[C]. Health Monitoring of Structural and Biological Systems-Proceedings of SPIE, 2012, 8348: 834804-1:15.

[50] Packo P., Bielak T., Spencer A. B., et al. Numerical simulations of elastic wave propagation using graphical processing units—Comparative study of high-performance computing capabilities[J]. Computer Methods in Applied Mechanics & Engineering, 2015, 290: 98-126.

[51] Park B., Sohn H., Olson S. E., et al. Impact localization in complex structures using laser-based time reversal[J]. Structural Health Monitoring, 2012, 11(5): 577-588.

[52] Park J., Chang F. K. Built-in detection of impact damage in multi-layered thick composite structures[C]. Proceedings of the Fourth International Workshop on Structural Health Monitoring, 2003: 1391-1398.

[53] Park W. H. Acoustic source localization in an anisotropic plate without knowing its material properties[D]. University of Arizona, US, 2016.

[54] Park W. H., Packo P., Kundu T. Acoustic source localization in an anisotropic plate without knowing its material properties: a new approach[J]. Ultrasonics, 2017, 79: 9-17.

[55] Ribay G., Catheline S., Clorennec D., et al. Acoustic impact localization in plates: properties and stability to temperature variation[J]. IEEE transactions on ultrasonics, ferroelectrics, and frequency control, 2007, 54(2): 378-385.

[56] Sachse W. H., Sancar S. Acoustic emission source location on plate-like structures using a small array of transducers[J]. The Journal of the Acoustical Society of America, 1987, 81(1): 206-206.

[57] Salamone S., Bartoli I., Rhymer J., et al. Validation of the piezoelectric rosette technique for locating impacts in complex aerospace panels[J]. Health Monitoring of Structural and Biological Systems, Pub. Bellingham, WASH, 18th Annual International Symposium on Smart Structures/NDE, 2011: 79821E1-79811.

[58] Salamone S., Bartoli I., Di Leo P., et al. High-velocity impact location on aircraft panels using macro-fiber composite piezoelectric rosettes[J]. Journal of Intelligent Material Systems and Structures, 2010, 21(9): 887-896.

[59] Scruby C. B., Drain L. E. Laser Ultrasonics: Techniques and Applications, Taylor & Francis, New York, NY, 1990: 76-85.

[60] Sedlak P., Hirose Y., Enoki M. Acoustic emission localization in thin multi-layer plates using first-arrival determination[J]. Mechanical Systems & Signal Processing, 2013, 36(2): 636-649.

[61] Sedlak P., Hirose Y., Khan S. A., et al. New automatic localization technique of acoustic emission signals in thin metal plates[J]. Ultrasonics, 2009, 49(2): 254-262.

[62] Sen N., Kundu T. A new wave front shape-based approach for acoustic source localization in an anisotropic plate without knowing its material properties[J]. Ultrasonics, 2018, 87: 20-32.

[63] Seydel R., Chang F. K. Impact load identification of stiffened composite plates with built-in piezo-sensors[C]. Proceedings of the SPIE Smart Structures and Materials Conference, Newport Book Company, Beach, CA, 1999.

[64] Sribar R., Sachse W. An experimental investigation of the AE source location and magnitude on 2-D frame structures using intelligent signal processing[J]. Journal of the Acoustical Society of America, 1993, 93(4) part 2: 2279-2279.

[65] Staszewski W. J., Lee B. C., Mallet L., et al. Structural health monitoring using scanning laser vibrometry: I. Lamb wave sensing[J]. Smart Materials & Structures, 2004, 13(2): 251-260.

[66] Surgeon M., Wevers M. One sensor linear location of acoustic emission events using plate wave theories[J]. Materials Science & Engineering A, 1999, 265(1-2): 254-261.

[67] Ting A., Ru Z., Jianfeng L., et al. Space-time evolution rules of acoustic emission location of unloaded coal sample at different loading rates[J]. International Journal of Mining Science and Technology, 2012, 22(6): 847-854.

[68] Tobias A. Acoustic-emission source location in two dimensions by an array of three sensors [J]. Non-Destructive Testing, 1976, 9(1): 9-12.

[69] Toyama N., Koo J. H., Oishi R., et al. Two-dimensional AE source location with two sensors in thin CFRP plates[J]. Journal of Materials Science Letters, 2001, 20(19): 1823-1825.

[70] Tracy M., Chang F. K. Identifying impact load in composite plates based on distributed piezo-sensors[C]. The Proceedings of SPIE Smart Structures and Materials Conference, San Diego, CA, 1996.

[71] Wang C. Built-In Impact Damage Detection for Composite Plates[D]. Stanford University, US, 1999.

[72] Wang C. S., Chang F. K. Diagnosis of impact damage in composite structures with built-in piezoelectrics network[C]. Proceedings of SPIE, 2000, 3990: 13-19.

[73] Yin S., Cui Z., Kundu T. Acoustic source localization in anisotropic plates with "Z" shaped sensor clusters[J]. Ultrasonics, 2018, 84: 34-37.